江西企业集团(公司)

JIANGXI QIYEJITUAN GONGSI

2004

江西省企业调查队　编

中国统计出版社
China Statistics Press

(京)新登字 041 号

图书在版编目(CIP)数据

江西企业集团(公司).2003/江西省企业调查队编.—北京:中国统计出版社，2004.11
ISBN 7-5037-4564-9

Ⅰ.江… Ⅱ.江… Ⅲ.企业集团—统计资料—江西省—2004 Ⅳ.F279.275.6

中国版本图书馆 CIP 数据核字(2004)第 113064 号

江西企业集团(公司)-2004

作　　者/ 江西省企业调查队
责任编辑/ 蔡立新　吴兴华
E - mail/ yearbook@stats.gov.cn
封面设计/ 企业监测处
出版发行/ 中国统计出版社
通信地址/ 北京市西城区三里河月坛南街 75 号　中国统计出版社
邮　　编/ 100826
电　　话/ (010)63262295
印　　刷/ 江西宜春资料印务有限公司
经　　销/ 新华书店
开　　本/ 890×1240 毫米　1/16
字　　数/ 1000 千字
印　　张/ 31.5 印张
印　　数/ 600 册
版　　别/ 2004 年 11 月第 1 版
版　　次/ 2004 年 11 月第 1 次印刷
书　　号/ ISBN 7-5037-4564-9/F·1987
定　　价/ 280 元

编　辑　说　明

一、《江西企业集团(公司)-2004》是一部全面、系统地反映江西企业集团和重点企业改革与发展状况的资料性、宣传性、工具性书籍。

二、该书主要内容:企业集团、重点企业、附录三大部分。

三、书中的统计数据来源于企业集团和重点企业上报的年度报表。企业集团是指以母子公司为主体,通过投资及生产经营协作等多种方式,与众多的企事业单位共同组成的经济联合体。企业集团的统计调查单位是以母子公司为整体的企业集团。即包括:企业集团的母公司、在中国境内和境外的全资子公司(单位)、绝对控股子公司(单位)和相对控股子公司(单位);不包括参股和协作企业(单位)。企业集团的统计范围包括:一是由国务院批准的国家试点企业集团;二是由国务院主管部门批准的企业集团;三是由江西省人民政府批准的企业集团;四是已在工商部门登记注册,年主营业务收入和资产总计均在3000万元及以上的其他各类企业集团。

重点企业统计范围包括:一是国家重点企业(包括520户和重组为集团公司的原512户国家重点企业);二是省级人民政府及主管部门确定的重点企业;三是国务院确定的建立现代企业制度原百户试点企业;四是省级人民政府及主管部门确定的建立现代企业制度原试点企业;五是国家试点企业集团的母公司(即核心企业);六是股份有限公司。上述六类企业的统计调查单位为独立核算的法人企业,不包括这些企业所属的子公司。

四、书中的符号使用说明:“空格”表示该项统计指标无数据或数据不详;“#”表示其中的主要项

五、书中的统计指标及计算方法以现行国家统计局《企业集团统计报表制度》和《重点企业建立现代企业制度跟踪监测统计制度》的规定为准。

六、本书在编辑过程中,得到了企调总队领导以及各设区市企调队的大力支持,在此表示感谢。由于本书涉及面广,编辑加工工作量大,疏漏在所难免,欢迎广大读者批评指正。

编 辑 说 明

《江西企业集团(公司)— 2004》编辑委员会

主 任 委 员: 王建农　　江西省统计局局长
副主任委员: 孙菊生　　江西省统计局副局长
　　　　　　游会龙　　江西省企业调查队队长
　　　　　　李广友　　江西省企业调查队巡视员
委　　　员: 何昌明　　江西铜业集团公司总经理
　　　　　　周　昌　　中国石油化工股份有限公司九江分公司经理
　　　　　　吴方辉　　江西洪都航空工业集团有限责任公司总经理
　　　　　　陶国飞　　江西洪都航空工业集团有限责任公司副总经理
　　　　　　姚江红　　新华金属制品股份有限公司总经理
　　　　　　梁　冰　　江西省企业调查队办公室主任
　　　　　　何　勇　　江西省企业调查队综合处处长
　　　　　　吴兴华　　江西省企业调查队监测处处长
　　　　　　邵　华　　江西省企业调查队专项处处长
　　　　　　秦建华　　江西省企业调查队产业处处长

《江西企业集团(公司)— 2004》编辑部

主　　编: 吴兴华
副 主 编: 罗　凯
　　　　　康健林
编　　辑: 熊贤鹏　曾书荣　夏越云　董文杰　林　榕　舒　伟　刘跃青
　　　　　蒋庆霞　王庆喜　欧阳琴　陈　军　吴　强　万小红　王惠星
　　　　　徐少卿　吴美珍　杨文华

目 录

企业集团

重点企业

附　录

序

企业集团是经济发展的重要支撑，是参与国际国内市场竞争的骨干力量。党中央高度重视企业集团的培育和发展，党的十五大、十五届三中全会和党的十六大、十六届四中全会都为做大做强企业集团作出了重大决策、明确了总体方向、制定了具体政策，为我国企业集团的健康快速发展创造了宽松的政策环境。近年来，我国企业集团迅速发展，在国民经济中的地位和作用日益突出，一些企业集团陆续跻身于世界500强。

改革开放以来，历届省委、省政府以壮大工业经济总量、增强综合竞争实力为目标，制定了一系列促进企业集团发展的政策措施。1998年省政府颁布实施《江西省扶持重点企业集团改革措施》后，企业集团的发展取得了巨大成就。进入新世纪，特别是省十一次党代会以后，我省“以加快工业化为核心，以大开放为主战略”，把壮大优强企业、培育发展企业集团作为“三大突破口”之一，大力推动江铜、新钢、江铃、九石化、昌河、南钢、萍钢、江中等一批优势企业和集团的裂变扩张，企业集团进入了一个新的发展阶段。到2003年底，我省企业集团已发展至50多家，总资产近千亿元，资产过5亿元的达30家，其中资产在50亿元以上的有6家。江西企业集团分布于各个行业，有许多已经是我省支柱产业的主导力量。2003年江西铜业集团成为全省第一个销售收入过百亿的企业集团，江铃、新钢等一批企业集团发展势头强劲，将相继跨入销售收入过百亿的企业集团行列，为企业集团的做大做强发挥了很好的龙头带动作用。企业集团的发展壮大，为全省工业经济的跨越式发展和各项经济指标的快速增长作出了重要贡献。实践证明：江西企业集团正在改变我省企业在国内外产业组织分工中所处的地位。

在经济全球化和世界经济一体化的21世纪，国与国之间的竞争、地区与地区之间的竞争首先表现为企业集团的竞争。现代经济的竞争在很大程度上是品牌、技术、信息、人才的竞争，一个地区经济实力强劲，离不开大企业集团的支撑。目前我省企业集团经济规模偏小，产品科技含量不高，总体实力不强，在市场竞争中优势不突出。实现省十一次党代会提出的“以工业的崛起加速江西崛起，以工业的振兴实现强省富民”的宏伟奋斗目标，迫切需要培育发展一批企业集团，迫切需要做大做强一批企业集团，增强我省企业集团的国际国内竞争力，提高企业集团在全省工业经济发展中的支撑作用和贡献率。培育发展企业集团，重点是六大支柱产业核心龙头企业；做大做强企业集团，关键是靠大联强招商重组。按照专业化经营的方向，积极组建和发展一批大型企业集团，建立以大型企业集团为中心的现代企业组织结构，形成一批能够与跨国公司竞争的大集团大公司；适应规模化发展的要求，实现主机厂与零部件厂、大型核心企业与外围配套中小企业的分工合作大批量生产体系，提高企业的规模经济水平；继续实施大开放主战略，推动企业集团与国内外大企业、大集团的招商合作、靠大联大，充分利用国内外优势企业投入的增量资本、先进的生产技术、科学的管理经验、现代的经营理念、完善的销售网络，参加高水平的竞争，尽快形成一批销售收入过百亿元、多元化强辐射的大型企业集团。

国家统计局江西省企业调查队首次编辑了《江西企业集团(公司) - 2004》一书，包括了1997年到2003年7年间江西企业集团以及股份公司、重点企业的主要财务指标，是我省企业集团(公司)整体家底的一次大盘点，既反映江西企业集团(公司)的宏观状况，也能反映微观状况；还收录了近三年华东六省一市、中部六省的企业集团各项财务指标。内容详实、资料丰富、数据齐全。对各级政府制订企业集团(公司)发展战略，社会各界研究企业集团发展策略，以及行业管理部门和重点企业进行纵向分析和横向比较，肯定取得的成绩，找出存在的差距，明确发展的方向，很有参考价值，是一部难得的资料性工具书。

江西省人民政府副省长

2004.10.8

江西企业集团(公司)-2004

企业集团

- 提升企业集团竞争力　促进江西经济大发展
- 综合：企业集团发展的基本状况
- 行业：工业和非工业企业集团发展状况
- 经济类型：国有、集体控股企业集团发展状况
- 企业集团改革：企业集团改革状况
- 企业集团概况：企业集团名单

  各企业集团 2001－2003 年主要经济指标

提升企业集团竞争力　促进江西经济大发展

——江西50家企业集团发展报告

企业集团作为以产权为纽带的企业联合体，对于打破地区、部门、所有制限制，优化产业、产权结构，优化资源配置，提高资本运营效率，尤其是提高国有资本运营效率起着至关重要的作用。江西企业集团经过十几年的发展在实现经济资源优化重组方面，开始发挥其主导作用。尤其是大型企业集团在行业内部资源重组，行业间资源整合上显示出不可替代的地位。尽管2003年受到"非典"的影响，江西企业集团经受住了考验，取得了令人欢欣鼓舞的成绩，首次出现销售收入过100亿元的大企业集团，在江西经济中的的主导地位逐步提升。同时，面对突如其来的灾难，江西企业集团也存在应急机制不健全、抵御风险能力不足等问题，尚需进一步完善和提高。

一、江西企业集团的经济地位。

江西企业集团近年来得到了快速发展，无论是企业集团数量，还是规模和质量都有提升，对整个江西经济的发展发挥着关键性作用，主要表现在：

1. 经济地位举足轻重。2003年江西省全省实现生产总值2830亿元，同期江西企业集团实现的生产总值为669亿元，占全省生产总值的23.6%，比去年提高了1.6个百分点。企业集团实现利税占全省税收总额的15.3%。工业企业集团在岗职工占全省工业企业在岗职工总数的42%。原煤产量占全省总产量的83%、汽车产量占总产量的90%，阴极铜产量占十种有色金属总产量的86%。其他各项反映经济实力的指标均在江西省经济中占有较大的份额，主导地位毋庸质疑。

2. 优化配置促进发展。江西经济由于历史原因，经济布局、产业结构、产品结构存在一些不合理等情况，造成了重复建设、结构雷同、低水平发展的现象。90年代初江西省开始组建企业集团，而且一年比一年的力度大，充分发挥企业集团打破区域、行业限制配置资源、整合资源的作用，改变了一些大而全、小而全的状况，江西的经济布局、产业结构、产品结构日益朝着优化方向发展，新的经济增长点不断出现。如：江西煤炭集团公司至2003年末整合了江西省18家与煤炭行业相关的企业，包括煤矿、煤矿建设、煤炭生产设备、煤炭销售公司等，集团成员分布在南昌、萍乡、宜春、新余、上饶等市。地域范围广，行业联系紧密，对江西煤炭工业和能源工业的发展起着巨大的作用。2003年，该集团公司实现主营业务收入26亿元，实现利税1.9亿元。

二、江西企业集团取得的成绩。

随着全球经济的好转，国内市场也开始复苏，产品价格开始回升，尤其是原材料价格的上涨，使大部分从事原材料生产加工的江西企业集团取得了可喜成绩。如原煤、冶金、矿产行业发展形势喜人。同时，国家扩大内需的政策也带动了一些行业的发展，如建筑、交通等行业在大规模的建设中得以壮大。2003年江西企业集团总体发展良好，取得了一些成绩，主要表现在：

1. 企业集团实力提升，大型集团优势明显。被调查的50家企业集团资产总额达996.4亿元，比去年同期增长12.2%，实现营业收入676.7亿元，比去年增长26.8%，实现利税33.7亿元，增长18.8%，利润总额19.5亿元，增长55.1%，。其中江西冶金集团公司和江西铜业集团公司总资产超过100亿元。在50家企业集团中大型企业集团17家，占34.0%，总资产达596.0亿元，占总量的59.8%，营业收入、利税，利润分别占总量的51.7%、48.7%和61.7%。由此可以看出，江西大型企业集团虽然数量少，但实力在不断增强，已成为江西经济增长的主要力量。

2. 建筑集团发展迅猛，制造集团大幅增长。随着江西经济的快速发展，政府对基础设施建设投资的力度加大，江西建筑行业这几年保持快速增长势头，据调查统计江西以建筑业作为主营行业的企业集团2003

年总资产为41亿元，比去年同期增长22.7%，营业收入比去年增长了119.3%，累计对外投资增长了113.1%，增长幅度远远超过其他行业。制造业历来是江西经济的主要增长点，制造业企业集团在2003年实力进一步增强，被调查的36家制造业企业集团2003年年末资产总计832.0亿元，比去年同期增长9.1%，工业总产值比去年增长21.6%，销售收入增长21.8%，利润总额增长57.2%，其他各项反映企业实力的指标均为增长，制造业集团实力的稳步提升，为江西经济在中部地区崛起注入了活力。

3. 国有集团实力不减，主导地位依然稳固。被调查的50家企业集团中，国有绝对控股企业集团34家，占总数的68%；2003年末资产总额为881.2亿元，占88.4%，与去年同期增幅相比提高了11.1个百分点。2003年完成工业产值481.9亿元，占85.6%，比去年增长21.8%；实现营业收入582.90亿元，增长27.4%，占86.1%；实现利税29.71亿元，占88.2%；产生利润14.98亿元，增长59.9%，占76.9%；实现进出口贸易总额为4.39亿美元，其中出口额0.83亿美元，占100%。显示了江西国有绝对控股企业集团在江西企业集团中起主导作用、占主导地位，对江西企业集团乃至江西经济发展起着关键性作用，因此，国有绝对控股企业集团健康、快速、稳定地发展意义非常重大。

4. 改制促进运行质量，大型集团更为明显。调查资料显示2003年企业集团净资产收益率和总资产报酬率分别为3.97%和3.15%，分别比去年提高1.38和0.39个百分点，人均产值由2002年的13.8万元/人增加到2003的18.5万元，提高34%。特别是，大型企业集团运行质量提高明显，2003年江西大型企业集团净资产收益率达4.17%，比去年上升1.94个百分点；总资产报酬率3.19%，上升0.67个百分点；总资产的使用率达到64.45%，比去年上升11.29个百分点；保值增值率达到112.06%；大型企业的财务状况较好，短期偿债能力增强，资金流动比率为102.48%，速动比率为72.3%，分别比去年上升13.4和12.7个百分点，长期债权也有保障，年末固定资产与长期负债比率为175.1%。运行质量的提高与企业集团改制的深化是分不开的。到2003年底，江西所有企业集团母公司出资人已经明确，已建立母子公司体制的有42家，占总数的84%，92%的企业集团有明确的重大事项决策程序制度，88%的拥有企业投资自主权，有86%的企业集团获得了质量体系认证，78%的企业集团建立了独立的预算管理制度，68%的企业集团建立了自己的技术研究开发中心，改制带来了效益的提高。企业集团在注重量的同时，质也有了提高，这对企业集团的长远发展有着深远的影响。

三、江西企业集团发展中存在的主要问题。

江西企业集团在融入全球经济发展中成绩显著，但也存在一些问题，主要是：

1. 企业集团规模偏校江西企业集团总体规模与经济发达地区相比还存在较大差距，50家中资产在50亿元以上的仅有6家，而5亿元以下0.5亿元以上的18家，2家为0.5亿元以下。据国家统计局企业调查总队2003年公布的中国大企业集团资料显示：2002年，江西进入全国500家企业集团的只有4家，上海、浙江、江苏、广东分别有58家、39家、56家、55家，中部地区的山西、湖北、湖南、安徽分别有10家、10家、4家、6家企业集团榜上有名。江西企业集团实力与发达地区差距较大，户均企业集团总资产为19.9亿元，户均营业收入13.5亿元，户均利润0.39亿元；而上海和浙江分别达：83.2亿元、44.7亿元、2.2亿元和16.9亿元、19.2亿元、1.02亿元。虽然户均总资产江西高于浙江，但户均利润远远低于浙江，这也在一定程度上反映了运营水平的差距。

2. 技术水平影响创新。2003年江西省企业集团研究开发人员数量下降了3.5%，研发人员仅占总从业人数的2.2%，到2003年年末仍有32%的企业集团没有建立技术研究开发中心，在已建立的技术研究中心中，也只有16%满足需要，技术缺口大。从投入方面看，研究费用占营业收入的1.33%，比去年下降了0.06个百分点。科技投入的不足直接导致企业创新能力下降、削弱了企业在市场中的竞争力。2003年新产品销售收入与营业收入的比率为7.69%，与去年的8.85%相比，下降了1.16个百分点。

3. 生产效率有待提高。2003年江西企业集团主营业务成本与主营业务收入的比率为83.4%，主营业务收入增长27.3%的同时，主营业务成本增长了29.2%，成本增长高出收入增长1.9个百分点。资源的使用不充足的现象普遍存在，50家企业集团的总资产使用率为66.6%，其中农业产业、采矿业、电力、燃气及水的生产供应业最低。分别为21.37%、29.59%、33.67%。反映出江西企业集团资源消耗速度高于实际增长速度，效率不高。

江西企业集团发展中存在上述问题的主要原因：一是部分企业集团"内功"不够扎实，由于江西企业集团目前的管理体制仍然不健全，一些企业集团完整的成本核算体系尚未建立，面对原材料价格上涨不能消化增加的成本，使企业增产不增收；企业的管理没有发挥其作为生产力应有的作用；企业策略上缺乏长远的发展规划和科学的方案，企业往往是"一任一策"，缺乏稳定性，不利于企业的发展；在决策时缺少全面的市场信息，面对复杂的市场形势不能做出科学合理的决策，科研队伍不够强大，产品的质量和品牌竞争受影响等等。二是部分企业集团承受政策能力差。影响最明显的就是近期国家银根紧缩和清理在建投资项目的宏观调控政策使得一些企业的资金周转困难，资金流通不畅，影响了企业的正常经营。三是部分企业集团面对外部环境变化应对能力不足。江西企业集团的发展即要面对内部的改革，还面临着外部市场的压力。"长珠闽"经济圈的形成及该地区的企业联合使部分江西企业集团压力更大；江西企业集团的融资渠道、人才状况与沿海地区企业相比，差距较大，影响了竞争力，即便是与相邻的湖南、湖北也存在不小的差距。

四、进一步发展江西企业集团的几点思考。

1. 加强联合。企业集团的主要优势就是通过打破区域限制，实现产业集中，资源优化，发挥产业聚集效应。因此，江西省企业集团应该走联合之路。包括行业内部的联合、产业链上下游的联合、跨区域的联合，以实现资源、技术、市尝渠道的互补。根据有关调查资料计算：江西企业集团成员企业从事与主业相辅的企业集团净资产收益率为5.34%，成员企业从事同一行业而无关联的企业集团净资产收益率仅为0.72%；主辅相乘型企业集团在总资产报酬率及销售利润率均高于单一生产经营企业集团。提高产业集中度的方法多种多样，总体上要遵循"抓大放斜的原则，通过相互持股、兼并、收购、协议联合等途径，倡导企业集团对相关行业企业的整合。通过对企业集团统计资料的分析不难看出：大型企业集团的资产扩充能力，资产收益率，运营水平都远远高出中小型企业集团，规模优势可见一斑。要以强势企业为依托，从靠大靠强方向搞活或者做大做强企业。目前江西省很多中小企业没有活力，主要表现在规模小，零散产品多，优势品牌少，缺乏有关企业集团的整合，这些企业一旦加入到相关的省内外大型企业集团当中去，活力会很快显现出来。另外要加快组建企业集团的步伐。尤其是带有行业性质的企业集团的组建要加快。在组建时也可适当放宽些政策让一些下属企业去省外到国际上去靠大靠强。

2. 搞好调控。市场经济条件下，政府不再直接参与经济活动，政府行为以宏观调控为主。为提高企业集团的竞争力，政府首先应该加强监管，江西企业集团中国有控股企业有37家，总资产占所有企业集团总量的92.6%，加强对国有企业的监督，意义重大，目前许多企业集团面临资产重组，股权变更，政府应该在整个过程中做好裁判员，在资产评估过程中保持独立性，杜绝国有资产的流失。其次是想方设法为企业集团解决资金上的难题，针对目前企业集团发展中面临的资金困难，应该对一些产品有市场前景、确有实力的企业给予支持。第三是要保证交通顺畅，降低企业集团物流成本。物流已经成为目前经济发展的血脉，物流的通畅，物流成本的缩减可以大幅降低企业经营成本，增加企业利润。从政府方面来说，消除交通不合理收费，对货车载重量"实标"，都能为企业减负增收。第四是要摆正位置、做好服务。政府在现在经济中扮演的角色就是经济的服务者和保护者。政府应该减少行政审批手续，提高办事效率；为企业集团牵线搭桥，资源优化配置；重点检查企业产品质量，监督企业运作；整顿市场秩序，保证企业集团在市场中公平参与竞争，同时要注意组建综合性协调部门，解决企业发展和市场经济中出现的"交叉性"问题。第五要狠抓政策落实。部分企业反映政府出台的优惠政策相对省外迟缓，而且有些政策到位慢，尤其是一些政策没有实际性的操作细则，使政策失去实际意义。事实证明：政府制定的政策可操作性越强越有利于企业集团的发展。第六要为企业“走出去”创造条件。企业集团的发展就在于它的扩张性和包容性，企业跨盛跨国发展涉及到对外的经济交流，政府在这方便应给予优惠政策。目前，江西大部分企业集团具备了走出江西的实力，甚至少数集团完全有能力参与国际市场的分工和竞争，政府应加以正确的引导，并给予大力的支持。

3. 深化改革。江西企业集团应该在发展中改革，在改革中发展。一方面要加强内部管理，实现决策民主化、科学化。管理的重点应该成本质量管理，成本是企业的“晴雨表”，质量是企业的“生命线”，只有将二者结合起来才能产生效应，目前江西企业集团中大部分企业没有建立科学的成本控制体系，导致资源利用不充分，效率难以提高；企业集团内部应该建立完善的“监督－激励”制度，提高企业管理者和企业员工的积极性，目前只有34%的企业集团施行了经营者年薪制，“激励”机制要加强，在有条件的企业集团可以试行MBO制度（即经营者持股），但必须保证是在公开透明的情况下试行，在“激励”的同时加强对企业经营者的监管，完善监督机制，在公司制企业中要发挥监事会的作用；企业集团要建立较为完整的市场信息库，提高企业的市场敏感度，为决策的科学化奠定基础；完善公司管理制度，实现决策民主化。第二方面要增强技术力量，提高创新能力。技术是企业的核心，产品科技含量的高低也决定产品价值含量的高低，江西企业集团在研究开发上的投入明显不足，并呈现下降趋势，企业应该用发展的眼光看待科研开发的重要性，引进先进设备，引进技术性人才，形成以高技术能力为核心的竞争力。有了强大的技术基础，产品才有强大的竞争能力，才能不断的开拓占领市场，实现“可持续发展”。第四方面要“想方设法”走出去。江西企业集团中的多数是资源型企业，而资源总有耗尽的一天，如何将这类企业集团做成百年老店是一个非常现实的问题。从资源型企业中“走出去”比较成功的中国有色金属建设集团的经验来看，“占领地盘”、发展深加工产业是条好的发展途径。中色集团在赞比亚投资的铜矿其原矿品位均远远高于作为亚洲第一露天矿的德兴铜矿的原矿，矿的品位高了，开采平均成本减少了，中色集团的效益也自然大幅度提高。可见控制外部资源、实施“走出去”战略、发展外向型经济是江西企业集团尤其是资源型企业集团的必由之路。第五方面融入高水平产业链，甘当“配角”。江西企业集团由于自身的条件限制，往往不能形成有自身特色的有较强竞争力的产品，在这种条件下，能够融入某个高层次产品中的一个环节也能够取得比较优势。如江西凤凰光学集团，在照相机市场竞争压力，产品销售困难的时候采取生产手机摄相头的镜片、世界名牌照相机镜片来提高企业的竞争力，依托“强硬后台”发展自己，在镜片市场中依靠品质、价格优势，站稳了脚跟，保证了企业的生存和发展，实现第二次创业。

（吴兴华　康健林）

① 综　合

简要说明

一、本篇反映我省企业集团发展的基本状况、主要内容：

1.1998－2003年企业集团的单位数、资产总计、营业收入、出口额、利润总额、研究开发费用和从业人员数等。(注：因2003年启用新的行业划分标准，故2003年的以上各项指标单独列出)

2.2003年企业集团主要财务、劳动工资以及经济效益指标。

3.2003年企业集团成员单位主要指标。

4.2003年企业集团按资产总计、营业收入、利润总额、从业人员规模分组的主要财务、劳动工资以及经济效益指标。

5.2003年营业收入和资产总计均在5亿元以上企业集团主要财务、劳动工资以及经济效益指标。

6.2002－2003年各设区市企业集团主要财务、劳动工资以及经济效益指标。

二、企业集团各项指标统计原则

1.企业集团的财务指标一般按财政部门制定的“企业集团合并会计报表”的有关数据填报，合并会计报表中没有的指标按母公司与子公司(单位)相加汇总的数据填报；母公司和子公司(单位)的财务指标大部分直接取直于企业会计报表，少部分指标根据相关会计科目填报。

2.企业集团概况、劳动工资、主要业务等统计指标一般按母公司与各子公司(单位)相加汇总的数据填报。

1－1　企业集团单位数

单位:个

类　　别	1997年	1998年	1999年	2000年	2001年	2002年
全　省	**45**	**80**	**68**	**52**	**40**	**50**
一、按企业集团审批部门分						
国务院主管部门					1	1
省级人民政府	8	63	42	24	17	12
省政府主管部门			9	17	10	16
其　他	37	17	17	11	12	21
二、按母子公司控股情况分						
国有绝对控股	31	52	55	43	32	36
国有相对控股	1	4	4	2	2	1
集体绝对控股	6	6				1
集体相对控股		1				1
其　他	7	17	9	7	6	11
三、按企业集团主营行业分						
农、林、牧、渔业	3	6	6		1	2
工　业	32	50	47	38	34	39
采掘业			4	2	4	5
制造业			43	35	29	33
电力、煤气及水的生产和供应业				1	1	1
建筑业	1	6	4	2	2	3
交通运输、仓储及邮电通信业		2	2	2	1	1
批发和零售贸易、餐饮业	7	12	5	9	2	5
金融、保险业						
房地产业		2	2	1		
其　他	2	2	2			
四、按母子公司登记注册类型分						
国有企业	11	44	35	28	20	22
国有独资公司	7	9	10	10	7	8
其他有限责任公司	14	15	12	7	5	9
股份有限公司	6	4	8	5	4	6
中外合资企业						2
港澳台合资企业				1	1	1
其　他	7	8	3	1	3	2

1－2　企业集团资产总计

单位:万元

类　　别	1997年	1998年	1999年	2000年	2001年	2002年
全　省	**2 096 730**	**7 132 024**	**9 616 095**	**9 942 978**	**8 875 276**	**9 333 602**
一、按企业集团审批部门分						
国务院主管部门					54 177	536 614
省级人民政府	1 027 628	6 638 980	8 543 073	7 391 540	6 580 205	5 814 135
省政府主管部门			708 143	2 207 472	790 613	1 139 511
其　他	1 069 104	493 044	364 880	343 965	1 450 281	1 843 342
二、按母子公司控股情况分						
国有绝对控股	1 679 884	5 803 185	8 394 921	9 621 069	8 258 668	8 447 147
国有相对控股	102 879	849 461	915 368	101 219	404 786	318 362
集体绝对控股	150 619	155 827				28 213
集体相对控股		7 051				93 151
其　他	163 350	316 499	305 806	220 690	211 822	446 729
三、按企业集团主营行业分						
农、林、牧、渔业	110 330	195 681	201 621		22 476	29 941
工　业	1 637 583	3 838 331	6 152 758	5 590 135	8 447 225	8 664 682
采掘业			256 396	248 939	781 894	2 151 224
制造业			5 896 362	5 282 450	7 596 942	6 430 367
电力、煤气及水的生产和供应业				58 746	68 389	83 091
建筑业	105 333	207 027	186 565	155 035	215 142	287 477
交通运输、仓储及邮电通信业		2 537 123	2 846 727	3 820 200	56 820	75 440
批发和零售贸易、餐饮业	169 991	300 237	183 972	353 170	133 613	276 062
金融、保险业						
房地产业		37 752	62 995	24 436		
其　他	73 495	15 873	11 457			
四、按母子公司登记注册类型分						
国有企业	280 843	5 156 409	5 317 313	2 841 889	6 275 343	4 582 283
国有独资公司	113 019	744 367	2 382 878	5 487 399	1 407 857	2 821 897
其他有限责任公司	561 883	221 473	262 568	407 054	179 335	446 163
股份有限公司	923 205	769 362	1 459 783	1 057 597	836 930	665 091
中外合资企业						697 912
港澳台合资企业				44 534	54 786	66 420
其　他	217 782	240 412	193 553	104 504	121 025	53 836

1－3 企业集团固定资产净值

单位:万元

类别	1997年	1998年	1999年	2000年	2001年	2002年
全省	**693 666**	**3 806 597**	**6 565 431**	**1 570 803**	**5 354 740**	**5 394 236**
一、按企业集团审批部门分						
国务院主管部门					26 670	305 888
省级人民政府	353 685	3 639 631	6 077 009	907 695	4 226 937	3 765 242
省政府主管部门			329 741	642 382	432 605	538 113
其他	339 981	166 966	158 681	20 726	668 528	784 993
二、按母子公司控股情况分						
国有绝对控股	586 986	3 447 303	6 068 596	1 559 053	5 059 380	5 039 189
国有相对控股	36 255	260 708	405 130	5 294	203 212	175 234
集体绝对控股	31 764	24 343				5 590
集体相对控股		1 956				22 536
其他	38 661	72 288	91 705	6 456	92 148	151 687
三、按企业集团主营行业分						
农、林、牧、渔业	32 380	61 949	83 176		14 332	14 518
工业	570 619	1 469 791	3 639 098	1 101 139	5 156 026	5 138 803
采掘业			165 621	54 255	503 913	1 737 159
制造业			3 473 477	1 032 360	4 587 623	3 324 482
电力、煤气及水的生产和供应业				14 524	64 490	77 162
建筑业	39 678	74 514	88 161	19 529	113 928	130 178
交通运输、仓储及邮电通信业		2 135 074	2 709 797	420 318	46 962	53 653
批发和零售贸易、餐饮业	26 400	56 758	34 005	29 757	23 492	57 084
金融、保险业						
房地产业		5 735	5 414	58		
其他	24 589	2 776	5 789			
四、按母子公司登记注册类型分						
国有企业	94 400	3 200 927	4 096 142	695 332	4 049 690	2 582 823
国有独资公司	35 759	258 995	1 647 594	672 664	713 981	1 998 865
其他有限责任公司	209 321	74 961	71 985	47 491	80 760	155 088
股份有限公司	309 752	233 606	695 223	153 405	438 499	272 006
中外合资企业						354 776
港澳台合资企业				765	8 107	20 240
其他	44 434	38 108	54 487	1 145	63 703	10 438

1－4 企业集团累计对外投资

单位:万元

类别	1997 年	1998 年	1999 年	2000 年	2001 年	2002 年
全 省	**25 357**	**103 115**	**212 205**	**210 851**	**268 343**	**426 138**
一、按企业集团审批部门分						
国务院主管部门						5 591
省级人民政府	19 532	73 660	198 568	147 697	162 197	270 969
省政府主管部门			7 085	60 834	16 639	61 160
其 他	5 825	29 455	6 552	2 319	89 507	88 418
二、按母子公司控股情况分						
国有绝对控股	20 892	77 723	178 709	196 350	179 582	212 011
国有相对控股	81	24 406	27 250	14 501	78 658	154 669
集体绝对控股	300					414
集体相对控股		509				18 563
其 他	4 084	477	6 246		10 103	40 481
三、按企业集团主营行业分						
农、林、牧、渔业	1 628	3 505	9 216		1 693	1 921
工 业	22 425	94 591	189 484	189 590	263 926	377 557
采掘业			1 382	1 385	5 590	35 337
制造业			188 102	188 205	257 345	337 733
电力、煤气及水的生产和供应业				4 109	991	4 487
建筑业	653	718	818	2 917	699	1 466
交通运输、仓储及邮电通信业		3 689	6 234	3 506	2 025	5 557
批发和零售贸易、餐饮业	306	418	6 330	10 728		39 637
金融、保险业						
房地产业						
其 他	345	194	123			
四、按母子公司登记注册类型分						
国有企业	4 895	38 855	76 286	97 033	145 210	112 422
国有独资公司	1 726	37 910	80 037	36 464	14 070	52 519
其他有限责任公司	5 563	1 914	1 546	11 580	7 271	53 357
股份有限公司	11 579	24 435	49 048	65 773	91 689	179 155
中外合资企业						18 271
港澳台合资企业					10 103	10 000
其 他	1 594		5 288			414

1－5 企业集团流动资产年平均余额

单位:万元

类别	1997年	1998年	1999年	2000年	2001年	2002年
全省	**924 483**	**2 143 344**	**3 100 608**	**3 262 154**	**3 687 958**	**4 296 096**
一、按企业集团审批部门分						
国务院主管部门					39 642	264 028
省级人民政府	469 366	1 927 974	2 603 603	2 300 869	2 541 661	2 258 371
省政府主管部门			344 656	850 688	349 195	523 983
其他	455 117	215 370	152 348	110 597	757 460	1 249 714
二、按母子公司控股情况分						
国有绝对控股	715 661	1 556 251	2 555 038	3 123 395	3 393 146	3 878 483
国有相对控股	48 947	365 182	406 115	37 808	201 386	153 487
集体绝对控股	62 964	80 551				2 284
集体相对控股		2 149				70 885
其他	96 911	139 211	139 455	100 951	93 426	190 957
三、按企业集团主营行业分						
农、林、牧、渔业	40 148	93 074	101 282		8 663	11 777
工业	713 988	1 444 742	2 413 631	2 573 215	3 513 498	3 932 146
采掘业			115 400	114 541	333 848	859 055
制造业			2 298 231	2 449 237	3 163 601	3 054 359
电力、煤气及水的生产和供应业				9 437	16 049	18 732
建筑业	62 979	107 032	112 388	91 875	114 664	173 920
交通运输、仓储及邮电通信业		293 075	368 286	433 223	15 211	21 222
批发和零售贸易、餐饮业	70 333	165 771	75 948	140 782	35 922	157 031
金融、保险业						
房地产业		30 640	25 144	23 058		
其他	37 035	9 010	3 929			
四、按母子公司登记注册类型分						
国有企业	142 374	1 309 753	1 360 891	1 450 485	2 463 639	1 763 476
国有独资公司	47 406	332 325	965 016	1 198 865	767 363	1 294 376
其他有限责任公司	235 756	102 068	153 834	68 971	71 434	249 461
股份有限公司	388 467	324 949	541 575	487 637	303 779	353 483
中外合资企业						605 836
港澳台合资企业				24 768	29 345	27 180
其他	110 480	74 249	79 292	31 428	52 398	2 284

1－6　企业集团负债合计

单位:万元

类　　　别	1997年	1998年	1999年	2000年	2001年	2002年
全　省	**1 510 887**	**3 558 193**	**4 845 377**	**4 378 593**	**5 388 520**	**5 797 213**
一、按企业集团审批部门分						
国务院主管部门					33 727	287 294
省级人民政府	690 458	3 214 135	4 105 774	2 965 988	4 039 912	3 764 462
省政府主管部门			509 717	1 225 247	456 146	624 292
其　他	820 429	344 058	229 886	187 357	858 735	1 121 165
二、按母子公司控股情况分						
国有绝对控股	1 220 594	2 743 170	4 109 651	4 266 618	5 126 000	5 340 275
国有相对控股	58 357	534 611	571 503	24 005	164 868	160 142
集体绝对控股	123 211	131 812				26 112
集体相对控股		5 033				62 378
其　他	108 725	143 567	164 223	87 970	97 652	208 306
三、按企业集团主营行业分						
农、林、牧、渔业	107 364	202 087	225 443		26 632	29 141
工　业	1 126 571	2 629 024	3 816 895	3 456 683	5 072 815	5 365 100
采掘业			183 592	167 605	493 762	1 099 305
制造业			3 633 303	3 269 715	4 556 199	4 240 304
电力、煤气及水的生产和供应业				19 636	22 854	25 491
建筑业	69 807	135 493	128 090	113 861	139 459	199 423
交通运输、仓储及邮电通信业		307 946	488 203	501 238	29 707	35 166
批发和零售贸易、餐饮业	146 236	246 141	160 325	293 337	119 907	168 383
金融、保险业						
房地产业		22 036	19 243	13 200		
其　他	60 909	15 465	7 177			
四、按母子公司登记注册类型分						
国有企业	212 937	2 330 431	2 324 801	1 846 741	3 897 742	3 117 170
国有独资公司	96 522	497 006	1 289 620	1 539 974	810 310	1 547 679
其他有限责任公司	404 931	116 575	167 643	273 961	118 883	249 852
股份有限公司	612 114	487 662	954 997	660 613	483 326	383 620
中外合资企业						436 368
港澳台合资企业				21 837	21 453	27 709
其　他	184 383	126 519	108 315	35 466	56 806	34 815

1－7 企业集团流动负债

单位:万元

类　　别	1997年	1998年	1999年	2000年	2001年	2002年
全　省	**997 890**	**2 248 998**	**3 230 761**	**3 111 352**	**4 123 342**	**4 520 438**
一、按企业集团审批部门分						
国务院主管部门					32 327	197 068
省级人民政府	393 379	1 989 875	2 702 848	2 162 224	3 066 459	2 944 052
省政府主管部门			352 649	786 833	313 386	469 243
其　他	604 511	259 123	175 264	162 294	711 170	910 075
二、按母子公司控股情况分						
国有绝对控股	745 314	1 735 477	2 723 554	3 023 801	3 923 678	4 174 623
国有相对控股	41 135	309 659	381 756	16 302	111 029	105 688
集体绝对控股	115 275	82 545				3 372
集体相对控股		5 033				62 294
其　他	96 166	116 284	125 450	71 249	88 635	174 461
三、按企业集团主营行业分						
农、林、牧、渔业	72 631	147 322	154 480		18 284	18 520
工　业	687 178	1 496 135	2 469 655	338 859	3 840 257	4 159 709
采掘业			118 096	101 717	367 800	716 220
制造业			2 351 559	2 222 765	3 456 469	3 427 249
电力、煤气及水的生产和供应业				14 377	15 988	16 240
建筑业	54 375	105 439	107 056	94 213	123 952	179 948
交通运输、仓储及邮电通信业		284 096	392 270	394 331	23 499	27 930
批发和零售贸易、餐饮业	134 012	191 402	91 835	278 466	117 350	134 331
金融、保险业						
房地产业		12 807	11 103	5 481		
其　他	49 694	11 797	4 362			
四、按母子公司登记注册类型分						
国有企业	165 285	1 484 608	1 482 418	1 283 108	2 957 970	2 487 147
国有独资公司	62 569	327 964	878 950	1 120 121	690 059	1 137 155
其他有限责任公司	292 818	80 867	132 900	181 914	88 477	217 383
股份有限公司	304 608	279 551	650 859	474 995	312 096	282 370
中外合资企业						358 715
港澳台合资企业				20 145	21 164	27 293
其　他	172 610	76 008	85 633	31 068	53 576	10 375

1－8　企业集团年末股东权益合计

单位：万元

类　　别	1997 年	1998 年	1999 年	2000 年	2001 年	2002 年
全　　省	**584 940**	**3 501 664**	**4 408 351**	**5 564 384**	**3 486 756**	**2 685 707**
一、按企业集团审批部门分						
国务院主管部门					20 450	163 774
省级人民政府	336 665	3 352 838	4 082 391	4 425 552	2 540 293	1 631 635
省政府主管部门			197 219	982 224	334 467	397 552
其　他	248 275	148 826	128 741	156 608	591 546	492 746
二、按母子公司控股情况分						
国有绝对控股	459 291	2 993 503	3 932 495	5 354 450	3 132 668	2 355 065
国有相对控股	44 522	309 564	335 343	77 214	239 918	95 319
集体绝对控股	27 007	24 015				2 101
集体相对控股		2 018				18 728
其　他	54 120	172 564	140 513	132 720	114 170	214 494
三、按企业集团主营行业分						
农、林、牧、渔业	2 967	－6 774	－23 822		－4 156	800
工　业	510 108	1 137 507	1 980 473	2 133 178	3 374 410	2 486 860
采掘业			72 793	81 334	288 132	701 890
制造业			1 907 680	2 012 735	3 040 743	1 779 195
电力、煤气及水的生产和供应业				39 109	45 535	5 775
建筑业	35 526	71 534	56 535	41 174	75 683	88 054
交通运输、仓储及邮电通信业		2 229 177	2 353 485	3 318 962	27 113	22 446
批发和零售贸易、餐饮业	23 753	54 096	23 647	59 833	13 706	87 547
金融、保险业						
房地产业		15 716	13 752	11 236		
其　他	12 586	408	4 280			
四、按母子公司登记注册类型分						
国有企业	67 401	2 776 930	2 930 795	995 148	2 377 601	1 333 522
国有独资公司	16 498	229 896	816 742	3 947 424	597 547	814 295
其他有限责任公司	156 952	104 530	94 591	133 093	60 452	176 355
股份有限公司	311 092	276 414	482 055	396 984	353 604	169 974
中外合资企业						133 829
港澳台合资企业				22 697	33 333	38 711
其　他	32 997	113 893	84 168	69 038	64 219	19 021

1－9　企业集团实收资本

单位:万元

类　　　　别	1997 年	1998 年	1999 年	2000 年	2001 年	2002 年
全　省	**324 136**	**2 922 062**	**3 723 875**	**4 548 154**	**2 092 464**	**1 987 745**
一、按企业集团审批部门分						
国务院主管部门					12 083	92 552
省级人民政府	175 132	2 843 671	3 484 683	3 952 511	1 633 960	1 412 240
省政府主管部门			120 272	494 708	168 964	225 102
其　他	149 004	78 391	118 920	100 934	277 457	257 851
二、按母子公司控股情况分						
国有绝对控股	247 364	2 590 051	3 430 258	4 482 291	1 935 964	1 782 500
国有相对控股	24 010	154 705	154 653	12 814	103 745	85 139
集体绝对控股	15 032	18 044				1 383
集体相对控股		2 166				12 330
其　他	37 730	157 096	138 964	53 049	52 755	106 393
三、按企业集团主营行业分			1 275 692			
农、林、牧、渔业	5 343	14 802	13 853		2 536	1 946
工　业	284 810	568 659		1 022 683	1 974 567	1 828 853
采掘业			42 196	57 955	191 705	420 608
制造业			1 233 496	936 131	1 753 643	1 372 913
电力、煤气及水的生产和供应业				28 597	29 219	35 332
建筑业	11 419	44 737	33 767	22 377	83 564	102 660
交通运输、仓储及邮电通信业		2 227 371	2 355 285	3 405 201	12 095	12 095
批发和零售贸易、餐饮业	16 109	46 474	26 384	84 709	19 702	42 191
金融、保险业						
房地产业		17 717	17 717	13 182		
其　他	6 455	2 301	1 176			
四、按母子公司登记注册类型分						
国有企业	24 781	2 500 878	2 645 700	555 485	1 580 929	1 141 699
国有独资公司	12 918	100 362	489 915	3 700 941	253 503	528 935
其他有限责任公司	90 263	84 250	73 206	90 612	47 685	93 421
股份有限公司	171 470	129 108	421 226	179 928	171 912	141 877
中外合资企业						54 460
港澳台合资企业				9 772	15 000	17 000
其　他	24 704	107 464	93 829	11 415	23 435	10 353

1－10 企业集团主营业务收入

单位:万元

类　　别	1997年	1998年	1999年	2000年	2001年	2002年
全　省	**1 083 068**	**2 722 550**	**3 426 475**	**3 340 279**	**4 368 409**	**5 227 202**
一、按企业集团审批部门分						
国务院主管部门					56 394	176 858
省级人民政府	515 186	2 469 771	3 078 591	2 274 523	3 083 741	3 307 681
省政府主管部门			221 062	861 000	296 297	495 017
其　他	567 882	252 779	126 822	204 755	931 977	1 247 646
二、按母子公司控股情况分						
国有绝对控股	694 060	2 098 190	2 828 255	3 133 154	4 023 567	4 697 536
国有相对控股	34 521	327 435	441 841	39 514	152 435	122 957
集体绝对控股	138 986	123 173				8 350
集体相对控股		5 996				54 280
其　他	215 501	167 757	156 379	167 611	192 407	344 079
三、按企业集团主营行业分						
农、林、牧、渔业	49 359	55 074	49 298		2 585	5 502
工　业	778 657	1 965 043	2 840 116	2 551 360	4 189 250	4 850 798
采掘业			109 837	94 605	295 749	957 058
制造业			2 730 279	2 537 194	3 874 564	3 873 437
电力、煤气及水的生产和供应业				14 112	18 937	20 303
建筑业	72 207	112 551	79 204	57 160	95 684	217 622
交通运输、仓储及邮电通信业		313 746	356 546	408 233	22 482	27 780
批发和零售贸易、餐饮业	163 332	270 165	80 903	225 555	58 408	125 500
金融、保险业						
房地产业		2 451	2 781	3 418		
其　他	19 513	3 519	17 627			
四、按母子公司登记注册类型分						
国有企业	216 410	1 870 359	1 601 373	1 449 984	3 124 766	2 439 693
国有独资公司	85 975	264 761	1 025 189	1 130 714	743 423	1 466 375
其他有限责任公司	205 898	131 880	168 398	103 235	73 814	297 586
股份有限公司	347 044	363 530	596 192	515 378	250 184	269 332
中外合资企业						579 540
港澳台合资企业				127 885	150 113	153 846
其　他	227 741	92 020	35 324	13 082	26 109	20 830

1－11 企业集团主营业务成本

单位:万元

类　　别	1997 年	1998 年	1999 年	2000 年	2001 年	2002 年
全　省	**893 295**	**2 239 971**	**2 772 315**	**2 591 319**	**3 530 219**	**4 263 928**
一、按企业集团审批部门分						
国务院主管部门					48 063	133 239
省级人民政府	420 512	2 031 548	2 460 431	1 783 334	2 579 503	2 799 013
省政府主管部门			213 774	683 016	211 159	366 363
其　他	472 783	208 423	98 110	124 969	691 494	965 313
二、按母子公司控股情况分						
国有绝对控股	555 934	1 729 728	2 329 583	2 467 293	3 292 322	3 859 722
国有相对控股	25 891	256 858	341 303	28 732	113 879	93 246
集体绝对控股	123 317	111 909				7 616
集体相对控股		5 046				43 814
其　他	188 153	136 430	101 429	95 294	124 018	259 530
三、按企业集团主营行业分						
农、林、牧、渔业	41 915	23 214	41 396		1 723	4 702
工　业	631 808	1 610 776	2 271 933	2 039 002	3 390 212	3 942 565
采掘业			80 243	66 979	235 905	815 328
制造业			2 191 690	1 963 185	3 143 492	3 115 173
电力、煤气及水的生产和供应业				8 838	10 815	12 064
建筑业	66 147	99 856	68 780	51 529	82 820	190 879
交通运输、仓储及邮电通信业		251 094	252 774	297 199	17 940	22 213
批发和零售贸易、餐饮业	143 116	250 311	120 837	200 395	37 524	103 569
金融、保险业						
房地产业		2 177	2 314	3 193		
其　他	10 309	2 543	14 280			
四、按母子公司登记注册类型分						
国有企业	181 466	1 552 895	1 248 280	1 148 104	2 576 106	2 038 598
国有独资公司	70 629	202 582	855 266	875 492	598 989	1 231 882
其他有限责任公司	159 153	103 689	160 805	91 043	60 008	243 306
股份有限公司	271 645	298 157	478 725	400 067	183 292	185 562
中外合资企业						438 754
港澳台合资企业				64 495	93 952	107 972
其　他	210 402	82 647	29 239	12 118	17 872	17 854

1－12 企业集团税金及附加

单位:万元

类　　别	1997年	1998年	1999年	2000年	2001年	2002年
全　省	**8 419**	**76 770**	**82 770**	**48 741**	**43 575**	**62 315**
一、按企业集团审批部门分						
国务院主管部门					1 929	1 905
省级人民政府	4 185	73 642	79 091	39 190	31 349	29 244
省政府主管部门			2 586	7 448	2 381	18 300
其　他	4 234	3 128	1 093	2 103	7 916	12 866
二、按母子公司控股情况分						
国有绝对控股	7 101	71 672	76 717	46 704	41 521	58 781
国有相对控股	219	2 903	4 891	193	603	322
集体绝对控股	96	394				57
集体相对控股						282
其　他	1 003	1 802	1 162	1 844	1 451	2 873
三、按企业集团主营行业分			67 822			
农、林、牧、渔业	712	904	1 614		106	188
工　业	4 656	61 897		33 944	39 858	55 229
采掘业			963	875	3 024	21 770
制造业			66 859	32 985	36 616	33 240
电力、煤气及水的生产和供应业				84	218	219
建筑业	2 309	3 078	1 975	1 438	3 204	5 731
交通运输、仓储及邮电通信业		9 932	11 106	12 698	407	517
批发和零售贸易、餐饮业	483	812	145	551		650
金融、保险业						
房地产业		89	89	108		
其　他	259	59	18			
四、按母子公司登记注册类型分						
国有企业	4 254	67 996	60 497	18 238	26 429	15 252
国有独资公司	1 208	4 105	14 932	22 833	14 180	33 021
其他有限责任公司	1 554	1 034	1 552	557	327	4 685
股份有限公司	1 085	2 980	5 420	6 229	1 327	2 227
中外合资企业						6 720
港澳台合资企业				864	502	322
其　他	318	656	369	19	810	88

1－13　企业集团出口销售总额

单位:万元

类　　　　别	1997 年	1998 年	1999 年	2000 年	2001 年	2002 年
全　　省	**18 321**	**105 917**	**89 283**	**135 731**	**204 844**	**217 309**
一、按企业集团审批部门分						
国务院主管部门						961
省级人民政府	3 234	77 031	71 310	50 434	131 392	123 364
省政府主管部门			12 975	80 541	23 655	37 567
其　他	15 087	28 886	4 998	4 756	49 797	55 417
二、按母子公司控股情况分						
国有绝对控股	11 689	42 574	72 816	121 442	166 747	167 704
国有相对控股	167	1 848	2 003		23 161	27 226
集体绝对控股		80				
集体相对控股						
其　他	6 465	61 415	14 464	14 289	14 936	22 379
三、按企业集团主营行业分						
农、林、牧、渔业	1 127	2 925	855			
工　业	16 973	101 386	88 424	124 936	204 844	216 888
采掘业					943	45 037
制造业			88 428	124 936	203 901	171 851
电力、煤气及水的生产和供应业						
建筑业		1 606				
交通运输、仓储及邮电通信业						
批发和零售贸易、餐饮业				10 795		421
金融、保险业						
房地产业						
其　他	221					
四、按母子公司登记注册类型分						
国有企业	1 421	24 601	30 322	85 504	123 660	66 232
国有独资公司	434	18 189	26 978	20 836	42 797	81 246
其他有限责任公司	9 004	7 451	10 459	9 731	290	22 389
股份有限公司	5 654	1 632	15 999	14 904	23 161	39 060
中外合资企业						8 382
港澳台合资企业						
其　他	1 808	54 044	5 525	4 756	14 936	

1－14　企业集团其他业务收入

单位:万元

类　　别	1997 年	1998 年	1999 年	2000 年	2001 年	2002 年
全　省	**13 530**	**214 256**	**313 688**	**89 900**	**147 134**	**116 100**
一、按企业集团审批部门分						
国务院主管部门						42 322
省级人民政府	8 687	211 286	294 477	25 394	112 380	51 914
省政府主管部门			16 072	62 159	2 678	9 511
其　他	4 843	2 970	3 139	2 347	32 076	12 353
二、按母子公司控股情况分						
国有绝对控股	11 420	209 735	310 532	89 075	145 958	113 156
国有相对控股	237	202	3 146	816	1 123	1 104
集体绝对控股	2 148	4 056				127
集体相对控股						1 234
其　他	－275	264	10	9	53	479
三、按企业集团主营行业分						
农、林、牧、渔业	212	407	601		67	126
工　业	2 330	32 279	75 666	81 613	144 654	104 199
采掘业			13 680	21 340	48 848	58 821
制造业			61 986	60 196	95 688	44 599
电力、煤气及水的生产和供应业				77	118	779
建筑业	8 836	6 530	29 867	2 340		7 300
交通运输、仓储及邮电通信业		171 736	205 985	4 162	2 413	2 535
批发和零售贸易、餐饮业	1 257	2 538	989	1 785		1 940
金融、保险业						
房地产业						
其　他	895	766	581			
四、按母子公司登记注册类型分						
国有企业	9 805	205 157	255 846	44 914	138 831	79 381
国有独资公司	727	1 472	51 554	38 680	5 078	23 001
其他有限责任公司	1 724	5 709	687	648	1 231	8 824
股份有限公司	260	76	5 601	5 658	1 994	4 767
中外合资企业						
港澳台合资企业						
其　他	1 014	1 842				127

1－15 企业集团投资收益

单位:万元

类　　别	1997 年	1998 年	1999 年	2000 年	2001 年	2002 年
全　省	**3 651**	**16 864**	**－3 373**	**13 051**	**18 020**	**17 386**
一、按企业集团审批部门分						
国务院主管部门						－2
省级人民政府	1 357	16 198	7 904	7 998	8 721	10 190
省政府主管部门			599	4 747	1 233	1 413
其　他	2 294	666	－11 876	306	8 066	5 785
二、按母子公司控股情况分						
国有绝对控股	3 290	15 285	－4 594	11 713	14 193	15 491
国有相对控股	375	943	622	1 338	4 007	36
集体绝对控股	40	44				
集体相对控股						1 002
其　他	－54	593	599		－ 180	857
三、按企业集团主营行业分						
农、林、牧、渔业	13	23	－12 104		109	100
工　业	3 644	15 199	8 321	12 200	17 855	15 418
采掘业			46	9	99	299
制造业			8 275	12 191	17 734	15 092
电力、煤气及水的生产和供应业				29	22	27
建筑业	－71	127	65	－ 182	10	－50
交通运输、仓储及邮电通信业		271	306	829	9	109
批发和零售贸易、餐饮业	62	1 237	39	175	37	1 809
金融、保险业						
房地产业						
其　他	3	7				
四、按母子公司登记注册类型分						
国有企业	－ 114	14 285	－6 940	3 504	10 931	5 923
国有独资公司	28	367	1 801	4 019	2 472	6 901
其他有限责任公司	210	66	7	1 218	32	1 707
股份有限公司	3 492	2 136	1 168	4 310	4 764	250
中外合资企业						2 605
港澳台合资企业					－ 179	
其　他	35	10	592			

1－16　企业集团营业外收入

单位:万元

类　　别	1997 年	1998 年	1999 年	2000 年	2001 年	2002 年
全　　省	**6 883**	**13 222**	**16 331**	**10 123**	**14 015**	**14 890**
一、按企业集团审批部门分						
国务院主管部门						2 034
省级人民政府	4 628	10 032	12 328	6 070	12 263	8 006
省政府主管部门			3 392	3 726	822	2 193
其　他	2 255	3 190	611	327	930	2 657
二、按母子公司控股情况分						
国有绝对控股	6 424	7 315	9 933	9 500	13 774	14 169
国有相对控股	348	5 302	6 233	477	150	554
集体绝对控股	30	65				110
集体相对控股						26
其　他	81	540	165	146	91	31
三、按企业集团主营行业分						
农、林、牧、渔业	728	465	2 025		30	14
工　业	5 683	6 938	12 783	7 871	13 458	13 866
采掘业			513	421	3 413	6 863
制造业			12 270	7 449	10 040	6 960
电力、煤气及水的生产和供应业				1	5	43
建筑业	156	382	152	78	323	295
交通运输、仓储及邮电通信业		2 328	1 286	1 710	204	477
批发和零售贸易、餐饮业	176	3 072	85	463		238
金融、保险业						
房地产业		11				
其　他	140	27				
四、按母子公司登记注册类型分						
国有企业	536	9 864	6 200	4 194	12 041	7 415
国有独资公司	757	1 132	2 944	4 218	1 584	5 333
其他有限责任公司	1 100	219	63	115	42	203
股份有限公司	4 433	1 910	6 967	1 594	269	633
中外合资企业						1 184
港澳台合资企业				1		12
其　他	57	97	157		79	110

1－17 企业集团利润总额

单位:万元

类别	1997年	1998年	1999年	2000年	2001年	2002年
全省	**10 522**	**16 997**	**69 116**	**90 148**	**73 747**	**129 204**
一、按企业集团审批部门分						
国务院主管部门					3 363	6 480
省级人民政府	9 589	19 400	59 331	64 206	23 441	35 768
省政府主管部门			11 568	15 711	17 141	20 559
其他	933	－2 403	－1 783	10 231	29 802	66 397
二、按母子公司控股情况分						
国有绝对控股	－ 531	5 701	44 274	71 758	57 095	103 558
国有相对控股	2 373	4 468	18 382	7 215	7 398	3 407
集体绝对控股	3 140	1 366				1
集体相对控股		199				1 851
其他	5 540	5 263	6 459	11 174	9 254	20 387
三、按企业集团主营行业分						
农、林、牧、渔业	－5 331	－15 349	－13 258		－ 874	－ 905
工业	17 963	23 954	36 671	39 808	75 873	120 059
采掘业			4 077	420	6 693	20 760
制造业			32 594	38 132	66 219	94 947
电力、煤气及水的生产和供应业				1 256	2 961	4 352
建筑业	－2 207	－ 627	197	－3 019	－ 643	460
交通运输、仓储及邮电通信业		10 914	46 640	55 961	2 076	2 668
批发和零售贸易、餐饮业	1 189	－ 518	－ 938	－2 405	－2 685	6 922
金融、保险业						
房地产业		－ 680	－ 620	－ 197		
其他	－1 092	－ 696	424			
四、按母子公司登记注册类型分						
国有企业	693	13 266	35 351	15 725	33 927	16 461
国有独资公司	－3 679	－6 426	12 989	58 957	22 400	39 062
其他有限责任公司	－2 247	6 166	6 768	1 094	716	13 854
股份有限公司	14 358	2 095	15 116	6 236	8 196	8 329
中外合资企业						42 503
港澳台合资企业				7 974	5 085	7 929
其他	1 397	1 896	－1 108	160	3 423	1 066

1－18　企业集团应缴增值税

单位:万元

类　　别	1997 年	1998 年	1999 年	2000 年	2001 年	2002 年
全　省	**28 071**	**99 566**	**131 093**	**122 611**	**199 273**	**237 367**
一、按企业集团审批部门分						
国务院主管部门						11 893
省级人民政府	13 573	93 275	115 592	62 057	140 020	155 436
省政府主管部门			11 100	44 073	17 200	19 634
其　他	14 498	6 291	4 401	16 480	42 053	50 404
二、按母子公司控股情况分						
国有绝对控股	20 875	76 585	101 945	106 021	181 360	218 008
国有相对控股	2 244	15 073	20 624	164	5 480	3 098
集体绝对控股	870	483				81
集体相对控股						1 049
其　他	4 082	7 426	8 524	16 426	12 433	15 131
三、按企业集团主营行业分						
农、林、牧、渔业	1 572	1 814	1 437		41	3
工　业	23 373	90 978	126 713	115 175	199 098	234 299
采掘业			6 243	5 564	14 214	46 727
制造业			120 470	108 696	183 322	186 216
电力、煤气及水的生产和供应业				915	1 562	1 356
建筑业	75	3 469	105	165		586
交通运输、仓储及邮电通信业		1 775	1 361	771	－86	149
批发和零售贸易、餐饮业	1 647	1 305	645	6 498	220	2 330
金融、保险业						
房地产业		33	125			
其　他	1 404	191	708			
四、按母子公司登记注册类型分						
国有企业	3 596	71 776	57 189	61 171	158 296	123 064
国有独资公司	3 629	8 757	39 739	24 583	16 443	55 231
其他有限责任公司	5 253	6 102	7 982	1 025	1 622	8 237
股份有限公司	13 240	11 568	24 611	20 487	10 869	10 607
中外合资企业						32 641
港澳台合资企业				14 714	10 827	7 506
其　他	2 353	1 364	1 573	630	1 216	511

1－19 企业集团固定资产投资完成额

单位:万元

类别	1997 年	1998 年	1999 年	2000 年	2001 年	2002 年
全省	**64 070**	**370 188**	**291 007**	**629 399**	**361 104**	**517 574**
一、按企业集团审批部门分						
国务院主管部门						43 791
省级人民政府	29 457	355 891	275 448	521 690	287 751	383 546
省政府主管部门			8 519	100 942	23 478	34 302
其他	34 613	14 297	7 040	6 766	49 875	55 935
二、按母子公司控股情况分						
国有绝对控股	48 796	339 271	278 112	628 498	326 343	489 398
国有相对控股	8 146	20 068	7 722		26 884	13 943
集体绝对控股	2 000	507				
集体相对控股						
其他	5 128	10 342	5 173	901	7 877	14 233
三、按企业集团主营行业分						
农、林、牧、渔业	621	7 448	668		215	23
工业	62 952	136 729	212 823	169 722	358 223	512 014
采掘业			4 562	5 180	23 057	190 408
制造业			208 261	163 842	334 557	307 893
电力、煤气及水的生产和供应业				700	609	13 713
建筑业		8 127	1 550	1 651		624
交通运输、仓储及邮电通信业		216 569	75 770	455 798	2 666	3 499
批发和零售贸易、餐饮业		1 025	71	2 226		1 414
金融、保险业						
房地产业						
其他	497	291	125			
四、按母子公司登记注册类型分						
国有企业	8 173	319 953	122 682	86 780	289 020	236 092
国有独资公司	4 343	19 469	132 703	521 247	30 732	230 386
其他有限责任公司	15 105	11 551	6 961	890	1 591	9 405
股份有限公司	36 219	18 957	28 093	20 481	31 884	20 116
中外合资企业						17 597
港澳台合资企业					7 871	3 978
其他	230	258	569		6	

1－20　企业集团研究费用

单位:万元

类　　别	1997 年	1998 年	1999 年	2000 年	2001 年	2002 年
全　省	**15 378**	**21 099**	**32 157**	**29 170**	**41 082**	**72 055**
一、按企业集团审批部门分						
国务院主管部门						305
省级人民政府	14 286	17 923	31 213	23 452	15 722	31 691
省政府主管部门			772	4 767	2 800	4 847
其　他	1 092	3 176	172	950	22 560	35 212
二、按母子公司控股情况分						
国有绝对控股	14 042	12 525	19 508	29 170	32 925	64 019
国有相对控股	325	8 208	12 608		3 409	4 035
集体绝对控股	130	185				
集体相对控股						
其　他	881	181	41		4 748	4 001
三、按企业集团主营行业分						
农、林、牧、渔业			22 805			
工　业	15 220	20 696	31 466	27 524	41 082	68 993
采掘业			156	8	477	2 027
制造业			31 310	27 516	40 605	66 966
电力、煤气及水的生产和供应业						
建筑业		199				
交通运输、仓储及邮电通信业		28	307	430		
批发和零售贸易、餐饮业	147	170		1 215		3 062
金融、保险业						
房地产业						
其　他	11	5	384			
四、按母子公司登记注册类型分						
国有企业	779	10 003	4 966	9 143	15 208	19 403
国有独资公司	670	2 496	14 064	13 562	16 072	33 196
其他有限责任公司	374	584	295	156	327	3 327
股份有限公司	13 518	8 000	12 791	6 309	4 727	4 227
中外合资企业						11 377
港澳台合资企业					4 650	521
其　他	37	16	41		98	4

1－21 企业集团从业人员数

单位:人

类　　别	1997年	1998年	1999年	2000年	2001年	2002年
全　省	**164 643**	**289 592**	**36 916**	**331 328**	**378 433**	**376 295**
一、按企业集团审批部门分						
国务院主管部门					3 802	45 853
省级人民政府	78 794	254 978	290 061	224 051	279 984	208 444
省政府主管部门			57 327	95 959	44 941	55 574
其　他	85 849	34 614	21 773	11 318	49 706	66 424
二、按母子公司控股情况分						
国有绝对控股	141 084	244 479	324 458	322 025	353 997	339 970
国有相对控股	11 967	26 562	27 339	2 317	15 933	18 692
集体绝对控股	2 255	3 982				241
集体相对控股		363				2 751
其　他	9 337	14 206	17 364	6 986	8 503	14 641
三、按企业集团主营行业分						
农、林、牧、渔业	17 538	22 052	22 805		3 710	3 221
工　业	107 173	146 575	239 438	218 852	358 885	343 277
采掘业			28 212	24 030	85 095	104 633
制造业			211 226	193 177	272 077	236 913
电力、煤气及水的生产和供应业				1 645	1 713	1 731
建筑业	25 309	24 176	18 484	12 177	12 561	21 520
交通运输、仓储及邮电通信业		84 932	83 729	86 965	1 992	1 786
批发和零售贸易、餐饮业	7 076	10 338	3 549	13 252	1 285	6 491
金融、保险业						
房地产业		333	338	82		
其　他	7 547	1 186	818			
四、按母子公司登记注册类型分						
国有企业	42 239	201 122	196 830	131 212	282 830	219 439
国有独资公司	21 077	49 559	101 021	156 540	56 867	89 815
其他有限责任公司	52 828	16 120	15 501	12 332	6 783	16 032
股份有限公司	40 965	19 335	47 433	26 836	24 924	27 147
中外合资企业						18 001
港澳台合资企业				4 028	4 597	4 658
其　他	7 534	3 456	8 376	380	2 432	1 203

1－22 企业集团从业人员劳动报酬

单位:万元

类别	1997年	1998年	1999年	2000年	2001年	2002年
全 省	**81 126**	**236 580**	**321 357**	**1 440 429**	**377 279**	**441 412**
一、按企业集团审批部门分						
国务院主管部门					3 680	55 754
省级人民政府	45 203	209 022	278 109	1 343 779	282 131	250 240
省政府主管部门			32 201	88 847	36 725	53 806
其 他	35 923	27 558	11 048	7 802	54 743	81 612
二、按母子公司控股情况分						
国有绝对控股	66 560	203 965	290 463	1 433 752	355 873	408 393
国有相对控股	5 863	18 451	21 918	1 499	15 328	16 612
集体绝对控股	1 412	1 786				414
集体相对控股		130				3 413
其 他	7 291	12 248	8 976	5 178	6 078	12 580
三、按企业集团主营行业分						
农、林、牧、渔业	5 729	9 861	9 069		1 251	1 190
工 业	55 389	104 643	195 268	385 538	359 088	403 890
采掘业			19 015	18 899	72 003	132 996
制造业			176 253	356 455	284 929	268 174
电力、煤气及水的生产和供应业				1 604	2 156	2 720
建筑业	13 064	20 191	12 379	10 184	13 014	26 706
交通运输、仓储及邮电通信业		94 991	101 573	1 042 496	2 093	2 242
批发和零售贸易、餐饮业	4 253	5 986	2 417	10 740	1 833	7 384
金融、保险业						
房地产业		180	149	49		
其 他	2 691	729	502			
四、按母子公司登记注册类型分						
国有企业	19 941	175 353	175 106	289 389	284 663	245 108
国有独资公司	8 749	30 432	91 712	1 112 379	59 852	121 452
其他有限责任公司	24 642	13 960	13 946	8 315	3 930	18 102
股份有限公司	25 198	15 557	37 757	26 772	23 631	24 445
中外合资企业						27 435
港澳台合资企业				3 385	3 868	4 398
其 他	2 596	1 279	2 836	187	1 335	472

1－23　企业集团主要财务指标

（2003年）　　　　单位：万元

类　　　型	单位数（个）	年末资产总计	固定资产原价	无形资产
总　计	**50**	**9 964 517**	**5 274 370**	**418 787**
一、按集团审批部门分				
国务院主管部门	2	757 706	300 029	35 009
省级人民政府	11	5 896 835	3 658 433	267 698
省级人民政府主管部门	15	994 396	422 977	41 078
其　他	22	2 315 580	892 931	75 002
二、按母公司控股情况分				
国有及国有控股	37	9 223 026	5 051 511	372 527
国有绝对控股	34	8 811 824	4 843 307	360 403
国有相对控股	3	411 202	208 204	12 124
集体及集团控股				
集体绝对控股				
集体相对控股				
其　他	13	741 491	222 859	46 260
三、按集团主营行业分				
农、林、牧、渔业	2	31 729	5 185	261
工　业	39	9 188 246	5 003 548	389 451
采矿业	2	770 624	308 178	32 292
制造业	36	8 319 880	4 605 633	351 608
电力、燃气及水的生产和供应业	1	97 742	89 737	5 551
建筑业	5	411 235	155 876	3 164
交通运输、仓储和邮政业	1	81 593	58 495	7 868
批发和零售业	1	197 957	38 522	17 475
房地产业	1	32 609	4 231	
其他	1	21 148	8 513	568
四、按母公司登记注册类型分				
国有企业	14	4 250 536	2 158 502	279 106
国有独资企业	12	2 541 016	1 105 248	59 796
其他有限责任公司	13	625 100	171 725	36 223
股份有限公司	9	2 403 843	1 764 838	42 904
中外合资企业				
港澳台合资企业				
其　他	2	144 022	74 057	758
五、按母公司企业规模分				
大　型	17	5 960 376	3 415 558	123 520
中　型	25	2 204 790	835 563	90 979
小　型	7	195 662	88 713	8 855
其　他	1	1 603 689	934 536	195 433

1－23　续表1

单位:万元

类　　型	累计折旧	本年折旧	累计对外投　资	本年对外投资
总　计	**1 998 395**	**247 263**	**270 981**	**55 807**
一、按集团审批部门分				
国务院主管部门	99 235	11 502	171	
省级人民政府	1 478 120	175 884	112 971	7 620
省级人民政府主管部门	98 320	16 877	62 043	11 503
其　他	322 720	43 000	95 796	36 684
二、按母公司控股情况分				
国有及国有控股	1 963 744	239 107	228 207	47 793
国有绝对控股	1 887 690	233 603	210 960	47 693
国有相对控股	76 054	5 504	17 247	100
集体及集团控股				
集体绝对控股				
集体相对控股				
其　他	34 651	8 156	42 774	8 014
三、按集团主营行业分				
农、林、牧、渔业	1 167	44	248	
工　业	1 918 077	234 949	242 180	51 857
采矿业	113 118	13 009	5 276	828
制造业	1 776 370	217 289	236 904	51 029
电力、燃气及水的生产和供应业	28 589	4 651		
建筑业	55 160	7 605	1 594	846
交通运输、仓储和邮政业	17 255	2 884	3 805	
批发和零售业	4 627	1 612	21 667	3 104
房地产业	147	30		
其他	1 962	139	1 487	
四、按母公司登记注册类型分				
国有企业	846 404	113 201	77 879	1 714
国有独资企业	390 443	50 542	72 000	32 728
其他有限责任公司	31 053	7 196	43 022	8 014
股份有限公司	722 153	75 604	78 020	13 351
中外合资企业				
港澳台合资企业				
其　他	8 342	720	60	
五、按母公司企业规模分				
大　型	1 310 001	134 790	191 772	47 693
中　型	232 319	31 690	68 286	8 014
小　型	23 676	3 297	10 923	100
其　他	432 399	77 486		

1－23　续表2

单位:万元

类　　型	长期投资	短期投资	存　货	流动资产年平均余额
总　计	**283 432**	**17 462**	**1 247 353**	**4 509 183**
一、按集团审批部门分				
国务院主管部门	9 266		96 072	449 382
省级人民政府	123 224	4 581	689 972	2 462 563
省级人民政府主管部门	78 474	961	132 529	430 838
其　他	72 468	11 920	328 780	1 166 400
二、按母公司控股情况分				
国有及国有控股	225 026	14 052	1 138 010	4 135 049
国有绝对控股	205 115	13 960	1 073 023	3 931 549
国有相对控股	19 911	92	64 987	203 500
集体及集团控股				
集体绝对控股				
集体相对控股				
其　他	58 406	3 410	109 343	374 134
三、按集团主营行业分				
农、林、牧、渔业			11	6 637
工　业	253 051	13 021	1 188 966	4 100 151
采矿业	5 276	2 648	26 255	297 568
制造业	244 784	10 373	1 161 345	3 780 616
电力、燃气及水的生产和供应业	2 991		1 366	21 967
建筑业	5 949	90	33 015	245 925
交通运输、仓储和邮政业	1 278	2 527	422	26 054
批发和零售业	21 667	1 824	11 976	127 505
房地产业			12 741	
其他	1 487		222	2 911
四、按母公司登记注册类型分				
国有企业	84 968	3 326	407 224	1 833 085
国有独资企业	54 478	9 134	320 674	1 265 532
其他有限责任公司	57 384	3 385	83 309	304 828
股份有限公司	84 090	1 582	423 724	1 043 997
中外合资企业				
港澳台合资企业				
其　他	2 512	35	12 422	61 741
五、按母公司企业规模分				
大　型	148 955	11 159	760 246	2 580 001
中　型	91 549	3 674	260 802	1 235 585
小　型	8 148	2 546	20 625	56 255
其　他	34 780	83	205 680	637 342

1－23 续表3 单位:万元

类　　型	应收帐款	年末负债 合　计	流动负债	营业收入
总　　计	**831 059**	**6 423 691**	**4 937 713**	**6 766 797**
一、按集团审批部门分				
国务院主管部门	38 054	488 045	443 677	453 706
省级人民政府	570 590	4 002 873	2 861 201	4 106 640
省级人民政府主管部门	81 526	570 608	478 315	667 430
其　他	140 889	1 362 165	1 154 520	1 539 021
二、按母公司控股情况分				
国有及国有控股	777 655	5 990 728	4 532 663	6 028 326
国有绝对控股	714 299	5 768 730	4 384 879	5 829 048
国有相对控股	63 356	221 998	147 784	199 278
集体及集团控股				
集体绝对控股				
集体相对控股				
其　他	53 404	432 963	405 050	738 471
三、按集团主营行业分				
农、林、牧、渔业	163	7 668	4 411	6 938
工　业	729 485	5 896 456	4 469 598	6 069 856
采矿业	38 446	468 931	54 748	272 662
制造业	686 506	5 399 252	4 390 319	5 762 870
电力、燃气及水的生产和供应业	4 533	28 273	24 531	34 324
建筑业	92 891	290 260	259 617	548 057
交通运输、仓储和邮政业	1 176	37 467	29 410	28 577
批发和零售业	6 318	158 699	155 615	103 193
房地产业	974	16 326	9 891	8 324
其他	52	16 815	9 171	1 852
四、按母公司登记注册类型分				
国有企业	390 446	2 996 708	2 181 449	2 961 954
国有独资企业	138 517	1 450 362	1 227 371	1 532 076
其他有限责任公司	32 388	359 140	327 220	691 779
股份有限公司	244 664	1 546 489	1 142 080	1 514 954
中外合资企业				
港澳台合资企业				
其　他	25 044	70 992	59 593	66 034
五、按母公司企业规模分				
大　型	495 350	3 719 910	2 517 563	3 949 159
中　型	231 725	1 517 034	1 347 243	1 281 410
小　型	6 575	115 830	86 323	71 070
其　他	97 409	1 070 917	986 584	1 465 158

1－23　续表 4　　　　单位:万元

类　　型	年末股东权益总计	年末少数股东权益	年末股东(所有者)权益合计	股　本
总　计	**3 540 826**	**919 139**	**2 621 687**	**1 898 154**
一、按集团审批部门分				
国务院主管部门	269 661	72 514	197 147	78 808
省级人民政府	1 893 962	499 610	1 394 352	1 385 412
省级人民政府主管部门	423 788	83 185	340 603	190 345
其　他	953 415	263 830	689 585	243 589
二、按母公司控股情况分				
国有及国有控股	3 232 298	886 588	2 345 710	1 763 691
国有绝对控股	3 043 094	817 174	2 225 920	1 663 351
国有相对控股	189 204	69 414	119 790	100 340
集体及集团控股				
集体绝对控股				
集体相对控股				
其　他	308 528	32 551	275 977	134 463
三、按集团主营行业分				
农、林、牧、渔业	24 061		24 061	2 545
工　业	3 291 790	885 763	2 406 027	1 741 119
采矿业	301 693	88 997	212 696	147 205
制造业	2 920 628	786 766	2 133 862	1 558 220
电力、燃气及水的生产和供应业	69 469	10 000	59 469	35 694
建筑业	120 975	73	120 902	110 203
交通运输、仓储和邮政业	44 126	21 425	22 701	12 311
批发和零售业	39 258	10 836	28 422	15 852
房地产业	16 283	1 042	15 241	12 266
其他	4 333		4 333	3 858
四、按母公司登记注册类型分				
国有企业	1 253 828	145 991	1 107 837	1 026 673
国有独资企业	1 090 654	323 174	767 480	271 342
其他有限责任公司	265 960	22 513	243 447	111 914
股份有限公司	857 354	427 461	429 893	461 714
中外合资企业				
港澳台合资企业				
其　他	73 030		73 030	26 511
五、按母公司企业规模分				
大　型	2 240 466	732 702	1 507 764	1 032 024
中　型	687 756	144 591	543 165	320 276
小　型	79 832	23 599	56 233	39 330
其　他	532 772	18 247	514 525	506 524

1－23　续表5　　　　单位:万元

类　　　型	主营业务收　入	主营业务成　本	主营业务税金及附加	其他业务收　入
总　　计	**6 636 428**	**5 532 772**	**67 601**	**130 369**
一、按集团审批部门分				
国务院主管部门	450 675	369 303	9 756	3 031
省级人民政府	4 003 162	3 483 495	31 186	103 478
省级人民政府主管部门	661 149	469 110	7 075	6 281
其　他	1 521 442	1 210 864	19 584	17 579
二、按母公司控股情况分				
国有及国有控股	5 901 666	4 932 916	61 886	126 660
国有绝对控股	5 703 480	4 775 790	59 429	125 568
国有相对控股	198 186	157 126	2 457	1 092
集体及集团控股				
集体绝对控股				
集体相对控股				
其　他	734 762	599 856	5 715	3 709
三、按集团主营行业分				
农、林、牧、渔业	6 779	5 142	185	159
工　业	5 943 900	4 912 458	48 283	125 956
采矿业	228 050	168 495	2 452	44 612
制造业	5 682 938	4 723 261	45 461	79 932
电力、燃气及水的生产和供应业	32 912	20 702	370	1 412
建筑业	547 744	507 963	17 420	313
交通运输、仓储和邮政业	26 230	19 308	657	2 347
批发和零售业	101 599	80 471	499	1 594
房地产业	8 324	7 083	495	
其他	1 852	347	62	
四、按母公司登记注册类型分				
国有企业	2 883 051	2 503 678	28 034	78 903
国有独资企业	1 512 877	1 173 041	23 956	19 199
其他有限责任公司	688 687	562 421	5 132	3 092
股份有限公司	1 485 966	1 238 784	9 172	28 988
中外合资企业				
港澳台合资企业				
其　他	65 847	54 848	1 307	187
五、按母公司企业规模分				
大　型	3 841 394	3 169 226	37 654	107 765
中　型	1 272 118	1 011 270	18 942	9 292
小　型	68 546	53 733	2 429	2 524
其　他	1 454 370	1 298 543	8 576	10 788

1－23　续表6　　单位:万元

类　型	新产品销售收入	出口销售总额	投资收益	营业外收入
总　计	**520 511**	**361 715**	**9 975**	**18 561**
一、按集团审批部门分				
国务院主管部门		1 869	－427	1 087
省级人民政府	66 232	181 027	4 163	8 057
省级人民政府主管部门	83 916	59 670	2 426	418
其　他	370 363	119 149	3 813	8 999
二、按母公司控股情况分				
国有及国有控股	495 596	337 304	7 893	12 419
国有绝对控股	483 346	307 273	6 305	11 704
国有相对控股	12 250	30 031	1 588	715
集体及集团控股				
集体绝对控股				
集体相对控股				
其　他	24 915	24 411	2 082	6 142
三、按集团主营行业分				
农、林、牧、渔业				31
工　业	520 511	361 715	8 176	15 304
采矿业	4 500	3 200	－21	2 449
制造业	516 011	358 515	8 137	12 855
电力、燃气及水的生产和供应业			60	
建筑业			－15	151
交通运输、仓储和邮政业			374	161
批发和零售业			1 440	2 909
房地产业				
其他				5
四、按母公司登记注册类型分				
国有企业	54 233	75 024	2 831	6 461
国有独资企业	369 952	111 356	2 184	3 441
其他有限责任公司	21 495	8 523	2 114	6 094
股份有限公司	74 831	150 924	2 846	2 465
中外合资企业				
港澳台合资企业				
其　他		15 888		100
五、按母公司企业规模分				
大　型	486 845	318 438	6 676	9 139
中　型	33 666	37 547	2 355	7 631
小　型		2 078	380	130
其　他		3 652	564	1 661

1－23　续表7　　单位:万元

类　　型	存货跌价损伤和营业、管理、财务等费用合计	税　金	劳动、待业保险费	职工教育费
总　计	**823 784**	**19 286**	**75 639**	**3 282**
一、按集团审批部门分				
国务院主管部门	66 111	1 200	4 155	372
省级人民政府	388 979	11 280	52 206	1 965
省级人民政府主管部门	151 317	2 011	4 599	388
其　他	217 377	4 795	14 679	557
二、按母公司控股情况分				
国有及国有控股	728 809	17 075	73 476	3 018
国有绝对控股	693 590	15 391	69 758	2 764
国有相对控股	35 219	1 684	3 718	254
集体及集团控股				
集体绝对控股				
集体相对控股				
其　他	94 975	2 211	2 163	264
三、按集团主营行业分				
农、林、牧、渔业	1 409	10	116	3
工　业	780 626	18 528	71 035	3 097
采矿业	61 498	1 427	14 537	639
制造业	711 628	16 943	55 970	2 434
电力、燃气及水的生产和供应业	7 500	158	528	24
建筑业	15 640	39	2 178	80
交通运输、仓储和邮政业	5 209	32	850	20
批发和零售业	19 104	676	1 453	78
房地产业	577			
其他	1 219	1	7	4
四、按母公司登记注册类型分				
国有企业	279 774	7 938	42 784	907
国有独资企业	248 370	3 887	16 465	871
其他有限责任公司	91 706	1 829	2 371	256
股份有限公司	199 483	5 527	12 910	1 236
中外合资企业				
港澳台合资企业				
其　他	4 451	105	1 109	12
五、按母公司企业规模分				
大　型	500 188	11 812	50 606	2 479
中　型	200 503	4 079	9 292	755
小　型	11 000	70	1 227	48
其　他	112 093	3 325	14 514	

1－23　续表 8

单位:万元

类　　型	存货跌价损伤和营业、管理、财务等费用合计		利润总额	应交所得税
	广告费	利息支出		
总　计	**69 187**	**119 273**	**194 839**	**54 099**
一、按集团审批部门分				
国务院主管部门	5 259	7 195	10 225	2 032
省级人民政府	1 536	78 726	59 629	23 047
省级人民政府主管部门	55 382	12 668	34 647	12 255
其　他	7 010	20 684	90 338	16 765
二、按母公司控股情况分				
国有及国有控股	42 040	112 112	157 414	46 649
国有绝对控股	41 040	107 498	149 851	44 628
国有相对控股	1 000	4 614	7 563	2 021
集体及集团控股				
集体绝对控股				
集体相对控股				
其　他	27 147	7 161	37 425	7 450
三、按集团主营行业分				
农、林、牧、渔业		26	155	51
工　业	68 390	114 301	177 394	49 905
采矿业	61	6 498	8 827	3 203
制造业	68 329	107 012	162 891	44 761
电力、燃气及水的生产和供应业		791	5 676	1 941
建筑业		498	6 445	1 345
交通运输、仓储和邮政业	35	810	3 237	1 717
批发和零售业	687	3 274	7 468	970
房地产业			－86	
其他	75	364	226	111
四、按母公司登记注册类型分				
国有企业	638	47 144	29 632	17 477
国有独资企业	11 310	24 497	81 451	16 241
其他有限责任公司	27 110	5 872	34 384	6 791
股份有限公司	30 092	39 894	44 191	12 971
中外合资企业				
港澳台合资企业				
其　他	37	1 866	5 181	619
五、按母公司企业规模分				
大　型	32 033	69 820	120 146	26 620
中　型	36 461	27 595	45 552	13 952
小　型	693	1 645	3 710	1 878
其　他		20 213	25 431	11 649

1－23 续表9　　单位:万元

类　　型	应交增值税	固定资产投资完成额	研究开发费用	上交税金合计
总　计	**263 346**	**629 253**	**88 023**	**336 731**
一、按集团审批部门分				
国务院主管部门	15 581	37 690	13 166	18 813
省级人民政府	171 049	406 034	21 823	205 376
省级人民政府主管部门	25 959	99 272	8 114	40 225
其　他	50 757	86 257	44 920	72 317
二、按母公司控股情况分				
国有及国有控股	241 157	582 148	82 384	304 881
国有绝对控股	237 090	559 548	77 797	297 109
国有相对控股	4 067	22 600	4 587	7 772
集体及集团控股				
集体绝对控股				
集体相对控股				
其　他	22 189	47 105	5 639	31 850
三、按集团主营行业分				
农、林、牧、渔业	12			73
工　业	262 017	608 573	87 937	330 450
采矿业	15 163	31 238	376	19 793
制造业	245 658	517 194	87 561	307 362
电力、燃气及水的生产和供应业	1 196	60 141		3 295
建筑业	60			1 444
交通运输、仓储和邮政业	59	3 147		1 808
批发和零售业	1 195	15 985	86	2 841
房地产业	1			1
其他	2	1 548		114
四、按母公司登记注册类型分				
国有企业	134 779	280 744	18 624	160 194
国有独资企业	59 844	157 881	55 926	79 972
其他有限责任公司	20 927	43 496	5 205	29 547
股份有限公司	46 805	147 132	8 090	65 303
中外合资企业				
港澳台合资企业				
其　他	991		178	1 715
五、按母公司企业规模分				
大　型	128 471	300 420	65 215	166 903
中　型	44 140	148 790	21 713	62 171
小　型	652	6 831	400	2 600
其　他	90 083	173 212	695	105 057

1-24 企业集团主要劳动工资指标

（2003年）　　　　单位：人

类型	从业人员年末人数	在岗职工（人）	其他从业人员	研究开发人员
总　计	**353 470**	**334 155**	**19 315**	**7 390**
一、按集团审批部门分				
国务院主管部门	11 366	11 305	61	165
省级人民政府	238 210	224 654	13 556	2 478
省级人民政府主管部门	30 601	28 411	2 190	1 136
其　他	73 293	69 785	3 508	3 611
二、按母公司控股情况分				
国有及国有控股	332 011	313 049	18 962	6 443
国有绝对控股	305 649	289 831	15 818	5 293
国有相对控股	26 362	23 218	3 144	1 150
集体及集团控股				
集体绝对控股				
集体相对控股				
其　他	21 459	21 106	353	947
三、按集团主营行业分				
农、林、牧、渔业	845	692	153	
工　业	313 517	296 351	17 166	7 390
采矿业	53 552	53 552		
制造业	257 957	240 985	16 972	7 390
电力、燃气及水的生产和供应业	2 008	1 814	194	
建筑业	32 944	30 991	1 953	
交通运输、仓储和邮政业	1 802	1 802		
批发和零售业	3 982	3 982		
房地产业	80	80		
其他	300	257	43	
四、按母公司登记注册类型分				
国有企业	195 251	187 082	8 169	1 772
国有独资企业	63 181	57 427	5 754	3 308
其他有限责任公司	20 359	20 112	247	820
股份有限公司	62 931	57 919	5 012	1 461
中外合资企业				
港澳台合资企业				
其　他	11 748	11 615	133	29
五、按母公司企业规模分				
大　型	235 506	222 960	12 546	5 819
中　型	61 495	55 502	5 993	1 541
小　型	5 315	4 622	693	30
其　他	51 154	51 071	83	

1－24　续表　　　　单位:万元

类　　　　型	从业人员劳动报酬	在岗职工劳动报酬	其他从业人员劳动报酬	研究开发人员劳动报酬
总　　计	**438 970**	**419 591**	**19 379**	**10 502**
一、按集团审批部门分				
国务院主管部门	12 868	12 736	132	378
省级人民政府	293 962	284 625	9 337	4 669
省级人民政府主管部门	31 655	29 853	1 802	2 037
其　他	100 485	92 377	8 108	3 418
二、按母公司控股情况分				
国有及国有控股	418 320	399 130	19 190	8 751
国有绝对控股	393 815	379 534	14 281	5 525
国有相对控股	24 505	19 596	4 909	3 226
集体及集团控股				
集体绝对控股				
集体相对控股				
其　他	20 650	20 461	189	1 751
三、按集团主营行业分				
农、林、牧、渔业	708	639	69	
工　业	385 210	372 678	12 532	10 502
采矿业	60 385	60 385		
制造业	321 779	309 366	12 413	10 502
电力、燃气及水的生产和供应业	3 046	2 927	119	
建筑业	44 477	37 711	6 766	
交通运输、仓储和邮政业	2 796	2 796		
批发和零售业	5 178	5 178		
房地产业	59	59		
其他	542	530	12	
四、按母公司登记注册类型分				
国有企业	231 238	226 094	5 144	1 814
国有独资企业	91 602	84 106	7 496	3 265
其他有限责任公司	19 358	19 217	141	1 573
股份有限公司	86 749	80 309	6 440	3 813
中外合资企业				
港澳台合资企业				
其　他	10 023	9 865	158	37
五、按母公司企业规模分				
大　型	291 522	280 237	11 285	7 979
中　型	60 165	52 556	7 609	2 497
小　型	5 379	4 963	416	26
其　他	81 904	81 835	69	

1－25　企业集团主要经济效益指标

（2003 年）　　　　　　　　　　　　　　　　　　　单位：%

类　　　　　　型	净资产收益率	总资产报酬率	销售利润率	资本保值增值率
总　　计	**3.97**	**3.15**	**2.88**	**108.10**
一、按集团审批部门分				
国务院主管部门	3.04	2.30	2.25	121.20
省级人民政府	1.93	2.35	1.45	97.48
省级人民政府主管部门	5.28	4.76	5.19	105.97
其　他	7.72	4.79	5.87	134.25
二、按母公司控股情况分				
国有及国有控股	3.43	2.92	2.61	107.94
国有绝对控股	3.46	2.92	2.57	108.39
国有相对控股	2.93	2.96	3.80	101.12
集体及集团控股				
集体绝对控股				
集体相对控股				
其　他	9.72	6.01	5.07	109.77
三、按集团主营行业分				
农、林、牧、渔业	0.43	0.57	2.23	99.70
工　业	3.87	3.17	2.92	108.08
采矿业	1.86	1.99	3.24	110.50
制造业	4.04	3.24	2.83	107.58
电力、燃气及水的生产和供应业	5.38	6.62	16.54	120.61
建筑业	4.22	1.69	1.18	101.20
交通运输、仓储和邮政业	3.44	4.96	11.33	109.56
批发和零售业	16.55	5.43	7.24	127.57
房地产业	-0.53	-0.26	-1.03	164.56
其他	2.65	2.79	12.20	79.75
四、按母公司登记注册类型分				
国有企业	0.97	1.81	1.00	100.84
国有独资企业	5.98	4.17	5.32	139.31
其他有限责任公司	10.37	6.44	4.97	111.27
股份有限公司	3.64	3.50	2.92	91.12
中外合资企业				
港澳台合资企业				
其　他	6.25	4.89	7.85	105.22
五、按母公司企业规模分				
大　型	4.17	3.19	3.04	112.06
中　型	4.59	3.32	3.55	106.15
小　型	2.29	2.74	5.22	113.77
其　他	2.59	2.85	1.74	95.45

1－25　续表1　　单位:%

类　型	劳动生产率（万元/人）	成本费用利润率	流动资产比　率	资产利税率
总　计	**19.14**	**3.07**	**45.25**	**5.28**
一、按集团审批部门分				
国务院主管部门	39.92	2.35	59.31	4.69
省级人民政府	17.24	1.54	41.76	4.44
省级人民政府主管部门	21.81	5.58	43.33	6.81
其　他	21.00	6.33	50.37	6.94
二、按母公司控股情况分				
国有及国有控股	18.16	2.78	44.83	4.99
国有绝对控股	19.07	2.74	44.62	5.07
国有相对控股	7.56	3.93	49.49	3.43
集体及集团控股				
集体绝对控股				
集体相对控股				
其　他	34.41	5.39	50.46	8.81
三、按集团主营行业分				
农、林、牧、渔业	8.21	2.37	20.92	1.11
工　业	19.36	3.12	44.62	5.31
采矿业	5.09	3.84	38.61	3.43
制造业	22.34	3.00	45.44	5.46
电力、燃气及水的生产和供应业	17.09	20.13	22.47	7.41
建筑业	16.64	1.23	59.80	5.82
交通运输、仓储和邮政业	15.86	13.20	31.93	4.84
批发和零售业	25.91	7.50	64.41	4.63
房地产业	104.05	-1.12		1.26
其他	6.17	14.43	13.76	1.37
四、按母公司登记注册类型分				
国有企业	15.17	1.06	43.13	4.53
国有独资企业	24.25	5.73	49.80	6.50
其他有限责任公司	33.98	5.26	48.76	9.67
股份有限公司	24.07	3.07	43.43	4.17
中外合资企业				
港澳台合资企业				
其　他	5.62	8.74	42.87	5.19
五、按母公司企业规模分				
大　型	16.77	3.27	43.29	4.80
中　型	20.84	3.76	56.04	4.93
小　型	13.37	5.73	28.75	3.47
其　他	28.64	1.80	39.74	7.74

1－25　续表2　　　　单位:%

类　　型	资金利润率	资产负债率	长期负债与资产总计比率	总资产使用率
总　计	**2.50**	**64.47**	**14.91**	**66.60**
一、按集团审批部门分				
国务院主管部门	1.57	64.41	5.86	59.48
省级人民政府	1.28	67.88	19.36	67.89
省级人民政府主管部门	4.59	57.38	9.28	66.49
其　他	5.20	58.83	8.97	65.70
二、按母公司控股情况分				
国有及国有控股	2.18	64.95	15.81	63.99
国有绝对控股	2.18	65.47	15.70	64.73
国有相对控股	2.25	53.99	18.05	48.20
集体及集团控股				
集体绝对控股				
集体相对控股				
其　他	6.66	58.39	3.76	99.09
三、按集团主营行业分				
农、林、牧、渔业	1.45	24.17	10.27	21.37
工　业	2.47	64.17	15.53	64.69
采矿业	1.79	60.85	53.75	29.59
制造业	2.46	64.90	12.13	68.31
电力、燃气及水的生产和供应业	6.83	28.93	3.83	33.67
建筑业	1.86	70.58	7.45	133.19
交通运输、仓储和邮政业	4.81	45.92	9.87	32.15
批发和零售业	4.63	80.17	1.56	51.32
房地产业	－2.11	50.07	19.73	25.53
其他	2.39	79.51	36.15	8.76
四、按母公司登记注册类型分				
国有企业	0.94	70.50	19.18	67.83
国有独资企业	4.11	57.08	8.78	59.54
其他有限责任公司	7.72	57.45	5.11	110.17
股份有限公司	2.12	64.33	16.82	61.82
中外合资企业				
港澳台合资企业				
其　他	4.06	49.29	7.91	45.72
五、按母公司企业规模分				
大　型	2.56	62.41	20.17	64.45
中　型	2.48	68.81	7.70	57.70
小　型	3.06	59.20	15.08	35.03
其　他	2.23	66.78	5.26	90.69

1－25　续表3　　　　　　　　　　　　　　　　　　　　　　　　　　　　　　　　单位:%

类　　　　型	流动比率	速动比率	新产品销售收入与营业收入比率	研究开发费用与营业收入比率	研究开发费用与主营业务收入比率
总　　计	**91.32**	**66.06**	**7.69**	**1.30**	**1.33**
一、按集团审批部门分					
国务院主管部门	101.29	79.63		2.90	2.92
省级人民政府	86.07	61.95	1.61	0.53	0.55
省级人民政府主管部门	90.07	62.37	12.57	1.22	1.23
其　他	101.03	72.55	24.06	2.92	2.95
二、按母公司控股情况分					
国有及国有控股	91.23	66.12	8.22	1.37	1.40
国有绝对控股	89.66	65.19	8.29	1.33	1.36
国有相对控股	137.70	93.73	6.15	2.30	2.31
集体及集团控股					
集体绝对控股					
集体相对控股					
其　他	92.37	65.37	3.37	0.76	0.77
三、按集团主营行业分					
农、林、牧、渔业	150.46	150.22			
工　业	91.73	65.13	8.58	1.45	1.48
采矿业	543.52	495.57	1.65	0.14	0.16
制造业	86.11	59.66	8.95	1.52	1.54
电力、燃气及水的生产和供应业	89.55	83.98			
建筑业	94.73	82.01			
交通运输、仓储和邮政业	88.59	87.15			
批发和零售业	81.94	74.24		0.08	0.08
房地产业		－128.81			
其他	31.74	29.32			
四、按母公司登记注册类型分					
国有企业	84.03	65.36	1.83	0.63	0.65
国有独资企业	103.11	76.98	24.15	3.65	3.70
其他有限责任公司	93.16	67.70	3.11	0.75	0.76
股份有限公司	91.41	54.31	4.94	0.53	0.54
中外合资企业					
港澳台合资企业					
其　他	103.60	82.76		0.27	0.27
五、按母公司企业规模分					
大　型	102.48	72.28	12.33	1.65	1.70
中　型	91.71	72.35	2.63	1.69	1.71
小　型	65.17	41.28		0.56	0.58
其　他	64.60	43.75		0.05	0.05

1－26 企业集团所属成员单位主要指标

（2003 年）　　　　单位：万元

类　　型	单位数	注册资本合计	资产总计	负债合计
总　计	**317**	**3 441 179**	**14 420 580**	**9 437 699**
一、按企业集团主营行业分				
农、林、牧、渔业	15	3 944	33 177	14 486
工　业	209	3 137 619	12 791 741	8 097 645
采矿业	31	1 255 014	3 383 818	1 958 128
制造业	168	1 823 763	9 213 186	6 041 912
电力、燃气及水的生产和供应业	10	58 842	194 737	97 605
建筑业	24	119 917	528 400	606 370
交通运输、仓储和邮政业	6	25 780	98 012	37 503
信息传输、计算机服务和软件业	2	650	1 228	359
批发和零售业	28	74 837	454 772	369 381
住宿和餐饮业	4	510	1 114	1 005
房地产业	11	25 667	60 561	35 323
其　他	18	52 255	451 575	275 627
租赁和商务服务业	10	14 038	54 566	17 785
科学研究、技术服务和地质勘查业	4	34 057	371 737	239 447
居民服务业和其他服务业	3	580	4 124	1 580
文化、体育和娱乐业	1	3 580	21 148	16 815
二、按母公司登记注册类型分				
国有企业	123	1 844 501	7 982 042	5 658 116
国有独资公司	15	267 451	1 837 182	1 095 904
其他有限责任公司	94	263 333	1 203 334	665 036
股份有限公司	23	865 423	2 726 969	1 529 196
中外合资企业	10	70 595	220 718	158 982
港澳台合资企业	5	6 399	27 335	12 653
其　他	15	23 657	20 111	9 152

1－26 续表

单位:万元

类　　型	营业收入	主营业务收入	其他业务收入	利润总额	从业人员（人）
总　计	**8 432 460**	**8 330 785**	**101 675**	**261 266**	**371 842**
一、按企业集团主营行业分					
农、林、牧、渔业	11 381	11 227	154	195	1 761
工　业	6 510 675	6 414 852	95 823	232 586	318 777
采矿业	1 530 504	1 481 913	48 591	85 169	99 858
制造业	4 895 966	4 850 570	45 396	141 271	216 244
电力、燃气及水的生产和供应业	84 205	82 369	1 836	6 146	2 675
建筑业	562 622	560 530	2 092	6 923	34 638
交通运输、仓储和邮政业	23 932	21 714	2 218	4 762	1 426
信息传输、计算机服务和软件业	1 049	1 046	3	163	37
批发和零售业	1 080 057	1 079 535	522	11 694	11 544
住宿和餐饮业	1 499	1 499		226	403
房地产业	29 223	29 109	114	665	856
其　他	212 022	211 273	749	4 052	2 400
租赁和商务服务业	12 375	12 134	241	－ 143	372
科学研究、技术服务和地质勘查业	195 024	194 539	485	3 993	1 335
居民服务业和其他服务业	2 771	2 748	23	－24	393
文化、体育和娱乐业	1 852	1 852		226	300
二、按母公司登记注册类型分					
国有企业	4 606 057	4 567 868	38 189	124 836	187 263
国有独资公司	560 618	557 074	3 544	11 374	45 330
其他有限责任公司	774 450	744 384	30 066	41 013	48 653
股份有限公司	1 440 410	1 414 494	25 916	71 721	57 209
中外合资企业	404 204	404 204		8 710	4 280
港澳台合资企业	11 124	11 124		1 309	970
其　他	20 595	20 530	65	886	1 345

1－27　企业集团所属成员单位主要经济效益指标

（2003年）　　单位：%

类　　型	资产负债率	劳动生产率	销售利润率	总资产使用率
总　计	**65.45**	**22.68**	**3.10**	**57.77**
一、按企业集团主营行业分				
农、林、牧、渔业	43.66	6.46	1.71	33.84
工　业	63.30	20.42	3.57	50.15
采矿业	57.87	15.33	5.56	43.79
制造业	65.58	22.64	2.89	52.65
电力、燃气及水的生产和供应业	50.12	31.48	7.30	42.30
建筑业	114.76	16.24	1.23	106.08
交通运输、仓储和邮政业	38.26	16.78	19.90	22.15
信息传输、计算机服务和软件业	29.23	28.35	15.54	85.18
批发和零售业	81.22	93.56	1.08	237.38
住宿和餐饮业	90.22	3.72	15.08	134.56
房地产业	58.33	34.14	2.28	48.07
其　他	61.04	88.34	1.91	46.79
租赁和商务服务业	32.59	33.27	－1.16	22.24
科学研究、技术服务和地质勘查业	64.41	146.09	2.05	52.33
居民服务业和其他服务业	38.31	7.05	－0.87	66.63
文化、体育和娱乐业	79.51	6.17	12.20	8.76
二、按母公司登记注册类型分				
国有企业	70.89	24.60	2.71	57.23
国有独资公司	59.65	12.37	2.03	30.32
其他有限责任公司	55.27	15.92	5.30	61.86
股份有限公司	56.08	25.18	4.98	51.87
中外合资企业	72.03	94.44	2.15	183.13
港澳台合资企业	46.29	11.47	11.77	40.70
其　他	45.51	15.31	4.30	102.08

1－28　企业集团按规模分组主要财务指标

（2003 年）　　单位:万元

类　　型	单位数（个）	年末资产总计	固定资产原价	无形资产
总　计	**50**	**9 964 517**	**5 274 370**	**418 787**
一、按营业收入和资产总计分				
50 亿元及以上	3	3 894 087	2 657 706	227 292
10 亿元及以上	13	7 750 811	4 271 877	333 646
5 亿元及以上	18	8 517 140	4 680 781	349 151
二、按资产总计分				
100－500 亿元	2	2 980 334	2 284 781	202 772
50－100 亿元	4	2 844 407	1 158 197	58 619
5－50 亿元	24	3 674 495	1 678 106	138 930
0.5－5 亿元	18	456 189	148 716	18 214
0.5 亿元以下	2	9 092	4 570	252
三、按营业收入分				
100 亿元及以上	2	2 980 334	2 284 781	202 772
50－100 亿元	1	913 753	372 925	24 520
5－50 亿元	16	4 655 389	2 035 662	123 313
1－5 亿元	21	1 235 497	527 114	65 036
0.5－1 亿元	5	105 052	34 528	252
0.1－0.5 亿元	5	74 492	19 360	2 894
四、按利润总额分				
5－10 亿元	1	913 753	372 925	24 520
1－5 亿元	3	3 682 024	2 564 225	221 180
0.5－1 亿元	8	1 772 248	758 286	66 148
0.1－0.5 亿元	11	1 654 473	606 411	45 447
0.05－0.1 亿元	2	14 762	7 113	252
0.05 亿元以下	25	1 927 257	965 410	61 240
五、按从业人员分				
5－10 万人	2	2 318 297	1 222 129	211 124
1－5 万人	9	4 471 394	2 660 109	68 909
0.5－1 万人	3	1 094 839	594 014	30 595
0.1－0.5 万人	24	1 683 539	671 223	104 846
0.05－0.1 万人	6	267 381	97 028	2 065
0.05 万人以下	6	129 067	29 867	1 248

1－28　续表1

单位：万元

类　　型	累计折旧	本年折旧	累计对外投　资	本年对外投　资
总　　计	**1 998 395**	**247 263**	**270 981**	**55 807**
一、按营业收入和资产总计分				
50亿元及以上	1 181 653	159 927	58 449	22 525
10亿元及以上	1 706 602	212 536	211 786	43 412
5亿元及以上	1 821 595	226 754	248 386	53 888
二、按资产总计分				
100－500亿元	1 023 556	138 511	23 282	5 906
50－100亿元	419 314	51 967	69 211	33 556
5－50亿元	509 232	52 036	165 665	15 293
0.5－5亿元	44 699	4 567	12 823	1 052
0.5亿元以下	1 594	182		
三、按营业收入分				
100亿元及以上	1 023 556	138 511	23 282	5 906
50－100亿元	158 097	21 416	35 167	16 619
5－50亿元	642 477	67 102	189 937	31 363
1－5亿元	159 918	18 964	19 164	1 919
0.5－1亿元	10 128	928	1 696	
0.1－0.5亿元	4 219	342	1 735	
四、按利润总额分				
5－10亿元	158 097	21 416	35 167	16 619
1－5亿元	1 117 058	149 383	23 282	5 906
0.5－1亿元	253 240	34 883	76 658	7 890
0.1－0.5亿元	174 483	19 348	113 491	22 687
0.05－0.1亿元	1 584	354	2 326	852
0.05亿元以下	293 933	21 879	20 057	1 853
五、按从业人员分				
5－10万人	539 784	89 865	5 105	828
1－5万人	1 025 069	103 700	169 509	39 520
0.5－1万人	208 568	19 230	2 523	
0.1－0.5万人	188 432	29 937	82 638	14 407
0.05－0.1万人	31 513	4 127	5 626	952
0.05万人以下	5 029	404	5 580	100

1－28 续表2

单位:万元

类型	长期投资	短期投资	存货	流动资产年平均余额
总计	**283 432**	**17 462**	**1 247 353**	**4 509 183**
一、按营业收入和资产总计分				
50亿元及以上	93 229	7 806	590 887	1 510 340
10亿元及以上	195 056	12 703	982 131	3 497 607
5亿元及以上	241 544	13 872	1 049 059	3 799 746
二、按资产总计分				
100－500亿元	58 062	1 201	478 564	1 120 417
50－100亿元	49 367	9 253	316 209	1 372 989
5－50亿元	151 943	6 054	367 503	1 805 062
0.5－5亿元	24 060	954	84 501	206 745
0.5亿元以下			576	3 970
三、按营业收入分				
100亿元及以上	58 062	1 201	478 564	1 120 417
50－100亿元	35 167	6 605	112 323	389 923
5－50亿元	149 210	6 961	470 604	2 309 266
1－5亿元	35 898	2 676	155 732	626 375
0.5－1亿元	1 617	19	22 127	43 140
0.1－0.5亿元	3 478		8 003	20 062
四、按利润总额分				
5－10亿元	35 167	6 605	112 323	389 923
1－5亿元	67 157	1 201	573 913	1 552 295
0.5－1亿元	84 932	5 360	142 124	812 064
0.1－0.5亿元	59 467	3 617	213 630	910 685
0.05－0.1亿元	2 326	30	960	6 272
0.05亿元以下	34 383	649	204 403	837 944
五、按从业人员分				
5－10万人	39 885	2 731	231 212	917 406
1－5万人	113 530	8 328	619 690	1 988 472
0.5－1万人	13 631	65	128 750	548 653
0.1－0.5万人	96 708	6 236	227 617	844 347
0.05－0.1万人	14 425	102	21 087	173 061
0.05万人以下	5 253		18 997	37 244

1－28　续表3　　　　单位:万元

类　　型	应收帐款	年末负债合　计	流动负债	营业收入
总　计	**831 059**	**6 423 691**	**4 937 713**	**6 766 797**
一、按营业收入和资产总计分				
50 亿元及以上	205 525	2 316 602	1 875 174	3 288 363
10 亿元及以上	592 011	4 880 466	3 640 291	5 528 068
5 亿元及以上	649 783	5 408 140	4 075 906	6 039 351
二、按资产总计分				
100－500 亿元	165 390	1 872 092	1 506 511	2 554 662
50－100 亿元	150 168	1 646 490	1 063 986	1 605 888
5－50 亿元	492 220	2 621 044	2 138 471	2 205 649
0.5－5 亿元	22 981	281 246	226 078	388 349
0.5 亿元以下	300	2 819	2 667	12 249
三、按营业收入分				
100 亿元及以上	165 390	1 872 092	1 506 511	2 554 662
50－100 亿元	40 135	444 510	368 663	733 701
5－50 亿元	445 432	3 105 862	2 214 736	2 926 575
1－5 亿元	173 750	895 318	773 938	495 013
0.5－1 亿元	6 017	70 037	54 146	40 731
0.1－0.5 亿元	335	35 872	19 719	16 115
四、按利润总额分				
5－10 亿元	40 135	444 510	368 663	733 701
1－5 亿元	200 844	2 327 403	1 925 570	2 996 226
0.5－1 亿元	129 306	1 045 931	540 118	998 079
0.1－0.5 亿元	204 980	1 038 185	862 458	1 066 937
0.05－0.1 亿元	165	3 896	3 896	26 143
0.05 亿元以下	255 629	1 563 766	1 237 008	945 711
五、按从业人员分				
5－10 万人	133 255	1 507 114	1 016 714	1 725 678
1－5 万人	437 372	2 735 644	2 072 513	3 127 818
0.5－1 万人	51 884	769 945	611 236	631 056
0.1－0.5 万人	125 336	1 074 634	948 849	1 175 349
0.05－0.1 万人	79 581	270 025	246 637	64 309
0.05 万人以下	3 631	66 329	41 764	42 587

1－28　续表4　　单位:万元

类　　型	年末股东权益总计	年末少数股东权益	年末股东(所有者)权益合计	股　本
总　　计	**3 540 826**	**919 139**	**2 621 687**	**1 898 154**
一、按营业收入和资产总计分				
50亿元及以上	1 577 485	465 402	1 112 083	828 681
10亿元及以上	2 870 345	828 999	2 041 346	1 500 098
5亿元及以上	3 109 000	870 721	2 238 279	1 640 292
二、按资产总计分				
100－500亿元	1 108 242	302 378	805 864	781 802
50－100亿元	1 197 917	379 467	818 450	336 542
5－50亿元	1 053 451	231 545	821 906	695 091
0.5－5亿元	174 943	5 749	169 194	80 705
0.5亿元以下	6 273		6 273	4 014
三、按营业收入分				
100亿元及以上	1 108 242	302 378	805 864	781 802
50－100亿元	469 243	163 024	306 219	46 879
5－50亿元	1 549 527	408 821	1 140 706	816 611
1－5亿元	340 179	43 874	296 305	218 433
0.5－1亿元	35 015	1 042	33 973	20 106
0.1－0.5亿元	38 620		38 620	14 323
四、按利润总额分				
5－10亿元	469 243	163 024	306 219	46 879
1－5亿元	1 354 621	374 892	979 729	857 199
0.5－1亿元	726 317	214 537	511 780	354 756
0.1－0.5亿元	616 288	114 448	501 840	285 414
0.05－0.1亿元	10 866		10 866	7 679
0.05亿元以下	363 491	52 238	311 253	346 227
五、按从业人员分				
5－10万人	811 183	107 244	703 939	650 318
1－5万人	1 735 750	570 369	1 165 381	775 790
0.5－1万人	324 894	112 467	212 427	127 456
0.1－0.5万人	608 905	126 885	482 020	260 633
0.05－0.1万人	－2 644		－2 644	59 001
0.05万人以下	62 738	2 174	60 564	24 956

1－28 续表5 单位:万元

类型	主营业务收入	主营业务成本	主营业务税金及附加	其他业务收入
总计	**6 636 428**	**5 532 772**	**67 601**	**130 369**
一、按营业收入和资产总计分				
50亿元及以上	3 241 131	2 779 520	24 010	47 232
10亿元及以上	5 408 496	4 528 371	53 542	119 572
5亿元及以上	5 916 709	4 935 236	56 940	122 642
二、按资产总计分				
100－500亿元	2 519 778	2 244 428	13 683	34 884
50－100亿元	1 546 509	1 193 556	22 887	59 379
5－50亿元	2 170 085	1 742 909	24 437	35 564
0.5－5亿元	387 807	342 316	5 554	542
0.5亿元以下	12 249	9 563	1 040	
三、按营业收入分				
100亿元及以上	2 519 778	2 244 428	13 683	34 884
50－100亿元	721 353	535 092	10 327	12 348
5－50亿元	2 851 163	2 324 305	32 946	75 412
1－5亿元	487 782	384 564	8 025	7 231
0.5－1亿元	40 396	34 599	1 692	335
0.1－0.5亿元	15 956	9 784	928	159
四、按利润总额分				
5－10亿元	721 353	535 092	10 327	12 348
1－5亿元	2 958 617	2 605 595	23 337	37 609
0.5－1亿元	947 629	682 385	8 193	50 450
0.1－0.5亿元	1 058 942	870 805	6 410	7 995
0.05－0.1亿元	26 143	21 252	1 109	
0.05亿元以下	923 744	817 643	18 225	21 967
五、按从业人员分				
5－10万人	1 670 584	1 458 902	10 926	55 094
1－5万人	3 083 618	2 579 247	31 607	44 200
0.5－1万人	611 612	505 345	10 373	19 444
0.1－0.5万人	1 164 118	902 439	11 913	11 231
0.05－0.1万人	64 304	52 167	947	5
0.05万人以下	42 192	34 672	1 835	395

1－28　续表6

单位:万元

类　　　型	新产品销售收入	出口销售总　额	投资收益	营业外收入
总　计	**520 511**	**361 715**	**9 975**	**18 561**
一、按营业收入和资产总计分				
50 亿元及以上	289 197	97 604	697	4 148
10 亿元及以上	427 684	300 062	7 831	13 089
5 亿元及以上	475 924	334 485	9 736	13 953
二、按资产总计分				
100－500 亿元		81 888	239	3 047
50－100 亿元	370 202	113 989	1 754	4 852
5－50 亿元	133 940	155 306	7 870	7 044
0.5－5 亿元	15 567	2 881	112	3 618
0.5 亿元以下	802	7 651		
三、按营业收入分				
100 亿元及以上		81 888	239	3 047
50－100 亿元	289 197	15 716	458	1 101
5－50 亿元	186 727	236 881	9 039	9 855
1－5 亿元	43 785	17 248	127	4 442
0.5－1 亿元	802	9 982	112	35
0.1－0.5 亿元				81
四、按利润总额分				
5－10 亿元	289 197	15 716	458	1 101
1－5 亿元		83 757	－190	3 828
0.5－1 亿元	21 876	44 253	4 371	5 844
0.1－0.5 亿元	134 747	204 909	5 270	5 890
0.05－0.1 亿元	1 241	7 651		
0.05 亿元以下	73 450	5 429	66	1 898
五、按从业人员分				
5－10 万人	4 500	6 852	541	3 804
1－5 万人	377 952	282 633	5 933	6 019
0.5－1 万人	49 482	2 331	－567	1 002
0.1－0.5 万人	73 010	69 596	3 929	7 687
0.05－0.1 万人	15 567	50	33	78
0.05 万人以下		253	106	－29

1－28　续表7　　单位:万元

类　　型	存货跌价损伤和营业、管理、财务等费用合计	税　金	劳动、待业保险费	职工教育费
总　计	**823 784**	**19 286**	**75 639**	**3 282**
一、按营业收入和资产总计分				
50亿元及以上	320 742	8 540	25 379	1 202
10亿元及以上	656 614	15 301	65 750	2 815
5亿元及以上	741 792	16 527	68 442	2 953
二、按资产总计分				
100－500亿元	191 335	5 914	22 626	855
50－100亿元	281 368	4 348	27 242	1 358
5－50亿元	323 563	7 840	24 404	943
0.5－5亿元	26 598	1 020	1 318	126
0.5亿元以下	920	164	49	
三、按营业收入分				
100亿元及以上	191 335	5 914	22 626	855
50－100亿元	129 407	2 626	2 753	347
5－50亿元	424 976	8 089	43 096	1 813
1－5亿元	70 270	2 246	6 798	241
0.5－1亿元	3 320	371	174	14
0.1－0.5亿元	4 476	40	192	12
四、按利润总额分				
5－10亿元	129 407	2 626	2 753	347
1－5亿元	254 441	6 609	26 078	1 227
0.5－1亿元	226 737	4 446	19 046	1 160
0.1－0.5亿元	114 458	1 355	19 319	251
0.05－0.1亿元	2 200	169		13
0.05亿元以下	96 541	4 081	8 443	284
五、按从业人员分				
5－10万人	170 586	4 247	28 348	639
1－5万人	349 040	8 139	32 115	1 595
0.5－1万人	86 627	2 341	6 260	454
0.1－0.5万人	197 380	4 291	8 216	538
0.05－0.1万人	13 628	77	353	27
0.05万人以下	6 523	191	347	29

1－28　续表8　　单位:万元

类　　型	存货跌价损伤和营业、管理、财务等费用合计		利润总额	应交所得税
	广告费	利息支出		
总　计	**69 187**	**119 273**	**194 839**	**54 099**
一、按营业收入和资产总计分				
50亿元及以上	5 000	50 049	119 663	26 669
10亿元及以上	40 379	93 992	164 576	41 179
5亿元及以上	66 372	102 777	175 784	45 824
二、按资产总计分				
100－500亿元		43 045	62 086	16 833
50－100亿元	10 320	25 263	80 079	14 966
5－50亿元	57 523	47 200	39 145	19 274
0.5－5亿元	1 344	3 755	12 818	2 782
0.5亿元以下		10	711	244
三、按营业收入分				
100亿元及以上		43 045	62 086	16 833
50－100亿元	5 000	7 004	57 577	9 836
5－50亿元	61 713	53 063	59 223	19 233
1－5亿元	2 315	14 628	14 949	7 720
0.5－1亿元	84	749	988	275
0.1－0.5亿元	75	784	16	202
四、按利润总额分				
5－10亿元	5 000	7 004	57 577	9 836
1－5亿元	5 259	49 271	72 297	18 413
0.5－1亿元	55 833	19 062	54 537	16 648
0.1－0.5亿元	692	18 607	33 530	7 216
0.05－0.1亿元	310	29	1 652	345
0.05亿元以下	2 093	25 300	－24 754	1 641
五、按从业人员分				
5－10万人	61	25 742	34 244	14 400
1－5万人	5 510	52 117	99 666	19 536
0.5－1万人	6 224	15 595	6 691	1 620
0.1－0.5万人	56 497	18 487	57 029	17 131
0.05－0.1万人	320	6 196	－3 641	1 220
0.05万人以下	575	1 136	850	192

1-28　续表9　　单位:万元

类　　型	应交增值税	固定资产投资完成额	研究开发费　用	上交税金合　计
总　计	**263 346**	**629 253**	**88 023**	**336 731**
一、按营业收入和资产总计分				
50亿元及以上	160 148	312 874	20 921	195 357
10亿元及以上	230 143	515 290	78 872	286 623
5亿元及以上	245 157	545 245	83 925	307 508
二、按资产总计分				
100-500亿元	121 254	279 440	1 662	144 001
50-100亿元	70 458	119 488	56 191	89 772
5-50亿元	60 516	220 038	27 180	87 630
0.5-5亿元	10 560	10 081	2 958	14 362
0.5亿元以下	558	206	32	966
三、按营业收入分				
100亿元及以上	121 254	279 440	1 662	144 001
50-100亿元	38 894	33 434	19 259	51 356
5-50亿元	85 115	232 371	63 214	112 437
1-5亿元	16 507	81 078	3 820	26 473
0.5-1亿元	1 276	1 382	68	1 922
0.1-0.5亿元	300	1 548		542
四、按利润总额分				
5-10亿元	38 894	33 434	19 259	51 356
1-5亿元	136 798	314 813	14 828	161 820
0.5-1亿元	40 421	156 444	10 023	61 515
0.1-0.5亿元	30 882	82 564	38 756	39 453
0.05-0.1亿元	792	206	165	1 306
0.05亿元以下	15 559	41 792	4 992	21 281
五、按从业人员分				
5-10万人	105 209	202 133	1 071	123 856
1-5万人	98 097	232 729	61 286	125 772
0.5-1万人	23 063	61 739	15 281	27 024
0.1-0.5万人	34 137	129 139	9 191	55 559
0.05-0.1万人	2 451	925	758	3 748
0.05万人以下	389	2 588	436	772

1－29　企业集团按规模分组主要劳动工资指标

（2003 年）　　　　单位:人

类　　　型	从业人员年末人数	在岗职工	其他从业人员	研究开发人员
总　计	**353 470**	**334 155**	**19 315**	**7 390**
一、按营业收入和资产总计分				
50 亿元及以上	100 391	99 603	788	1 602
10 亿元及以上	271 603	263 773	7 830	5 597
5 亿元及以上	296 864	284 237	12 627	6 298
二、按资产总计分				
100－500 亿元	84 066	83 968	98	
50－100 亿元	95 060	94 211	849	3 238
5－50 亿元	154 999	138 218	16 781	3 714
0.5－5 亿元	17 324	15 737	1 587	438
0.5 亿元以下	2 021	2 021		
三、按营业收入分				
100 亿元及以上	84 066	83 968	98	
50－100 亿元	16 325	15 635	690	1 602
5－50 亿元	198 473	186 634	11 839	4 796
1－5 亿元	48 186	42 440	5 746	982
0.5－1 亿元	4 186	3 699	487	10
0.1－0.5 亿元	2 234	1 779	455	
四、按利润总额分				
5－10 亿元	16 325	15 635	690	1 602
1－5 亿元	93 972	93 813	159	165
0.5－1 亿元	89 076	84 028	5 048	1 684
0.1－0.5 亿元	86 328	82 224	4 104	2 727
0.05－0.1 亿元	2 218	2 218		16
0.05 亿元以下	65 551	56 237	9 314	1 196
五、按从业人员分				
5－10 万人	103 246	103 163	83	
1－5 万人	161 224	150 962	10 262	5 161
0.5－1 万人	26 320	22 127	4 193	555
0.1－0.5 万人	56 732	52 420	4 312	1 548
0.05－0.1 万人	4 015	3 756	259	86
0.05 万人以下	1 933	1 727	206	40

1－29　续表　　　　　　　　　　　　　　　　　　　　　　　　单位:万元

类　　　　型	从业人员劳动报酬	在岗职工劳动报酬	其他从业人员劳动报酬	研究开发人员劳动报酬
总　计	**438 970**	**419 591**	**19 379**	**10 502**
一、按营业收入和资产总计分				
50 亿元及以上	170 322	169 320	1 002	
10 亿元及以上	364 314	355 453	8 861	7 748
5 亿元及以上	387 592	375 798	11 794	9 136
二、按资产总计分				
100－500 亿元	138 884	138 799	85	
50－100 亿元	128 478	127 388	1 090	3 193
5－50 亿元	154 295	140 907	13 388	6 744
0.5－5 亿元	15 979	11 163	4 816	560
0.5 亿元以下	1 334	1 334		5
三、按营业收入分				
100 亿元及以上	138 884	138 799	85	
50－100 亿元	31 438	30 521	917	
5－50 亿元	218 796	208 004	10 792	9 286
1－5 亿元	44 959	37 897	7 062	1 199
0.5－1 亿元	3 009	2 684	325	17
0.1－0.5 亿元	1 884	1 686	198	
四、按利润总额分				
5－10 亿元	31 438	30 521	917	
1－5 亿元	150 298	150 081	217	378
0.5－1 亿元	102 228	94 329	7 899	4 380
0.1－0.5 亿元	91 267	88 492	2 775	4 367
0.05－0.1 亿元	1 541	1 541		32
0.05 亿元以下	62 198	54 627	7 571	1 345
五、按从业人员分				
5－10 万人	140 835	140 766	69	
1－5 万人	208 472	200 155	8 317	7 069
0.5－1 万人	22 732	20 533	2 199	793
0.1－0.5 万人	61 842	53 256	8 586	2 427
0.05－0.1 万人	3 096	2 979	117	175
0.05 万人以下	1 993	1 902	91	38

1－30 企业集团按规模分组主要经济效益指标

（2003年） 单位：%

类　　型	净资产收益率	总资产报酬率	销售利润率	资本保值增值率
总　计	**3.97**	**3.15**	**2.88**	**108.10**
一、按营业收入和资产总计分				
50亿元及以上	5.90	4.36	3.64	111.35
10亿元及以上	4.30	3.34	2.98	110.04
5亿元及以上	4.18	3.27	2.91	109.73
二、按资产总计分				
100－500亿元	4.08	3.53	2.43	95.63
50－100亿元	5.44	3.70	4.99	133.65
5－50亿元	1.89	2.35	1.77	100.25
0.5－5亿元	5.74	3.63	3.30	105.51
0.5亿元以下	7.44	7.93	5.80	167.10
三、按营业收入分				
100亿元及以上	4.08	3.53	2.43	95.63
50－100亿元	10.17	7.07	7.85	182.09
5－50亿元	2.58	2.41	2.02	108.04
1－5亿元	2.13	2.39	3.02	94.97
0.5－1亿元	2.04	1.65	2.43	124.05
0.1－0.5亿元	－0.48	1.07	0.10	100.69
四、按利润总额分				
5－10亿元	10.17	7.07	7.85	182.09
1－5亿元	3.98	3.30	2.41	99.77
0.5－1亿元	5.22	4.15	5.46	107.98
0.1－0.5亿元	4.27	3.15	3.14	107.34
0.05－0.1亿元	12.03	11.39	6.32	87.56
0.05亿元以下	－7.26	0.03	－2.62	90.65
五、按从业人员分				
5－10万人	2.45	2.59	1.98	100.46
1－5万人	4.62	3.39	3.19	114.20
0.5－1万人	1.56	2.04	1.06	124.21
0.1－0.5万人	6.55	4.49	4.85	105.58
0.05－0.1万人	183.85	0.96	－5.66	－5.09
0.05万人以下	1.05	1.54	2.00	108.22

1－30　续表 1

单位:%

类　　　　型	劳动生产率（万元/人）	成本费用利润率	流动资产比　率	资产利税率
总　计	**19.14**	**3.07**	**45.25**	**5.28**
一、按营业收入和资产总计分				
50 亿元及以上	32.76	3.86	38.79	7.80
10 亿元及以上	20.35	3.17	45.13	5.78
5 亿元及以上	20.34	3.10	44.61	5.61
二、按资产总计分				
100－500 亿元	30.39	2.55	37.59	6.61
50－100 亿元	16.89	5.43	48.27	6.10
5－50 亿元	14.23	1.89	49.12	3.38
0.5－5 亿元	22.42	3.47	45.32	6.34
0.5 亿元以下	6.06	6.78	43.66	25.40
三、按营业收入分				
100 亿元及以上	30.39	2.55	37.59	6.61
50－100 亿元	44.94	8.66	42.67	11.69
5－50 亿元	14.75	2.15	49.60	3.81
1－5 亿元	10.27	3.29	50.70	3.20
0.5－1 亿元	9.73	2.61	41.07	3.77
0.1－0.5 亿元	0.05	0.11	26.93	354.79
四、按利润总额分				
5－10 亿元	44.94	8.66	42.67	11.69
1－5 亿元	31.88	2.53	42.16	6.31
0.5－1 亿元	11.20	6.00	45.82	5.82
0.1－0.5 亿元	12.36	3.40	55.04	4.28
0.05－0.1 亿元	11.79	7.04	42.49	24.07
0.05 亿元以下	14.43	－2.71	43.48	0.47
五、按从业人员分				
5－10 万人	16.71	2.10	39.57	6.49
1－5 万人	19.40	3.40	44.47	5.13
0.5－1 万人	23.98	1.13	50.11	3.67
0.1－0.5 万人	20.72	5.19	50.15	6.12
0.05－0.1 万人	16.02	－5.53	64.72	－0.09
0.05 万人以下	22.03	2.06	28.86	2.38

1－30 续表2 单位:%

类　　型	资金利润率	资产负债率	长期负债与资产总计比率	总资产使用率
总　计	**2.50**	**64.47**	**14.91**	**66.60**
一、按营业收入和资产总计分				
50亿元及以上	4.01	59.49	11.34	83.23
10亿元及以上	2.71	62.97	16.00	69.78
5亿元及以上	2.64	63.50	15.64	69.47
二、按资产总计分				
100－500亿元	2.61	62.81	12.27	84.55
50－100亿元	3.79	57.89	20.48	54.37
5－50亿元	1.32	71.33	13.13	59.06
0.5－5亿元	4.12	61.65	12.09	85.01
0.5亿元以下	10.24	31.01	1.67	134.72
三、按营业收入分				
100亿元及以上	2.61	62.81	12.27	84.55
50－100亿元	9.52	48.65	8.30	78.94
5－50亿元	1.60	66.72	19.14	61.24
1－5亿元	1.50	72.47	9.82	39.48
0.5－1亿元	1.46	66.67	15.13	38.45
0.1－0.5亿元	0.05	48.16	21.68	21.42
四、按利润总额分				
5－10亿元	9.52	48.65	8.30	78.94
1－5亿元	2.41	63.21	10.91	80.35
0.5－1亿元	4.14	59.02	28.54	53.47
0.1－0.5亿元	2.50	62.75	10.62	64.00
0.05－0.1亿元	14.00	26.39		177.10
0.05亿元以下	－1.64	81.14	16.95	47.93
五、按从业人员分				
5－10万人	2.14	65.01	21.15	72.06
1－5万人	2.75	61.18	14.83	68.96
0.5－1万人	0.72	70.32	14.50	55.86
0.1－0.5万人	4.30	63.83	7.47	69.15
0.05－0.1万人	－1.53	100.99	8.75	24.05
0.05万人以下	1.37	51.39	19.03	32.69

1－30　续表3　　　　单位:%

类　　型	流动比率	速动比率	新产品销售收入与营业收入比率	研究开发费用与主营业务收入比率
总　计	**91.32**	**66.06**	**7.69**	**1.33**
一、按营业收入和资产总计分				
50亿元及以上	80.54	49.03	8.79	0.65
10亿元及以上	96.08	69.10	7.74	1.46
5亿元及以上	93.22	67.49	7.88	1.42
二、按资产总计分				
100－500亿元	74.37	42.61		0.07
50－100亿元	129.04	99.32	23.05	3.63
5－50亿元	84.41	67.22	6.07	1.25
0.5－5亿元	91.45	54.07	4.01	0.76
0.5亿元以下	148.86	127.26	6.55	0.26
三、按营业收入分				
100亿元及以上	74.37	42.61		0.07
50－100亿元	105.77	75.30	39.42	2.67
5－50亿元	104.27	83.02	6.38	2.22
1－5亿元	80.93	60.81	8.85	0.78
0.5－1亿元	79.67	38.81	1.97	0.17
0.1－0.5亿元	101.74	61.15		551.66
四、按利润总额分				
5－10亿元	105.77	75.30	39.42	2.67
1－5亿元	80.61	50.81		0.50
0.5－1亿元	150.35	124.04	2.19	1.06
0.1－0.5亿元	105.59	80.82	12.63	3.66
0.05－0.1亿元	160.99	136.34	4.75	0.63
0.05亿元以下	67.74	51.22	7.77	0.54
五、按从业人员分				
5－10万人	90.23	67.49	0.26	0.06
1－5万人	95.94	66.04	12.08	1.99
0.5－1万人	89.76	68.70	7.84	2.50
0.1－0.5万人	88.99	65.00	6.21	0.79
0.05－0.1万人	70.17	61.62	24.21	1.18
0.05万人以下	89.18	43.69		1.03

1－31 营业收入和资产总计均在5亿元及以上企业集团主要财务指标

（2003年） 单位:万元

类型	单位数（个）	年末资产总计	固定资产原价	无形资产
总计	**18**	**8 517 140**	**4 680 781**	**349 151**
一、按集团审批部门分				
国务院主管部门	1	701 690	279 444	18 408
省级人民政府	9	5 635 985	3 567 477	267 637
省级人民政府主管部门	4	502 081	165 878	21 111
其他	4	1 677 384	667 982	41 995
二、按母公司控股情况分				
国有绝对控股	14	7 790 357	4 395 447	310 891
国有相对控股	1	333 622	186 984	11 703
集体绝对控股				
集体相对控股				
其他	3	393 161	98 350	26 557
三、按集团主营行业分				
农、林、牧、渔业				
采矿业	1	714 608	287 593	15 691
制造业	14	7 348 738	4 235 834	315 643
电力、燃气及水的生产和供应业				
建筑业	2	255 837	118 832	342
交通运输、仓储和邮政业				
信息传输、计算机服务和软件业				
批发和零售业	1	197 957	38 522	17 475
四、按母公司登记注册类型分				
国有企业	8	3 977 036	2 068 548	248 595
国有独资企业	3	2 129 799	870 604	42 928
其他有限责任公司	3	393 161	98 350	26 557
股份有限公司	4	2 017 144	1 643 279	31 071
中外合资企业				
港澳台合资企业				
五、按母公司企业规模分				
大型	13	5 718 329	3 334 399	106 725
中型	4	1 195 122	411 846	46 993
小型				
其他	1	1 603 689	934 536	195 433

1－31　续表1

单位:万元

类　　型	累计折旧	本年折旧	累计对外投　资	本年对外投　资
总　计	**1 821 595**	**226 754**	**248 386**	**53 888**
一、按集团审批部门分				
国务院主管部门	93 502	10 872		
省级人民政府	1 448 137	172 143	110 448	7 620
省级人民政府主管部门	27 548	7 993	52 165	10 436
其　他	252 408	35 746	85 773	35 832
二、按母公司控股情况分				
国有绝对控股	1 739 924	216 762	197 817	46 826
国有相对控股	70 887	5 275	13 421	
集体绝对控股				
集体相对控股				
其　他	10 784	4 717	37 148	7 062
三、按集团主营行业分				
农、林、牧、渔业				
采矿业	107 385	12 379	5 105	828
制造业	1 667 868	206 416	220 080	49 110
电力、燃气及水的生产和供应业				
建筑业	41 715	6 347	1 534	846
交通运输、仓储和邮政业				
信息传输、计算机服务和软件业				
批发和零售业	4 627	1 612	21 667	3 104
四、按母公司登记注册类型分				
国有企业	815 447	111 261	73 745	1 714
国有独资企业	311 929	39 588	64 106	32 728
其他有限责任公司	10 784	4 717	37 148	7 062
股份有限公司	683 435	71 188	73 387	12 384
中外合资企业				
港澳台合资企业				
五、按母公司企业规模分				
大　型	1 280 917	132 251	190 254	46 826
中　型	108 279	17 017	58 132	7 062
小　型				
其　他	432 399	77 486		

1－31　续表2　　　　单位:万元

类　　　型	长期投资	短期投资	存　货	流动资产年平均余额
总　计	**241 544**	**13 872**	**1 049 059**	**3 799 746**
一、按集团审批部门分				
国务院主管部门	9 095		95 349	431 878
省级人民政府	117 783	4 507	672 441	2 289 002
省级人民政府主管部门	57 832	936	72 403	252 679
其　他	56 834	8 429	208 866	826 187
二、按母公司控股情况分				
国有绝对控股	185 692	11 340	956 755	3 419 863
国有相对控股	13 667	82	53 827	154 937
集体绝对控股				
集体相对控股				
其　他	42 185	2 450	38 477	224 946
三、按集团主营行业分				
农、林、牧、渔业				
采矿业	5 105	2 648	25 532	280 064
制造业	213 238	9 320	999 246	3 243 030
电力、燃气及水的生产和供应业				
建筑业	1 534	80	12 305	149 147
交通运输、仓储和邮政业				
信息传输、计算机服务和软件业				
批发和零售业	21 667	1 824	11 976	127 505
四、按母公司登记注册类型分				
国有企业	80 834	3 307	347 292	1 688 625
国有独资企业	44 262	6 605	290 677	1 092 925
其他有限责任公司	42 185	2 450	38 477	224 946
股份有限公司	74 263	1 510	372 613	793 250
中外合资企业				
港澳台合资企业				
五、按母公司企业规模分				
大　型	145 500	11 159	701 775	2 446 866
中　型	61 264	2 630	141 604	715 538
小　型				
其　他	34 780	83	205 680	637 342

1－31　续表3　　　　单位:万元

类　　型	应收帐款	年末负债		营业收入
		合　计	流动负债	
总　计	**649 783**	**5 408 140**	**4 075 906**	**6 039 351**
一、按集团审批部门分				
国务院主管部门	35 454	455 311	419 059	441 564
省级人民政府	484 087	3 710 354	2 597 966	4 060 017
省级人民政府主管部门	42 472	302 960	262 635	465 086
其　他	87 770	939 515	796 246	1 072 684
二、按母公司控股情况分				
国有绝对控股	581 855	4 979 486	3 715 516	5 516 848
国有相对控股	46 145	172 586	110 753	136 898
集体绝对控股				
集体相对控股				
其　他	21 783	256 068	249 637	385 605
三、按集团主营行业分				
农、林、牧、渔业				
采矿业	35 846	436 197	30 130	260 520
制造业	532 863	4 631 982	3 725 143	5 234 091
电力、燃气及水的生产和供应业				
建筑业	74 756	181 262	165 018	441 547
交通运输、仓储和邮政业				
信息传输、计算机服务和软件业				
批发和零售业	6 318	158 699	155 615	103 193
四、按母公司登记注册类型分				
国有企业	372 545	2 762 427	1 993 120	2 899 302
国有独资企业	114 322	1 210 293	1 033 856	1 345 368
其他有限责任公司	21 783	256 068	249 637	385 605
股份有限公司	141 133	1 179 352	799 293	1 409 076
中外合资企业				
港澳台合资企业				
五、按母公司企业规模分				
大　型	480 404	3 539 627	2 361 628	3 849 323
中　型	71 970	797 596	727 694	724 870
小　型				
其　他	97 409	1 070 917	986 584	1 465 158

1－31 续表4 单位:万元

类 型	年末股东权益总计	年末少数股东权益	年末股东(所有者)权益合计	股 本
总 计	**3 109 000**	**870 721**	**2 238 279**	**1 640 292**
一、按集团审批部门分				
国务院主管部门	246 379	72 514	173 865	75 397
省级人民政府	1 925 631	498 404	1 427 227	1 345 062
省级人民政府主管部门	199 121	71 011	128 110	74 547
其 他	737 869	228 792	509 077	145 286
二、按母公司控股情况分				
国有绝对控股	2 810 871	784 470	2 026 401	1 497 107
国有相对控股	161 036	68 282	92 754	84 267
集体绝对控股				
集体相对控股				
其 他	137 093	17 969	119 124	58 918
三、按集团主营行业分				
农、林、牧、渔业				
采矿业	278 411	88 997	189 414	143 794
制造业	2 716 756	770 888	1 945 868	1 397 082
电力、燃气及水的生产和供应业				
建筑业	74 575		74 575	83 564
交通运输、仓储和邮政业				
信息传输、计算机服务和软件业				
批发和零售业	39 258	10 836	28 422	15 852
四、按母公司登记注册类型分				
国有企业	1 214 609	145 991	1 068 618	997 600
国有独资企业	919 506	290 470	629 036	192 748
其他有限责任公司	137 093	17 969	119 124	58 918
股份有限公司	837 792	416 291	421 501	391 026
中外合资企业				
港澳台合资企业				
五、按母公司企业规模分				
大 型	2 178 702	732 702	1 446 000	999 213
中 型	397 526	119 772	277 754	134 555
小 型				
其 他	532 772	18 247	514 525	506 524

1－31　续表5　　　　单位:万元

类　　型	主营业务收　入	主营业务成　本	主营业务税金及附加	其他业务收　入
总　计	**5 916 709**	**4 935 236**	**56 940**	**122 642**
一、按集团审批部门分				
国务院主管部门	438 839	361 167	9 654	2 725
省级人民政府	3 956 539	3 450 295	31 043	103 478
省级人民政府主管部门	462 589	314 970	2 742	2 497
其　他	1 058 742	808 804	13 501	13 942
二、按母公司控股情况分				
国有绝对控股	5 398 042	4 541 190	55 409	118 806
国有相对控股	135 993	103 365	301	905
集体绝对控股				
集体相对控股				
其　他	382 674	290 681	1 230	2 931
三、按集团主营行业分				
农、林、牧、渔业				
采矿业	216 214	160 359	2 350	44 306
制造业	5 157 349	4 281 187	39 843	76 742
电力、燃气及水的生产和供应业				
建筑业	441 547	413 219	14 248	
交通运输、仓储和邮政业				
信息传输、计算机服务和软件业				
批发和零售业	101 599	80 471	499	1 594
四、按母公司登记注册类型分				
国有企业	2 820 825	2 457 348	27 754	78 477
国有独资企业	1 330 295	1 033 197	20 537	15 073
其他有限责任公司	382 674	290 681	1 230	2 931
股份有限公司	1 382 915	1 154 010	7 419	26 161
中外合资企业				
港澳台合资企业				
五、按母公司企业规模分				
大　型	3 744 021	3 093 693	36 144	105 302
中　型	718 318	543 000	12 220	6 552
小　型				
其　他	1 454 370	1 298 543	8 576	10 788

1-31 续表6

单位:万元

类型	新产品销售收入	出口销售总额	投资收益	营业外收入
总计	**475 924**	**334 485**	**9 736**	**13 953**
一、按集团审批部门分				
国务院主管部门		1 869	-429	781
省级人民政府	61 982	180 713	4 263	7 932
省级人民政府主管部门	48 240	42 983	2 256	389
其他	365 702	108 920	3 646	4 851
二、按母公司控股情况分				
国有绝对控股	458 548	303 632	6 034	10 305
国有相对控股	12 250	30 031	1 588	708
集体绝对控股				
集体相对控股				
其他	5 126	822	2 114	2 940
三、按集团主营行业分				
农、林、牧、渔业				
采矿业	4 500	3 200	-23	2 143
制造业	471 424	331 285	8 334	8 828
电力、燃气及水的生产和供应业				
建筑业			-15	73
交通运输、仓储和邮政业				
信息传输、计算机服务和软件业				
批发和零售业			1 440	2 909
四、按母公司登记注册类型分				
国有企业	49 732	72 446	3 000	5 852
国有独资企业	365 702	110 789	1 777	2 709
其他有限责任公司	5 126	822	2 114	2 940
股份有限公司	55 364	150 428	2 845	2 452
中外合资企业				
港澳台合资企业				
五、按母公司企业规模分				
大型	470 798	317 942	6 855	8 552
中型	5 126	12 891	2 317	3 740
小型				
其他		3 652	564	1 661

1-31 续表7 单位:万元

类型	存货跌价损伤和营业、管理、财务等费用合计	税金	劳动、待业保险费	职工教育费
总计	**741 792**	**16 527**	**68 442**	**2 953**
一、按集团审批部门分				
国务院主管部门	63 106	695	3 452	372
省级人民政府	375 702	11 265	51 834	1 947
省级人民政府主管部门	122 691	1 160	1 747	209
其他	180 293	3 407	11 409	425
二、按母公司控股情况分				
国有绝对控股	637 368	13 844	64 401	2 550
国有相对控股	30 344	1 653	2 409	230
集体绝对控股				
集体相对控股				
其他	74 080	1 030	1 632	173
三、按集团主营行业分				
农、林、牧、渔业				
采矿业	58 493	922	13 834	639
制造业	653 873	14 929	53 155	2 236
电力、燃气及水的生产和供应业				
建筑业	10 322			
交通运输、仓储和邮政业				
信息传输、计算机服务和软件业				
批发和零售业	19 104	676	1 453	78
四、按母公司登记注册类型分				
国有企业	267 536	7 023	41 313	862
国有独资企业	222 875	3 426	13 408	719
其他有限责任公司	74 080	1 030	1 632	173
股份有限公司	177 301	5 048	12 089	1 199
中外合资企业				
港澳台合资企业				
五、按母公司企业规模分				
大型	486 138	11 059	48 201	2 377
中型	143 561	2 143	5 727	576
小型				
其他	112 093	3 325	14 514	

1－31　续表8　　　　单位:万元

类　　　　　型	存货跌价损伤和营业、管理、财务等费用合计		利润总额	应交所得税
	广 告 费	利息支出		
总　　计	**66 372**	**102 777**	**175 784**	**45 824**
一、按集团审批部门分				
国务院主管部门	5 259	6 226	10 211	1 580
省级人民政府	596	71 772	67 282	23 025
省级人民政府主管部门	54 830	7 997	23 654	8 703
其　他	5 687	16 782	74 637	12 516
二、按母公司控股情况分				
国有绝对控股	39 447	94 296	148 942	40 054
国有相对控股	500	3 779	5 198	1 727
集体绝对控股				
集体相对控股				
其　他	26 425	4 702	21 644	4 043
三、按集团主营行业分				
农、林、牧、渔业				
采矿业	61	5 529	8 813	2 751
制造业	65 624	93 974	155 526	41 192
电力、燃气及水的生产和供应业				
建筑业			3 977	911
交通运输、仓储和邮政业				
信息传输、计算机服务和软件业				
批发和零售业	687	3 274	7 468	970
四、按母公司登记注册类型分				
国有企业	96	45 161	31 543	17 025
国有独资企业	10 259	19 734	71 266	12 215
其他有限责任公司	26 425	4 702	21 644	4 043
股份有限公司	29 592	33 180	51 331	12 541
中外合资企业				
港澳台合资企业				
五、按母公司企业规模分				
大　型	31 579	67 980	119 752	26 031
中　型	34 793	14 584	30 601	8 144
小　型				
其　他		20 213	25 431	11 649

1－31　续表9

单位:万元

类　　　　型	应交增值税	固定资产投资完成额	研究开发费　用	上交税金合　计
总　　计	**245 157**	**545 245**	**83 925**	**307 508**
一、按集团审批部门分				
国务院主管部门	15 544	35 373	13 166	17 819
省级人民政府	168 319	403 596	21 748	202 609
省级人民政府主管部门	20 311	35 097	6 276	30 174
其　他	40 983	71 179	42 735	56 906
二、按母公司控股情况分				
国有绝对控股	230 166	485 311	75 617	284 064
国有相对控股	3 713	21 600	4 187	7 093
集体绝对控股				
集体相对控股				
其　他	11 278	38 334	4 121	16 351
三、按集团主营行业分				
农、林、牧、渔业				
采矿业	15 126	28 921	376	18 799
制造业	228 776	500 339	83 463	284 897
电力、燃气及水的生产和供应业				
建筑业	60			971
交通运输、仓储和邮政业				
信息传输、计算机服务和软件业				
批发和零售业	1 195	15 985	86	2 841
四、按母公司登记注册类型分				
国有企业	133 435	275 768	16 594	157 483
国有独资企业	55 332	90 567	55 815	70 973
其他有限责任公司	11 278	38 334	4 121	16 351
股份有限公司	45 112	140 576	7 395	62 701
中外合资企业				
港澳台合资企业				
五、按母公司企业规模分				
大　型	127 454	296 156	65 176	164 544
中　型	27 620	75 877	18 054	37 907
小　型				
其　他	90 083	173 212	695	105 057

1－32 营业收入和资产总计均在5亿元及以上企业集团主要劳动工资指标

（2003年）　　　　单位：人

类　　型	从业人员年末人数	在岗职工	其他从业人员	研究开发人员
总　计	**296 864**	**284 237**	**12 627**	**6 298**
一、按集团审批部门分				
国务院主管部门	9 906	9 845	61	165
省级人民政府	230 360	220 931	9 429	2 418
省级人民政府主管部门	15 746	14 666	1 080	642
其　他	40 852	38 795	2 057	3 073
二、按母公司控股情况分				
国有绝对控股	270 655	261 029	9 626	4 679
国有相对控股	15 776	12 775	3 001	1 120
集体绝对控股				
集体相对控股				
其　他	10 433	10 433		499
三、按集团主营行业分				
农、林、牧、渔业				
采矿业	52 092	52 092		
制造业	224 693	213 345	11 348	6 298
电力、燃气及水的生产和供应业				
建筑业	16 097	14 818	1 279	
交通运输、仓储和邮政业				
信息传输、计算机服务和软件业				
批发和零售业	3 982	3 982		
四、按母公司登记注册类型分				
国有企业	185 480	177 798	7 682	1 298
国有独资企业	42 968	42 119	849	3 238
其他有限责任公司	10 433	10 433		499
股份有限公司	57 983	53 887	4 096	1 263
中外合资企业				
港澳台合资企业				
五、按母公司企业规模分				
大　型	225 290	213 391	11 899	5 637
中　型	20 420	19 775	645	661
小　型				
其　他	51 154	51 071	83	

1－32　续表　　　　　　　　　　　　　　　　　　　　　　　　　单位:万元

类　　型	从业人员劳动报酬	在岗职工劳动报酬	其他从业人员劳动报酬	研究开发人员劳动报酬
总　　计	387 592	375 798	11 794	9 136
一、按集团审批部门分				
国务院主管部门	11 414	11 282	132	378
省级人民政府	289 626	282 353	7 273	4 609
省级人民政府主管部门	16 333	15 205	1 128	1 334
其　他	70 219	66 958	3 261	2 815
二、按母公司控股情况分				
国有绝对控股	360 503	353 450	7 053	4 838
国有相对控股	15 256	10 515	4 741	3 200
集体绝对控股				
集体相对控股				
其　他	11 833	11 833		1 098
三、按集团主营行业分				
农、林、牧、渔业				
采矿业	58 931	58 931		
制造业	297 755	288 358	9 397	9 136
电力、燃气及水的生产和供应业				
建筑业	25 728	23 331	2 397	
交通运输、仓储和邮政业				
信息传输、计算机服务和软件业				
批发和零售业	5 178	5 178		
四、按母公司登记注册类型分				
国有企业	224 298	219 479	4 819	1 409
国有独资企业	69 547	68 457	1 090	3 193
其他有限责任公司	11 833	11 833		1 098
股份有限公司	81 914	76 029	5 885	3 436
中外合资企业				
港澳台合资企业				
五、按母公司企业规模分				
大　型	280 707	269 850	10 857	7 686
中　型	24 981	24 113	868	1 450
小　型				
其　他	81 904	81 835	69	

1－33　营业收入和资产总计均在5亿元及以上企业集团主要经济效益指标

（2003年）　　　　单位:%

类　　型	净资产收益率	总资产报酬率	销售利润率	资本保值增值率
总　计	**4.18**	**3.27**	**2.91**	**109.73**
一、按集团审批部门分				
国务院主管部门	3.50	2.34	2.31	123.95
省级人民政府	2.30	2.47	1.66	99.39
省级人民政府主管部门	7.51	6.30	5.09	102.87
其　他	8.42	5.45	6.96	146.56
二、按母公司控股情况分				
国有绝对控股	3.87	3.12	2.70	110.25
国有相对控股	2.16	2.69	3.80	99.92
集体绝对控股				
集体相对控股				
其　他	12.84	6.70	5.61	111.81
三、按集团主营行业分				
农、林、牧、渔业				
采矿业	2.18	2.01	3.38	111.67
制造业	4.21	3.40	2.97	109.67
电力、燃气及水的生产和供应业				
建筑业	4.11	1.55	0.90	98.25
交通运输、仓储和邮政业				
信息传输、计算机服务和软件业				
批发和零售业	16.55	5.43	7.24	127.57
四、按母公司登记注册类型分				
国有企业	1.20	1.93	1.09	101.22
国有独资企业	6.42	4.27	5.30	142.12
其他有限责任公司	12.84	6.70	5.61	111.81
股份有限公司	4.63	4.19	3.64	97.00
中外合资企业				
港澳台合资企业				
五、按母公司企业规模分				
大　型	4.30	3.28	3.11	112.60
中　型	5.65	3.78	4.22	116.87
小　型				
其　他	2.59	2.85	1.74	95.45

1－33 续表1

单位:%

类　　型	劳动生产率（万元/人）	成本费用利润率	流动资产比　率	资产利税率
总　计	**20.34**	**3.10**	**44.61**	**5.61**
一、按集团审批部门分				
国务院主管部门	44.58	2.41	61.55	5.05
省级人民政府	17.62	1.76	40.61	4.73
省级人民政府主管部门	29.54	5.40	50.33	9.30
其　他	26.26	7.55	49.25	7.70
二、按母公司控股情况分				
国有绝对控股	20.38	2.88	43.90	5.58
国有相对控股	8.68	3.89	46.44	2.76
集体绝对控股				
集体相对控股				
其　他	36.96	5.93	57.21	8.69
三、按集团主营行业分				
农、林、牧、渔业				
采矿业	5.00	4.03	39.19	3.68
制造业	23.29	3.15	44.13	5.77
电力、燃气及水的生产和供应业				
建筑业	27.43	0.94	58.30	7.15
交通运输、仓储和邮政业				
信息传输、计算机服务和软件业				
批发和零售业	25.91	7.50	64.41	4.63
四、按母公司登记注册类型分				
国有企业	15.63	1.16	42.46	4.85
国有独资企业	31.31	5.67	51.32	6.91
其他有限责任公司	36.96	5.93	57.21	8.69
股份有限公司	24.30	3.86	39.33	5.15
中外合资企业				
港澳台合资企业				
五、按母公司企业规模分				
大　型	17.09	3.35	42.79	4.96
中　型	35.50	4.46	59.87	5.89
小　型				
其　他	28.64	1.80	39.74	7.74

1－33　续表2　　单位:%

类　　型	资金利润率	资产负债率	长期负债与资产总计比率	总资产使用率
总　计	**2.64**	**63.50**	**15.64**	**69.47**
一、按集团审批部门分				
国务院主管部门	1.65	64.89	5.17	62.54
省级人民政府	1.53	65.83	19.74	70.20
省级人民政府主管部门	6.05	60.34	8.03	92.13
其　他	6.01	56.01	8.54	63.12
二、按母公司控股情况分				
国有绝对控股	2.45	63.92	16.22	69.29
国有相对控股	1.92	51.73	18.53	40.76
集体绝对控股				
集体相对控股				
其　他	6.93	65.13	1.64	97.33
三、按集团主营行业分				
农、林、牧、渔业				
采矿业	1.91	61.04	56.82	30.26
制造业	2.68	63.03	12.34	70.18
电力、燃气及水的生产和供应业				
建筑业	1.76	70.85	6.35	172.59
交通运输、仓储和邮政业				
信息传输、计算机服务和软件业				
批发和零售业	4.63	80.17	1.56	51.32
四、按母公司登记注册类型分				
国有企业	1.07	69.46	19.34	70.93
国有独资企业	4.31	56.83	8.28	62.46
其他有限责任公司	6.93	65.13	1.64	97.33
股份有限公司	2.93	58.47	18.84	68.56
中外合资企业				
港澳台合资企业				
五、按母公司企业规模分				
大　型	2.66	61.90	20.60	65.47
中　型	3.00	66.74	5.85	60.10
小　型				
其　他	2.23	66.78	5.26	90.69

1－33　续表3　　单位:%

类　　型	流动比率	速动比率	新产品销售收入与营业收入比率	研究开发费用与主营业务收入比率
总　计	**93.22**	**67.49**	**7.88**	**1.42**
一、按集团审批部门分				
国务院主管部门	103.06	80.31		3.00
省级人民政府	88.11	62.22	1.53	0.55
省级人民政府主管部门	96.21	68.64	10.37	1.36
其　他	103.76	77.53	34.09	4.04
二、按母公司控股情况分				
国有绝对控股	92.04	66.29	8.31	1.40
国有相对控股	139.89	91.29	8.95	3.08
集体绝对控股				
集体相对控股				
其　他	90.11	74.70	1.33	1.08
三、按集团主营行业分				
农、林、牧、渔业				
采矿业	929.52	844.78	1.73	0.17
制造业	87.06	60.23	9.01	1.62
电力、燃气及水的生产和供应业				
建筑业	90.38	82.93		
交通运输、仓储和邮政业				
信息传输、计算机服务和软件业				
批发和零售业	81.94	74.24		0.08
四、按母公司登记注册类型分				
国有企业	84.72	67.30	1.72	0.59
国有独资企业	105.71	77.60	27.18	4.20
其他有限责任公司	90.11	74.70	1.33	1.08
股份有限公司	99.24	52.63	3.93	0.53
中外合资企业				
港澳台合资企业				
五、按母公司企业规模分				
大　型	103.61	73.89	12.23	1.74
中　型	98.33	78.87	0.71	2.51
小　型				
其　他	64.60	43.75		0.05

1-34 各地区企业集团主要财务指标

（2002-2003年）　　　　单位:万元

地区	单位数（个）	年末资产总计		固定资产原价		累计折旧		无形资产	
		2002年	2003年	2002年	2003年	2002年	2003年	2002年	2003年
南昌市	37	6 460 185	7 303 698	3 480 641	3 439 728	1 252 183	1 252 424	293 254	355 952
景德镇市	3	672 005	737 777	257 333	290 740	86 491	97 867	20 728	18 827
萍乡市	1	10 552	13 502	7 516	9 109	2 507	2 812		
九江市	11	285 814	305 821	69 072	79 765	20 785	22 385	9 499	7 040
新余市	1	69 411	71 607	29 255	28 630	9 016	9 542	11 002	10 982
鹰潭市	4	1 379 739	1 513 620	1 310 759	1 431 717	555 569	601 118	12 300	12 771
赣州市	4	10 415	10 390	11 377	11 443	5 045	5 524		
吉安市	5	44 590	67 412	13 872	33 110	6 920	12 647	257	261
宜春市	4	39 541	51 276	9 730	17 401	3 148	3 557	3 822	6 046
抚州市	3	17 750	18 028	11 135	11 325	1 161	1 152	205	207
上饶市	10	331 710	376 892	119 487	131 276	29 461	33 909	24 613	33 351

地区	本年折旧		累计对外投资		本年对外投资		长期投资	
	2002年	2003年	2002年	2003年	2002年	2003年	2002年	2003年
南昌市	167 717	169 518	146 236	219 100	42 671	43 273	192 746	215 648
景德镇市	13 530	11 406	6 966	7 066	200	200	-11 970	20 051
萍乡市	315	305					500	2 970
九江市	1 966	1 726	7 523	5 152			7 071	8 124
新余市	1 093	524	1 996	1 866			1 996	1 866
鹰潭市	48 806	62 162	29 020	24 769		5 906	29 154	24 910
赣州市	626	607						
吉安市	413	274	150	150	150		253	253
宜春市	484	446	160	160			146	2 046
抚州市	109	123					31	31
上饶市	3 988	4 452	11 011	16 198	3 643	6 478	16 273	20 837

1－34 续表1 单位:万元

地区	短期投资		存货		流动资产年平均余额		应收帐款	
	2002年	2003年	2002年	2003年	2002年	2003年	2002年	2003年
南昌市	16 499	16 226	763 751	764 941	2 698 180	3 332 956	683 976	675 686
景德镇市			128 493	99 591	413 346	449 234	33 653	36 610
萍乡市			992	1 397	2 615	3 877	1 124	961
九江市	29	141	60 164	80 356	140 340	138 906	27 642	28 338
新余市			4 867	6 357	24 556	25 400	12 539	10 535
鹰潭市	660	1 164	215 205	280 916	483 784	525 298	66 036	86 433
赣州市			2 279	2 559	4 304	4 238	743	840
吉安市			3 203	3 997	12 076	16 820	4 265	4 907
宜春市	10	10	4 811	5 973	16 765	25 186	5 473	4 834
抚州市			1 721	1 726	6 761	7 092	1 510	1 373
上饶市	130	130	54 902	61 052	156 330	187 372	26 155	30 646

地区	年末负债合计		流动负债		年末股东权益合计		股本(实收资本)	
	2002年	2003年	2002年	2003年	2002年	2003年	2002年	2003年
南昌市	4 160 482	4 758 363	3 288 142	3 661 767	2 299 703	2 545 335	1 454 881	1 510 707
景德镇市	457 919	474 823	422 335	436 431	214 086	262 954	84 260	84 260
萍乡市	2 913	5 655	2 377	5 119	7 639	7 847		
九江市	278 872	289 175	202 484	231 171	6 942	16 646	43 251	52 057
新余市	57 349	61 264	35 755	39 670	12 062	10 343	11 893	11 907
鹰潭市	710 674	867 729	441 008	573 607	669 065	645 891	294 473	304 136
赣州市	5 972	5 432	4 951	3 722	4 443	4 958	3 588	3 828
吉安市	23 703	34 762	14 547	20 616	20 887	32 650	5 272	10 503
宜春市	25 439	33 339	23 024	29 225	9 601	18 136	8 216	14 586
抚州市	8 845	8 968	5 617	5 722	8 905	9 060	4 463	4 381
上饶市	175 692	218 173	155 073	187 483	156 018	158 719	54 873	54 913

1－34　续表2　　单位:万元

地区	营业收入		主营业务收入		主营业务成本		主营业务税金及附加	
	2002年	2003年	2002年	2003年	2002年	2003年	2002年	2003年
南昌市	4 119 015	5 185 415	4 020 958	5 083 437	3 275 449	4 193 618	33 140	53 503
景德镇市	488 012	476 719	484 841	473 994	388 105	388 154	12 863	10 768
萍乡市	8 741	6 297	8 741	6 297	8 085	5 529	22	13
九江市	70 448	97 934	70 140	97 404	54 824	76 911	1 359	2 000
新余市	15 703	11 063	15 703	11 063	11 154	8 620	37	35
鹰潭市	702 213	1 139 697	684 002	1 115 592	590 865	971 886	5 054	5 594
赣州市	7 722	8 405	7 718	8 400	7 058	7 450	33	37
吉安市	12 137	32 014	12 008	31 938	9 720	24 057	42	209
宜春市	40 478	74 418	40 453	74 399	33 000	62 777	157	282
抚州市	8 262	8 582	8 242	8 573	6 567	6 372	172	304
上饶市	193 001	162 569	192 139	160 865	168 693	128 357	1 578	1 609

地区	其他业务收入		新产品销售收入		出口销售总额		存货跌价损失和营业、管理、财务等费用合计	
	2002年	2003年	2002年	2003年	2002年	2003年	2002年	2003年
南昌市	98 057	101 978	429 333	454 348	146 124	240 161	581 387	646 955
景德镇市	3 171	2 725	12 454	15 128	557	1 919	79 001	66 585
萍乡市				42			430	421
九江市	308	530			9 526	9 170	12 763	12 319
新余市			7 688	4 501	572		5 128	4 414
鹰潭市	18 211	24 105			58 451	94 124	92 004	96 364
赣州市	4	5					831	786
吉安市	129	76					1 565	4 124
宜春市	25	19	1 297	8 649	26		6 809	9 600
抚州市	20	9					1 467	1 739
上饶市	862	1 704	22 814	46 534	10 355	32 214	23 800	26 254

1－34　续表3　　　　单位:万元

地　区	投资收益		营业外收入		利润总额		应交所得税	
	2002年	2003年	2002年	2003年	2002年	2003年	2002年	2003年
南昌市	9 153	9 875	11 271	15 722	109 435	142 451	34 266	46 225
景德镇市	4 775	－429	408	720	13 149	13 794	3 812	2 658
萍乡市			8 741	6 297			65	54
九江市	64	－176	523	3 503	－2 446	3 423	14	665
新余市	6	4	8	5	－515	－1 794		
鹰潭市	－6 864	－325	3 388	1 421	8 470	42 962	2 790	6 383
赣州市			1	4	11	200	1	1
吉安市			87	43	－1 522	1 993	2	848
宜春市	14		26	10	479	1 631	63	537
抚州市			36	58	99	229	119	128
上饶市	729	1 026	1 655	899	2 036	4 667	1 915	1 623

地　区	应缴增值税		税金合计		固定资产投资完成额		研究开发费用	
	2002年	2003年	2002年	2003年	2002年	2003年	2002年	2003年
南昌市	173 143	209 756	219 584	271 117	336 081	471 013	61 163	71 989
景德镇市	19 216	17 272	23 580	20 665	47 082	37 298	9 056	14 191
萍乡市	198	160	263	214	1 070	1 730	45	45
九江市	1 286	1 780	1 862	2 974	3 690	11 593	61	84
新余市	489	473	577	679	196	122	650	560
鹰潭市	33 221	35 390	38 522	44 531	140 611	107 776	1 980	1 299
赣州市	529	517						
吉安市	365	328	407	1 268	23	47	30	20
宜春市	287	1 421	407	2 012		7 942		2 200
抚州市	175	225					4	6
上饶市	3 543	3 224	6 056	6 002	9 978	14 258	956	1 194

1-35 各地区企业集团主要劳动工资指标

(2002-2003 年)　　单位:万元

地区	从业人员(人)		在岗职工(人)		其他从业人员(人)		研究开发人员(人)	
	2002 年	2003 年	2002 年	2003 年	2002 年	2003 年	2002 年	2003 年
南昌市	323 008	314 044	305 681	295 962	17 327	18 082	6 612	6 423
景德镇市	10 924	11 193	10 788	11 122	136	71	193	265
萍乡市	495	560	460	515	35	45	3	4
九江市	18 104	18 573	17 206	17 150	898	1 423	415	232
新余市	2 568	2 347	2 568	2 347			339	285
鹰潭市	37 330	37 162	37 145	36 984	185	178	42	52
赣州市	681	683	681	683				
吉安市	1 749	2 782	1 721	2 643	28	139	5	4
宜春市	2 966	3 702	2 966	3 702			315	331
抚州市	911	1 491	603	899	308	592		
上饶市	12 914	10 095	11 194	8 623	1 720	1 472	121	213

地区	从业人员劳动报酬		在岗职工劳动报酬		其他从业人员劳动报酬		研究开发人员劳动报酬	
	2002 年	2003 年	2002 年	2003 年	2002 年	2003 年	2002 年	2003 年
南昌市	361 441	388 000	347 194	369 261	14 247	18 739	9 792	9 267
景德镇市	14 278	12 617	14 132	12 475	146	142	436	552
萍乡市	324	338	299	310	25	28	13	15
九江市	8 013	9 490	7 528	8 393	485	1 097	265	167
新余市	2 168	1 451	2 168	1 451			407	270
鹰潭市	55 434	61 341	55 332	61 244	102	97	87	79
赣州市	505	498	505	498				
吉安市	1 235	2 404	1 220	2 331	15	73	4	3
宜春市	2 308	3 281	2 308	3 284			20	39
抚州市	556	908	383	578	173	330		
上饶市	9 916	9 219	8 778	8 190	1 138	1 029	157	349

1-36 各地区企业集团主要经济效益指标

(2002-2003年)

单位:%

地区	净资产收益率		总资产报酬率		销售利润率		资本保值增值率	劳动生产率(万元/人)	
	2002年	2003年	2002年	2003年	2002年	2003年	2003年	2002年	2003年
南昌市	3.27	3.78	2.97	3.08	2.66	2.75	110.68	12.75	16.51
景德镇市	4.36	4.23	2.93	2.77	2.69	2.89	122.83	44.67	42.59
萍乡市	-0.85	-0.69					102.72	17.66	11.24
九江市	-35.44	16.57	0.08	1.62	-3.47	3.50	239.79	3.89	5.27
新余市	-4.27	-17.35	0.21	-1.85	-3.28	-16.22	85.75	6.11	4.71
鹰潭市	0.85	5.66	2.37	4.47	1.21	3.77	96.54	18.81	30.67
赣州市	0.23	4.01	3.18	4.74	0.14	2.38	111.59	11.34	12.31
吉安市	-7.30	3.51	-2.98	4.15	-12.54	6.23	156.32	6.94	11.51
宜春市	4.33	6.03	1.30	3.64	1.18	2.19	188.90	13.65	20.10
抚州市	-0.22	1.11	1.30	2.63	1.20	2.67	101.74	9.07	5.76
上饶市	0.08	1.92	2.37	2.38	1.05	2.87	101.73	14.95	16.10

地区	资产利税率		总资产使用率		流动资产比率		资金利润率	
	2002年	2003年	2002年	2003年	2002年	2003年	2002年	2003年
南昌市	4.89	5.55	62.24	69.60	41.77	45.63	2.22	2.58
景德镇市	6.73	5.67	72.15	64.25	61.51	60.89	2.25	2.15
萍乡市	2.08	1.28	82.84	46.64	24.78	28.71		
九江市	0.07	2.36	24.54	31.85	49.10	45.42	-1.30	1.74
新余市	0.02	-1.80	22.62	15.45	35.38	35.47	-1.15	-4.03
鹰潭市	3.39	5.55	49.57	73.70	35.06	34.70	0.68	3.17
赣州市	5.50	7.26	74.10	80.85	41.33	40.79	0.10	1.97
吉安市	-2.50	3.75	26.93	47.38	27.08	24.95	-8.00	5.35
宜春市	2.33	6.50	102.31	145.10	42.40	49.12	2.05	4.18
抚州市	2.51	4.20	46.43	47.55	38.09	39.34	0.59	1.33
上饶市	2.16	2.52	57.92	42.68	47.13	49.72	0.83	1.64

1-36 续表

单位:%

地区	资产负债率		已获利息倍数(倍)		流动比率		成本费用利润率	
	2002年	2003年	2002年	2003年	2002年	2003年	2002年	2003年
南昌市	64.40	65.15	2.32	2.72	82.06	91.02	2.84	2.94
景德镇市	68.14	64.36	3.01	3.08	97.87	102.93	2.81	3.03
萍乡市	27.61	41.88			110.01	75.74		
九江市	97.57	94.56	0.08	3.22	69.31	60.09	-3.62	3.84
新余市	82.62	85.56	0.22	-2.82	68.68	64.03	-3.16	-13.76
鹰潭市	51.51	57.33	1.35	2.74	109.70	91.58	1.24	4.02
赣州市	57.34	52.28	1.03	1.68	86.93	113.86	0.14	2.43
吉安市	53.16	51.57	-6.97	3.48	83.01	81.59	-13.49	7.07
宜春市	64.34	65.02	14.69	8.00	72.82	86.18	1.20	2.25
抚州市	49.83	49.74	1.76	1.93	120.37	123.94	1.23	2.82
上饶市	52.97	57.89	1.35	2.08	100.81	99.94	1.06	3.02

地区	长期负债与资产总计比率		速动比率		新产品销售收入与营业收入比率		研究开发费用与主营业务收入比率	
	2002年	2003年	2002年	2003年	2002年	2003年	2002年	2003年
南昌市	13.50	15.01	58.83	70.13	10.42	8.76	1.52	1.42
景德镇市	5.30	5.20	67.45	80.11	2.55	3.17	1.87	2.99
萍乡市	5.08	3.97	68.28	48.45		0.67	0.51	0.71
九江市	26.73	18.97	39.60	25.33			0.09	0.09
新余市	31.11	30.16	55.07	48.00	48.96	40.69	4.14	5.06
鹰潭市	19.54	19.43	60.90	42.60			0.29	0.12
赣州市	9.80	16.46	40.90	45.11				
吉安市	20.53	20.98	61.00	62.20			0.25	0.06
宜春市	6.11	8.02	51.92	65.74	3.20	11.62		2.96
抚州市	18.19	18.01	89.73	93.78			0.05	0.07
上饶市	6.22	8.14	65.41	67.38	11.82	28.62	0.50	0.74

② 行　业

简要说明

一、本篇反映各行业企业集团发展的基本状况、主要内容：

1.按《国民经济行业分类》(GB/T 4754－2002)主要大类行业分企业集团主要指标。

2.工业企业集团主要财务、劳动工资以及经济效益指标。

3.非工业企业集团主要财务、劳动工资以及经济效益指标。

二、企业集团的行业划分

企业集团是由多个成员企事业单位共同组成的经济联合体，确定一个企业集团的行业划分类别时，是将其各母子公司(单位)主营业务收入按行业小类分别汇总后，把主营业务收入合计最大的行业小类确定为该企业集团的主营行业小类。

2－1 企业集团分行业主要财务指标

（2003 年） 单位：万元

类型	单位数（个）	年末资产总计	固定资产原价	无形资产
总计	**50**	**9 964 517**	**5 274 370**	**418 787**
农业				
林业	1	20 551	2 715	261
渔业	1	11 178	2 470	
煤炭开采和洗选业	1	714 608	287 593	15 691
有色金属矿采选业	1	56 016	20 585	16 601
农副食品加工业	2	42 569	16 709	1 454
食品制造业	1	28 267	7 188	
饮料制造业	2	32 366	8 833	2 484
纺织业	1	29 257	8 675	
皮革、毛皮、羽毛(绒)及其制品业	1	69 226	17 670	
木材加工及木、竹、藤、棕、草制品业	1	10 390	11 443	
造纸及纸制品业	1	204 370	69 255	
印刷业和记录媒介的复制	1	22 465	16 993	
石油加工、炼焦及核燃料加工业	1	394 727	262 048	1 040
化学原料及化学制品制造业	2	39 452	25 611	1 930
医药制造业	6	806 767	240 475	41 192
化学纤维制造业	1	336 669	292 869	12 126
非金属矿物制品业	1	4 563	1 579	
黑色金属冶炼及压延加工业	1	1 603 689	934 536	195 433
有色金属冶炼及压延加工业	2	1 625 994	1 399 826	7 456
通用设备制造业	3	180 166	67 647	14 104
专用设备制造业	1	20 773	6 546	
交通运输设备制造业	3	2 129 799	870 604	42 928
电气机械及器材制造业	2	197 913	53 827	13 619
通信设备、计算机及其他电子设备制造业	1	333 622	186 984	11 703
仪器仪表及文化、办公用机械制造业	1	125 080	48 728	5 383
工艺品及其他制造业	1	81 756	57 587	756
水的生产和供应业	1	97 742	89 737	5 551
房屋和土木工程建筑业	4	359 917	117 576	3 164
其他建筑业	1	51 318	38 300	
城市公共交通业	1	81 593	58 495	7 868
批发业	1	197 957	38 522	17 475
房地产业	1	32 609	4 231	
文化艺术业	1	21 148	8 513	568

2－1　续表1　　　　单位:万元

类　　　　型	累计折旧	本年折旧	累计对外投　　资	本年对外投　　资
总　　计	**1 998 395**	**247 263**	**270 981**	**55 807**
农业				
林业	743	26		
渔业	424	18	248	
煤炭开采和洗选业	107 385	12 379	5 105	828
有色金属矿采选业	5 733	630	171	
农副食品加工业	3 034	466	2 326	852
食品制造业	873	56	79	
饮料制造业	1 461	275	3 766	100
纺织业	2 499	72	1 617	
皮革、毛皮、羽毛(绒)及其制品业	6 255	193	480	
木材加工及木、竹、藤、棕、草制品业	5 524	607		
造纸及纸制品业	20 915	2 771		
印刷业和记录媒介的复制	6 085	483		
石油加工、炼焦及核燃料加工业	64 332	3 250	5 419	40
化学原料及化学制品制造业	8 668	626		
医药制造业	65 924	8 416	48 327	
化学纤维制造业	105 998	7 388		
非金属矿物制品业	509	19		
黑色金属冶炼及压延加工业	432 399	77 486		
有色金属冶炼及压延加工业	610 176	62 362	60 149	5 906
通用设备制造业	24 591	1 695	2 733	867
专用设备制造业	3 485	399	3 300	100
交通运输设备制造业	311 929	39 588	64 106	32 728
电气机械及器材制造业	11 621	2 791	15 481	3 958
通信设备、计算机及其他电子设备制造业	70 887	5 275	13 421	
仪器仪表及文化、办公用机械制造业	15 150	2 445	15 700	6 478
工艺品及其他制造业	4 055	626		
水的生产和供应业	28 589	4 651		
房屋和土木工程建筑业	25 806	2 187	1 594	846
其他建筑业	29 354	5 418		
城市公共交通业	17 255	2 884	3 805	
批发业	4 627	1 612	21 667	3 104
房地产业	147	30		
文化艺术业	1 962	139	1 487	

2－1 续表2 单位:万元

类型	长期投资	短期投资	存货	流动资产年平均余额
总计	**283 432**	**17 462**	**1 247 353**	**4 509 183**
农业				
林业			11	2 507
渔业				4 130
煤炭开采和洗选业	5 105	2 648	25 532	280 064
有色金属矿采选业	171		723	17 504
农副食品加工业	3 221	925	13 145	23 847
食品制造业			2 846	21 419
饮料制造业	5 757		10 618	15 106
纺织业	1 617	19	3 734	15 198
皮革、毛皮、羽毛(绒)及其制品业	480		39 613	56 136
木材加工及木、竹、藤、棕、草制品业			2 559	4 238
造纸及纸制品业	2 918	72	8 980	143 243
印刷业和记录媒介的复制			1 304	11 208
石油加工、炼焦及核燃料加工业	9 640	413	14 323	104 340
化学原料及化学制品制造业	1 288		2 730	11 490
医药制造业	62 827	192	115 986	427 503
化学纤维制造业	2 013	63	24 850	86 457
非金属矿物制品业			329	1 685
黑色金属冶炼及压延加工业	34 780	83	205 680	637 342
有色金属冶炼及压延加工业	26 224	1 138	280 133	670 310
通用设备制造业	2 733		30 398	89 471
专用设备制造业	7 190		1 065	11 079
交通运输设备制造业	44 262	6 605	290 677	1 092 925
电气机械及器材制造业	9 803	626	29 567	120 504
通信设备、计算机及其他电子设备制造业	13 667	82	53 827	154 937
仪器仪表及文化、办公用机械制造业	16 330	130	24 542	62 723
工艺品及其他制造业	34	25	4 439	19 455
水的生产和供应业	2 991		1 366	21 967
房屋和土木工程建筑业	5 949	90	31 453	208 290
其他建筑业			1 562	37 635
城市公共交通业	1 278	2 527	422	26 054
批发业	21 667	1 824	11 976	127 505
房地产业			12 741	
文化艺术业	1 487		222	2 911

2－1　续表3　　单位:万元

类　　型	应收帐款	年末负债 合　计	流动负债	营业收入
总　计	**831 059**	**6 423 691**	**4 937 713**	**6 766 797**
农业				
林业	163	3 882	3 363	2 451
渔业		3 786	1 048	4 487
煤炭开采和洗选业	35 846	436 197	30 130	260 520
有色金属矿采选业	2 600	32 734	24 618	12 142
农副食品加工业	1 339	16 813	16 493	193 229
食品制造业	1 286	16 184	10 937	8 446
饮料制造业	976	19 313	12 231	20 604
纺织业	2 917	30 688	28 189	7 055
皮革、毛皮、羽毛(绒)及其制品业	1 425	67 785	56 553	15 325
木材加工及木、竹、藤、棕、草制品业	840	5 432	3 722	8 405
造纸及纸制品业	78 456	240 539	224 271	12 809
印刷业和记录媒介的复制	6 181	14 996	11 858	10 133
石油加工、炼焦及核燃料加工业	31 131	325 853	246 379	95 555
化学原料及化学制品制造业	2 888	21 497	14 647	19 520
医药制造业	133 001	539 547	441 764	760 416
化学纤维制造业	8 383	262 654	153 213	155 678
非金属矿物制品业	300	1 412	1 260	3 748
黑色金属冶炼及压延加工业	97 409	1 070 917	986 584	1 465 158
有色金属冶炼及压延加工业	95 385	997 473	690 514	1 236 170
通用设备制造业	19 500	148 259	123 306	56 456
专用设备制造业		10 176	10 018	18 128
交通运输设备制造业	114 322	1 210 293	1 033 856	1 345 368
电气机械及器材制造业	27 041	117 301	114 475	105 459
通信设备、计算机及其他电子设备制造业	46 145	172 586	110 753	136 898
仪器仪表及文化、办公用机械制造业	8 592	78 618	69 380	67 629
工艺品及其他制造业	8 989	30 916	29 916	20 681
水的生产和供应业	4 533	28 273	24 531	34 324
房屋和土木工程建筑业	90 307	264 426	233 783	482 370
其他建筑业	2 584	25 834	25 834	65 687
城市公共交通业	1 176	37 467	29 410	28 577
批发业	6 318	158 699	155 615	103 193
房地产业	974	16 326	9 891	8 324
文化艺术业	52	16 815	9 171	1 852

2－1　续表4　　　　　　　　　　　　　　　　　　　　　　　　　　　　　　　　单位：万元

类　　　型	年末股东权益总计	年末少数股东权益	年末股东(所有者)权益合计	股　本
总　　计	**3 540 826**	**919 139**	**2 621 687**	**1 898 154**
农业				
林业	16 669		16 669	845
渔业	7 392		7 392	1 700
煤炭开采和洗选业	278 411	88 997	189 414	143 794
有色金属矿采选业	23 282		23 282	3 411
农副食品加工业	25 756	3 502	22 254	11 845
食品制造业	12 083		12 083	1 725
饮料制造业	13 053	1 132	11 921	9 302
纺织业	－1 431		－1 431	1 453
皮革、毛皮、羽毛(绒)及其制品业	1 441		1 441	7 625
木材加工及木、竹、藤、棕、草制品业	4 958		4 958	3 828
造纸及纸制品业	－36 169		－36 169	36 107
印刷业和记录媒介的复制	7 469		7 469	1 807
石油加工、炼焦及核燃料加工业	68 874		68 874	73 564
化学原料及化学制品制造业	17 955		17 955	9 039
医药制造业	267 220	30 495	236 725	146 304
化学纤维制造业	74 015	38 747	35 268	47 816
非金属矿物制品业	3 151		3 151	3 180
黑色金属冶炼及压延加工业	532 772	18 247	514 525	506 524
有色金属冶炼及压延加工业	628 521	284 131	344 390	328 315
通用设备制造业	31 907		31 907	25 124
专用设备制造业	10 597		10 597	4 301
交通运输设备制造业	919 506	290 470	629 036	192 748
电气机械及器材制造业	80 612	17 171	63 441	36 865
通信设备、计算机及其他电子设备制造业	161 036	68 282	92 754	84 267
仪器仪表及文化、办公用机械制造业	46 462	34 589	11 873	11 481
工艺品及其他制造业	50 840		50 840	15 000
水的生产和供应业	69 469	10 000	59 469	35 694
房屋和土木工程建筑业	95 491	73	95 418	98 120
其他建筑业	25 484		25 484	12 083
城市公共交通业	44 126	21 425	22 701	12 311
批发业	39 258	10 836	28 422	15 852
房地产业	16 283	1 042	15 241	12 266
文化艺术业	4 333		4 333	3 858

2－1　续表5　　　　单位:万元

类　　型	主营业务收　入	主营业务成　本	主营业务税金及附加	其他业务收　入
总　计	**6 636 428**	**5 532 772**	**67 601**	**130 369**
农业				
林业	2 375	1 336	5	76
渔业	4 404	3 806	180	83
煤炭开采和洗选业	216 214	160 359	2 350	44 306
有色金属矿采选业	11 836	8 136	102	306
农副食品加工业	193 227	183 469	112	2
食品制造业	8 210	7 898	116	236
饮料制造业	20 604	15 306	1 631	
纺织业	6 961	5 796	31	94
皮革、毛皮、羽毛(绒)及其制品业	15 299	8 390	24	26
木材加工及木、竹、藤、棕、草制品业	8 400	7 450	37	5
造纸及纸制品业	12 809	12 757	－4	
印刷业和记录媒介的复制	10 133	8 511	37	
石油加工、炼焦及核燃料加工业	94 086	86 567	360	1 469
化学原料及化学制品制造业	19 520	13 634	1 072	
医药制造业	759 520	537 135	5 556	896
化学纤维制造业	138 959	123 735	572	16 719
非金属矿物制品业	3 748	3 191	27	
黑色金属冶炼及压延加工业	1 454 370	1 298 543	8 576	10 788
有色金属冶炼及压延加工业	1 206 879	1 064 543	5 557	29 291
通用设备制造业	54 405	44 082	177	2 051
专用设备制造业	18 128	12 785	137	
交通运输设备制造业	1 330 295	1 033 197	20 537	15 073
电气机械及器材制造业	103 346	83 833	289	2 113
通信设备、计算机及其他电子设备制造业	135 993	103 365	301	905
仪器仪表及文化、办公用机械制造业	67 365	53 785	188	264
工艺品及其他制造业	20 681	15 289	128	
水的生产和供应业	32 912	20 702	370	1 412
房屋和土木工程建筑业	482 057	451 660	15 301	313
其他建筑业	65 687	56 303	2 119	
城市公共交通业	26 230	19 308	657	2 347
批发业	101 599	80 471	499	1 594
房地产业	8 324	7 083	495	
文化艺术业	1 852	347	62	

2-1 续表6 单位:万元

类型	新产品销售收入	出口销售总额	投资收益	营业外收入
总计	**520 511**	**361 715**	**9 975**	**18 561**
农业				
林业				21
渔业				10
煤炭开采和洗选业	4 500	3 200	-23	2 143
有色金属矿采选业			2	306
农副食品加工业	439			50
食品制造业		253	106	6
饮料制造业				-26
纺织业		2 078	6	25
皮革、毛皮、羽毛(绒)及其制品业			- 181	273
木材加工及木、竹、藤、棕、草制品业				4
造纸及纸制品业			33	19
印刷业和记录媒介的复制				450
石油加工、炼焦及核燃料加工业		1 640	281	500
化学原料及化学制品制造业	802	7 651		
医药制造业	4 250	15 772	2 006	4 010
化学纤维制造业	45 232	148	-5	115
非金属矿物制品业		3 652	564	1 661
黑色金属冶炼及压延加工业		136 784	366	1 964
有色金属冶炼及压延加工业	20 548	996	4	13
通用设备制造业	15 128	50		10
专用设备制造业	365 702	110 789	1 777	2 709
交通运输设备制造业	8 546	822	642	23
电气机械及器材制造业	12 250	30 031	1 588	708
通信设备、计算机及其他电子设备制造业	43 114	31 961	950	319
仪器仪表及文化、办公用机械制造业		15 888		22
工艺品及其他制造业				
水的生产和供应业			60	
房屋和土木工程建筑业			-15	137
其他建筑业				14
城市公共交通业			374	161
批发业			1 440	2 909
房地产业				
文化艺术业				5

2-1 续表7 单位:万元

类型	存货跌价损伤和营业、管理、财务等费用合计	税金	劳动、待业保险费	职工教育费
总计	**823 784**	**19 286**	**75 639**	**3 282**
农业				
林业	1 051	10	116	3
渔业	358			
煤炭开采和洗选业	58 493	922	13 834	639
有色金属矿采选业	3 005	505	703	
农副食品加工业	5 765	108	33	75
食品制造业	918	170	24	2
饮料制造业	3 689	38	220	25
纺织业	678	26	121	4
皮革、毛皮、羽毛(绒)及其制品业	3 358	95	252	16
木材加工及木、竹、藤、棕、草制品业	786	12	29	8
造纸及纸制品业	8 076			
印刷业和记录媒介的复制	1 819	55	178	
石油加工、炼焦及核燃料加工业	15 967	749	1 588	23
化学原料及化学制品制造业	4 521	189	332	4
医药制造业	152 348	1 425	5 343	175
化学纤维制造业	18 320	1 631	2 436	64
非金属矿物制品业	559	1	49	
黑色金属冶炼及压延加工业	112 093	3 325	14 514	
有色金属冶炼及压延加工业	92 136	2 985	12 728	991
通用设备制造业	9 482	423	727	35
专用设备制造业	1 079	30	255	1
交通运输设备制造业	222 875	3 426	13 408	719
电气机械及器材制造业	12 024	395	399	34
通信设备、计算机及其他电子设备制造业	30 344	1 653	2 409	230
仪器仪表及文化、办公用机械制造业	12 815	123	925	20
工艺品及其他制造业	1 976	84		8
水的生产和供应业	7 500	158	528	24
房屋和土木工程建筑业	14 220	39	2 178	80
其他建筑业	1 420			
城市公共交通业	5 209	32	850	20
批发业	19 104	676	1 453	78
房地产业	577			
文化艺术业	1 219	1	7	4

2-1 续表8

单位:万元

类型	存货跌价损伤和营业、管理、财务等费用合计		利润总额	应交所得税
	广告费	利息支出		
总计	**69 187**	**119 273**	**194 839**	**54 099**
农业				
林业		26	2	1
渔业			153	50
煤炭开采和洗选业	61	5 529	8 813	2 751
有色金属矿采选业		969	14	452
农副食品加工业	651	354	4 014	179
食品制造业		361	240	30
饮料制造业	500	779	-21	40
纺织业	83	86	-106	
皮革、毛皮、羽毛(绒)及其制品业	454	344	1	
木材加工及木、竹、藤、棕、草制品业	1	292	200	1
造纸及纸制品业		5 456	-7 656	
印刷业和记录媒介的复制		599	185	64
石油加工、炼焦及核燃料加工业	10	5 049	-11 468	306
化学原料及化学制品制造业		505	824	260
医药制造业	55 550	12 138	24 799	10 531
化学纤维制造业	25	7 871	-3 523	18
非金属矿物制品业			-29	
黑色金属冶炼及压延加工业		20 213	25 431	11 649
有色金属冶炼及压延加工业		23 807	40 175	5 274
通用设备制造业	5	1 063	-1 739	29
专用设备制造业	9	35	3 268	1 078
交通运输设备制造业	10 259	19 734	71 266	12 215
电气机械及器材制造业		823	6 315	680
通信设备、计算机及其他电子设备制造业	500	3 779	5 198	1 727
仪器仪表及文化、办公用机械制造业	245	2 308	2 386	355
工艺品及其他制造业	37	1 416	3 131	325
水的生产和供应业		791	5 676	1 941
房屋和土木工程建筑业		498	331	434
其他建筑业			6 114	911
城市公共交通业	35	810	3 237	1 717
批发业	687	3 274	7 468	970
房地产业			-86	
文化艺术业	75	364	226	111

2-1　续表9　　　　单位:万元

类　　型	应交增值税	固定资产投资完成额	研究开发费　用	上交税金合　计
总　计	**263 346**	**629 253**	**88 023**	**73 385**
农业				
林业	12			11
渔业				50
煤炭开采和洗选业	15 126	28 921	376	3 673
有色金属矿采选业	37	2 317		957
农副食品加工业	368		343	287
食品制造业	20	40	36	200
饮料制造业	612	1 000	400	78
纺织业	208	1 136		26
皮革、毛皮、羽毛(绒)及其制品业	516			95
木材加工及木、竹、藤、棕、草制品业	517			13
造纸及纸制品业	12			
印刷业和记录媒介的复制				119
石油加工、炼焦及核燃料加工业	3 811	2 306	116	1 055
化学原料及化学制品制造业	1 110	206	32	449
医药制造业	39 861	56 573	13 958	11 956
化学纤维制造业	4 801	23 928	2 040	1 649
非金属矿物制品业	28			1
黑色金属冶炼及压延加工业	90 083	173 212	695	14 974
有色金属冶炼及压延加工业	37 784	116 251	2 446	8 259
通用设备制造业	1 019	3 470	2 069	452
专用设备制造业	1 374	925	625	1 108
交通运输设备制造业	55 332	90 567	55 815	15 641
电气机械及器材制造业	2 378	20 680	3 719	1 075
通信设备、计算机及其他电子设备制造业	3 713	21 600	4 187	3 380
仪器仪表及文化、办公用机械制造业	1 120	5 300	902	478
工艺品及其他制造业	991		178	409
水的生产和供应业	1 196	60 141		2 099
房屋和土木工程建筑业	60			473
其他建筑业				911
城市公共交通业	59	3 147		1 749
批发业	1 195	15 985	86	1 646
房地产业	1			
文化艺术业	2	1 548		112

2－2 企业集团分行业主要劳动工资指标

（2003 年）　　　　单位：人

类　　型	从业人员年末人数	在岗职工	其他从业人员	研究开发人员
总　计	**353 470**	**334 155**	**19 315**	**7 390**
农业				
林业	376	376		
渔业	469	316	153	
煤炭开采和洗选业	52 092	52 092		
有色金属矿采选业	1 460	1 460		
农副食品加工业	2 782	2 782		116
食品制造业	308	308		10
饮料制造业	904	635	269	30
纺织业	1 679	1 192	487	
皮革、毛皮、羽毛(绒)及其制品业	2 680	2 680		112
木材加工及木、竹、藤、棕、草制品业	683	683		
造纸及纸制品业	574	574		
印刷业和记录媒介的复制	1 175	1 175		
石油加工、炼焦及核燃料加工业	10 666	7 634	3 032	124
化学原料及化学制品制造业	2 847	2 847		
医药制造业	47 205	40 979	6 226	944
化学纤维制造业	9 138	9 133	5	330
非金属矿物制品业	585	585		
黑色金属冶炼及压延加工业	51 154	51 071	83	
有色金属冶炼及压延加工业	51 638	49 761	1 877	228
通用设备制造业	5 547	4 900	647	432
专用设备制造业	887	887		70
交通运输设备制造业	42 968	42 119	849	3 238
电气机械及器材制造业	2 863	2 863		529
通信设备、计算机及其他电子设备制造业	15 776	12 775	3 001	1 120
仪器仪表及文化、办公用机械制造业	4 336	3 840	496	78
工艺品及其他制造业	1 562	1 562		29
水的生产和供应业	2 008	1 814	194	
房屋和土木工程建筑业	29 136	28 452	684	
其他建筑业	3 808	2 539	1 269	
城市公共交通业	1 802	1 802		
批发业	3 982	3 982		
房地产业	80	80		
文化艺术业	300	257	43	

2-2 续表

单位:万元

类　　　　型	从业人员劳动报酬	在岗职工劳动报酬	其他从业人员劳动报酬	研究开发人员劳动报酬
总　计	**438 970**	**419 591**	**19 379**	**10 502**
农业				
林业	450	450		
渔业	258	189	69	
煤炭开采和洗选业	58 931	58 931		
有色金属矿采选业	1 454	1 454		
农副食品加工业	2 108	2 108		177
食品制造业	414	414		12
饮料制造业	529	402	127	26
纺织业	1 079	754	325	
皮革、毛皮、羽毛(绒)及其制品业	2 013	2 013		83
木材加工及木、竹、藤、棕、草制品业	498	498		
造纸及纸制品业	449	449		
印刷业和记录媒介的复制	1 102	1 102		
石油加工、炼焦及核燃料加工业	6 291	6 053	238	136
化学原料及化学制品制造业	1 860	1 860		5
医药制造业	40 985	37 487	3 498	933
化学纤维制造业	7 431	7 428	3	355
非金属矿物制品业	375	375		
黑色金属冶炼及压延加工业	81 904	81 835	69	
有色金属冶炼及压延加工业	76 526	75 024	1 502	380
通用设备制造业	4 278	3 850	428	532
专用设备制造业	933	933		148
交通运输设备制造业	69 547	68 457	1 090	3 193
电气机械及器材制造业	3 733	3 733		1 131
通信设备、计算机及其他电子设备制造业	15 256	10 515	4 741	3 200
仪器仪表及文化、办公用机械制造业	3 424	3 032	392	154
工艺品及其他制造业	1 044	1 044		37
水的生产和供应业	3 046	2 927	119	
房屋和土木工程建筑业	37 569	33 106	4 463	
其他建筑业	6 908	4 605	2 303	
城市公共交通业	2 796	2 796		
批发业	5 178	5 178		
房地产业	59	59		
文化艺术业	542	530	12	

2-3 企业集团分行业主要经济效益指标

(2003 年) 单位:%

类型	净资产收益率	总资产报酬率	销售利润率	资本保值增值率
总　计	**3.97**	**3.15**	**2.88**	**108.10**
农业				
林业	0.01	0.14	0.08	99.53
渔业	1.39	1.37	3.41	100.08
煤炭开采和洗选业	2.18	2.01	3.38	111.67
有色金属矿采选业	-1.88	1.75	0.12	98.17
农副食品加工业	14.89	10.26	2.08	94.12
食品制造业	1.74	2.13	2.84	102.03
饮料制造业	-0.47	2.34	-0.10	90.99
纺织业	7.41	-0.07	-1.50	239.30
皮革、毛皮、羽毛(绒)及其制品业	0.07	0.50	0.01	43.73
木材加工及木、竹、藤、棕、草制品业	4.01	4.74	2.38	111.59
造纸及纸制品业	21.17	-1.08	-59.77	-178.27
印刷业和记录媒介的复制	1.62	3.49	1.83	112.33
石油加工、炼焦及核燃料加工业	-17.09	-1.63	-12.00	107.17
化学原料及化学制品制造业	3.14	3.37	4.22	101.07
医药制造业	5.34	4.58	3.26	120.30
化学纤维制造业	-4.78	1.29	-2.26	95.50
非金属矿物制品业	-0.92	-0.64	-0.77	283.62
黑色金属冶炼及压延加工业	2.59	2.85	1.74	95.45
有色金属冶炼及压延加工业	5.55	3.93	3.25	94.72
通用设备制造业	-5.54	-0.38	-3.08	91.16
专用设备制造业	20.67	15.90	18.03	122.58
交通运输设备制造业	6.42	4.27	5.30	142.12
电气机械及器材制造业	6.99	3.61	5.99	105.22
通信设备、计算机及其他电子设备制造业	2.16	2.69	3.80	99.92
仪器仪表及文化、办公用机械制造业	4.37	3.75	3.53	104.93
工艺品及其他制造业	5.52	5.56	15.14	101.41
水的生产和供应业	5.38	6.62	16.54	120.61
房屋和土木工程建筑业	-0.11	0.23	0.07	100.48
其他建筑业	20.42	11.91	9.31	104.00
城市公共交通业	3.44	4.96	11.33	109.56
批发业	16.55	5.43	7.24	127.57
房地产业	-0.53	-0.26	-1.03	164.56
文化艺术业	2.65	2.79	12.20	79.75

2－3 续表1 单位:%

类 型	劳动生产率（万元/人）	成本费用利润率	流动资产比率	资产利税率
总 计	**19.14**	**3.07**	**45.25**	**5.28**
农业				
林业	6.52	0.08	12.20	0.09
渔业	9.57	3.67	36.95	2.98
煤炭开采和洗选业	5.00	4.03	39.19	3.68
有色金属矿采选业	8.32	0.13	31.25	0.27
农副食品加工业	69.46	2.12	56.02	10.56
食品制造业	27.42	2.72	75.77	1.33
饮料制造业	22.79	-0.11	46.67	6.87
纺织业	4.20	-1.64	51.95	0.45
皮革、毛皮、羽毛(绒)及其制品业	5.72	0.01	81.09	0.78
木材加工及木、竹、藤、棕、草制品业	12.31	2.43	40.79	7.26
造纸及纸制品业	22.32	-36.75	70.09	-3.74
印刷业和记录媒介的复制	8.62	1.79	49.89	0.99
石油加工、炼焦及核燃料加工业	8.96	-11.18	26.43	-1.85
化学原料及化学制品制造业	6.86	4.54	29.12	7.62
医药制造业	16.11	3.60	52.99	8.70
化学纤维制造业	17.04	-2.48	25.68	0.55
非金属矿物制品业	6.41	-0.77	36.93	0.57
黑色金属冶炼及压延加工业	28.64	1.80	39.74	7.74
有色金属冶炼及压延加工业	23.94	3.47	41.22	5.14
通用设备制造业	10.18	-3.25	49.66	-0.30
专用设备制造业	20.44	23.57	53.33	23.01
交通运输设备制造业	31.31	5.67	51.32	6.91
电气机械及器材制造业	36.84	6.59	60.89	4.54
通信设备、计算机及其他电子设备制造业	8.68	3.89	46.44	2.76
仪器仪表及文化、办公用机械制造业	15.60	3.58	50.15	2.95
工艺品及其他制造业	13.24	18.13	23.80	5.20
水的生产和供应业	17.09	20.13	22.47	7.41
房屋和土木工程建筑业	16.56	0.07	57.87	4.36
其他建筑业	17.25	10.59	73.34	16.04
城市公共交通业	15.86	13.20	31.93	4.84
批发业	25.91	7.50	64.41	4.63
房地产业	104.05	-1.12		1.26
文化艺术业	6.17	14.43	13.76	1.37

2－3 续表2 单位:%

类 型	资金利润率	资产负债率	长期负债与资产总计比率	总资产使用率
总 计	**2.50**	**64.47**	**14.91**	**66.60**
农业				
林业	0.04	18.89	2.53	11.56
渔业	2.48	33.87	24.49	39.40
煤炭开采和洗选业	1.91	61.04	56.82	30.26
有色金属矿采选业	0.04	58.44	14.49	21.13
农副食品加工业	10.70	39.50	0.75	453.91
食品制造业	0.87	57.25	18.56	29.04
饮料制造业	－0.09	59.67	21.88	63.66
纺织业	－0.50	104.89	8.54	23.79
皮革、毛皮、羽毛(绒)及其制品业		97.92	16.23	22.10
木材加工及木、竹、藤、棕、草制品业	1.97	52.28	16.46	80.85
造纸及纸制品业	－4.00	117.70	7.96	6.27
印刷业和记录媒介的复制	0.84	66.75	13.97	45.11
石油加工、炼焦及核燃料加工业	－3.80	82.55	20.13	23.84
化学原料及化学制品制造业	2.90	54.49	17.36	49.48
医药制造业	4.12	66.88	12.12	94.14
化学纤维制造业	－1.29	78.02	32.51	41.27
非金属矿物制品业	－1.05	30.94	3.33	82.14
黑色金属冶炼及压延加工业	2.23	66.78	5.26	90.69
有色金属冶炼及压延加工业	2.75	61.35	18.88	74.22
通用设备制造业	－1.31	82.29	13.85	30.20
专用设备制造业	23.11	48.99	0.76	87.27
交通运输设备制造业	4.31	56.83	8.28	62.46
电气机械及器材制造业	3.88	59.27	1.43	52.22
通信设备、计算机及其他电子设备制造业	1.92	51.73	18.53	40.76
仪器仪表及文化、办公用机械制造业	2.48	62.85	7.39	53.86
工艺品及其他制造业	4.29	37.81	1.22	25.30
水的生产和供应业	6.83	28.93	3.83	33.67
房屋和土木工程建筑业	0.11	73.47	8.51	133.94
其他建筑业	13.13	50.34		128.00
城市公共交通业	4.81	45.92	9.87	32.15
批发业	4.63	80.17	1.56	51.32
房地产业	－2.11	50.07	19.73	25.53
文化艺术业	2.39	79.51	36.15	8.76

2-3 续表3

单位:%

类型	流动比率	速动比率	新产品销售收入与营业收入比率	研究开发费用与主营业务收入比率
总计	**91.32**	**66.06**	**7.69**	**1.33**
农业				
林业	74.55	74.22		
渔业	394.08	394.08		
煤炭开采和洗选业	929.52	844.78	1.73	0.17
有色金属矿采选业	71.10	68.17		
农副食品加工业	144.59	64.89	0.23	0.18
食品制造业	195.84	169.82		0.44
饮料制造业	123.51	36.69		1.94
纺织业	53.91	40.67		
皮革、毛皮、羽毛(绒)及其制品业	99.26	29.22		
木材加工及木、竹、藤、棕、草制品业	113.86	45.11		
造纸及纸制品业	63.87	59.87		
印刷业和记录媒介的复制	94.52	83.52		
石油加工、炼焦及核燃料加工业	42.35	36.54		0.12
化学原料及化学制品制造业	78.45	59.81	4.11	0.16
医药制造业	96.77	70.52	0.56	1.84
化学纤维制造业	56.43	40.21	29.05	1.47
非金属矿物制品业	133.73	107.62		
黑色金属冶炼及压延加工业	64.60	43.75		0.05
有色金属冶炼及压延加工业	97.07	56.51		0.20
通用设备制造业	72.56	47.91	36.40	3.80
专用设备制造业	110.59	99.96	83.45	3.45
交通运输设备制造业	105.71	77.60	27.18	4.20
电气机械及器材制造业	105.27	79.44	8.10	3.60
通信设备、计算机及其他电子设备制造业	139.89	91.29	8.95	3.08
仪器仪表及文化、办公用机械制造业	90.41	55.03	63.75	1.34
工艺品及其他制造业	65.03	50.19		0.86
水的生产和供应业	89.55	83.98		
房屋和土木工程建筑业	89.10	75.64		
其他建筑业	145.68	139.63		
城市公共交通业	88.59	87.15		
批发业	81.94	74.24		0.08
房地产业		-128.81		
文化艺术业	31.74	29.32		

2－4 工业企业集团主要财务指标

（2003 年）　　单位：万元

类　　型	单位数（个）	年末资产总计	固定资产原价	无形资产
总　计	**39**	**9 188 246**	**5 003 548**	**389 451**
一、按集团审批部门分				
国务院主管部门	2	757 706	300 029	35 009
省级人民政府	10	5 692 316	3 577 901	267 356
省级人民政府主管部门	13	910 710	402 044	41 078
其　他	14	1 827 514	723 574	46 008
二、按母公司控股情况分				
国有绝对控股	26	8 328 385	4 631 708	348 544
国有相对控股	2	348 936	191 734	12 122
集体绝对控股				
集体相对控股				
其　他	11	510 925	180 106	28 785
三、按集团主营行业分				
采矿业	2	770 624	308 178	32 292
制造业	36	8 319 880	4 605 633	351 608
电力、燃气及水的生产和供应业	1	97 742	89 737	5 551
四、按母公司登记注册类型分				
国有企业	12	3 994 699	2 039 670	278 764
国有独资企业	8	2 345 143	1 017 666	48 540
其他有限责任公司	9	362 805	123 787	18 487
股份有限公司	9	2 403 843	1 764 838	42 904
中外合资企业				
港澳台合资企业				
其　他	1	81 756	57 587	756
五、按母公司企业规模分				
大　型	14	5 653 462	3 280 024	123 178
中　型	21	1 881 961	773 984	70 421
小　型	3	49 134	15 004	419
其　他	1	1 603 689	934 536	195 433

2－4　续表1　　　　单位:万元

类　　型	累计折旧	本年折旧	累计对外投　资	本年对外投　资
总　计	**1 918 077**	**234 949**	**242 180**	**51 857**
一、按集团审批部门分				
国务院主管部门	99 235	11 502	171	
省级人民政府	1 465 759	174 955	111 437	6 774
省级人民政府主管部门	89 707	15 800	62 043	11 503
其　他	263 376	32 692	68 529	33 580
二、按母公司控股情况分				
国有绝对控股	1 816 433	223 025	203 886	46 847
国有相对控股	71 767	5 410	17 187	100
集体绝对控股				
集体相对控股				
其　他	29 877	6 514	21 107	4 910
三、按集团主营行业分				
采矿业	113 118	13 009	5 276	828
制造业	1 776 370	217 289	236 904	51 029
电力、燃气及水的生产和供应业	28 589	4 651		
四、按母公司登记注册类型分				
国有企业	804 689	106 854	76 345	868
国有独资企业	362 068	46 355	66 708	32 728
其他有限责任公司	25 112	5 510	21 107	4 910
股份有限公司	722 153	75 604	78 020	13 351
中外合资企业				
港澳台合资企业				
其　他	4 055	626		
五、按母公司企业规模分				
大　型	1 259 820	127 396	190 238	46 847
中　型	221 970	29 841	46 559	4 910
小　型	3 888	226	5 383	100
其　他	432 399	77 486		

2－4　续表2　　单位:万元

类　　型	长期投资	短期投资	存　货	流动资产年平均余额
总　计	**253 051**	**13 021**	**1 188 966**	**4 100 151**
一、按集团审批部门分				
国务院主管部门	9 266		96 072	449 382
省级人民政府	121 690	4 501	679 229	2 351 051
省级人民政府主管部门	76 537	961	116 518	406 877
其　他	45 558	7 559	297 147	892 841
二、按母公司控股情况分				
国有绝对控股	198 879	11 353	1 047 336	3 692 308
国有相对控股	17 433	82	57 004	161 214
集体绝对控股				
集体相对控股				
其　他	36 739	1 586	84 626	246 629
三、按集团主营行业分				
采矿业	5 276	2 648	26 255	297 568
制造业	244 784	10 373	1 161 345	3 780 616
电力、燃气及水的生产和供应业	2 991		1 366	21 967
四、按母公司登记注册类型分				
国有企业	83 434	3 246	394 919	1 683 938
国有独资企业	49 776	6 607	307 303	1 182 075
其他有限责任公司	35 717	1 561	58 581	170 686
股份有限公司	84 090	1 582	423 724	1 043 997
中外合资企业				
港澳台合资企业				
其　他	34	25	4 439	19 455
五、按母公司企业规模分				
大　型	145 484	11 079	744 671	2 406 893
中　型	67 404	1 840	231 375	1 032 756
小　型	5 383	19	7 240	23 160
其　他	34 780	83	205 680	637 342

2－4 续表3 单位:万元

类　　型	应收帐款	年末负债 合　计	流动负债	营业收入
总　　计	**729 485**	**5 896 456**	**4 469 598**	**6 069 856**
一、按集团审批部门分				
国务院主管部门	38 054	488 045	443 677	453 706
省级人民政府	498 418	3 847 445	2 722 017	3 730 780
省级人民政府主管部门	78 472	521 115	439 257	618 811
其　他	114 541	1 039 851	864 647	1 266 559
二、按母公司控股情况分				
国有绝对控股	636 072	5 456 596	4 111 947	5 288 977
国有相对控股	47 301	181 922	118 107	153 925
集体绝对控股				
集体相对控股				
其　他	46 112	257 938	239 544	626 954
三、按集团主营行业分				
采矿业	38 446	468 931	54 748	272 662
制造业	686 506	5 399 252	4 390 319	5 762 870
电力、燃气及水的生产和供应业	4 533	28 273	24 531	34 324
四、按母公司登记注册类型分				
国有企业	315 690	2 815 446	2 016 431	2 520 407
国有独资企业	135 209	1 327 158	1 123 868	1 440 490
其他有限责任公司	24 933	176 447	157 303	573 324
股份有限公司	244 664	1 546 489	1 142 080	1 514 954
中外合资企业				
港澳台合资企业				
其　他	8 989	30 916	29 916	20 681
五、按母公司企业规模分				
大　型	418 514	3 505 481	2 323 378	3 467 317
中　型	209 189	1 278 622	1 122 833	1 109 551
小　型	4 373	41 436	36 803	27 830
其　他	97 409	1 070 917	986 584	1 465 158

2-4 续表4

单位:万元

类型	年末股东权益总计	年末少数股东权益	年末股东(所有者)权益合计	股本
总计	**3 291 790**	**885 763**	**2 406 027**	**1 741 119**
一、按集团审批部门分				
国务院主管部门	269 661	72 514	197 147	78 808
省级人民政府	1 844 871	499 610	1 345 261	1 313 931
省级人民政府主管部门	389 595	82 143	307 452	168 024
其他	787 663	231 496	556 167	180 356
二、按母公司控股情况分				
国有绝对控股	2 871 789	795 676	2 076 113	1 545 945
国有相对控股	167 014	69 414	97 600	88 829
集体绝对控股				
集体相对控股				
其他	252 987	20 673	232 314	106 345
三、按集团主营行业分				
采矿业	301 693	88 997	212 696	147 205
制造业	2 920 628	786 766	2 133 862	1 558 220
电力、燃气及水的生产和供应业	69 469	10 000	59 469	35 694
四、按母公司登记注册类型分				
国有企业	1 179 253	145 991	1 033 262	943 109
国有独资企业	1 017 985	301 676	716 309	240 045
其他有限责任公司	186 358	10 635	175 723	81 251
股份有限公司	857 354	427 461	429 893	461 714
中外合资企业				
港澳台合资企业				
其他	50 840		50 840	15 000
五、按母公司企业规模分				
大型	2 147 981	732 702	1 415 279	938 405
中型	603 339	133 682	469 657	286 995
小型	7 698	1 132	6 566	9 195
其他	532 772	18 247	514 525	506 524

2－4 续表5

单位:万元

类　　型	主营业务收　入	主营业务成　本	主营业务税金及附加	其他业务收　入
总　计	**5 943 900**	**4 912 458**	**48 283**	**125 956**
一、按集团审批部门分				
国务院主管部门	450 675	369 303	9 756	3 031
省级人民政府	3 627 302	3 126 579	19 057	103 478
省级人民政府主管部门	612 610	426 285	5 277	6 201
其　他	1 253 313	990 291	14 193	13 246
二、按母公司控股情况分				
国有绝对控股	5 166 041	4 282 589	42 284	122 936
国有相对控股	153 020	117 567	1 278	905
集体绝对控股				
集体相对控股				
其　他	624 839	512 302	4 721	2 115
三、按集团主营行业分				
采矿业	228 050	168 495	2 452	44 612
制造业	5 682 938	4 723 261	45 461	79 932
电力、燃气及水的生产和供应业	32 912	20 702	370	1 412
四、按母公司登记注册类型分				
国有企业	2 441 504	2 090 459	13 786	78 903
国有独资企业	1 423 764	1 098 201	21 244	16 726
其他有限责任公司	571 985	469 725	3 953	1 339
股份有限公司	1 485 966	1 238 784	9 172	28 988
中外合资企业				
港澳台合资企业				
其　他	20 681	15 289	128	
五、按母公司企业规模分				
大　型	3 359 632	2 720 265	22 103	107 685
中　型	1 102 162	870 461	16 569	7 389
小　型	27 736	23 189	1 035	94
其　他	1 454 370	1 298 543	8 576	10 788

2－4 续表6 单位:万元

类 型	新产品销售收入	出口销售总额	投资收益	营业外收入
总 计	**520 511**	**361 715**	**8 176**	**15 304**
一、按集团审批部门分				
国务院主管部门		1 869	－427	1 087
省级人民政府	66 232	181 027	4 178	7 998
省级人民政府主管部门	83 916	59 670	2 426	418
其 他	370 363	119 149	1 999	5 801
二、按母公司控股情况分				
国有绝对控股	483 346	307 273	5 946	11 434
国有相对控股	12 250	30 031	1 588	637
集体绝对控股				
集体相对控股				
其 他	24 915	24 411	642	3 233
三、按集团主营行业分				
采矿业	4 500	3 200	－21	2 449
制造业	516 011	358 515	8 137	12 855
电力、燃气及水的生产和供应业			60	
四、按母公司登记注册类型分				
国有企业	54 233	75 024	2 846	6 388
国有独资企业	369 952	111 356	1 810	3 275
其他有限责任公司	21 495	8 523	674	3 154
股份有限公司	74 831	150 924	2 846	2 465
中外合资企业				
港澳台合资企业				
其 他		15 888		22
五、按母公司企业规模分				
大 型	486 845	318 438	6 691	9 066
中 型	33 666	37 547	915	4 623
小 型		2 078	6	－46
其 他		3 652	564	1 661

2－4　续表7　单位:万元

类　型	存货跌价损伤和营业、管理、财务等费用合计	税　金	劳动、待业保险费	职工教育费
总　计	**780 626**	**18 528**	**71 035**	**3 097**
一、按集团审批部门分				
国务院主管部门	66 111	1 200	4 155	372
省级人民政府	380 077	11 280	52 206	1 965
省级人民政府主管部门	147 897	1 993	3 530	312
其　他	186 541	4 055	11 144	448
二、按母公司控股情况分				
国有绝对控股	672 588	15 330	67 716	2 661
国有相对控股	32 744	1 663	2 609	250
集体绝对控股				
集体相对控股				
其　他	75 294	1 535	710	186
三、按集团主营行业分				
采矿业	61 498	1 427	14 537	639
制造业	711 628	16 943	55 970	2 434
电力、燃气及水的生产和供应业	7 500	158	528	24
四、按母公司登记注册类型分				
国有企业	269 452	7 938	42 784	907
国有独资企业	239 099	3 836	14 539	771
其他有限责任公司	70 616	1 143	802	175
股份有限公司	199 483	5 527	12 910	1 236
中外合资企业				
港澳台合资企业				
其　他	1 976	84		8
五、按母公司企业规模分				
大　型	487 023	11 794	49 537	2 403
中　型	177 873	3 372	6 614	670
小　型	3 637	37	370	24
其　他	112 093	3 325	14 514	

2－4 续表8 单位:万元

类型	存货跌价损伤和营业、管理、财务等费用合计		利润总额	应交所得税
	广告费	利息支出		
总计	**68 390**	**114 301**	**177 394**	**49 905**
一、按集团审批部门分				
国务院主管部门	5 259	7 195	10 225	2 032
省级人民政府	1 536	78 726	61 766	23 047
省级人民政府主管部门	55 382	12 620	34 406	12 147
其他	6 213	15 760	70 997	12 679
二、按母公司控股情况分				
国有绝对控股	40 930	106 250	141 838	41 698
国有相对控股	1 000	4 164	5 513	1 727
集体绝对控股				
集体相对控股				
其他	26 460	3 887	30 043	6 480
三、按集团主营行业分				
采矿业	61	6 498	8 827	3 203
制造业	68 329	107 012	162 891	44 761
电力、燃气及水的生产和供应业		791	5 676	1 941
四、按母公司登记注册类型分				
国有企业	638	47 144	25 655	16 566
国有独资企业	11 200	23 275	77 570	14 273
其他有限责任公司	26 423	2 572	26 847	5 770
股份有限公司	30 092	39 894	44 191	12 971
中外合资企业				
港澳台合资企业				
其他	37	1 416	3 131	325
五、按母公司企业规模分				
大型	32 033	69 772	115 842	25 601
中型	35 774	23 845	35 941	12 655
小型	583	471	180	
其他		20 213	25 431	11 649

2－4 续表9 单位:万元

类 型	应交增值税	固定资产投资完成额	研究开发费用	上交税金合计
总 计	**262 017**	**608 573**	**87 937**	**330 450**
一、按集团审批部门分				
国务院主管部门	15 581	37 690	13 166	18 813
省级人民政府	170 989	406 034	21 823	205 316
省级人民政府主管部门	25 958	99 272	8 114	40 098
其 他	49 489	65 577	44 834	66 223
二、按母公司控股情况分				
国有绝对控股	236 957	554 853	77 797	293 985
国有相对控股	4 067	22 600	4 587	7 457
集体绝对控股				
集体相对控股				
其 他	20 993	31 120	5 553	29 008
三、按集团主营行业分				
采矿业	15 163	31 238	376	19 793
制造业	245 658	517 194	87 561	307 362
电力、燃气及水的生产和供应业	1 196	60 141		3 295
四、按母公司登记注册类型分				
国有企业	134 719	280 744	18 624	159 223
国有独资企业	59 783	153 186	55 926	77 892
其他有限责任公司	19 719	27 511	5 119	26 632
股份有限公司	46 805	147 132	8 090	65 303
中外合资企业				
港澳台合资企业				
其 他	991		178	1 400
五、按母公司企业规模分				
大 型	128 411	300 420	65 215	165 806
中 型	42 933	132 805	21 627	58 960
小 型	590	2 136	400	627
其 他	90 083	173 212	695	105 057

2－5　工业企业集团劳动工资指标

（2003 年）　　　　单位:人

类　　型	从业人员年末人数	在岗职工	其他从业人　员	研究开发人　员
总　计	**313 517**	**296 351**	**17 166**	**7 390**
一、按集团审批部门分				
国务院主管部门	11 366	11 305	61	165
省级人民政府	225 921	212 375	13 546	2 478
省级人民政府主管部门	26 625	24 435	2 190	1 136
其　他	49 605	48 236	1 369	3 611
二、按母公司控股情况分				
国有绝对控股	279 944	266 142	13 802	5 293
国有相对控股	16 176	13 165	3 011	1 150
集体绝对控股				
集体相对控股				
其　他	17 397	17 044	353	947
三、按集团主营行业分				
采矿业	53 552	53 552		
制造业	257 957	240 985	16 972	7 390
电力、燃气及水的生产和供应业	2 008	1 814	194	
四、按母公司登记注册类型分				
国有企业	179 154	172 264	6 890	1 772
国有独资企业	54 418	49 248	5 170	3 308
其他有限责任公司	15 452	15 358	94	820
股份有限公司	62 931	57 919	5 012	1 461
中外合资企业				
港澳台合资企业				
其　他	1 562	1 562		29
五、按母公司企业规模分				
大　型	215 513	204 246	11 267	5 819
中　型	44 186	38 867	5 319	1 541
小　型	2 664	2 167	497	30
其　他	51 154	51 071	83	

2-5 续表 单位:万元

类 型	从业人员劳动报酬	在岗职工劳动报酬	其他从业人员劳动报酬	研究开发人员劳动报酬
总 计	**385 210**	**372 678**	**12 532**	**10 502**
一、按集团审批部门分				
国务院主管部门	12 868	12 736	132	378
省级人民政府	275 142	265 899	9 243	4 669
省级人民政府主管部门	26 507	24 705	1 802	2 037
其 他	70 693	69 338	1 355	3 418
二、按母公司控股情况分				
国有绝对控股	354 271	346 679	7 592	5 525
国有相对控股	15 526	10 775	4 751	3 226
集体绝对控股				
集体相对控股				
其 他	15 413	15 224	189	1 751
三、按集团主营行业分				
采矿业	60 385	60 385		
制造业	321 779	309 366	12 413	10 502
电力、燃气及水的生产和供应业	3 046	2 927	119	
四、按母公司登记注册类型分				
国有企业	205 510	202 763	2 747	1 814
国有独资企业	78 494	75 221	3 273	3 265
其他有限责任公司	13 413	13 341	72	1 573
股份有限公司	86 749	80 309	6 440	3 813
中外合资企业				
港澳台合资企业				
其 他	1 044	1 044		37
五、按母公司企业规模分				
大 型	260 705	251 817	8 888	7 979
中 型	40 877	37 637	3 240	2 497
小 型	1 724	1 389	335	26
其 他	81 904	81 835	69	

2－6 工业企业集团主要经济效益指标

（2003 年）　　单位：%

类　　型	净资产收益率	总资产报酬率	销售利润率	资本保值增值率
总　计	**3.87**	**3.17**	**2.92**	**108.08**
一、按集团审批部门分				
国务院主管部门	3.04	2.30	2.25	121.20
省级人民政府	2.10	2.47	1.66	97.53
省级人民政府主管部门	5.71	5.16	5.56	104.80
其　他	7.40	4.75	5.61	140.72
二、按母公司控股情况分				
国有绝对控股	3.49	2.98	2.68	108.89
国有相对控股	2.27	2.77	3.58	99.51
集体绝对控股				
集体相对控股				
其　他	9.31	6.64	4.79	105.24
三、按集团主营行业分				
采矿业	1.86	1.99	3.24	110.50
制造业	4.04	3.24	2.83	107.58
电力、燃气及水的生产和供应业	5.38	6.62	16.54	120.61
四、按母公司登记注册类型分				
国有企业	0.77	1.82	1.02	101.01
国有独资企业	6.22	4.30	5.38	142.81
其他有限责任公司	11.31	8.11	4.68	106.96
股份有限公司	3.64	3.50	2.92	91.12
中外合资企业				
港澳台合资企业				
其　他	5.52	5.56	15.14	101.41
五、按母公司企业规模分				
大　型	4.20	3.28	3.34	112.75
中　型	3.86	3.18	3.24	104.92
小　型	2.34	1.32	0.65	107.23
其　他	2.59	2.85	1.74	95.45

2-6 续表1

单位:%

类型	劳动生产率（万元/人）	成本费用利润率	流动资产比率	资产利税率
总计	**19.36**	**3.12**	**44.62**	**5.31**
一、按集团审批部门分				
国务院主管部门	39.92	2.35	59.31	4.69
省级人民政府	16.51	1.76	41.30	4.42
省级人民政府主管部门	23.24	5.99	44.68	7.21
其他	25.53	6.03	48.86	7.37
二、按母公司控股情况分				
国有绝对控股	18.89	2.86	44.33	5.06
国有相对控股	9.52	3.67	46.20	3.11
集体绝对控股				
集体相对控股				
其他	36.04	5.11	48.27	10.91
三、按集团主营行业分				
采矿业	5.09	3.84	38.61	3.43
制造业	22.34	3.00	45.44	5.46
电力、燃气及水的生产和供应业	17.09	20.13	22.47	7.41
四、按母公司登记注册类型分				
国有企业	14.07	1.09	42.15	4.36
国有独资企业	26.47	5.80	50.41	6.76
其他有限责任公司	37.10	4.97	47.05	13.92
股份有限公司	24.07	3.07	43.43	4.17
中外合资企业				
港澳台合资企业				
其他	13.24	18.13	23.80	5.20
五、按母公司企业规模分				
大型	16.09	3.61	42.57	4.71
中型	25.11	3.43	54.88	5.07
小型	10.45	0.67	47.14	3.67
其他	28.64	1.80	39.74	7.74

2－6　续表2　　　　单位:%

类　　型	资金利润率	资产负债率	长期负债与资产总计比率	总资产使用率
总　计	**2.47**	**64.17**	**15.53**	**64.69**
一、按集团审批部门分				
国务院主管部门	1.57	64.41	5.86	59.48
省级人民政府	1.38	67.59	19.77	63.72
省级人民政府主管部门	4.78	57.22	8.99	67.27
其　他	5.25	56.90	9.59	68.58
二、按母公司控股情况分				
国有绝对控股	2.18	65.52	16.15	62.03
国有相对控股	1.96	52.14	18.29	43.85
集体绝对控股				
集体相对控股				
其　他	7.57	50.48	3.60	122.30
三、按集团主营行业分				
采矿业	1.79	60.85	53.75	29.59
制造业	2.46	64.90	12.13	68.31
电力、燃气及水的生产和供应业	6.83	28.93	3.83	33.67
四、按母公司登记注册类型分				
国有企业	0.88	70.48	20.00	61.12
国有独资企业	4.22	56.59	8.67	60.71
其他有限责任公司	9.97	48.63	5.28	157.66
股份有限公司	2.12	64.33	16.82	61.82
中外合资企业				
港澳台合资企业				
其　他	4.29	37.81	1.22	25.30
五、按母公司企业规模分				
大　型	2.62	62.01	20.91	59.43
中　型	2.27	67.94	8.28	58.56
小　型	0.53	84.33	9.43	56.45
其　他	2.23	66.78	5.26	90.69

2－6 续表3

单位:%

类　　　型	流动比率	速动比率	新产品销售收入与营业收入比率	研究开发费用与主营业务收入比率
总　计	**91.73**	**65.13**	**8.58**	**1.48**
一、按集团审批部门分				
国务院主管部门	101.29	79.63		2.92
省级人民政府	86.37	61.42	1.78	0.60
省级人民政府主管部门	92.63	66.10	13.56	1.32
其　他	103.26	68.89	29.24	3.58
二、按母公司控股情况分				
国有绝对控股	89.79	64.32	9.14	1.51
国有相对控股	136.50	88.23	7.96	3.00
集体绝对控股				
集体相对控股				
其　他	102.96	67.63	3.97	0.89
三、按集团主营行业分				
采矿业	543.52	495.57	1.65	0.16
制造业	86.11	59.66	8.95	1.54
电力、燃气及水的生产和供应业	89.55	83.98		
四、按母公司登记注册类型分				
国有企业	83.51	63.93	2.15	0.76
国有独资企业	105.18	77.84	25.68	3.93
其他有限责任公司	108.51	71.27	3.75	0.89
股份有限公司	91.41	54.31	4.94	0.54
中外合资企业				
港澳台合资企业				
其　他	65.03	50.19		0.86
五、按母公司企业规模分				
大　型	103.59	71.54	14.04	1.94
中　型	91.98	71.37	3.03	1.96
小　型	62.93	43.26		1.44
其　他	64.60	43.75		0.05

2－7　非工业企业集团主要财务指标

（2003 年）　　　　单位:万元

类　　型	单位数（个）	年末资产总计	固定资产原价	无形资产
总　计	**11**	**776 271**	**270 822**	**29 336**
一、按集团审批部门分				
国务院主管部门				
省级人民政府	1	204 519	80 532	342
省级人民政府主管部门	2	83 686	20 933	
其　他	8	488 066	169 357	28 994
二、按母公司控股情况分				
国有绝对控股	8	483 439	211 599	11 859
国有相对控股	1	62 266	16 470	2
集体绝对控股				
集体相对控股				
其　他	2	230 566	42 753	17 475
三、按集团主营行业分				
农、林、牧、渔业	2	31 729	5 185	261
建筑业	5	411 235	155 876	3 164
交通运输、仓储和邮政业	1	81 593	58 495	7 868
批发和零售业	1	197 957	38 522	17 475
房地产业	1	32 609	4 231	
文化、体育和娱乐业	1	21 148	8 513	568
四、按母公司登记注册类型分				
国有企业	2	255 837	118 832	342
国有独资企业	4	195 873	87 582	11 256
其他有限责任公司	4	262 295	47 938	17 736
股份有限公司				
中外合资企业				
港澳台合资企业				
其　他	1	62 266	16 470	2
五、按母公司企业规模分				
大　型	3	306 914	135 534	342
中　型	4	322 829	61 579	20 558
小　型	4	146 528	73 709	8 436
其　他				

2－7　续表1　　单位:万元

类　型	累计折旧	本年折旧	累计对外投资	本年对外投资
总　计	**80 318**	**12 314**	**28 801**	**3 950**
一、按集团审批部门分				
国务院主管部门				
省级人民政府	12 361	929	1 534	846
省级人民政府主管部门	8 613	1 077		
其　他	59 344	10 308	27 267	3 104
二、按母公司控股情况分				
国有绝对控股	71 257	10 578	7 074	846
国有相对控股	4 287	94	60	
集体绝对控股				
集体相对控股				
其　他	4 774	1 642	21 667	3 104
三、按集团主营行业分				
农、林、牧、渔业	1 167	44	248	
建筑业	55 160	7 605	1 594	846
交通运输、仓储和邮政业	17 255	2 884	3 805	
批发和零售业	4 627	1 612	21 667	3 104
房地产业	147	30		
文化、体育和娱乐业	1 962	139	1 487	
四、按母公司登记注册类型分				
国有企业	41 715	6 347	1 534	846
国有独资企业	28 375	4 187	5 292	
其他有限责任公司	5 941	1 686	21 915	3 104
股份有限公司				
中外合资企业				
港澳台合资企业				
其　他	4 287	94	60	
五、按母公司企业规模分				
大　型	50 181	7 394	1 534	846
中　型	10 349	1 849	21 727	3 104
小　型	19 788	3 071	5 540	
其　他				

2－7　续表2　　　　单位:万元

类　　型	长期投资	短期投资	存　货	流动资产年平均余额
总　计	**30 381**	**4 441**	**58 387**	**409 032**
一、按集团审批部门分				
国务院主管部门				
省级人民政府	1 534	80	10 743	111 512
省级人民政府主管部门	1 937		16 011	23 961
其　他	26 910	4 361	31 633	273 559
二、按母公司控股情况分				
国有绝对控股	6 236	2 607	25 687	239 241
国有相对控股	2 478	10	7 983	42 286
集体绝对控股				
集体相对控股				
其　他	21 667	1 824	24 717	127 505
三、按集团主营行业分				
农、林、牧、渔业			11	6 637
建筑业	5 949	90	33 015	245 925
交通运输、仓储和邮政业	1 278	2 527	422	26 054
批发和零售业	21 667	1 824	11 976	127 505
房地产业			12 741	
文化、体育和娱乐业	1 487		222	2 911
四、按母公司登记注册类型分				
国有企业	1 534	80	12 305	149 147
国有独资企业	4 702	2 527	13 371	83 457
其他有限责任公司	21 667	1 824	24 728	134 142
股份有限公司				
中外合资企业				
港澳台合资企业				
其　他	2 478	10	7 983	42 286
五、按母公司企业规模分				
大　型	3 471	80	15 575	173 108
中　型	24 145	1 834	29 427	202 829
小　型	2 765	2 527	13 385	33 095
其　他				

2－7 续表3

单位:万元

类　　　　型	应收帐款	年末负债		营业收入
		合　计	流动负债	
总　计	**101 574**	**527 235**	**468 115**	**696 941**
一、按集团审批部门分				
国务院主管部门				
省级人民政府	72 172	155 428	139 184	375 860
省级人民政府主管部门	3 054	49 493	39 058	48 619
其　他	26 348	322 314	289 873	272 462
二、按母公司控股情况分				
国有绝对控股	78 227	312 134	272 932	540 071
国有相对控股	16 055	40 076	29 677	45 353
集体绝对控股				
集体相对控股				
其　他	7 292	175 025	165 506	111 517
三、按集团主营行业分				
农、林、牧、渔业	163	7 668	4 411	6 938
建筑业	92 891	290 260	259 617	548 057
交通运输、仓储和邮政业	1 176	37 467	29 410	28 577
批发和零售业	6 318	158 699	155 615	103 193
房地产业	974	16 326	9 891	8 324
文化、体育和娱乐业	52	16 815	9 171	1 852
四、按母公司登记注册类型分				
国有企业	74 756	181 262	165 018	441 547
国有独资企业	3 308	123 204	103 503	91 586
其他有限责任公司	7 455	182 693	169 917	118 455
股份有限公司				
中外合资企业				
港澳台合资企业				
其　他	16 055	40 076	29 677	45 353
五、按母公司企业规模分				
大　型	76 836	214 429	194 185	481 842
中　型	22 536	238 412	224 410	171 859
小　型	2 202	74 394	49 520	43 240
其　他				

2－7　续表4　　单位:万元

类　　型	年末股东权益总计	年末少数股东权益	年末股东(所有者)权益合计	股　本
总　计	**249 036**	**33 376**	**215 660**	**157 035**
一、按集团审批部门分				
国务院主管部门				
省级人民政府	49 091		49 091	71 481
省级人民政府主管部门	34 193	1 042	33 151	22 321
其　他	165 752	32 334	133 418	63 233
二、按母公司控股情况分				
国有绝对控股	171 305	21 498	149 807	117 406
国有相对控股	22 190		22 190	11 511
集体绝对控股				
集体相对控股				
其　他	55 541	11 878	43 663	28 118
三、按集团主营行业分				
农、林、牧、渔业	24 061		24 061	2 545
建筑业	120 975	73	120 902	110 203
交通运输、仓储和邮政业	44 126	21 425	22 701	12 311
批发和零售业	39 258	10 836	28 422	15 852
房地产业	16 283	1 042	15 241	12 266
文化、体育和娱乐业	4 333		4 333	3 858
四、按母公司登记注册类型分				
国有企业	74 575		74 575	83 564
国有独资企业	72 669	21 498	51 171	31 297
其他有限责任公司	79 602	11 878	67 724	30 663
股份有限公司				
中外合资企业				
港澳台合资企业				
其　他	22 190		22 190	11 511
五、按母公司企业规模分				
大　型	92 485		92 485	93 619
中　型	84 417	10 909	73 508	33 281
小　型	72 134	22 467	49 667	30 135
其　他				

2－7 续表5 单位:万元

类　　型	主营业务收入	主营业务成本	主营业务税金及附加	其他业务收入
总　计	**692 528**	**620 314**	**19 318**	**4 413**
一、按集团审批部门分				
国务院主管部门				
省级人民政府	375 860	356 916	12 129	
省级人民政府主管部门	48 539	42 825	1 798	80
其　他	268 129	220 573	5 391	4 333
二、按母公司控股情况分				
国有绝对控股	537 439	493 201	17 145	2 632
国有相对控股	45 166	39 559	1 179	187
集体绝对控股				
集体相对控股				
其　他	109 923	87 554	994	1 594
三、按集团主营行业分				
农、林、牧、渔业	6 779	5 142	185	159
建筑业	547 744	507 963	17 420	313
交通运输、仓储和邮政业	26 230	19 308	657	2 347
批发和零售业	101 599	80 471	499	1 594
房地产业	8 324	7 083	495	
文化、体育和娱乐业	1 852	347	62	
四、按母公司登记注册类型分				
国有企业	441 547	413 219	14 248	
国有独资企业	89 113	74 840	2 712	2 473
其他有限责任公司	116 702	92 696	1 179	1 753
股份有限公司				
中外合资企业				
港澳台合资企业				
其　他	45 166	39 559	1 179	187
五、按母公司企业规模分				
大　型	481 762	448 961	15 551	80
中　型	169 956	140 809	2 373	1 903
小　型	40 810	30 544	1 394	2 430
其　他				

2－7　续表6　　　　单位：万元

类　　　　型	利润总额	应交所得税	投资收益	营业外收入
总　　计	**17 445**	**4 194**	**1 799**	**3 257**
一、按集团审批部门分				
国务院主管部门				
省级人民政府	－2 137		－15	59
省级人民政府主管部门	241	108		
其　他	19 341	4 086	1 814	3 198
二、按母公司控股情况分				
国有绝对控股	8 013	2 930	359	270
国有相对控股	2 050	294		78
集体绝对控股				
集体相对控股				
其　他	7 382	970	1 440	2 909
三、按集团主营行业分				
农、林、牧、渔业	155	51		31
建筑业	6 445	1 345	－15	151
交通运输、仓储和邮政业	3 237	1 717	374	161
批发和零售业	7 468	970	1 440	2 909
房地产业	－86			
文化、体育和娱乐业	226	111		5
四、按母公司登记注册类型分				
国有企业	3 977	911	－15	73
国有独资企业	3 881	1 968	374	166
其他有限责任公司	7 537	1 021	1 440	2 940
股份有限公司				
中外合资企业				
港澳台合资企业				
其　他	2 050	294		78
五、按母公司企业规模分				
大　型	4 304	1 019	－15	73
中　型	9 611	1 297	1 440	3 008
小　型	3 530	1 878	374	176
其　他				

2-7 续表7　　　　单位:万元

类　　型	存货跌价损伤和营业、管理、财务等费用合计	税　金	劳动、待业保险费	职工教育费
总　计	**43 158**	**758**	**4 604**	**185**
一、按集团审批部门分				
国务院主管部门				
省级人民政府	8 902			
省级人民政府主管部门	3 420	18	1 069	76
其　他	30 836	740	3 535	109
二、按母公司控股情况分				
国有绝对控股	21 002	61	2 042	103
国有相对控股	2 475	21	1 109	4
集体绝对控股				
集体相对控股				
其　他	19 681	676	1 453	78
三、按集团主营行业分				
农、林、牧、渔业	1 409	10	116	3
建筑业	15 640	39	2 178	80
交通运输、仓储和邮政业	5 209	32	850	20
批发和零售业	19 104	676	1 453	78
房地产业	577			
文化、体育和娱乐业	1 219	1	7	4
四、按母公司登记注册类型分				
国有企业	10 322			
国有独资企业	9 271	51	1 926	100
其他有限责任公司	21 090	686	1 569	81
股份有限公司				
中外合资企业				
港澳台合资企业				
其　他	2 475	21	1 109	4
五、按母公司企业规模分				
大　型	13 165	18	1 069	76
中　型	22 630	707	2 678	85
小　型	7 363	33	857	24
其　他				

2－7　续表8　　单位:万元

类　　型	存货跌价损伤和营业、管理、财务等费用合计		应交增值税	固定资产投资完成额	上交税金合计
	广告费	利息支出			
总　计	**797**	**4 972**	**1 329**	**20 680**	**6 281**
一、按集团审批部门分					
国务院主管部门					
省级人民政府			60		60
省级人民政府主管部门		48	1		127
其　他	797	4 924	1 268	20 680	6 094
二、按母公司控股情况分					
国有绝对控股	110	1 248	133	4 695	3 124
国有相对控股		450			315
集体绝对控股					
集体相对控股					
其　他	687	3 274	1 196	15 985	2 842
三、按集团主营行业分					
农、林、牧、渔业		26	12		73
建筑业		498	60		1 444
交通运输、仓储和邮政业	35	810	59	3 147	1 808
批发和零售业	687	3 274	1 195	15 985	2 841
房地产业			1		1
文化、体育和娱乐业	75	364	2	1 548	114
四、按母公司登记注册类型分					
国有企业			60		971
国有独资企业	110	1 222	61	4 695	2 080
其他有限责任公司	687	3 300	1 208	15 985	2 915
股份有限公司					
中外合资企业					
港澳台合资企业					
其　他		450			315
五、按母公司企业规模分					
大　型		48	60		1 097
中　型	687	3 750	1 207	15 985	3 211
小　型	110	1 174	62	4 695	1 973
其　他					

2－8　非工业企业集团劳动工资指标

（2003 年）　　单位:人

类　型	从业人员年末人数	在岗职工	其他从业人员	研究开发人员
总　计	**39 953**	**37 804**	**2 149**	
一、按集团审批部门分				
国务院主管部门				
省级人民政府	12 289	12 279	10	
省级人民政府主管部门	3 976	3 976		
其　他	23 688	21 549	2 139	
二、按母公司控股情况分				
国有绝对控股	25 705	23 689	2 016	
国有相对控股	10 186	10 053	133	
集体绝对控股				
集体相对控股				
其　他	4 062	4 062		
三、按集团主营行业分				
农、林、牧、渔业	845	692	153	
建筑业	32 944	30 991	1 953	
交通运输、仓储和邮政业	1 802	1 802		
批发和零售业	3 982	3 982		
房地产业	80	80		
文化、体育和娱乐业	300	257	43	
四、按母公司登记注册类型分				
国有企业	16 097	14 818	1 279	
国有独资企业	8 763	8 179	584	
其他有限责任公司	4 907	4 754	153	
股份有限公司				
中外合资企业				
港澳台合资企业				
其　他	10 186	10 053	133	
五、按母公司企业规模分				
大　型	19 993	18 714	1 279	
中　型	17 309	16 635	674	
小　型	2 651	2 455	196	
其　他				

2-8 续表 单位:万元

类型	从业人员劳动报酬	在岗职工劳动报酬	其他从业人员劳动报酬	研究开发人员劳动报酬
总　计	**53 760**	**46 913**	**6 847**	
一、按集团审批部门分				
国务院主管部门				
省级人民政府	18 820	18 726	94	
省级人民政府主管部门	5 148	5 148		
其　他	29 792	23 039	6 753	
二、按母公司控股情况分				
国有绝对控股	39 544	32 855	6 689	
国有相对控股	8 979	8 821	158	
集体绝对控股				
集体相对控股				
其　他	5 237	5 237		
三、按集团主营行业分				
农、林、牧、渔业	708	639	69	
建筑业	44 477	37 711	6 766	
交通运输、仓储和邮政业	2 796	2 796		
批发和零售业	5 178	5 178		
房地产业	59	59		
文化、体育和娱乐业	542	530	12	
四、按母公司登记注册类型分				
国有企业	25 728	23 331	2 397	
国有独资企业	13 108	8 885	4 223	
其他有限责任公司	5 945	5 876	69	
股份有限公司*				
中外合资企业				
港澳台合资企业				
其　他	8 979	8 821	158	
五、按母公司企业规模分				
大　型	30 817	28 420	2 397	
中　型	19 288	14 919	4 369	
小　型	3 655	3 574	81	
其　他				

2－9 非工业企业集团主要经济效益指标

（2003年） 单位：%

类　　型	净资产收益率	总资产报酬率	销售利润率	资本保值增值率
总　计	**5.32**	**2.89**	**2.50**	**108.25**
一、按集团审批部门分				
国务院主管部门				
省级人民政府	-4.35	-1.04	-0.57	95.51
省级人民政府主管部门	0.39	0.35	0.50	121.31
其　他	9.20	4.97	7.10	110.16
二、按母公司控股情况分				
国有绝对控股	2.97	1.92	1.48	100.70
国有相对控股	7.91	4.02	4.52	115.12
集体绝对控股				
集体相对控股				
其　他	11.54	4.62	6.62	136.57
三、按集团主营行业分				
农、林、牧、渔业	0.43	0.57	2.23	99.70
建筑业	4.22	1.69	1.18	101.20
交通运输、仓储和邮政业	3.44	4.96	11.33	109.56
批发和零售业	16.55	5.43	7.24	127.57
房地产业	-0.53	-0.26	-1.03	164.56
文化、体育和娱乐业	2.65	2.79	12.20	79.75
四、按母公司登记注册类型分				
国有企业	4.11	1.55	0.90	98.25
国有独资企业	2.63	2.61	4.24	103.71
其他有限责任公司	8.19	4.13	6.36	122.84
股份有限公司				
中外合资企业				
港澳台合资企业				
其　他	7.91	4.02	4.52	115.12
五、按母公司企业规模分				
大　型	3.55	1.42	0.89	98.18
中　型	9.85	4.14	5.59	115.85
小　型	2.29	3.21	8.16	114.52
其　他				

2－9　续表1　　单位:%

类　　　型	劳动生产率（万元/人）	成本费用利润率	流动资产比　率	资产利税率
总　计	**17.44**	**2.63**	**52.69**	**4.91**
一、按集团审批部门分				
国务院主管部门				
省级人民政府	30.59	－0.58	54.52	4.91
省级人民政府主管部门	12.23	0.52	28.63	2.44
其　他	11.50	7.69	56.05	5.33
二、按母公司控股情况分				
国有绝对控股	21.01	1.56	49.49	5.23
国有相对控股	4.45	4.88	67.91	5.19
集体绝对控股				
集体相对控股				
其　他	27.45	6.88	55.30	4.15
三、按集团主营行业分				
农、林、牧、渔业	8.21	2.37	20.92	1.11
建筑业	16.64	1.23	59.80	5.82
交通运输、仓储和邮政业	15.86	13.20	31.93	4.84
批发和零售业	25.91	7.50	64.41	4.63
房地产业	104.05	－1.12		1.26
文化、体育和娱乐业	6.17	14.43	13.76	1.37
四、按母公司登记注册类型分				
国有企业	27.43	0.94	58.30	7.15
国有独资企业	10.45	4.61	42.61	3.40
其他有限责任公司	24.14	6.62	51.14	3.78
股份有限公司				
中外合资企业				
港澳台合资企业				
其　他	4.45	4.88	67.91	5.19
五、按母公司企业规模分				
大　型	24.10	0.93	56.40	6.49
中　型	9.93	5.88	62.83	4.09
小　型	16.31	9.31	22.59	3.40
其　他				

2－9　续表2　　单位:%

类　　型	资金利润率	资产负债率	长期负债与资产总计比率	总资产使用率
总　计	**2.91**	**67.92**	**7.62**	**89.21**
一、按集团审批部门分				
国务院主管部门				
省级人民政府	－1.19	76.00	7.94	183.78
省级人民政府主管部门	0.66	59.14	12.47	58.00
其　他	5.04	66.04	6.65	54.94
二、按母公司控股情况分				
国有绝对控股	2.11	64.57	8.11	111.17
国有相对控股	3.76	64.36	16.70	72.54
集体绝对控股				
集体相对控股				
其　他	4.46	75.91	4.13	47.68
三、按集团主营行业分				
农、林、牧、渔业	1.45	24.17	10.27	21.37
建筑业	1.86	70.58	7.45	133.19
交通运输、仓储和邮政业	4.81	45.92	9.87	32.15
批发和零售业	4.63	80.17	1.56	51.32
房地产业	－2.11	50.07	19.73	25.53
文化、体育和娱乐业	2.39	79.51	36.15	8.76
四、按母公司登记注册类型分				
国有企业	1.76	70.85	6.35	172.59
国有独资企业	2.72	62.90	10.06	45.50
其他有限责任公司	4.28	69.65	4.87	44.49
股份有限公司				
中外合资企业				
港澳台合资企业				
其　他	3.76	64.36	16.70	72.54
五、按母公司企业规模分				
大　型	1.67	69.87	6.60	156.97
中　型	3.78	73.85	4.34	52.65
小　型	4.06	50.77	16.98	27.85
其　他				

2-9 续表3

单位:%

类型	流动比率	速动比率	研究开发费用与营业收入比率	研究开发费用与主营业务收入比率
总计	**87.38**	**74.91**	**0.01**	**0.01**
一、按集团审批部门分				
国务院主管部门				
省级人民政府	80.12	72.40		
省级人民政府主管部门	61.35	20.35		
其他	94.37	83.46	0.03	0.03
二、按母公司控股情况分				
国有绝对控股	87.66	78.24		
国有相对控股	142.49	115.59		
集体绝对控股				
集体相对控股				
其他	77.04	62.11	0.08	0.08
三、按集团主营行业分				
农、林、牧、渔业	150.46	150.22		
建筑业	94.73	82.01		
交通运输、仓储和邮政业	88.59	87.15		
批发和零售业	81.94	74.24	0.08	0.08
房地产业		-128.81		
文化、体育和娱乐业	31.74	29.32		
四、按母公司登记注册类型分				
国有企业	90.38	82.93		
国有独资企业	80.63	67.71		
其他有限责任公司	78.95	64.39	0.07	0.07
股份有限公司				
中外合资企业				
港澳台合资企业				
其他	142.49	115.59		
五、按母公司企业规模分				
大型	89.15	81.13		
中型	90.38	77.27	0.05	0.05
小型	66.83	39.80		
其他				

③ 经济类型

简要说明

一、本篇反映各种经济类型企业集团发展的基本状况、主要内容包括：

1. 国有控股企业集团主要财务、劳动工资以及经济效益指标。

2. 集体控股企业集团主要财务、劳动工资以及经济效益指标。

3. 按注册类型分企业集团主要财务、劳动工资以及经济效益指标。

二、经济类型划分以反映国有企业改革状况为主，重点反映企业建立公司制的情况。

公司制企业主要包括：国有独资公司、其他有限责任公司、股份有限公司、中外合资和港澳台合资企业等。

3－1　国有控股企业集团主要财务指标

（2003 年）　　　　单位：万元

类　　型	单位数（个）	年末资产总计	固定资产原价	无形资产
总　　计	**37**	**9 223 026**	**5 051 511**	**372 527**
一、按集团审批部门分				
国务院主管部门	2	757 706	300 029	35 009
省级人民政府	11	5 896 835	3 658 433	267 698
省级人民政府主管部门	9	647 002	290 702	29 175
其　他	15	1 921 483	802 347	40 645
二、按母公司控股情况分				
国有绝对控股	34	8 811 824	4 843 307	360 403
国有相对控股	3	411 202	208 204	12 124
三、按集团主营行业分				
农、林、牧、渔业	2	31 729	5 185	261
采矿业	2	770 624	308 178	32 292
制造业	25	7 808 955	4 425 527	322 823
电力、燃气及水的生产和供应业	1	97 742	89 737	5 551
建筑业	5	411 235	155 876	3 164
交通运输、仓储和邮政业	1	81 593	58 495	7 868
文化、体育和娱乐业	1	21 148	8 513	568
四、按母公司登记注册类型分				
国有企业	14	4 250 536	2 158 502	279 106
国有独资企业	12	2 541 016	1 105 248	59 796
其他有限责任公司	3	66 652	27 805	1 939
股份有限公司	7	2 302 556	1 743 486	31 684
中外合资企业				
港澳台合资企业				
其　他	1	62 266	16 470	2
五、按母公司企业规模分				
大　型	16	5 878 850	3 392 288	118 902
中　型	14	1 577 434	640 205	49 337
小　型	6	163 053	84 482	8 855
其　他	1	1 603 689	934 536	195 433

3－1　续表1

单位:万元

类　　型	累计折旧	本年折旧	累计对外投资	本年对外投资
总　　计	**1 963 744**	**239 107**	**228 207**	**47 793**
一、按集团审批部门分				
国务院主管部门	99 235	11 502	171	
省级人民政府	1 478 120	175 884	112 971	7 620
省级人民政府主管部门	83 895	12 577	43 262	7 445
其　他	302 494	39 144	71 803	32 728
二、按母公司控股情况分				
国有绝对控股	1 887 690	233 603	210 960	47 693
国有相对控股	76 054	5 504	17 247	100
三、按集团主营行业分				
农、林、牧、渔业	1 167	44	248	
采矿业	113 118	13 009	5 276	828
制造业	1 746 493	210 775	215 797	46 119
电力、燃气及水的生产和供应业	28 589	4 651		
建筑业	55 160	7 605	1 594	846
交通运输、仓储和邮政业	17 255	2 884	3 805	
文化、体育和娱乐业	1 962	139	1 487	
四、按母公司登记注册类型分				
国有企业	846 404	113 201	77 879	1 714
国有独资企业	390 443	50 542	72 000	32 728
其他有限责任公司	8 750	507	248	
股份有限公司	713 860	74 763	78 020	13 351
中外合资企业				
港澳台合资企业				
其　他	4 287	94	60	
五、按母公司企业规模分				
大　型	1 307 753	133 775	191 772	47 693
中　型	200 063	24 579	25 512	
小　型	23 529	3 267	10 923	100
其　他	432 399	77 486		

3－1　续表2

单位:万元

类　　型	长期投资	短期投资	存　货	流动资产年平均余额
总　　计	**225 026**	**14 052**	**1 138 010**	**4 135 049**
一、按集团审批部门分				
国务院主管部门	9 266		96 072	449 382
省级人民政府	123 224	4 581	689 972	2 462 563
省级人民政府主管部门	48 741	310	80 342	294 034
其　他	43 795	9 161	271 624	929 070
二、按母公司控股情况分				
国有绝对控股	205 115	13 960	1 073 023	3 931 549
国有相对控股	19 911	92	64 987	203 500
三、按集团主营行业分				
农、林、牧、渔业			11	6 637
采矿业	5 276	2 648	26 255	297 568
制造业	208 045	8 787	1 076 719	3 533 987
电力、燃气及水的生产和供应业	2 991		1 366	21 967
建筑业	5 949	90	33 015	245 925
交通运输、仓储和邮政业	1 278	2 527	422	26 054
文化、体育和娱乐业	1 487		222	2 911
四、按母公司登记注册类型分				
国有企业	84 968	3 326	407 224	1 833 085
国有独资企业	54 478	9 134	320 674	1 265 532
其他有限责任公司	1 288		2 494	15 842
股份有限公司	81 814	1 582	399 635	978 304
中外合资企业				
港澳台合资企业				
其　他	2 478	10	7 983	42 286
五、按母公司企业规模分				
大　型	137 955	11 159	746 664	2 546 200
中　型	44 143	264	177 782	895 252
小　型	8 148	2 546	7 884	56 255
其　他	34 780	83	205 680	637 342

3－1　续表3

单位:万元

类　　　型	应收帐款	年末负债合计	流动负债	营业收入
总　　计	**777 655**	**5 990 728**	**4 532 663**	**6 028 326**
一、按集团审批部门分				
国务院主管部门	38 054	488 045	443 677	453 706
省级人民政府	570 590	4 002 873	2 861 201	4 106 640
省级人民政府主管部门	56 278	405 844	329 591	334 308
其　他	112 733	1 093 966	898 194	1 133 672
二、按母公司控股情况分				
国有绝对控股	714 299	5 768 730	4 384 879	5 829 048
国有相对控股	63 356	221 998	147 784	199 278
三、按集团主营行业分				
农、林、牧、渔业	163	7 668	4 411	6 938
采矿业	38 446	468 931	54 748	272 662
制造业	640 394	5 141 314	4 150 775	5 135 916
电力、燃气及水的生产和供应业	4 533	28 273	24 531	34 324
建筑业	92 891	290 260	259 617	548 057
交通运输、仓储和邮政业	1 176	37 467	29 410	28 577
文化、体育和娱乐业	52	16 815	9 171	1 852
四、按母公司登记注册类型分				
国有企业	390 446	2 996 708	2 181 449	2 961 954
国有独资企业	138 517	1 450 362	1 227 371	1 532 076
其他有限责任公司	3 051	27 758	17 651	17 957
股份有限公司	229 586	1 475 824	1 076 515	1 470 986
中外合资企业				
港澳台合资企业				
其　他	16 055	40 076	29 677	45 353
五、按母公司企业规模分				
大　型	491 668	3 679 154	2 477 328	3 731 815
中　型	182 977	1 141 153	992 319	768 607
小　型	5 601	99 504	76 432	62 746
其　他	97 409	1 070 917	986 584	1 465 158

3－1 续表4 单位:万元

类型	年末股东权益总计	年末少数股东权益	年末股东(所有者)权益合计	股本
总计	**3 232 298**	**886 588**	**2 345 710**	**1 763 691**
一、按集团审批部门分				
国务院主管部门	269 661	72 514	197 147	78 808
省级人民政府	1 893 962	499 610	1 394 352	1 385 412
省级人民政府主管部门	241 158	75 010	166 148	110 972
其他	827 517	239 454	588 063	188 499
二、按母公司控股情况分				
国有绝对控股	3 043 094	817 174	2 225 920	1 663 351
国有相对控股	189 204	69 414	119 790	100 340
三、按集团主营行业分				
农、林、牧、渔业	24 061		24 061	2 545
采矿业	301 693	88 997	212 696	147 205
制造业	2 667 641	766 093	1 901 548	1 451 875
电力、燃气及水的生产和供应业	69 469	10 000	59 469	35 694
建筑业	120 975	73	120 902	110 203
交通运输、仓储和邮政业	44 126	21 425	22 701	12 311
文化、体育和娱乐业	4 333		4 333	3 858
四、按母公司登记注册类型分				
国有企业	1 253 828	145 991	1 107 837	1 026 673
国有独资企业	1 090 654	323 174	767 480	271 342
其他有限责任公司	38 894		38 894	10 750
股份有限公司	826 732	417 423	409 309	443 415
中外合资企业				
港澳台合资企业				
其他	22 190		22 190	11 511
五、按母公司企业规模分				
大型	2 199 696	732 702	1 466 994	1 012 264
中型	436 281	113 082	323 199	217 839
小型	63 549	22 557	40 992	27 064
其他	532 772	18 247	514 525	506 524

3－1 续表5

单位:万元

类型	主营业务收入	主营业务成本	主营业务税金及附加	其他业务收入
总计	**5 901 666**	**4 932 916**	**61 886**	**126 660**
一、按集团审批部门分				
国务院主管部门	450 675	369 303	9 756	3 031
省级人民政府	4 003 162	3 483 495	31 186	103 478
省级人民政府主管部门	329 364	222 639	4 930	4 944
其他	1 118 465	857 479	16 014	15 207
二、按母公司控股情况分				
国有绝对控股	5 703 480	4 775 790	59 429	125 568
国有相对控股	198 186	157 126	2 457	1 092
三、按集团主营行业分				
农、林、牧、渔业	6 779	5 142	185	159
采矿业	228 050	168 495	2 452	44 612
制造业	5 058 099	4 210 959	40 740	77 817
电力、燃气及水的生产和供应业	32 912	20 702	370	1 412
建筑业	547 744	507 963	17 420	313
交通运输、仓储和邮政业	26 230	19 308	657	2 347
文化、体育和娱乐业	1 852	347	62	
四、按母公司登记注册类型分				
国有企业	2 883 051	2 503 678	28 034	78 903
国有独资企业	1 512 877	1 173 041	23 956	19 199
其他有限责任公司	17 798	12 404	244	159
股份有限公司	1 442 774	1 204 234	8 473	28 212
中外合资企业				
港澳台合资企业				
其他	45 166	39 559	1 179	187
五、按母公司企业规模分				
大型	3 624 050	3 009 403	37 167	107 765
中型	763 024	578 320	14 209	5 583
小型	60 222	46 650	1 934	2 524
其他	1 454 370	1 298 543	8 576	10 788

3-1 续表6

单位:万元

类型	新产品销售收入	出口销售总额	投资收益	营业外收入
总计	**495 596**	**337 304**	**7 893**	**12 419**
一、按集团审批部门分				
国务院主管部门		1 869	- 427	1 087
省级人民政府	66 232	181 027	4 163	8 057
省级人民政府主管部门	63 662	42 910	1 752	310
其他	365 702	111 498	2 405	2 965
二、按母公司控股情况分				
国有绝对控股	483 346	307 273	6 305	11 704
国有相对控股	12 250	30 031	1 588	715
三、按集团主营行业分				
农、林、牧、渔业				31
采矿业	4 500	3 200	-21	2 449
制造业	491 096	334 104	7 495	9 622
电力、燃气及水的生产和供应业			60	
建筑业			-15	151
交通运输、仓储和邮政业			374	161
文化、体育和娱乐业				5
四、按母公司登记注册类型分				
国有企业	54 233	75 024	2 831	6 461
国有独资企业	369 952	111 356	2 184	3 441
其他有限责任公司				31
股份有限公司	71 411	150 924	2 878	2 408
中外合资企业				
港澳台合资企业				
其他				78
五、按母公司企业规模分				
大型	486 845	318 438	6 676	9 119
中型	8 751	13 136	273	1 509
小型		2 078	380	130
其他		3 652	564	1 661

3－1　续表7　　　　单位:万元

类　　型	存货跌价损伤和营业、管理、财务等费用合计	税　　金	劳动、待业保险费	职工教育费
总　　计	**728 809**	**17 075**	**73 476**	**3 018**
一、按集团审批部门分				
国务院主管部门	66 111	1 200	4 155	372
省级人民政府	388 979	11 280	52 206	1 965
省级人民政府主管部门	91 420	1 515	4 145	279
其　他	182 299	3 080	12 970	402
二、按母公司控股情况分				
国有绝对控股	693 590	15 391	69 758	2 764
国有相对控股	35 219	1 684	3 718	254
三、按集团主营行业分				
农、林、牧、渔业	1 409	10	116	3
采矿业	61 498	1 427	14 537	639
制造业	636 334	15 408	55 260	2 248
电力、燃气及水的生产和供应业	7 500	158	528	24
建筑业	15 640	39	2 178	80
交通运输、仓储和邮政业	5 209	32	850	20
文化、体育和娱乐业	1 219	1	7	4
四、按母公司登记注册类型分				
国有企业	279 774	7 938	42 784	907
国有独资企业	248 370	3 887	16 465	871
其他有限责任公司	5 569	36	448	7
股份有限公司	192 621	5 193	12 670	1 229
中外合资企业				
港澳台合资企业				
其　他	2 475	21	1 109	4
五、按母公司企业规模分				
大　型	451 663	11 547	50 606	2 416
中　型	154 630	2 133	7 129	554
小　型	10 423	70	1 227	48
其　他	112 093	3 325	14 514	

3－1　续表8　　单位:万元

类　　型	存货跌价损伤和营业、管理、财务等费用合计		利润总额	应交所得税
	广告费	利息支出		
总　　计	**42 040**	**112 112**	**157 414**	**46 649**
一、按集团审批部门分				
国务院主管部门	5 259	7 195	10 225	2 032
省级人民政府	1 536	78 726	59 629	23 047
省级人民政府主管部门	29 598	9 395	14 494	7 739
其　他	5 647	16 796	73 066	13 831
二、按母公司控股情况分				
国有绝对控股	41 040	107 498	149 851	44 628
国有相对控股	1 000	4 614	7 563	2 021
三、按集团主营行业分				
农、林、牧、渔业		26	155	51
采矿业	61	6 498	8 827	3 203
制造业	41 869	103 125	132 848	38 281
电力、燃气及水的生产和供应业		791	5 676	1 941
建筑业		498	6 445	1 345
交通运输、仓储和邮政业	35	810	3 237	1 717
文化、体育和娱乐业	75	364	226	111
四、按母公司登记注册类型分				
国有企业	638	47 144	29 632	17 477
国有独资企业	11 310	24 497	81 451	16 241
其他有限责任公司		521	239	67
股份有限公司	30 092	39 500	44 042	12 570
中外合资企业				
港澳台合资企业				
其　他		450	2 050	294
五、按母公司企业规模分				
大　型	6 295	69 215	111 800	23 866
中　型	35 052	21 039	16 387	9 256
小　型	693	1 645	3 796	1 878
其　他		20 213	25 431	11 649

3－1 续表9 单位:万元

类 型	应交增值税	固定资产投资完成额	研究开发费用	上交税金合计
总 计	**241 157**	**582 148**	**82 384**	**304 881**
一、按集团审批部门分				
国务院主管部门	15 581	37 690	13 166	18 813
省级人民政府	171 049	406 034	21 823	205 376
省级人民政府主管部门	13 252	75 998	3 276	22 506
其 他	41 275	62 426	44 119	58 186
二、按母公司控股情况分				
国有绝对控股	237 090	559 548	77 797	297 109
国有相对控股	4 067	22 600	4 587	7 772
三、按集团主营行业分				
农、林、牧、渔业	12			73
采矿业	15 163	31 238	376	19 793
制造业	224 665	486 074	82 008	278 354
电力、燃气及水的生产和供应业	1 196	60 141		3 295
建筑业	60			1 444
交通运输、仓储和邮政业	59	3 147		1 808
文化、体育和娱乐业	2	1 548		114
四、按母公司登记注册类型分				
国有企业	134 779	280 744	18 624	160 194
国有独资企业	59 844	157 881	55 926	79 972
其他有限责任公司	592			695
股份有限公司	45 942	143 523	7 834	63 705
中外合资企业				
港澳台合资企业				
其 他				315
五、按母公司企业规模分				
大 型	120 161	295 142	64 643	155 574
中 型	30 262	106 963	16 646	41 651
小 型	651	6 831	400	2 599
其 他	90 083	173 212	695	105 057

3－2　国有控股企业集团主要劳动工资指标

（2003 年）　　　　单位：人

类　　别	从业人员	在岗职工	其他从业人员	研究开发人员
总　　计	**332 011**	**313 049**	**18 962**	**6 443**
一、按集团审批部门分				
国务院主管部门	11 366	11 305	61	165
省级人民政府	238 210	224 654	13 556	2 478
省级人民政府主管部门	21 117	19 186	1 931	538
其　他	61 318	57 904	3 414	3 262
二、按母公司控股情况分				
国有绝对控股	305 649	289 831	15 818	5 293
国有相对控股	26 362	23 218	3 144	1 150
三、按集团主营行业分				
农、林、牧、渔业	845	692	153	
采矿业	53 552	53 552		
制造业	240 560	223 941	16 619	6 443
电力、燃气及水的生产和供应业	2 008	1 814	194	
建筑业	32 944	30 991	1 953	
交通运输、仓储和邮政业	1 802	1 802		
文化、体育和娱乐业	300	257	43	
四、按母公司登记注册类型分				
国有企业	195 251	187 082	8 169	1 772
国有独资企业	63 181	57 427	5 754	3 308
其他有限责任公司	2 256	2 103	153	
股份有限公司	61 137	56 384	4 753	1 363
中外合资企业				
港澳台合资企业				
其　他	10 186	10 053	133	
五、按母公司企业规模分				
大　型	230 628	218 082	12 546	5 751
中　型	44 994	39 354	5 640	662
小　型	5 235	4 542	693	30
其　他	51 154	51 071	83	

3－2 续表

单位:万元

类　　　别	从业人员劳动报酬	在岗职工劳动报酬	其他从业人员劳动报酬	研究开发人员劳动报酬
总　　计	**418 320**	**399 130**	**19 190**	**8 751**
一、按集团审批部门分				
国务院主管部门	12 868	12 736	132	378
省级人民政府	293 962	284 625	9 337	4 669
省级人民政府主管部门	22 705	21 020	1 685	754
其　他	88 785	80 749	8 036	2 950
二、按母公司控股情况分				
国有绝对控股	393 815	379 534	14 281	5 525
国有相对控股	24 505	19 596	4 909	3 226
三、按集团主营行业分				
农、林、牧、渔业	708	639	69	
采矿业	60 385	60 385		
制造业	306 366	294 142	12 224	8 751
电力、燃气及水的生产和供应业	3 046	2 927	119	
建筑业	44 477	37 711	6 766	
交通运输、仓储和邮政业	2 796	2 796		
文化、体育和娱乐业	542	530	12	
四、按母公司登记注册类型分				
国有企业	231 238	226 094	5 144	1 814
国有独资企业	91 602	84 106	7 496	3 265
其他有限责任公司	1 609	1 540	69	
股份有限公司	84 892	78 569	6 323	3 672
中外合资企业				
港澳台合资企业				
其　他	8 979	8 821	158	
五、按母公司企业规模分				
大　型	287 002	275 717	11 285	7 871
中　型	44 094	36 674	7 420	854
小　型	5 320	4 904	416	26
其　他	81 904	81 835	69	

3－3 国有控股企业集团主要经济效益指标

（2003 年）　　单位:%

类　　型	净资产收益率	总资产报酬率	销售利润率	资本保值增值率
总　　计	**3.43**	**2.92**	**2.61**	**107.94**
一、按集团审批部门分				
国务院主管部门	3.04	2.30	2.25	121.20
省级人民政府	1.93	2.35	1.45	97.48
省级人民政府主管部门	2.80	3.69	4.34	104.06
其　他	7.16	4.68	6.45	138.54
二、按母公司控股情况分				
国有绝对控股	3.46	2.92	2.57	108.39
国有相对控股	2.93	2.96	3.80	101.12
三、按集团主营行业分				
农、林、牧、渔业	0.43	0.57	2.23	99.70
采矿业	1.86	1.99	3.24	110.50
制造业	3.54	3.02	2.59	107.80
电力、燃气及水的生产和供应业	5.38	6.62	16.54	120.61
建筑业	4.22	1.69	1.18	101.20
交通运输、仓储和邮政业	3.44	4.96	11.33	109.56
文化、体育和娱乐业	2.65	2.79	12.20	79.75
四、按母公司登记注册类型分				
国有企业	0.97	1.81	1.00	100.84
国有独资企业	5.98	4.17	5.32	139.31
其他有限责任公司	0.44	1.14	1.33	99.08
股份有限公司	3.81	3.63	2.99	90.88
中外合资企业				
港澳台合资企业				
其　他	7.91	4.02	4.52	115.12
五、按母公司企业规模分				
大　型	4.00	3.08	3.00	112.19
中　型	1.63	2.37	2.13	105.01
小　型	3.02	3.34	6.05	105.44
其　他	2.59	2.85	1.74	95.45

3－3　续表1　　　　单位:%

类　　型	劳动生产率（万元/人）	成本费用利润率	流动资产比率	资产利税率
总　　计	**18.16**	**2.78**	**44.83**	**4.99**
一、按集团审批部门分				
国务院主管部门	39.92	2.35	59.31	4.69
省级人民政府	17.24	1.54	41.76	4.44
省级人民政府主管部门	15.83	4.62	45.45	5.05
其　他	18.49	7.03	48.35	6.78
二、按母公司控股情况分				
国有绝对控股	19.07	2.74	44.62	5.07
国有相对控股	7.56	3.93	49.49	3.43
三、按集团主营行业分				
农、林、牧、渔业	8.21	2.37	20.92	1.11
采矿业	5.09	3.84	38.61	3.43
制造业	21.35	2.74	45.26	5.10
电力、燃气及水的生产和供应业	17.09	20.13	22.47	7.41
建筑业	16.64	1.23	59.80	5.82
交通运输、仓储和邮政业	15.86	13.20	31.93	4.84
文化、体育和娱乐业	6.17	14.43	13.76	1.37
四、按母公司登记注册类型分				
国有企业	15.17	1.06	43.13	4.53
国有独资企业	24.25	5.73	49.80	6.50
其他有限责任公司	7.96	1.33	23.77	1.61
股份有限公司	24.06	3.15	42.49	4.28
中外合资企业				
港澳台合资企业				
其　他	4.45	4.88	67.91	5.19
五、按母公司企业规模分				
大　型	16.18	3.23	43.31	4.58
中　型	17.08	2.24	56.75	3.86
小　型	11.99	6.65	34.50	3.91
其　他	28.64	1.80	39.74	7.74

3－3 续表2 单位：%

类型	资金利润率	资产负债率	长期负债与资产总计比率	总资产使用率
总计	**2.18**	**64.95**	**15.81**	**63.99**
一、按集团审批部门分				
国务院主管部门	1.57	64.41	5.86	59.48
省级人民政府	1.28	67.88	19.36	67.89
省级人民政府主管部门	2.89	62.73	11.79	50.91
其他	5.11	56.93	10.19	58.21
二、按母公司控股情况分				
国有绝对控股	2.18	65.47	15.70	64.73
国有相对控股	2.25	53.99	18.05	48.20
三、按集团主营行业分				
农、林、牧、渔业	1.45	24.17	10.27	21.37
采矿业	1.79	60.85	53.75	29.59
制造业	2.14	65.84	12.68	64.77
电力、燃气及水的生产和供应业	6.83	28.93	3.83	33.67
建筑业	1.86	70.58	7.45	133.19
交通运输、仓储和邮政业	4.81	45.92	9.87	32.15
文化、体育和娱乐业	2.39	79.51	36.15	8.76
四、按母公司登记注册类型分				
国有企业	0.94	70.50	19.18	67.83
国有独资企业	4.11	57.08	8.78	59.54
其他有限责任公司	0.68	41.65	15.16	26.70
股份有限公司	2.19	64.10	17.34	62.66
中外合资企业				
港澳台合资企业				
其他	3.76	64.36	16.70	72.54
五、按母公司企业规模分				
大型	2.41	62.58	20.44	61.65
中型	1.23	72.34	9.44	48.37
小型	3.24	61.03	14.15	36.93
其他	2.23	66.78	5.26	90.69

3-3 续表3

单位:%

类型	流动比率	速动比率	新产品销售收入与营业收入比率	研究开发费用与主营业务收入比率
总计	**91.23**	**66.12**	**8.22**	**1.40**
一、按集团审批部门分				
国务院主管部门	101.29	79.63		2.92
省级人民政府	86.07	61.95	1.61	0.55
省级人民政府主管部门	89.21	64.84	19.04	0.99
其他	103.44	73.20	32.26	3.94
二、按母公司控股情况分				
国有绝对控股	89.66	65.19	8.29	1.36
国有相对控股	137.70	93.73	6.15	2.31
三、按集团主营行业分				
农、林、牧、渔业	150.46	150.22		
采矿业	543.52	495.57	1.65	0.16
制造业	85.14	59.20	9.56	1.62
电力、燃气及水的生产和供应业	89.55	83.98		
建筑业	94.73	82.01		
交通运输、仓储和邮政业	88.59	87.15		
文化、体育和娱乐业	31.74	29.32		
四、按母公司登记注册类型分				
国有企业	84.03	65.36	1.83	0.65
国有独资企业	103.11	76.98	24.15	3.70
其他有限责任公司	89.75	75.62		
股份有限公司	90.88	53.75	4.85	0.54
中外合资企业				
港澳台合资企业				
其他	142.49	115.59		
五、按母公司企业规模分				
大型	102.78	72.64	13.05	1.78
中型	90.22	72.30	1.14	2.18
小型	73.60	63.29		0.66
其他	64.60	43.75		0.05

3－4　母公司为国有企业的企业集团主要财务指标

（2003 年）　　　　单位:万元

类　　型	单位数（个）	年末资产总计	固定资产原价	无形资产
总　　计	**14**	**4 250 536**	**2 158 502**	**279 106**
一、按集团审批部门分				
国务院主管部门	1	56 016	20 585	16 601
省级人民政府	7	3 925 718	2 030 248	248 595
省级人民政府主管部门	1	71 607	28 630	10 982
其　他	5	197 195	79 039	2 928
二、按母公司控股情况分				
国有绝对控股	14	4 250 536	2 158 502	279 106
国有相对控股				
三、按集团主营行业分				
农、林、牧、渔业				
采矿业	2	770 624	308 178	32 292
制造业	10	3 224 075	1 731 492	246 472
电力、燃气及水的生产和供应业				
建筑业	2	255 837	118 832	342
交通运输、仓储和邮政业				
信息传输、计算机服务和软件业				
批发和零售业				
住宿和餐饮业				
四、按母公司企业规模分				
大　型	9	2 498 589	1 172 267	69 763
中　型	2	114 438	41 445	13 910
小　型	2	33 820	10 254	
其　他	1	1 603 689	934 536	195 433

3－4 续表1

单位:万元

类 型	累计折旧	本年折旧	累计对外投资	本年对外投资
总 计	**846 404**	**113 201**	**77 879**	**1 714**
一、按集团审批部门分				
国务院主管部门	5 733	630	171	
省级人民政府	786 093	105 843	73 745	1 714
省级人民政府主管部门	9 542	524	1 866	
其 他	45 036	6 204	2 097	
二、按母公司控股情况分				
国有绝对控股	846 404	113 201	77 879	1 714
国有相对控股				
三、按集团主营行业分				
农、林、牧、渔业				
采矿业	113 118	13 009	5 276	828
制造业	691 571	93 845	71 069	40
电力、燃气及水的生产和供应业				
建筑业	41 715	6 347	1 534	846
交通运输、仓储和邮政业				
信息传输、计算机服务和软件业				
批发和零售业				
住宿和餐饮业				
四、按母公司企业规模分				
大 型	395 036	34 598	74 396	1 714
中 型	15 961	1 026	1 866	
小 型	3 008	91	1 617	
其 他	432 399	77 486		25

3－4 续表4

单位:万元

类型	长期投资	短期投资	存货	流动资产年平均余额
总计	**84 968**	**3 326**	**407 224**	**1 833 085**
一、按集团审批部门分				
国务院主管部门	171		723	17 504
省级人民政府	80 834	3 307	345 730	1 650 990
省级人民政府主管部门	1 866		6 357	25 400
其他	2 097	19	54 414	139 191
二、按母公司控股情况分				
国有绝对控股	84 968	3 326	407 224	1 833 085
国有相对控股				
三、按集团主营行业分				
农、林、牧、渔业				
采矿业	5 276	2 648	26 255	297 568
制造业	78 158	598	368 664	1 386 370
电力、燃气及水的生产和供应业				
建筑业	1 534	80	12 305	149 147
交通运输、仓储和邮政业				
信息传输、计算机服务和软件业				
批发和零售业				
住宿和餐饮业				
四、按母公司企业规模分				
大型	46 705	3 224	181 948	1 124 923
中型	1 866		15 533	53 937
小型	1 617	19	4 063	16 883
其他	34 780	83	205 680	637 342

3－4　续表3

单位:万元

类　　型	应收帐款	年末负债合计	流动负债	营业收入
总　　计	**390 446**	**2 996 708**	**2 181 449**	**2 961 954**
一、按集团审批部门分				
国务院主管部门	2 600	32 734	24 618	12 142
省级人民政府	369 961	2 736 593	1 967 286	2 833 615
省级人民政府主管部门	10 535	61 264	39 670	11 063
其　他	7 350	166 117	149 875	105 134
二、按母公司控股情况分				
国有绝对控股	390 446	2 996 708	2 181 449	2 961 954
国有相对控股				
三、按集团主营行业分				
农、林、牧、渔业				
采矿业	38 446	468 931	54 748	272 662
制造业	277 244	2 346 515	1 961 683	2 247 745
电力、燃气及水的生产和供应业				
建筑业	74 756	181 262	165 018	441 547
交通运输、仓储和邮政业				
信息传输、计算机服务和软件业				
批发和零售业				
住宿和餐饮业				
四、按母公司企业规模分				
大　型	279 161	1 792 029	1 087 707	1 461 611
中　型	10 659	101 662	77 709	24 382
小　型	3 217	32 100	29 449	10 803
其　他	97 409	1 070 917	986 584	1 465 158

3－4 续表4 单位:万元

类 型	年末股东权益总计	年末少数股东权益	年末股东(所有者)权益合计	股 本
总 计	**1 253 828**	**145 991**	**1 107 837**	**1 026 673**
一、按集团审批部门分				
国务院主管部门	23 282		23 282	3 411
省级人民政府	1 189 125	145 991	1 043 134	985 517
省级人民政府主管部门	10 343		10 343	11 907
其 他	31 078		31 078	25 838
二、按母公司控股情况分				
国有绝对控股	1 253 828	145 991	1 107 837	1 026 673
国有相对控股				
三、按集团主营行业分				
农、林、牧、渔业				
采矿业	301 693	88 997	212 696	147 205
制造业	877 560	56 994	820 566	795 904
电力、燃气及水的生产和供应业				
建筑业	74 575		74 575	83 564
交通运输、仓储和邮政业				
信息传输、计算机服务和软件业				
批发和零售业				
住宿和餐饮业				
四、按母公司企业规模分				
大 型	706 560	127 744	578 816	502 112
中 型	12 776		12 776	13 404
小 型	1 720		1 720	4 633
其 他	532 772	18 247	514 525	506 524

3－4　续表5　　单位:万元

类　　型	主营业务收入			其他业务收入
		主营业务成本	主营业务税金及附加	
总　　计	**2 883 051**	**2 503 678**	**28 034**	**78 903**
一、按集团审批部门分				
国务院主管部门	11 836	8 136	102	306
省级人民政府	2 755 138	2 401 045	25 635	78 477
省级人民政府主管部门	11 063	8 620	35	
其　他	105 014	85 877	2 262	120
二、按母公司控股情况分				
国有绝对控股	2 883 051	2 503 678	28 034	78 903
国有相对控股				
三、按集团主营行业分				
农、林、牧、渔业				
采矿业	228 050	168 495	2 452	44 612
制造业	2 213 454	1 921 964	11 334	34 291
电力、燃气及水的生产和供应业				
建筑业	441 547	413 219	14 248	
交通运输、仓储和邮政业				
信息传输、计算机服务和软件业				
批发和零售业				
住宿和餐饮业				
四、按母公司企业规模分				
大　型	1 393 590	1 175 331	19 304	68 021
中　型	24 382	20 817	96	
小　型	10 709	8 987	58	94
其　他	1 454 370	1 298 543	8 576	10 788

3－4　续表6　　单位:万元

类型	新产品销售收入	出口销售总额	投资收益	营业外收入
总计	**54 233**	**75 024**	**2 831**	**6 461**
一、按集团审批部门分				
国务院主管部门			2	306
省级人民政府	49 732	72 446	3 000	5 838
省级人民政府主管部门	4 501		4	5
其他		2 578	－175	312
二、按母公司控股情况分				
国有绝对控股	54 233	75 024	2 831	6 461
国有相对控股				
三、按集团主营行业分				
农、林、牧、渔业				
采矿业	4 500	3 200	－21	2 449
制造业	49 733	71 824	2 867	3 939
电力、燃气及水的生产和供应业				
建筑业			－15	73
交通运输、仓储和邮政业				
信息传输、计算机服务和软件业				
批发和零售业				
住宿和餐饮业				
四、按母公司企业规模分				
大型	49 732	68 794	2 257	4 770
中型	4 501	500	4	5
小型		2 078	6	25
其他		3 652	564	1 661

3－4　续表7　　单位:万元

类　型	存货跌价损伤和营业、管理、财务等费用合计	税　金	劳动、待业保险费	职工教育费
总　计	**279 774**	**7 938**	**42 784**	**907**
一、按集团审批部门分				
国务院主管部门	3 005	505	703	
省级人民政府	266 116	7 023	41 313	862
省级人民政府主管部门	4 414	206	346	25
其　他	6 239	204	422	20
二、按母公司控股情况分				
国有绝对控股	279 774	7 938	42 784	907
国有相对控股				
三、按集团主营行业分				
农、林、牧、渔业				
采矿业	61 498	1 427	14 537	639
制造业	207 954	6 511	28 247	268
电力、燃气及水的生产和供应业				
建筑业	10 322			
交通运输、仓储和邮政业				
信息传输、计算机服务和软件业				
批发和零售业				
住宿和餐饮业				
四、按母公司企业规模分				
大　型	161 806	4 298	27 754	878
中　型	4 638	288	346	25
小　型	1 237	27	170	4
其　他	112 093	3 325	14 514	

3－4　续表8　　　　单位:万元

类　　　型	存货跌价损伤和营业、管理、财务等费用合计		利润总额	应交所得税
	广告费	利息支出		
总　　计	**638**	**47 144**	**29 632**	**17 477**
一、按集团审批部门分				
国务院主管部门		969	14	452
省级人民政府	96	45 161	25 429	16 114
省级人民政府主管部门	5	470	－1 794	
其　他	537	544	5 983	911
二、按母公司控股情况分				
国有绝对控股	638	47 144	29 632	17 477
国有相对控股				
三、按集团主营行业分				
农、林、牧、渔业				
采矿业	61	6 498	8 827	3 203
制造业	577	40 646	16 828	13 363
电力、燃气及水的生产和供应业				
建筑业			3 977	911
交通运输、仓储和邮政业				
信息传输、计算机服务和软件业				
批发和零售业				
住宿和餐饮业				
四、按母公司企业规模分				
大　型	550	26 261	6 127	5 828
中　型	5	584	－1 791	
小　型	83	86	－ 135	
其　他		20 213	25 431	11 649

3－4　续表9　　单位:万元

类　　型	应交增值税	固定资产投资完成额	研究开发费用	上交税金合计
总　　计	**134 779**	**280 744**	**18 624**	**160 194**
一、按集团审批部门分				
国务院主管部门	37	2 317		994
省级人民政府	133 435	275 768	16 594	156 572
省级人民政府主管部门	473	122	560	679
其　他	834	2 537	1 470	1 949
二、按母公司控股情况分				
国有绝对控股	134 779	280 744	18 624	160 194
国有相对控股				
三、按集团主营行业分				
农、林、牧、渔业				
采矿业	15 163	31 238	376	19 793
制造业	119 556	249 506	18 248	139 430
电力、燃气及水的生产和供应业				
建筑业	60			971
交通运输、仓储和邮政业				
信息传输、计算机服务和软件业				
批发和零售业				
住宿和餐饮业				
四、按母公司企业规模分				
大　型	43 905	104 873	15 899	54 031
中　型	555	1 523	2 030	843
小　型	236	1 136		263
其　他	90 083	173 212	695	105 057

3－5 母公司为国有企业的企业集团主要劳动工资指标

（2003 年） 单位:人

类别	从业人员	在岗职工	其他从业人员	研究开发人员
总计	**195 251**	**187 082**	**8 169**	**1 772**
一、按集团审批部门分				
国务院主管部门	1 460	1 460		
省级人民政府	181 672	175 259	6 413	1 298
省级人民政府主管部门	2 347	2 347		285
其他	9 772	8 016	1 756	189
二、按母公司控股情况分				
国有绝对控股	195 251	187 082	8 169	1 772
国有相对控股				
三、按集团主营行业分				
农、林、牧、渔业				
采矿业	53 552	53 552		
制造业	125 602	118 712	6 890	1 772
电力、燃气及水的生产和供应业				
建筑业	16 097	14 818	1 279	
交通运输、仓储和邮政业				
信息传输、计算机服务和软件业				
批发和零售业				
住宿和餐饮业				
四、按母公司企业规模分				
大型	138 466	130 867	7 599	1 410
中型	3 367	3 367		362
小型	2 264	1 777	487	
其他	51 154	51 071	83	

3－5 续表

单位:万元

类别	从业人员劳动报酬	在岗职工劳动报酬	其他从业人员劳动报酬	研究开发人员劳动报酬
总　　计	**231 238**	**226 094**	**5 144**	**1 814**
一、按集团审批部门分				
国务院主管部门	1 454	1 454		
省级人民政府	217 390	214 874	2 516	1 409
省级人民政府主管部门	1 451	1 451		270
其　他	10 943	8 315	2 628	135
二、按母公司控股情况分				
国有绝对控股	231 238	226 094	5 144	1 814
国有相对控股				
三、按集团主营行业分				
农、林、牧、渔业				
采矿业	60 385	60 385		
制造业	145 125	142 378	2 747	1 814
电力、燃气及水的生产和供应业				
建筑业	25 728	23 331	2 397	
交通运输、仓储和邮政业				
信息传输、计算机服务和软件业				
批发和零售业				
住宿和餐饮业				
四、按母公司企业规模分				
大　型	145 861	141 111	4 750	1 492
中　型	2 019	2 019		322
小　型	1 454	1 129	325	
其　他	81 904	81 835	69	

3－6 母公司为国有企业的企业集团主要经济效益指标

（2003 年） 单位:%

类　　型	净资产收益率	总资产报酬率	销售利润率	资本保值增值率
总　　计	**0.97**	**1.81**	**1.00**	**100.84**
一、按集团审批部门分				
国务院主管部门	-1.88	1.75	0.12	98.17
省级人民政府	0.78	1.80	0.90	101.16
省级人民政府主管部门	-17.35	-1.85	-16.22	85.75
其　他	16.32	3.31	5.69	96.65
二、按母公司控股情况分				
国有绝对控股	0.97	1.81	1.00	100.84
国有相对控股				
三、按集团主营行业分				
农、林、牧、渔业				
采矿业	1.86	1.99	3.24	110.50
制造业	0.39	1.78	0.75	98.11
电力、燃气及水的生产和供应业				
建筑业	4.11	1.55	0.90	98.25
交通运输、仓储和邮政业				
信息传输、计算机服务和软件业				
批发和零售业				
住宿和餐饮业				
四、按母公司企业规模分				
大　型	0.04	1.30	0.42	105.64
中　型	-14.02	-1.05	-7.35	80.33
小　型	-7.85	-0.14	-1.25	335.28
其　他	2.59	2.85	1.74	95.45

3－6 续表1 单位:%

类型	劳动生产率（万元/人）	成本费用利润率	流动资产比率	资产利税率
总计	**15.17**	**1.06**	**43.13**	**4.53**
一、按集团审批部门分				
国务院主管部门	8.32	0.13	31.25	0.27
省级人民政府	15.60	0.95	42.06	4.70
省级人民政府主管部门	4.71	－13.76	35.47	－1.80
其他	10.76	6.50	70.59	4.60
二、按母公司控股情况分				
国有绝对控股	15.17	1.06	43.13	4.53
国有相对控股				
三、按集团主营行业分				
农、林、牧、渔业				
采矿业	5.09	3.84	38.61	3.43
制造业	17.90	0.79	43.00	4.58
电力、燃气及水的生产和供应业				
建筑业	27.43	0.94	58.30	7.15
交通运输、仓储和邮政业				
信息传输、计算机服务和软件业				
批发和零售业				
住宿和餐饮业				
四、按母公司企业规模分				
大型	10.56	0.46	45.02	2.78
中型	7.24	－7.04	47.13	－1.00
小型	4.77	－1.32	49.92	0.47
其他	28.64	1.80	39.74	7.74

3－6 续表2　　　　单位:%

类　　　型	资金利润率	资产负债率	长期负债与资产总计比率	总资产使用率
总　　计	**0.94**	**70.50**	**19.18**	**67.83**
一、按集团审批部门分				
国务院主管部门	0.04	58.44	14.49	21.13
省级人民政府	0.88	69.71	19.60	70.18
省级人民政府主管部门	－4.03	85.56	30.16	15.45
其　他	3.45	84.24	8.24	53.25
二、按母公司控股情况分				
国有绝对控股	0.94	70.50	19.18	67.83
国有相对控股				
三、按集团主营行业分				
农、林、牧、渔业				
采矿业	1.79	60.85	53.75	29.59
制造业	0.69	72.78	11.94	68.65
电力、燃气及水的生产和供应业				
建筑业	1.76	70.85	6.35	172.59
交通运输、仓储和邮政业				
信息传输、计算机服务和软件业				
批发和零售业				
住宿和餐饮业				
四、按母公司企业规模分				
大　型	0.32	71.72	28.19	55.78
中　型	－2.26	88.84	20.93	21.31
小　型	－0.56	94.91	7.84	31.66
其　他	2.23	66.78	5.26	90.69

3－6 续表3 单位:%

类型	流动比率	速动比率	新产品销售收入与营业收入比率	研究开发费用与主营业务收入比率
总计	**84.03**	**65.36**	**1.83**	**0.65**
一、按集团审批部门分				
国务院主管部门	71.10	68.17		
省级人民政府	83.92	66.35	1.76	0.60
省级人民政府主管部门	64.03	48.00	40.69	5.06
其他	92.87	56.57		1.40
二、按母公司控股情况分				
国有绝对控股	84.03	65.36	1.83	0.65
国有相对控股				
三、按集团主营行业分				
农、林、牧、渔业				
采矿业	543.52	495.57	1.65	0.16
制造业	70.67	51.88	2.21	0.82
电力、燃气及水的生产和供应业				
建筑业	90.38	82.93		
交通运输、仓储和邮政业				
信息传输、计算机服务和软件业				
批发和零售业				
住宿和餐饮业				
四、按母公司企业规模分				
大型	103.42	86.69	3.40	1.14
中型	69.41	49.42	18.46	8.33
小型	57.33	43.53		
其他	64.60	43.75		0.05

④ 企业集团改革

简要说明

一、本篇反映企业集团改革的基本状况、主要内容包括：

1.企业集团按改制情况分组主要财务、劳动工资以及经济效益指标。

2.资产总额为5亿元及以上企业集团按改制情况分组主要财务、劳动工资以及经济效益指标。

3.工业企业集团按改制情况分组主要财务、劳动工资以及经济效益指标。

4.国有企业集团按改制情况分主要财务、劳动工资以及经济效益指标。

5.企业集团母公司统一决策状况。

6.企业集团母公司出资人状况。

7.企业集团改革状况。

二、本篇资料主要来源于企业集团统计报表及问卷调查。

4－1　企业集团按改制状况分组主要财务指标

（2003年）　　　　单位：万元

类　　　型	单位数（个）	年末资产总计	固定资产原价	无形资产
已建立母子公司体制	42	8 709 687	4 440 651	374 389
未建立母子公司体制	8	1 254 830	833 719	44 398
二个层次集团	25	1 227 662	482 356	45 142
三个层次集团	11	4 843 639	2 717 106	85 505
三个层次以上集团	6	2 638 386	1 241 189	243 742
已执行合并会计报表	16	4 040 727	2 364 002	84 236
未执行合并会计报表	34	5 923 790	2 910 368	334 551
母公司出资人已明确	50	9 964 517	5 274 370	418 787
母公司出资人未明确				
从事均在同一大类中的行业的企业集团	22	3 825 738	1 793 887	266 586
不处于同一大类的行业，对主业有辅助作用	20	5 358 934	3 147 345	96 717
完全在不同行业大类进行投资经营的企业集团	8	779 845	333 138	55 484
有明确的企业集团重大事项决策程序制度	46	9 836 842	5 208 040	418 307
无明确的企业集团重大事项决策程序制度	4	127 675	66 330	480
有财务总监委派制	25	3 598 018	1 356 425	104 286
无财务总监委派制	25	6 366 499	3 917 945	314 501
有预算管理制度	39	9 052 140	4 797 007	373 488
无预算管理制度	11	912 377	477 363	45 299
有产权代表管理制度	25	6 434 153	3 742 631	313 115
无产权代表管理制度	25	3 530 364	1 531 739	105 672
是施行事业部制	16	3 552 456	1 711 692	258 018
未施行事业部制	34	6 412 061	3 562 678	160 769
是实行企业集团经营者年薪制	17	5 762 807	3 313 317	294 501
未实行企业集团经营者年薪制	33	4 201 710	1 961 053	124 286
已获得质量体系认证	43	9 357 649	5 087 031	389 810
未获得质量体系认证	7	606 868	187 339	28 977
已通过环境管理系列认证	12	4 669 034	2 271 282	261 299
未通过环境管理系列认证	38	5 295 483	3 003 088	157 488
技术中心条件完全满足需要	8	1 916 194	739 757	63 787
技术中心条件基本满足需要	21	4 450 274	2 503 042	74 706
技术中心条件不满足需要	5	912 702	610 665	34 787
有投资自主权	44	9 397 856	4 936 604	415 614
无投资自主权	6	566 661	337 766	3 173
有境外融资权	15	3 753 080	2 268 320	86 995
无境外融资权	35	6 211 437	3 006 050	331 792
有对外担保权	32	6 846 248	3 719 221	204 259
无对外担保权	18	3 118 269	1 555 149	214 528
有自营进出口权	28	8 130 910	4 416 766	348 455
无自营进出口权	22	1 833 607	857 604	70 332
有合并纳税权	16	3 066 375	2 008 972	41 167
无合并纳税权	34	6 898 142	3 265 398	377 620
有对外工程承包权	26	7 160 021	3 976 747	315 076
无对外工程承包权	24	2 804 496	1 297 623	103 711
有外事审批权	6	3 275 608	2 374 389	214 036
无外事审批权	44	6 688 909	2 899 981	204 751
有技术研究开发中心	34	7 279 170	3 853 464	173 280
无技术研究开发中心	16	2 685 347	1 420 906	245 507
有财务公司	8	1 290 851	485 345	35 740
无财务公司	42	8 673 666	4 789 025	383 047
有上市公司	15	7 680 512	4 472 506	319 776
无上市公司	35	2 284 005	801 864	99 011

4－1　续表1　　　　单位:万元

类　型	累计折旧	本年折旧	累计对外投　资	本年对外投　资
已建立母子公司体制	1 707 649	224 121	250 353	55 767
未建立母子公司体制	290 746	23 142	20 628	40
二个层次集团	137 467	16 472	16 923	1 919
三个层次集团	1 069 082	122 049	164 346	49 898
三个层次以上集团	501 100	85 600	69 084	3 950
已执行合并会计报表	912 274	102 934	173 343	43 451
未执行合并会计报表	1 086 121	144 329	97 638	12 356
母公司出资人已明确	1 998 395	247 263	270 981	55 807
母公司出资人未明确				
从事均在同一大类中的行业的企业集团	679 216	99 469	95 744	7 464
不处于同一大类的行业,对主业有辅助作用	1 223 502	138 739	136 035	44 387
完全在不同行业大类进行投资经营的企业集团	95 677	9 055	39 202	3 956
有明确的企业集团重大事项决策程序制度	1 958 584	240 721	264 692	55 707
无明确的企业集团重大事项决策程序制度	39 811	6 542	6 289	100
有财务总监委派制	410 329	53 937	171 652	48 933
无财务总监委派制	1 588 066	193 326	99 329	6 874
有预算管理制度	1 810 868	230 182	225 540	55 707
无预算管理制度	187 527	17 081	45 441	100
有产权代表管理制度	1 470 463	191 575	156 407	45 152
无产权代表管理制度	527 932	55 688	114 574	10 655
是施行事业部制	660 492	112 933	94 997	28 753
未施行事业部制	1 337 903	134 330	175 984	27 054
是实行企业集团经营者年薪制	1 341 472	177 983	168 071	26 814
未实行企业集团经营者年薪制	656 923	69 280	102 910	28 993
已获得质量体系认证	1 934 660	241 436	246 161	55 807
未获得质量体系认证	63 735	5 827	24 820	
已通过环境管理系列认证	874 073	128 660	67 232	21 545
未通过环境管理系列认证	1 124 322	118 603	203 749	34 262
技术中心条件完全满足需要	271 413	35 391	62 460	20 675
技术中心条件基本满足需要	972 087	108 904	179 122	34 246
技术中心条件不满足需要	183 078	12 324	7 285	40
有投资自主权	1 910 149	242 316	264 616	54 900
无投资自主权	88 246	4 947	6 365	907
有境外融资权	931 562	109 372	106 982	28 163
无境外融资权	1 066 833	137 891	163 999	27 644
有对外担保权	1 401 096	156 218	201 962	47 376
无对外担保权	597 299	91 045	69 019	8 431
有自营进出口权	1 762 736	220 216	233 566	50 098
无自营进出口权	235 659	27 047	37 415	5 709
有合并纳税权	801 870	85 507	62 683	22 843
无合并纳税权	1 196 525	161 756	208 298	32 964
有对外工程承包权	1 609 393	213 575	122 486	46 085
无对外工程承包权	389 002	33 688	148 495	9 722
有外事审批权	1 035 954	142 386	47 814	6 006
无外事审批权	962 441	104 877	223 167	49 801
有技术研究开发中心	1 426 578	156 619	248 867	54 961
无技术研究开发中心	571 817	90 644	22 114	846
有财务公司	194 212	25 708	42 658	17 571
无财务公司	1 804 183	221 555	228 323	38 236
有上市公司	1 755 269	219 725	167 303	49 938
无上市公司	243 126	27 538	103 678	5 869

4－1 续表2 单位:万元

类 型	长期投资	短期投资	存 货	流动资产年平均余额
已建立母子公司体制	256 324	16 885	1 136 599	4 060 337
未建立母子公司体制	27 108	577	110 754	448 846
二个层次集团	48 927	149	179 973	607 921
三个层次集团	103 612	14 569	646 668	2 218 083
三个层次以上集团	103 785	2 167	309 958	1 234 333
已执行合并会计报表	115 053	13 259	570 823	1 846 582
未执行合并会计报表	168 379	4 203	676 530	2 662 601
母公司出资人已明确	283 432	17 462	1 247 353	4 509 183
母公司出资人未明确				
从事均在同一大类中的行业的企业集团	118 342	3 325	447 418	1 778 612
不处于同一大类的行业,对主业有辅助作用	124 608	12 147	708 719	2 354 423
完全在不同行业大类进行投资经营的企业集团	40 482	1 990	91 216	376 148
有明确的企业集团重大事项决策程序制度	277 143	17 460	1 233 734	4 433 268
无明确的企业集团重大事项决策程序制度	6 289	2	13 619	75 915
有财务总监委派制	154 272	10 477	480 923	1 860 720
无财务总监委派制	129 160	6 985	766 430	2 648 463
有预算管理制度	268 160	17 377	1 177 938	4 075 176
无预算管理制度	15 272	85	69 415	434 007
有产权代表管理制度	192 180	9 560	891 572	2 734 163
无产权代表管理制度	91 252	7 902	355 781	1 775 020
是施行事业部制	137 346	11 191	447 294	1 492 433
未施行事业部制	146 086	6 271	800 059	3 016 750
是实行企业集团经营者年薪制	153 988	8 400	741 960	2 533 173
未实行企业集团经营者年薪制	129 444	9 062	505 393	1 976 010
已获得质量体系认证	245 675	17 462	1 171 257	4 189 696
未获得质量体系认证	37 757		76 096	319 487
已通过环境管理系列认证	109 072	10 400	516 423	2 017 515
未通过环境管理系列认证	174 360	7 062	730 930	2 491 668
技术中心条件完全满足需要	77 628	9 354	236 588	995 722
技术中心条件基本满足需要	123 495	4 806	617 374	2 128 320
技术中心条件不满足需要	25 519	486	65 740	259 023
有投资自主权	271 637	17 049	1 211 521	4 324 970
无投资自主权	11 795	413	35 832	184 213
有境外融资权	117 442	12 104	520 816	1 547 845
无境外融资权	165 990	5 358	726 537	2 961 338
有对外担保权	199 690	16 654	920 790	3 120 807
无对外担保权	83 742	808	326 563	1 388 376
有自营进出口权	231 531	12 471	1 124 805	3 655 815
无自营进出口权	51 901	4 991	122 548	853 368
有合并纳税权	52 167	4 690	443 176	1 250 063
无合并纳税权	231 265	12 772	804 177	3 259 120
有对外工程承包权	157 545	12 188	922 836	3 198 070
无对外工程承包权	125 887	5 274	324 517	1 311 113
有外事审批权	97 236	1 381	514 571	1 261 942
无外事审批权	186 196	16 081	732 782	3 247 241
有技术研究开发中心	226 642	14 646	919 702	3 383 065
无技术研究开发中心	56 790	2 816	327 651	1 126 118
有财务公司	51 494	6 726	150 904	633 253
无财务公司	231 938	10 736	1 096 449	3 875 930
有上市公司	184 062	14 547	972 644	3 284 179
无上市公司	99 370	2 915	274 709	1 225 004

4-1 续表3 单位:万元

类　　型	应收帐款	年末负债		营业收入
		合　计	流动负债	
已建立母子公司体制	736 335	5 527 512	4 306 966	6 272 058
未建立母子公司体制	94 724	896 179	630 747	494 739
二个层次集团	174 678	875 198	749 760	688 808
三个层次集团	268 441	2 834 867	1 924 444	3 181 370
三个层次以上集团	293 216	1 817 447	1 632 762	2 401 880
已执行合并会计报表	315 013	2 420 108	1 881 325	3 103 397
未执行合并会计报表	516 046	4 003 583	3 056 388	3 663 400
母公司出资人已明确	831 059	6 423 691	4 937 713	6 766 797
母公司出资人未明确				
从事均在同一大类中的行业的企业集团	452 966	2 774 576	2 419 994	2 934 165
不处于同一大类的行业,对主业有辅助作用	309 694	3 164 850	2 115 833	3 507 702
完全在不同行业大类进行投资经营的企业集团	68 399	484 265	401 886	324 930
有明确的企业集团重大事项决策程序制度	818 972	6 335 129	4 864 301	6 646 521
无明确的企业集团重大事项决策程序制度	12 087	88 562	73 412	120 276
有财务总监委派制	438 748	2 274 832	1 955 398	2 484 669
无财务总监委派制	392 311	4 148 859	2 982 315	4 282 128
有预算管理制度	770 106	5 728 018	4 432 249	6 299 589
无预算管理制度	60 953	695 673	505 464	467 208
有产权代表管理制度	542 945	4 065 232	3 332 193	4 753 616
无产权代表管理制度	288 114	2 358 459	1 605 520	2 013 181
是施行事业部制	270 070	2 111 218	1 869 669	3 361 603
未施行事业部制	560 989	4 312 473	3 068 044	3 405 194
是实行企业集团经营者年薪制	433 545	3 654 192	2 681 813	4 099 584
未实行企业集团经营者年薪制	397 514	2 769 499	2 255 900	2 667 213
已获得质量体系认证	721 037	6 038 825	4 609 214	6 150 147
未获得质量体系认证	110 022	384 866	328 499	616 650
已通过环境管理系列认证	264 666	2 934 223	2 219 581	3 129 384
未通过环境管理系列认证	566 393	3 489 468	2 718 132	3 637 413
技术中心条件完全满足需要	86 134	1 107 006	984 495	1 509 335
技术中心条件基本满足需要	437 692	2 890 006	1 948 846	2 582 677
技术中心条件不满足需要	54 872	706 282	491 764	493 640
有投资自主权	780 569	5 996 089	4 606 339	6 607 119
无投资自主权	50 490	427 602	331 374	159 678
有境外融资权	219 525	2 151 403	1 309 405	2 879 465
无境外融资权	611 534	4 272 288	3 628 308	3 887 332
有对外担保权	493 213	4 148 719	2 930 470	4 450 303
无对外担保权	337 846	2 274 972	2 007 243	2 316 494
有自营进出口权	574 031	5 089 606	3 780 622	5 771 431
无自营进出口权	257 028	1 334 085	1 157 091	995 366
有合并纳税权	185 444	1 830 462	1 016 637	2 097 001
无合并纳税权	645 615	4 593 229	3 921 076	4 669 796
有对外工程承包权	557 443	4 463 308	3 409 553	5 380 529
无对外工程承包权	273 616	1 960 383	1 528 160	1 386 268
有外事审批权	187 487	2 053 783	1 657 045	2 909 666
无外事审批权	643 572	4 369 908	3 280 668	3 857 131
有技术研究开发中心	578 698	4 703 294	3 425 105	4 585 652
无技术研究开发中心	252 361	1 720 397	1 512 608	2 181 145
有财务公司	136 751	802 853	700 243	837 790
无财务公司	694 308	5 620 838	4 237 470	5 929 007
有上市公司	534 897	4 880 573	3 617 611	4 878 200
无上市公司	296 162	1 543 118	1 320 102	1 888 597

4－1　续表4　　单位:万元

类　型	年末股东权益总计	年末少数股东权益	年末股东(所有者)权益合计	股　本
已建立母子公司体制	3 182 175	812 110	2 370 065	1 670 235
未建立母子公司体制	358 651	107 029	251 622	227 919
二个层次集团	352 464	23 491	328 973	247 552
三个层次集团	2 008 772	730 247	1 278 525	717 800
三个层次以上集团	820 939	58 372	762 567	704 883
已执行合并会计报表	1 620 619	567 139	1 053 480	618 692
未执行合并会计报表	1 920 207	352 000	1 568 207	1 279 462
母公司出资人已明确	3 540 826	919 139	2 621 687	1 898 154
母公司出资人未明确				
从事均在同一大类中的行业的企业集团	1 051 162	86 546	964 616	963 258
不处于同一大类的行业,对主业有辅助作用	2 194 084	753 475	1 440 609	801 471
完全在不同行业大类进行投资经营的企业集团	295 580	79 118	216 462	133 425
有明确的企业集团重大事项决策程序制度	3 501 713	916 801	2 584 912	1 874 086
无明确的企业集团重大事项决策程序制度	39 113	2 338	36 775	24 068
有财务总监委派制	1 323 186	324 458	998 728	536 831
无财务总监委派制	2 217 640	594 681	1 622 959	1 361 323
有预算管理制度	3 324 122	878 054	2 446 068	1 749 978
无预算管理制度	216 704	41 085	175 619	148 176
有产权代表管理制度	2 368 921	607 825	1 761 096	1 270 814
无产权代表管理制度	1 171 905	311 314	860 591	627 340
是施行事业部制	1 441 238	278 251	1 162 987	765 532
未施行事业部制	2 099 588	640 888	1 458 700	1 132 622
是实行企业集团经营者年薪制	2 108 615	527 895	1 580 720	1 282 567
未实行企业集团经营者年薪制	1 432 211	391 244	1 040 967	615 587
已获得质量体系认证	3 318 824	919 139	2 399 685	1 772 372
未获得质量体系认证	222 002		222 002	125 782
已通过环境管理系列认证	1 734 811	351 047	1 383 764	903 934
未通过环境管理系列认证	1 806 015	568 092	1 237 923	994 220
技术中心条件完全满足需要	809 188	249 876	559 312	163 313
技术中心条件基本满足需要	1 560 268	511 409	1 048 859	827 858
技术中心条件不满足需要	206 420	38 747	167 673	158 147
有投资自主权	3 401 767	919 139	2 482 628	1 800 288
无投资自主权	139 059		139 059	97 866
有境外融资权	1 601 677	587 320	1 014 357	596 994
无境外融资权	1 939 149	331 819	1 607 330	1 301 160
有对外担保权	2 697 529	864 056	1 833 473	1 085 664
无对外担保权	843 297	55 083	788 214	812 490
有自营进出口权	3 041 304	866 767	2 174 537	1 537 147
无自营进出口权	499 522	52 372	447 150	361 007
有合并纳税权	1 235 913	431 562	804 351	569 920
无合并纳税权	2 304 913	487 577	1 817 336	1 328 234
有对外工程承包权	2 696 713	713 724	1 982 989	1 407 153
无对外工程承包权	844 113	205 415	638 698	491 001
有外事审批权	1 221 825	331 667	890 158	827 563
无外事审批权	2 319 001	587 472	1 731 529	1 070 591
有技术研究开发中心	2 575 876	800 032	1 775 844	1 149 318
无技术研究开发中心	964 950	119 107	845 843	748 836
有财务公司	487 998	173 062	314 936	115 584
无财务公司	3 052 828	746 077	2 306 751	1 782 570
有上市公司	2 799 939	891 348	1 908 591	1 440 755
无上市公司	740 887	27 791	713 096	457 399

4－1　续表5　　单位:万元

类　　型	主营业务收入	主营业务成本	主营业务税金及附加	其他业务收入
已建立母子公司体制	6 161 187	5 129 223	64 018	110 871
未建立母子公司体制	475 241	403 549	3 583	19 498
二个层次集团	684 147	526 649	10 123	4 661
三个层次集团	3 088 674	2 551 504	29 554	92 696
三个层次以上集团	2 388 366	2 051 070	24 341	13 514
已执行合并会计报表	3 054 370	2 545 158	34 869	49 027
未执行合并会计报表	3 582 058	2 987 614	32 732	81 342
母公司出资人已明确	6 636 428	5 532 772	67 601	130 369
母公司出资人未明确				
从事均在同一大类中的行业的企业集团	2 913 169	2 515 276	29 462	20 996
不处于同一大类的行业,对主业有辅助作用	3 401 228	2 765 878	36 830	106 474
完全在不同行业大类进行投资经营的企业集团	322 031	251 618	1 309	2 899
有明确的企业集团重大事项决策程序制度	6 516 152	5 438 633	64 331	130 369
无明确的企业集团重大事项决策程序制度	120 276	94 139	3 270	
有财务总监委派制	2 463 406	1 961 578	32 423	21 263
无财务总监委派制	4 173 022	3 571 194	35 178	109 106
有预算管理制度	6 191 523	5 162 377	62 277	108 066
无预算管理制度	444 905	370 395	5 324	22 303
有产权代表管理制度	4 700 844	3 925 300	34 396	52 772
无产权代表管理制度	1 935 584	1 607 472	33 205	77 597
是施行事业部制	3 333 545	2 788 005	38 085	28 058
未施行事业部制	3 302 883	2 744 767	29 516	102 311
是实行企业集团经营者年薪制	4 006 040	3 355 447	24 288	93 544
未实行企业集团经营者年薪制	2 630 388	2 177 325	43 313	36 825
已获得质量体系认证	6 019 934	5 061 530	63 531	130 213
未获得质量体系认证	616 494	471 242	4 070	156
已通过环境管理系列认证	3 056 066	2 542 047	32 998	73 318
未通过环境管理系列认证	3 580 362	2 990 725	34 603	57 051
技术中心条件完全满足需要	1 492 666	1 186 618	21 801	16 669
技术中心条件基本满足需要	2 502 824	2 032 636	19 551	79 853
技术中心条件不满足需要	475 452	390 229	1 545	18 188
有投资自主权	6 480 582	5 397 933	66 943	126 537
无投资自主权	155 846	134 839	658	3 832
有境外融资权	2 795 621	2 247 855	25 440	83 844
无境外融资权	3 840 807	3 284 917	42 161	46 525
有对外担保权	4 340 059	3 485 558	42 139	110 244
无对外担保权	2 296 369	2 047 214	25 462	20 125
有自营进出口权	5 651 647	4 671 020	47 450	119 784
无自营进出口权	984 781	861 752	20 151	10 585
有合并纳税权	2 027 836	1 726 663	14 287	69 165
无合并纳税权	4 608 592	3 806 109	53 314	61 204
有对外工程承包权	5 279 857	4 478 725	55 309	100 672
无对外工程承包权	1 356 571	1 054 047	12 292	29 697
有外事审批权	2 873 803	2 471 817	16 310	35 863
无外事审批权	3 762 625	3 060 955	51 291	94 506
有技术研究开发中心	4 470 942	3 609 483	42 897	114 710
无技术研究开发中心	2 165 486	1 923 289	24 704	15 659
有财务公司	824 489	619 666	11 466	13 301
无财务公司	5 811 939	4 913 106	56 135	117 068
有上市公司	4 759 224	3 972 309	40 756	118 976
无上市公司	1 877 204	1 560 463	26 845	11 393

4－1　续表6　　　　单位:万元

类　　型	新产品销售收入	出口销售总额	投资收益	营业外收入
已建立母子公司体制	463 029	327 318	8 103	16 889
未建立母子公司体制	57 482	34 397	1 872	1 672
二个层次集团	44 587	24 399	- 249	4 055
三个层次集团	418 442	283 556	4 118	7 378
三个层次以上集团		19 363	4 234	5 456
已执行合并会计报表	381 749	256 400	5 005	7 956
未执行合并会计报表	138 762	105 315	4 970	10 605
母公司出资人已明确	520 511	361 715	9 975	18 561
母公司出资人未明确				
从事均在同一大类中的行业的企业集团	51 837	108 710	4 176	4 372
不处于同一大类的行业,对主业有辅助作用	455 985	204 508	2 763	7 156
完全在不同行业大类进行投资经营的企业集团	12 689	48 497	3 036	7 033
有明确的企业集团重大事项决策程序制度	516 261	361 401	10 108	18 512
无明确的企业集团重大事项决策程序制度	4 250	314	- 133	49
有财务总监委派制	448 976	173 848	7 380	6 539
无财务总监委派制	71 535	187 867	2 595	12 022
有预算管理制度	466 528	302 205	9 416	17 453
无预算管理制度	53 983	59 510	559	1 108
有产权代表管理制度	413 038	265 484	5 884	10 224
无产权代表管理制度	107 473	96 231	4 091	8 337
是施行事业部制	338 678	85 890	3 637	6 527
未施行事业部制	181 833	275 825	6 338	12 034
是实行企业集团经营者年薪制	100 472	252 794	6 636	10 991
未实行企业集团经营者年薪制	420 039	108 921	3 339	7 570
已获得质量体系认证	519 709	348 806	8 468	17 288
未获得质量体系认证	802	12 909	1 507	1 273
已通过环境管理系列认证	298 823	43 040	1 450	6 442
未通过环境管理系列认证	221 688	318 675	8 525	12 119
技术中心条件完全满足需要	305 566	25 286	1 469	4 851
技术中心条件基本满足需要	149 542	282 739	5 633	7 017
技术中心条件不满足需要	49 733	1 788	280	3 703
有投资自主权	504 464	359 326	9 588	17 576
无投资自主权	16 047	2 389	387	985
有境外融资权	311 433	108 488	1 255	4 942
无境外融资权	209 078	253 227	8 720	13 619
有对外担保权	445 420	257 464	7 365	11 933
无对外担保权	75 091	104 251	2 610	6 628
有自营进出口权	500 605	343 438	7 726	11 374
无自营进出口权	19 906	18 277	2 249	7 187
有合并纳税权	86 308	184 622	1 516	4 580
无合并纳税权	434 203	177 093	8 459	13 981
有对外工程承包权	419 113	199 637	2 592	8 657
无对外工程承包权	101 398	162 078	7 383	9 904
有外事审批权	15 128	92 138	871	3 126
无外事审批权	505 383	269 577	9 104	15 435
有技术研究开发中心	504 841	309 813	7 382	15 571
无技术研究开发中心	15 670	51 902	2 593	2 990
有财务公司	308 184	17 844	465	1 222
无财务公司	212 327	343 871	9 510	17 339
有上市公司	479 344	270 679	6 488	9 783
无上市公司	41 167	91 036	3 487	8 778

4－1　续表7　　单位:万元

类　　型	存货跌价损伤和营业、管理、财务等费用合计	税　　金	劳动、待业保险费	职工教育费
已建立母子公司体制	753 040	14 628	68 353	2 953
未建立母子公司体制	70 744	4 658	7 286	329
二个层次集团	114 720	2 085	5 321	293
三个层次集团	402 956	7 689	42 073	2 486
三个层次以上集团	235 364	4 854	20 959	174
已执行合并会计报表	363 597	8 075	28 398	1 618
未执行合并会计报表	460 187	11 211	47 241	1 664
母公司出资人已明确	823 784	19 286	75 639	3 282
母公司出资人未明确				
从事均在同一大类中的行业的企业集团	291 467	5 756	29 342	422
不处于同一大类的行业,对主业有辅助作用	473 434	10 148	41 611	2 527
完全在不同行业大类进行投资经营的企业集团	58 883	3 382	4 686	333
有明确的企业集团重大事项决策程序制度	814 204	19 260	75 018	3 244
无明确的企业集团重大事项决策程序制度	9 580	26	621	38
有财务总监委派制	351 395	5 559	20 647	725
无财务总监委派制	472 389	13 727	54 992	2 557
有预算管理制度	773 700	16 412	66 897	3 014
无预算管理制度	50 084	2 874	8 742	268
有产权代表管理制度	566 466	12 331	43 190	1 518
无产权代表管理制度	257 318	6 955	32 449	1 764
是施行事业部制	392 307	7 970	20 016	662
未施行事业部制	431 477	11 316	55 623	2 620
是实行企业集团经营者年薪制	484 144	9 760	56 867	1 925
未实行企业集团经营者年薪制	339 640	9 526	18 772	1 357
已获得质量体系认证	729 179	18 774	69 902	3 140
未获得质量体系认证	94 605	512	5 737	142
已通过环境管理系列认证	395 746	8 766	36 803	1 463
未通过环境管理系列认证	428 038	10 520	38 836	1 819
技术中心条件完全满足需要	222 982	4 324	8 278	877
技术中心条件基本满足需要	336 130	5 618	42 880	1 873
技术中心条件不满足需要	88 939	3 201	4 370	175
有投资自主权	795 025	18 141	73 020	3 240
无投资自主权	28 759	1 145	2 619	42
有境外融资权	403 600	7 949	26 515	2 155
无境外融资权	420 184	11 337	49 124	1 127
有对外担保权	632 896	13 743	52 503	3 059
无对外担保权	190 888	5 543	23 136	223
有自营进出口权	724 645	16 026	67 181	3 003
无自营进出口权	99 139	3 260	8 458	279
有合并纳税权	238 213	4 722	32 006	1 745
无合并纳税权	585 571	14 564	43 633	1 537
有对外工程承包权	591 649	12 166	55 329	2 558
无对外工程承包权	232 135	7 120	20 310	724
有外事审批权	296 197	6 892	23 524	1 013
无外事审批权	527 587	12 394	52 115	2 269
有技术研究开发中心	648 051	13 143	55 528	2 925
无技术研究开发中心	175 733	6 143	20 111	357
有财务公司	148 299	3 022	3 369	372
无财务公司	675 485	16 264	72 270	2 910
有上市公司	630 358	15 528	59 118	2 698
无上市公司	193 426	3 758	16 521	584

4－1　续表8

单位:万元

类　　　　型	存货跌价损伤和营业、管理、财务等费用合计		利润总额	应交所得税
	广告费	利息支出		
已建立母子公司体制	68 568	101 113	198 407	50 684
未建立母子公司体制	619	18 160	－3 568	3 415
二个层次集团	28 093	14 108	20 709	8 750
三个层次集团	10 941	53 372	134 811	22 710
三个层次以上集团	29 534	33 633	42 887	19 224
已执行合并会计报表	34 936	49 310	126 097	25 967
未执行合并会计报表	34 251	69 963	68 742	28 132
母公司出资人已明确	69 187	119 273	194 839	54 099
母公司出资人未明确				
从事均在同一大类中的行业的企业集团	27 063	43 742	26 676	19 084
不处于同一大类的行业,对主业有辅助作用	40 507	65 655	150 498	31 422
完全在不同行业大类进行投资经营的企业集团	1 617	9 876	17 665	3 593
有明确的企业集团重大事项决策程序制度	67 747	117 390	188 436	53 166
无明确的企业集团重大事项决策程序制度	1 440	1 883	6 403	933
有财务总监委派制	35 956	40 202	101 710	24 352
无财务总监委派制	33 231	79 071	93 129	29 747
有预算管理制度	67 717	106 597	190 399	52 516
无预算管理制度	1 470	12 676	4 440	1 583
有产权代表管理制度	60 327	84 850	146 790	42 432
无产权代表管理制度	8 860	34 423	48 049	11 667
是施行事业部制	60 578	38 080	120 128	33 834
未施行事业部制	8 609	81 193	74 711	20 265
是实行企业集团经营者年薪制	55 468	72 791	119 130	36 207
未实行企业集团经营者年薪制	13 719	46 482	75 709	17 892
已获得质量体系认证	43 449	112 461	180 475	49 628
未获得质量体系认证	25 738	6 812	14 364	4 471
已通过环境管理系列认证	11 396	47 714	100 460	26 957
未通过环境管理系列认证	57 791	71 559	94 379	27 142
技术中心条件完全满足需要	11 606	17 398	83 362	13 903
技术中心条件基本满足需要	31 072	59 297	82 647	20 586
技术中心条件不满足需要	25 778	14 214	－7 394	3 096
有投资自主权	69 177	112 264	205 744	53 653
无投资自主权	10	7 009	－10 905	446
有境外融资权	61 267	43 801	136 472	28 844
无境外融资权	7 920	75 472	58 367	25 255
有对外担保权	68 348	82 299	178 601	40 076
无对外担保权	839	36 974	16 238	14 023
有自营进出口权	68 032	98 755	184 775	46 375
无自营进出口权	1 155	20 518	10 064	7 724
有合并纳税权	26 329	37 943	65 952	13 567
无合并纳税权	42 858	81 330	128 887	40 532
有对外工程承包权	37 747	80 690	167 006	40 299
无对外工程承包权	31 440	38 583	27 833	13 800
有外事审批权	54 594	47 946	80 945	25 990
无外事审批权	14 593	71 327	113 894	28 109
有技术研究开发中心	68 456	90 909	158 615	37 585
无技术研究开发中心	731	28 364	36 224	16 514
有财务公司	5 402	12 994	54 297	11 466
无财务公司	63 785	106 279	140 542	42 633
有上市公司	39 982	98 665	143 746	41 877
无上市公司	29 205	20 608	51 093	12 222

4－1　续表9

单位:万元

类　　型	应交增值税	固定资产投资完成额	研究开发费　用	上交税金合　计
已建立母子公司体制	250 177	576 565	80 210	315 489
未建立母子公司体制	13 169	52 688	7 813	21 242
二个层次集团	25 458	81 245	2 954	36 293
三个层次集团	111 312	261 257	63 212	141 711
三个层次以上集团	113 407	234 063	14 044	137 485
已执行合并会计报表	96 070	205 320	46 769	130 112
未执行合并会计报表	167 276	423 933	41 254	206 619
母公司出资人已明确	263 346	629 253	88 023	336 731
母公司出资人未明确				
从事均在同一大类中的行业的企业集团	126 873	243 129	16 900	151 713
不处于同一大类的行业,对主业有辅助作用	129 573	342 685	64 985	171 143
完全在不同行业大类进行投资经营的企业集团	6 900	43 439	6 138	13 875
有明确的企业集团重大事项决策程序制度	260 246	625 815	87 548	332 672
无明确的企业集团重大事项决策程序制度	3 100	3 438	475	4 059
有财务总监委派制	79 001	208 069	61 804	108 912
无财务总监委派制	184 345	421 184	26 219	227 819
有预算管理制度	247 982	588 024	81 999	316 910
无预算管理制度	15 364	41 229	6 024	19 821
有产权代表管理制度	207 926	463 784	59 888	262 689
无产权代表管理制度	55 420	165 469	28 135	74 042
是施行事业部制	158 093	249 127	26 867	199 897
未施行事业部制	105 253	380 126	61 156	136 834
是实行企业集团经营者年薪制	184 139	479 656	41 087	230 106
未实行企业集团经营者年薪制	79 207	149 597	46 936	106 625
已获得质量体系认证	241 525	586 391	75 531	309 927
未获得质量体系认证	21 821	42 862	12 492	26 804
已通过环境管理系列认证	167 114	292 905	37 689	202 837
未通过环境管理系列认证	96 232	336 348	50 334	133 894
技术中心条件完全满足需要	58 485	85 923	33 511	78 712
技术中心条件基本满足需要	90 718	304 087	45 788	116 922
技术中心条件不满足需要	17 807	32 634	3 372	24 104
有投资自主权	258 459	624 960	87 832	330 253
无投资自主权	4 887	4 293	191	6 478
有境外融资权	115 176	207 580	27 210	151 969
无境外融资权	148 170	421 673	60 813	184 762
有对外担保权	157 898	431 746	83 615	211 717
无对外担保权	105 448	197 507	4 408	125 014
有自营进出口权	253 083	537 213	87 095	315 484
无自营进出口权	10 263	92 040	928	21 247
有合并纳税权	63 741	168 270	26 143	82 030
无合并纳税权	199 605	460 983	61 880	254 701
有对外工程承包权	209 839	493 912	63 786	262 304
无对外工程承包权	53 507	135 341	24 237	74 427
有外事审批权	140 046	293 091	4 198	172 928
无外事审批权	123 300	336 162	83 825	163 803
有技术研究开发中心	167 010	422 644	82 671	217 738
无技术研究开发中心	96 336	206 609	5 352	118 993
有财务公司	41 613	39 104	20 273	56 101
无财务公司	221 733	590 149	67 750	280 630
有上市公司	216 714	483 337	70 156	274 119
无上市公司	46 632	145 916	17 867	62 612

4－2 企业集团按改制状况分组劳动工资指标

（2003 年） 单位：人

类别	从业人员	在岗职工	其他从业人员	研究开发人员
已建立母子公司体制	309 240	297 719	11 521	5 739
未建立母子公司体制	44 230	36 436	7 794	1 651
二个层次集团	52 156	45 955	6 201	973
三个层次集团	156 785	153 563	3 222	4 075
三个层次以上集团	100 299	98 201	2 098	691
已执行合并会计报表	127 880	123 747	4 133	3 551
未执行合并会计报表	225 590	210 408	15 182	3 839
母公司出资人已明确	353 470	334 155	19 315	7 390
母公司出资人未明确				
从事均在同一大类中的行业的企业集团	150 409	142 652	7 757	1 639
不处于同一大类的行业，对主业有辅助作用	175 368	167 298	8 070	4 389
完全在不同行业大类进行投资经营的企业集团	27 693	24 205	3 488	1 362
有明确的企业集团重大事项决策程序制度	341 401	327 492	13 909	7 300
无明确的企业集团重大事项决策程序制度	12 069	6 663	5 406	90
有财务总监委派制	118 726	113 665	5 061	4 783
无财务总监委派制	234 744	220 490	14 254	2 607
有预算管理制度	307 737	296 107	11 630	6 380
无预算管理制度	45 733	38 048	7 685	1 010
有产权代表管理制度	200 167	192 146	8 021	4 386
无产权代表管理制度	153 303	142 009	11 294	3 004
是施行事业部制	106 037	104 080	1 957	2 524
未施行事业部制	247 433	230 075	17 358	4 866
是实行企业集团经营者年薪制	223 324	218 130	5 194	2 631
未实行企业集团经营者年薪制	130 146	116 025	14 121	4 759
已获得质量体系认证	313 517	295 623	17 894	6 706
未获得质量体系认证	39 953	38 532	1 421	684
已通过环境管理系列认证	147 435	143 363	4 072	2 503
未通过环境管理系列认证	206 035	190 792	15 243	4 887
技术中心条件完全满足需要	36 729	35 978	751	1 953
技术中心条件基本满足需要	192 275	180 913	11 362	3 253
技术中心条件不满足需要	28 461	25 424	3 037	927
有投资自主权	337 354	321 718	15 636	7 186
无投资自主权	16 116	12 437	3 679	204
有境外融资权	132 268	125 077	7 191	2 740
无境外融资权	221 202	209 078	12 124	4 650
有对外担保权	242 975	230 384	12 591	6 660
无对外担保权	110 495	103 771	6 724	730
有自营进出口权	289 125	275 679	13 446	6 923
无自营进出口权	64 345	58 476	5 869	467
有合并纳税权	131 352	130 329	1 023	1 949
无合并纳税权	222 118	203 826	18 292	5 441
有对外工程承包权	239 767	231 800	7 967	4 436
无对外工程承包权	113 703	102 355	11 348	2 954
有外事审批权	95 259	94 424	835	203
无外事审批权	258 211	239 731	18 480	7 187
有技术研究开发中心	257 465	242 315	15 150	6 133
无技术研究开发中心	96 005	91 840	4 165	1 257
有财务公司	22 510	20 921	1 589	1 786
无财务公司	330 960	313 234	17 726	5 604
有上市公司	229 240	221 175	8 065	5 484
无上市公司	124 230	112 980	11 250	1 906

4-2 续表 单位:万元

类　　别	从业人员劳动报酬	在岗职工劳动报酬	其他从业人员劳动报酬	研究开发人员劳动报酬
已建立母子公司体制	399 485	387 716	11 769	6 759
未建立母子公司体制	39 485	31 875	7 610	3 743
二个层次集团	47 113	39 853	7 260	1 260
三个层次集团	215 335	212 351	2 984	4 867
三个层次以上集团	137 037	135 512	1 525	632
已执行合并会计报表	185 371	181 423	3 948	3 698
未执行合并会计报表	253 599	238 168	15 431	6 804
母公司出资人已明确	438 970	419 591	19 379	10 502
母公司出资人未明确				
从事均在同一大类中的行业的企业集团	180 912	173 657	7 255	1 841
不处于同一大类的行业,对主业有辅助作用	231 985	224 927	7 058	5 261
完全在不同行业大类进行投资经营的企业集团	26 073	21 007	5 066	3 400
有明确的企业集团重大事项决策程序制度	427 530	412 528	15 002	10 416
无明确的企业集团重大事项决策程序制度	11 440	7 063	4 377	86
有财务总监委派制	148 596	140 733	7 863	5 448
无财务总监委派制	290 374	278 858	11 516	5 054
有预算管理制度	396 563	383 236	13 327	9 359
无预算管理制度	42 407	36 355	6 052	1 143
有产权代表管理制度	270 677	262 688	7 989	4 311
无产权代表管理制度	168 293	156 903	11 390	6 191
是施行事业部制	157 768	155 488	2 280	1 698
未施行事业部制	281 202	264 103	17 099	8 804
是实行企业集团经营者年薪制	297 021	293 347	3 674	4 335
未实行企业集团经营者年薪制	141 949	126 244	15 705	6 167
已获得质量体系认证	402 008	383 255	18 753	9 851
未获得质量体系认证	36 962	36 336	626	651
已通过环境管理系列认证	196 654	195 207	1 447	1 662
未通过环境管理系列认证	242 316	224 384	17 932	8 840
技术中心条件完全满足需要	52 931	51 882	1 049	708
技术中心条件基本满足需要	229 375	220 738	8 637	5 451
技术中心条件不满足需要	20 605	20 364	241	953
有投资自主权	427 553	408 840	18 713	10 144
无投资自主权	11 417	10 751	666	358
有境外融资权	177 672	171 378	6 294	1 889
无境外融资权	261 298	248 213	13 085	8 613
有对外担保权	295 054	282 615	12 439	9 347
无对外担保权	143 916	136 976	6 940	1 155
有自营进出口权	365 704	353 888	11 816	9 855
无自营进出口权	73 266	65 703	7 563	647
有合并纳税权	169 316	168 623	693	3 421
无合并纳税权	269 654	250 968	18 686	7 081
有对外工程承包权	333 283	326 548	6 735	5 297
无对外工程承包权	105 687	93 043	12 644	5 205
有外事审批权	150 849	149 959	890	338
无外事审批权	288 121	269 632	18 489	10 164
有技术研究开发中心	302 911	292 984	9 927	7 112
无技术研究开发中心	136 059	126 607	9 452	3 390
有财务公司	36 596	35 168	1 428	316
无财务公司	402 374	384 423	17 951	10 186
有上市公司	312 996	305 711	7 285	8 251
无上市公司	125 974	113 880	12 094	2 251

4－3　企业集团按改制状况分组主要经济效益指标

（2003 年）　　　　单位：%

类　　　型	净资产收益率	总资产报酬率	销售利润率	资本保值增值率
已建立母子公司体制	4.64	3.44	3.16	109.10
未建立母子公司体制	-1.95	1.16	-0.72	99.95
二个层次集团	3.39	2.84	3.01	97.04
三个层次集团	5.58	3.89	4.24	115.99
三个层次以上集团	2.88	2.90	1.79	99.91
已执行合并会计报表	6.18	4.34	4.06	114.60
未执行合并会计报表	2.11	2.34	1.88	103.15
母公司出资人已明确	3.97	3.15	2.88	108.10
母公司出资人未明确				
从事均在同一大类中的行业的企业集团	0.72	1.84	0.91	94.84
不处于同一大类的行业，对主业有辅助作用	5.43	4.03	4.29	116.93
完全在不同行业大类进行投资经营的企业集团	4.76	3.53	5.44	101.62
有明确的企业集团重大事项决策程序制度	3.86	3.11	2.84	107.48
无明确的企业集团重大事项决策程序制度	13.99	6.49	5.32	222.54
有财务总监委派制	5.85	3.94	4.09	120.53
无财务总监委派制	2.86	2.70	2.17	101.83
有预算管理制度	4.15	3.28	3.02	108.52
无预算管理制度	1.32	1.88	0.95	101.96
有产权代表管理制度	4.41	3.60	3.09	107.64
无产权代表管理制度	3.10	2.34	2.39	109.03
是施行事业部制	5.99	4.45	3.57	116.56
未施行事业部制	2.59	2.43	2.19	102.97
是实行企业集团经营者年薪制	3.93	3.33	2.91	101.52
未实行企业集团经营者年薪制	4.04	2.91	2.84	119.49
已获得质量体系认证	3.94	3.13	2.93	107.77
未获得质量体系认证	4.46	3.49	2.33	113.15
已通过环境管理系列认证	4.24	3.17	3.21	118.33
未通过环境管理系列认证	3.72	3.13	2.59	99.81
技术中心条件完全满足需要	8.58	5.26	5.52	149.57
技术中心条件基本满足需要	3.98	3.19	3.20	100.77
技术中心条件不满足需要	-5.08	0.75	-1.50	100.89
有投资自主权	4.47	3.38	3.11	108.27
无投资自主权	-8.16	-0.69	-6.83	103.99
有境外融资权	6.72	4.80	4.74	117.65
无境外融资权	1.71	2.15	1.50	101.30
有对外担保权	5.14	3.81	4.01	114.61
无对外担保权	0.26	1.71	0.70	91.46
有自营进出口权	4.55	3.49	3.20	110.60
无自营进出口权	0.47	1.67	1.01	95.02
有合并纳税权	4.24	3.39	3.15	102.06
无合并纳税权	3.83	3.05	2.76	111.64
有对外工程承包权	4.70	3.46	3.10	109.35
无对外工程承包权	1.66	2.37	2.01	104.27
有外事审批权	4.50	3.93	2.78	96.12
无外事审批权	3.70	2.77	2.95	115.69
有技术研究开发中心	4.70	3.43	3.46	112.29
无技术研究开发中心	2.04	2.41	1.66	98.30
有财务公司	8.78	5.21	6.48	145.95
无财务公司	3.21	2.85	2.37	103.79
有上市公司	3.64	3.16	2.95	107.81
无上市公司	5.25	3.14	2.71	109.19

4－3　续表1　　单位:%

类　　型	劳动生产率（万元/人）	成本费用利润率	流动资产比　率	资产利税率
已建立母子公司体制	20.28	3.37	46.62	5.89
未建立母子公司体制	11.19	-0.75	35.77	1.05
二个层次集团	13.21	3.23	49.52	4.59
三个层次集团	20.29	4.56	45.79	5.69
三个层次以上集团	23.95	1.88	46.78	6.85
已执行合并会计报表	24.27	4.34	45.70	6.36
未执行合并会计报表	16.24	1.99	44.95	4.54
母公司出资人已明确	19.14	3.07	45.25	5.28
母公司出资人未明确				
从事均在同一大类中的行业的企业集团	19.51	0.95	46.49	4.78
不处于同一大类的行业,对主业有辅助作用	20.00	4.65	43.93	5.91
完全在不同行业大类进行投资经营的企业集团	11.73	5.69	48.23	3.32
有明确的企业集团重大事项决策程序制度	19.47	3.01	45.07	5.22
无明确的企业集团重大事项决策程序制度	9.97	6.17	59.46	10.00
有财务总监委派制	20.93	4.40	51.72	5.92
无财务总监委派制	18.24	2.30	41.60	4.91
有预算管理制度	20.47	3.21	45.02	5.53
无预算管理制度	10.22	1.06	47.57	2.75
有产权代表管理制度	23.75	3.27	42.49	6.05
无产权代表管理制度	13.13	2.58	50.28	3.87
是施行事业部制	31.70	3.78	42.01	8.90
未施行事业部制	13.76	2.35	47.05	3.27
是实行企业集团经营者年薪制	18.36	3.10	43.96	5.68
未实行企业集团经营者年薪制	20.49	3.01	47.03	4.72
已获得质量体系认证	19.62	3.12	44.77	5.19
未获得质量体系认证	15.43	2.54	52.65	6.63
已通过环境管理系列认证	21.23	3.42	43.21	6.44
未通过环境管理系列认证	17.65	2.76	47.05	4.25
技术中心条件完全满足需要	41.09	5.91	51.96	8.54
技术中心条件基本满足需要	13.43	3.49	47.82	4.33
技术中心条件不满足需要	17.34	-1.54	28.38	1.31
有投资自主权	19.59	3.32	46.02	5.65
无投资自主权	9.91	-6.67	32.51	-0.95
有境外融资权	21.77	5.15	41.24	7.38
无境外融资权	17.57	1.58	47.68	4.00
有对外担保权	18.32	4.34	45.58	5.53
无对外担保权	20.96	0.73	44.52	4.72
有自营进出口权	19.96	3.42	44.96	5.97
无自营进出口权	15.47	1.05	46.54	2.21
有合并纳税权	15.96	3.36	40.77	4.70
无合并纳税权	21.02	2.93	47.25	5.53
有对外工程承包权	22.44	3.29	44.67	6.04
无对外工程承包权	12.19	2.16	46.75	3.34
有外事审批权	30.54	2.92	38.53	7.24
无外事审批权	14.94	3.17	48.55	4.31
有技术研究开发中心	17.81	3.73	46.48	5.06
无技术研究开发中心	22.72	1.73	41.94	5.86
有财务公司	37.22	7.07	49.06	8.32
无财务公司	17.91	2.51	44.69	4.82
有上市公司	21.28	3.12	42.76	5.22
无上市公司	15.20	2.91	53.63	5.45

4－3　续表2　　　　%

类　　　　型	资金利润率	资产负债率	长期负债与资产总计比　率	总资产使用率
已建立母子公司体制	2.92	63.46	14.01	70.74
未建立母子公司体制	-0.36	71.42	21.15	37.87
二个层次集团	2.17	71.29	10.22	55.73
三个层次集团	3.49	58.53	18.80	63.77
三个层次以上集团	2.17	68.88	7.00	90.52
已执行合并会计报表	3.82	59.89	13.33	75.59
未执行合并会计报表	1.53	67.58	15.99	60.47
母公司出资人已明确	2.50	64.47	14.91	66.60
母公司出资人未明确				
从事均在同一大类中的行业的企业集团	0.92	72.52	9.27	76.15
不处于同一大类的行业，对主业有辅助作用	3.52	59.06	19.58	63.47
完全在不同行业大类进行投资经营的企业集团	2.88	62.10	10.56	41.29
有明确的企业集团重大事项决策程序制度	2.45	64.40	14.95	66.24
无明确的企业集团重大事项决策程序制度	6.25	69.37	11.87	94.20
有财务总监委派制	3.62	63.22	8.88	68.47
无财务总监委派制	1.87	65.17	18.32	65.55
有预算管理制度	2.70	63.28	14.31	68.40
无预算管理制度	0.61	76.25	20.85	48.76
有产权代表管理制度	2.93	63.18	11.39	73.06
无产权代表管理制度	1.73	66.80	21.33	54.83
是施行事业部制	4.72	59.43	6.80	93.84
未施行事业部制	1.43	67.26	19.41	51.51
是实行企业集团经营者年薪制	2.64	63.41	16.87	69.52
未实行企业集团经营者年薪制	2.31	65.91	12.22	62.60
已获得质量体系认证	2.46	64.53	15.28	64.33
未获得质量体系认证	3.24	63.42	9.29	101.59
已通过环境管理系列认证	2.94	62.84	15.31	65.45
未通过环境管理系列认证	2.16	65.90	14.57	67.61
技术中心条件完全满足需要	5.69	57.77	6.39	77.90
技术中心条件基本满足需要	2.26	64.94	21.15	56.24
技术中心条件不满足需要	-1.08	77.38	23.50	52.09
有投资自主权	2.80	63.80	14.79	68.96
无投资自主权	-2.51	75.46	16.98	27.50
有境外融资权	4.73	57.32	22.43	74.49
无境外融资权	1.19	68.78	10.37	61.83
有对外担保权	3.28	60.60	17.79	63.39
无对外担保权	0.69	72.96	8.59	73.64
有自营进出口权	2.93	62.60	16.10	69.51
无自营进出口权	0.68	72.76	9.65	53.71
有合并纳税权	2.68	59.69	26.54	66.13
无合并纳税权	2.42	66.59	9.74	66.81
有对外工程承包权	3.00	62.34	14.72	73.74
无对外工程承包权	1.25	69.90	15.41	48.37
有外事审批权	3.11	62.70	12.11	87.73
无外事审批权	2.20	65.33	16.28	56.25
有技术研究开发中心	2.73	64.61	17.56	61.42
无技术研究开发中心	1.83	64.07	7.74	80.64
有财务公司	5.87	62.20	7.95	63.87
无财务公司	2.05	64.80	15.95	67.01
有上市公司	2.40	63.54	16.44	61.96
无上市公司	2.86	67.56	9.76	82.19

4－3　续表 3

单位:%

类　　型	流动比率	速动比率	新产品销售收入与营业收入比率	研究开发费用与主营业务收入比率
已建立母子公司体制	94.27	67.88	7.38	1.30
未建立母子公司体制	71.16	53.60	11.62	1.64
二个层次集团	81.08	57.08	6.47	0.43
三个层次集团	115.26	81.66	13.15	2.05
三个层次以上集团	75.60	56.61		0.59
已执行合并会计报表	98.15	67.81	12.30	1.53
未执行合并会计报表	87.12	64.98	3.79	1.15
母公司出资人已明确	91.32	66.06	7.69	1.33
母公司出资人未明确				
从事均在同一大类中的行业的企业集团	73.50	55.01	1.77	0.58
不处于同一大类的行业,对主业有辅助作用	111.28	77.78	13.00	1.91
完全在不同行业大类进行投资经营的企业集团	93.60	70.90	3.91	1.91
有明确的企业集团重大事项决策程序制度	91.14	65.78	7.77	1.34
无明确的企业集团重大事项决策程序制度	103.41	84.86	3.53	0.39
有财务总监委派制	95.16	70.56	18.07	2.51
无财务总监委派制	88.81	63.11	1.67	0.63
有预算管理制度	91.94	65.37	7.41	1.32
无预算管理制度	85.86	72.13	11.55	1.35
有产权代表管理制度	82.05	55.30	8.69	1.27
无产权代表管理制度	110.56	88.40	5.34	1.45
是施行事业部制	79.82	55.90	10.07	0.81
未施行事业部制	98.33	72.25	5.34	1.85
是实行企业集团经营者年薪制	94.46	66.79	2.45	1.03
未实行企业集团经营者年薪制	87.59	65.19	15.75	1.78
已获得质量体系认证	90.90	65.49	8.45	1.25
未获得质量体系认证	97.26	74.09	0.13	2.03
已通过环境管理系列认证	90.90	67.63	9.55	1.23
未通过环境管理系列认证	91.67	64.78	6.09	1.41
技术中心条件完全满足需要	101.14	77.11	20.25	2.25
技术中心条件基本满足需要	109.21	77.53	5.79	1.83
技术中心条件不满足需要	52.67	39.30	10.07	0.71
有投资自主权	93.89	67.59	7.64	1.36
无投资自主权	55.59	44.78	10.05	0.12
有境外融资权	118.21	78.43	10.82	0.97
无境外融资权	81.62	61.59	5.38	1.58
有对外担保权	106.50	75.07	10.01	1.93
无对外担保权	69.17	52.90	3.24	0.19
有自营进出口权	96.70	66.95	8.67	1.54
无自营进出口权	73.75	63.16	2.00	0.09
有合并纳税权	122.96	79.37	4.12	1.29
无合并纳税权	83.12	62.61	9.30	1.34
有对外工程承包权	93.80	66.73	7.79	1.21
无对外工程承包权	85.80	64.56	7.31	1.79
有外事审批权	76.16	45.10	0.52	0.15
无外事审批权	98.98	76.64	13.10	2.23
有技术研究开发中心	98.77	71.92	11.01	1.85
无技术研究开发中心	74.45	52.79	0.72	0.25
有财务公司	90.43	68.88	36.79	2.46
无财务公司	91.47	65.59	3.58	1.17
有上市公司	90.78	63.90	9.83	1.47
无上市公司	92.80	71.99	2.18	0.95

4－4 资产总额为5亿元及以上企业集团按改制状况分组主要财务指标

（2003年） 单位:万元

类型	单位数（个）	年末资产总计	固定资产原价	无形资产
已建立母子公司体制	14	7 400 804	3 900 580	324 282
未建立母子公司体制	4	1 116 336	780 201	24 869
二个层次集团	1	81 526	23 270	4 618
三个层次集团	8	4 709 159	2 643 309	75 922
三个层次以上集团	5	2 610 119	1 234 001	243 742
已执行合并会计报表	7	3 638 376	2 167 362	56 439
未执行合并会计报表	11	4 878 764	2 513 419	292 712
母公司出资人已明确	18	8 517 140	4 680 781	349 151
母公司出资人未明确				
从事均在同一大类中的行业的企业集团	7	3 081 047	1 521 784	230 779
不处于同一大类的行业,对主业有辅助作用	9	4 904 514	2 933 491	89 194
完全在不同行业大类进行投资经营的企业集团	2	531 579	225 506	29 178
有明确的企业集团重大事项决策程序制度	17	8 465 822	4 642 481	349 151
无明确的企业集团重大事项决策程序制度	1	51 318	38 300	
有财务总监委派制	8	2 673 297	975 911	82 676
无财务总监委派制	10	5 843 843	3 704 870	266 475
有预算管理制度	15	7 879 804	4 300 031	336 908
无预算管理制度	3	637 336	380 750	12 243
有产权代表管理制度	9	5 613 730	3 390 398	268 825
无产权代表管理制度	9	2 903 410	1 290 383	80 326
是施行事业部制	7	3 224 042	1 553 871	241 406
未施行事业部制	11	5 293 098	3 126 910	107 745
是实行企业集团经营者年薪制	9	5 342 084	3 082 393	271 165
未实行企业集团经营者年薪制	9	3 175 056	1 598 388	77 986
已获得质量体系认证	16	8 013 457	4 534 422	320 687
未获得质量体系认证	2	503 683	146 359	28 464
已通过环境管理系列认证	6	4 442 145	2 173 104	259 556
未通过环境管理系列认证	12	4 074 995	2 507 677	89 595
技术中心条件完全满足需要	3	1 813 400	690 891	60 403
技术中心条件基本满足需要	9	3 748 988	2 209 651	63 486
技术中心条件不满足需要	3	812 922	578 187	17 784
有投资自主权	17	8 122 413	4 418 733	348 111
无投资自主权	1	394 727	262 048	1 040
有境外融资权	7	3 433 325	2 166 213	63 278
无境外融资权	11	5 083 815	2 514 568	285 873
有对外担保权	13	5 939 776	3 305 356	146 836
无对外担保权	5	2 577 364	1 375 425	202 315
有自营进出口权	14	7 668 619	4 261 379	330 294
无自营进出口权	4	848 521	419 402	18 857
有合并纳税权	4	2 687 135	1 879 343	27 648
无合并纳税权	14	5 830 005	2 801 438	321 503
有对外工程承包权	10	6 275 782	3 621 638	270 815
无对外工程承包权	8	2 241 358	1 059 143	78 336
有外事审批权	4	3 243 657	2 365 373	214 036
无外事审批权	14	5 273 483	2 315 408	135 115
有技术研究开发中心	15	6 375 310	3 478 729	141 673
无技术研究开发中心	3	2 141 830	1 202 052	207 478
有财务公司	1	913 753	372 925	24 520
无财务公司	17	7 603 387	4 307 856	324 631
有上市公司	12	7 310 314	4 327 487	302 753
无上市公司	6	1 206 826	353 294	46 398

4－4 续表1

单位:万元

类型	累计折旧	本年折旧	累计对外投资	本年对外投资
已建立母子公司体制	1 551 024	205 423	229 546	53 848
未建立母子公司体制	270 571	21 331	18 840	40
二个层次集团	2 248	1 015		
三个层次集团	1 048 549	118 864	160 541	49 898
三个层次以上集团	500 227	85 544	69 005	3 950
已执行合并会计报表	851 832	96 062	168 440	42 584
未执行合并会计报表	969 763	130 692	79 946	11 304
母公司出资人已明确	1 821 595	226 754	248 386	53 888
母公司出资人未明确				
从事均在同一大类中的行业的企业集团	590 108	89 536	84 340	7 364
不处于同一大类的行业,对主业有辅助作用	1 155 973	130 331	128 958	43 420
完全在不同行业大类进行投资经营的企业集团	75 514	6 887	35 088	3 104
有明确的企业集团重大事项决策程序制度	1 792 241	221 336	248 386	53 888
无明确的企业集团重大事项决策程序制度	29 354	5 418		
有财务总监委派制	305 314	41 309	164 292	47 114
无财务总监委派制	1 516 281	185 445	84 094	6 774
有预算管理制度	1 667 224	212 611	211 519	53 888
无预算管理制度	154 371	14 143	36 867	
有产权代表管理制度	1 374 553	179 454	154 311	45 152
无产权代表管理制度	447 042	47 300	94 075	8 736
是施行事业部制	630 405	107 824	88 866	27 901
未施行事业部制	1 191 190	118 930	159 520	25 987
是实行企业集团经营者年薪制	1 268 005	167 671	161 664	25 947
未实行企业集团经营者年薪制	553 590	59 083	86 722	27 941
已获得质量体系认证	1 774 748	222 665	223 566	53 888
未获得质量体系认证	46 847	4 089	24 820	
已通过环境管理系列认证	859 624	127 493	61 172	21 445
未通过环境管理系列认证	961 971	99 261	187 214	32 443
技术中心条件完全满足需要	256 226	33 900	56 834	19 723
技术中心条件基本满足需要	877 144	97 511	171 178	33 279
技术中心条件不满足需要	172 578	11 653	5 419	40
有投资自主权	1 757 263	223 504	242 967	53 848
无投资自主权	64 332	3 250	5 419	40
有境外融资权	898 391	105 786	100 019	27 311
无境外融资权	923 204	120 968	148 367	26 577
有对外担保权	1 278 334	141 307	188 866	46 524
无对外担保权	543 261	85 447	59 520	7 364
有自营进出口权	1 710 921	215 545	219 766	49 898
无自营进出口权	110 674	11 209	28 620	3 990
有合并纳税权	761 120	81 719	57 326	22 843
无合并纳税权	1 060 475	145 035	191 060	31 045
有对外工程承包权	1 490 742	199 930	109 508	44 266
无对外工程承包权	330 853	26 824	138 878	9 622
有外事审批权	1 032 045	141 969	44 266	5 906
无外事审批权	789 550	84 785	204 120	47 982
有技术研究开发中心	1 305 948	143 064	233 431	53 042
无技术研究开发中心	515 647	83 690	14 955	846
有财务公司	158 097	21 416	35 167	16 619
无财务公司	1 663 498	205 338	213 219	37 269
有上市公司	1 709 387	213 369	163 498	49 938
无上市公司	112 208	13 385	84 888	3 950

4－4　续表2　　　　单位:万元

类　　　　型	长期投资	短期投资	存　　货	流动资产年平均余额
已建立母子公司体制	216 224	13 314	954 497	3 416 377
未建立母子公司体制	25 320	558	94 562	383 369
二个层次集团	11 000		13 582	33 801
三个层次集团	101 439	11 147	633 803	2 169 662
三个层次以上集团	103 785	2 167	307 112	1 212 914
已执行合并会计报表	105 576	9 827	519 540	1 662 889
未执行合并会计报表	135 968	4 045	529 519	2 136 857
母公司出资人已明确	241 544	13 872	1 049 059	3 799 746
母公司出资人未明确				
从事均在同一大类中的行业的企业集团	101 046	726	333 472	1 380 993
不处于同一大类的行业,对主业有辅助作用	105 164	11 240	649 784	2 136 311
完全在不同行业大类进行投资经营的企业集团	35 334	1 906	65 803	282 442
有明确的企业集团重大事项决策程序制度	241 544	13 872	1 047 497	3 762 111
无明确的企业集团重大事项决策程序制度			1 562	37 635
有财务总监委派制	130 020	9 445	334 221	1 362 982
无财务总监委派制	111 524	4 427	714 838	2 436 764
有预算管理制度	236 589	13 789	1 015 398	3 488 419
无预算管理制度	4 955	83	33 661	311 327
有产权代表管理制度	176 003	8 529	805 052	2 318 883
无产权代表管理制度	65 541	5 343	244 007	1 480 863
是施行事业部制	129 313	7 704	401 149	1 391 456
未施行事业部制	112 231	6 168	647 910	2 408 290
是实行企业集团经营者年薪制	144 580	5 873	698 621	2 356 701
未实行企业集团经营者年薪制	96 964	7 999	350 438	1 443 045
已获得质量体系认证	205 724	13 872	978 124	3 521 905
未获得质量体系认证	35 820		70 935	277 841
已通过环境管理系列认证	103 305	10 375	466 126	1 907 187
未通过环境管理系列认证	138 239	3 497	582 933	1 892 559
技术中心条件完全满足需要	65 929	8 429	219 648	949 306
技术中心条件基本满足需要	102 981	4 722	506 406	1 722 051
技术中心条件不满足需要	22 653	476	52 755	224 598
有投资自主权	231 904	13 459	1 034 736	3 695 406
无投资自主权	9 640	413	14 323	104 340
有境外融资权	105 056	11 177	460 162	1 380 653
无境外融资权	136 488	2 695	588 897	2 419 093
有对外担保权	176 318	13 146	786 522	2 696 594
无对外担保权	65 226	726	262 537	1 103 152
有自营进出口权	208 703	11 555	1 010 455	3 418 754
无自营进出口权	32 841	2 317	38 604	380 992
有合并纳税权	39 387	3 766	395 003	1 068 064
无合并纳税权	202 157	10 106	654 056	2 731 682
有对外工程承包权	129 481	11 160	833 579	2 739 994
无对外工程承包权	112 063	2 712	215 480	1 059 752
有外事审批权	90 046	1 381	513 506	1 246 733
无外事审批权	151 498	12 491	535 553	2 553 013
有技术研究开发中心	191 563	13 627	778 809	2 895 955
无技术研究开发中心	49 981	245	270 250	903 791
有财务公司	35 167	6 605	112 323	389 923
无财务公司	206 377	7 267	936 736	3 409 823
有上市公司	179 581	11 948	946 594	3 058 018
无上市公司	61 963	1 924	102 465	741 728

4－4　续表3　　单位:万元

类　型	应收帐款	年末负债合计	流动负债	营业收入
已建立母子公司体制	561 540	4 621 213	3 539 727	5 585 533
未建立母子公司体制	88 243	786 927	536 179	453 818
二个层次集团	3 682	40 756	40 235	217 344
三个层次集团	265 928	2 779 194	1 877 667	2 974 755
三个层次以上集团	291 930	1 801 263	1 621 825	2 393 434
已执行合并会计报表	271 158	2 193 555	1 699 343	2 734 072
未执行合并会计报表	378 625	3 214 585	2 376 563	3 305 279
母公司出资人已明确	649 783	5 408 140	4 075 906	6 039 351
母公司出资人未明确				
从事均在同一大类中的行业的企业集团	338 006	2 157 116	1 893 558	2 702 390
不处于同一大类的行业,对主业有辅助作用	259 314	2 919 739	1 915 980	3 096 870
完全在不同行业大类进行投资经营的企业集团	52 463	331 285	266 368	240 091
有明确的企业集团重大事项决策程序制度	647 199	5 382 306	4 050 072	5 973 664
无明确的企业集团重大事项决策程序制度	2 584	25 834	25 834	65 687
有财务总监委派制	293 764	1 620 559	1 373 205	1 964 777
无财务总监委派制	356 019	3 787 581	2 702 701	4 074 574
有预算管理制度	611 412	4 923 354	3 726 272	5 671 320
无预算管理制度	38 371	484 786	349 634	368 031
有产权代表管理制度	403 694	3 488 520	2 817 744	4 288 217
无产权代表管理制度	246 089	1 919 620	1 258 162	1 751 134
是施行事业部制	252 188	1 973 815	1 757 066	3 039 805
未施行事业部制	397 595	3 434 325	2 318 840	2 999 546
是实行企业集团经营者年薪制	393 404	3 430 733	2 489 654	3 901 711
未实行企业集团经营者年薪制	256 379	1 977 407	1 586 252	2 137 640
已获得质量体系认证	548 485	5 078 138	3 794 462	5 487 829
未获得质量体系认证	101 298	330 002	281 444	551 522
已通过环境管理系列认证	251 758	2 789 401	2 104 602	3 061 566
未通过环境管理系列认证	398 025	2 618 739	1 971 304	2 977 785
技术中心条件完全满足需要	81 907	1 058 520	943 337	1 278 458
技术中心条件基本满足需要	308 954	2 321 426	1 456 221	2 314 400
技术中心条件不满足需要	43 196	629 263	439 827	468 577
有投资自主权	618 652	5 082 287	3 829 527	5 943 796
无投资自主权	31 131	325 853	246 379	95 555
有境外融资权	180 426	1 932 058	1 137 809	2 546 869
无境外融资权	469 357	3 476 082	2 938 097	3 492 482
有对外担保权	413 075	3 581 026	2 463 792	3 888 483
无对外担保权	236 708	1 827 114	1 612 114	2 150 868
有自营进出口权	537 578	4 742 326	3 508 894	5 399 056
无自营进出口权	112 205	665 814	567 012	640 295
有合并纳税权	146 242	1 588 600	836 426	1 737 471
无合并纳税权	503 541	3 819 540	3 239 480	4 301 880
有对外工程承包权	405 779	3 797 213	2 829 537	4 884 509
无对外工程承包权	244 004	1 610 927	1 246 369	1 154 842
有外事审批权	187 487	2 039 821	1 645 979	2 887 051
无外事审批权	462 296	3 368 319	2 429 927	3 152 300
有技术研究开发中心	434 057	4 009 209	2 839 385	4 061 435
无技术研究开发中心	215 726	1 398 931	1 236 521	1 977 916
有财务公司	40 135	444 510	368 663	733 701
无财务公司	609 648	4 963 630	3 707 243	5 305 650
有上市公司	440 007	4 541 879	3 303 242	4 796 423
无上市公司	209 776	866 261	772 664	1 242 928

4－4　续表4　　　　　　　　　　　　　　　　　　　　　　　　　　　单位:万元

类　　　　　　　　　　　　　　　型	年末股东权益总计	年末少数股东权益	年末股东(所有者)权益合计	股　本
已建立母子公司体制	2 779 591	763 692	2 015 899	1 422 562
未建立母子公司体制	329 409	107 029	222 380	217 730
二个层次集团	40 770		40 770	19 760
三个层次集团	1 929 965	705 320	1 224 645	699 644
三个层次以上集团	808 856	58 372	750 484	703 158
已执行合并会计报表	1 444 821	542 212	902 609	552 999
未执行合并会计报表	1 664 179	328 509	1 335 670	1 087 293
母公司出资人已明确	3 109 000	870 721	2 238 279	1 640 292
母公司出资人未明确				
从事均在同一大类中的行业的企业集团	923 931	52 836	871 095	825 148
不处于同一大类的行业,对主业有辅助作用	1 984 775	738 767	1 246 008	715 025
完全在不同行业大类进行投资经营的企业集团	200 294	79 118	121 176	100 119
有明确的企业集团重大事项决策程序制度	3 083 516	870 721	2 212 795	1 628 209
无明确的企业集团重大事项决策程序制度	25 484		25 484	12 083
有财务总监委派制	1 052 738	299 803	752 935	348 772
无财务总监委派制	2 056 262	570 918	1 485 344	1 291 520
有预算管理制度	2 956 450	831 974	2 124 476	1 527 356
无预算管理制度	152 550	38 747	113 803	112 936
有产权代表管理制度	2 125 210	584 212	1 540 998	1 113 259
无产权代表管理制度	983 790	286 509	697 281	527 033
是施行事业部制	1 250 227	252 282	997 945	699 431
未施行事业部制	1 858 773	618 439	1 240 334	940 861
是实行企业集团经营者年薪制	1 911 351	486 432	1 424 919	1 194 018
未实行企业集团经营者年薪制	1 197 649	384 289	813 360	446 274
已获得质量体系认证	2 935 319	870 721	2 064 598	1 531 231
未获得质量体系认证	173 681		173 681	109 061
已通过环境管理系列认证	1 652 744	349 915	1 302 829	869 464
未通过环境管理系列认证	1 456 256	520 806	935 450	770 828
技术中心条件完全满足需要	754 880	246 374	508 506	138 128
技术中心条件基本满足需要	1 427 562	499 071	928 491	698 752
技术中心条件不满足需要	183 659	38 747	144 912	141 140
有投资自主权	3 040 126	870 721	2 169 405	1 566 728
无投资自主权	68 874		68 874	73 564
有境外融资权	1 501 267	572 574	928 693	541 100
无境外融资权	1 607 733	298 147	1 309 586	1 099 192
有对外担保权	2 358 750	817 885	1 540 865	924 205
无对外担保权	750 250	52 836	697 414	716 087
有自营进出口权	2 926 293	859 885	2 066 408	1 467 312
无自营进出口权	182 707	10 836	171 871	172 980
有合并纳税权	1 098 535	428 060	670 475	509 304
无合并纳税权	2 010 465	442 661	1 567 804	1 130 988
有对外工程承包权	2 478 569	688 978	1 789 591	1 244 974
无对外工程承包权	630 431	181 743	448 688	395 318
有外事审批权	1 203 836	331 667	872 169	821 562
无外事审批权	1 905 164	539 054	1 366 110	818 730
有技术研究开发中心	2 366 101	784 192	1 581 909	978 020
无技术研究开发中心	742 899	86 529	656 370	662 272
有财务公司	469 243	163 024	306 219	46 879
无财务公司	2 639 757	707 697	1 932 060	1 593 413
有上市公司	2 768 435	859 885	1 908 550	1 378 778
无上市公司	340 565	10 836	329 729	261 514

4－4　续表5

单位:万元

类型	主营业务收入	主营业务成本	主营业务税金及附加	其他业务收入
已建立母子公司体制	5 481 984	4 565 266	53 588	103 549
未建立母子公司体制	434 725	369 970	3 352	19 093
二个层次集团	217 344	159 823	487	
三个层次集团	2 884 484	2 362 271	28 876	90 271
三个层次以上集团	2 380 156	2 043 172	24 225	13 278
已执行合并会计报表	2 689 943	2 224 935	30 891	44 129
未执行合并会计报表	3 226 766	2 710 301	26 049	78 513
母公司出资人已明确	5 916 709	4 935 236	56 940	122 642
母公司出资人未明确				
从事均在同一大类中的行业的企业集团	2 684 674	2 330 559	23 388	17 716
不处于同一大类的行业,对主业有辅助作用	2 994 443	2 420 841	32 752	102 427
完全在不同行业大类进行投资经营的企业集团	237 592	183 836	800	2 499
有明确的企业集团重大事项决策程序制度	5 851 022	4 878 933	54 821	122 642
无明确的企业集团重大事项决策程序制度	65 687	56 303	2 119	
有财务总监委派制	1 948 338	1 520 831	26 964	16 439
无财务总监委派制	3 968 371	3 414 405	29 976	106 203
有预算管理制度	5 570 592	4 636 540	53 799	100 728
无预算管理制度	346 117	298 696	3 141	21 914
有产权代表管理制度	4 238 356	3 523 875	28 622	49 861
无产权代表管理制度	1 678 353	1 411 361	28 318	72 781
是施行事业部制	3 014 172	2 505 521	33 774	25 633
未施行事业部制	2 902 537	2 429 715	23 166	97 009
是实行企业集团经营者年薪制	3 814 836	3 207 919	21 046	86 875
未实行企业集团经营者年薪制	2 101 873	1 727 317	35 894	35 767
已获得质量体系认证	5 365 187	4 519 146	55 255	122 642
未获得质量体系认证	551 522	416 090	1 685	
已通过环境管理系列认证	2 988 593	2 492 115	31 511	72 973
未通过环境管理系列认证	2 928 116	2 443 121	25 429	49 669
技术中心条件完全满足需要	1 261 791	976 730	20 480	16 667
技术中心条件基本满足需要	2 238 306	1 829 557	14 035	76 094
技术中心条件不满足需要	450 389	370 125	1 419	18 188
有投资自主权	5 822 623	4 848 669	56 580	121 173
无投资自主权	94 086	86 567	360	1 469
有境外融资权	2 463 886	1 958 824	22 457	82 983
无境外融资权	3 452 823	2 976 412	34 483	39 659
有对外担保权	3 783 557	3 020 767	35 237	104 926
无对外担保权	2 133 152	1 914 469	21 703	17 716
有自营进出口权	5 279 477	4 354 979	41 833	119 579
无自营进出口权	637 232	580 257	15 107	3 063
有合并纳税权	1 669 069	1 403 005	8 500	68 402
无合并纳税权	4 247 640	3 532 231	48 440	54 240
有对外工程承包权	4 788 909	4 061 413	51 549	95 600
无对外工程承包权	1 127 800	873 823	5 391	27 042
有外事审批权	2 851 271	2 455 226	15 993	35 780
无外事审批权	3 065 438	2 480 010	40 947	86 862
有技术研究开发中心	3 950 486	3 176 412	35 934	110 949
无技术研究开发中心	1 966 223	1 758 824	21 006	11 693
有财务公司	721 353	535 092	10 327	12 348
无财务公司	5 195 356	4 400 144	46 613	110 294
有上市公司	4 680 570	3 906 798	40 058	115 853
无上市公司	1 236 139	1 028 438	16 882	6 789

4－4　续表6　　单位:万元

类　型	新产品销售收入	出口销售总额	投资收益	营业外收入
已建立母子公司体制	418 442	302 666	7 872	12 616
未建立母子公司体制	57 482	31 819	1 864	1 337
二个层次集团				20
三个层次集团	418 442	283 556	3 744	7 146
三个层次以上集团		19 110	4 128	5 450
已执行合并会计报表	365 702	255 904	4 629	6 899
未执行合并会计报表	110 222	78 581	5 107	7 054
母公司出资人已明确	475 924	334 485	9 736	13 953
母公司出资人未明确				
从事均在同一大类中的行业的企业集团	43 114	101 059	3 978	3 919
不处于同一大类的行业,对主业有辅助作用	420 560	203 395	2 730	6 417
完全在不同行业大类进行投资经营的企业集团	12 250	30 031	3 028	3 617
有明确的企业集团重大事项决策程序制度	475 924	334 485	9 736	13 939
无明确的企业集团重大事项决策程序制度				14
有财务总监委派制	413 942	157 161	7 394	6 047
无财务总监委派制	61 982	177 324	2 342	7 906
有预算管理制度	430 692	275 789	9 050	13 246
无预算管理制度	45 232	58 696	686	707
有产权代表管理制度	408 816	239 867	5 815	6 635
无产权代表管理制度	67 108	94 618	3 921	7 318
是施行事业部制	337 437	62 351	3 263	3 210
未施行事业部制	138 487	272 134	6 473	10 743
是实行企业集团经营者年薪制	81 005	252 298	6 234	10 345
未实行企业集团经营者年薪制	394 919	82 187	3 502	3 608
已获得质量体系认证	475 924	329 227	8 229	13 151
未获得质量体系认证		5 258	1 507	802
已通过环境管理系列认证	298 823	26 899	1 525	6 197
未通过环境管理系列认证	177 101	307 586	8 211	7 756
技术中心条件完全满足需要	289 197	17 585	1 469	4 791
技术中心条件基本满足需要	129 245	281 429	5 854	6 099
技术中心条件不满足需要	45 232	1 788	276	635
有投资自主权	475 924	332 845	9 455	13 453
无投资自主权		1 640	281	500
有境外融资权	298 823	108 174	1 416	4 714
无境外融资权	177 101	226 311	8 320	9 239
有对外担保权	432 810	238 684	7 265	10 836
无对外担保权	43 114	95 801	2 471	3 117
有自营进出口权	475 924	332 845	8 030	10 471
无自营进出口权		1 640	1 706	3 482
有合并纳税权	81 005	174 640	1 400	4 376
无合并纳税权	394 919	159 845	8 336	9 577
有对外工程承包权	375 328	196 699	2 652	8 003
无对外工程承包权	100 596	137 786	7 084	5 950
有外事审批权		92 088	871	3 106
无外事审批权	475 924	242 397	8 865	10 847
有技术研究开发中心	463 674	300 802	7 599	11 525
无技术研究开发中心	12 250	33 683	2 137	2 428
有财务公司	289 197	15 716	458	1 101
无财务公司	186 727	318 769	9 278	12 852
有上市公司	475 924	270 679	6 113	9 591
无上市公司		63 806	3 623	4 362

4－4　续表7　　　　单位:万元

类　　　　型	存货跌价损伤和营业、管理、财务等费用合计	税　　金	劳动、待业保险费	职工教育费
已建立母子公司体制	675 741	12 494	62 009	2 636
未建立母子公司体制	66 051	4 033	6 433	317
二个层次集团	48 525	265		63
三个层次集团	392 770	7 545	41 074	2 401
三个层次以上集团	234 446	4 684	20 935	172
已执行合并会计报表	334 811	7 075	24 780	1 510
未执行合并会计报表	406 981	9 452	43 662	1 443
母公司出资人已明确	741 792	16 527	68 442	2 953
母公司出资人未明确				
从事均在同一大类中的行业的企业集团	250 643	4 858	25 968	242
不处于同一大类的行业,对主业有辅助作用	441 701	9 340	38 612	2 403
完全在不同行业大类进行投资经营的企业集团	49 448	2 329	3 862	308
有明确的企业集团重大事项决策程序制度	740 372	16 527	68 442	2 953
无明确的企业集团重大事项决策程序制度	1 420			
有财务总监委派制	301 388	4 302	17 481	571
无财务总监委派制	440 404	12 225	50 961	2 382
有预算管理制度	709 158	14 500	61 390	2 753
无预算管理制度	32 634	2 027	7 052	200
有产权代表管理制度	522 758	10 465	40 063	1 402
无产权代表管理制度	219 034	6 062	28 379	1 551
是施行事业部制	373 093	7 111	19 014	556
未施行事业部制	368 699	9 416	49 428	2 397
是实行企业集团经营者年薪制	455 060	8 961	54 700	1 865
未实行企业集团经营者年薪制	286 732	7 566	13 742	1 088
已获得质量体系认证	653 820	16 262	64 117	2 890
未获得质量体系认证	87 972	265	4 325	63
已通过环境管理系列认证	385 517	8 406	36 320	1 413
未通过环境管理系列认证	356 275	8 121	32 122	1 540
技术中心条件完全满足需要	211 617	3 997	7 658	797
技术中心条件基本满足需要	296 024	4 907	39 837	1 776
技术中心条件不满足需要	82 812	2 645	4 024	150
有投资自主权	725 825	15 778	66 854	2 930
无投资自主权	15 967	749	1 588	23
有境外融资权	378 438	7 174	25 521	2 030
无境外融资权	363 354	9 353	42 921	923
有对外担保权	579 121	11 934	46 799	2 774
无对外担保权	162 671	4 593	21 643	179
有自营进出口权	696 399	15 102	65 401	2 852
无自营进出口权	45 393	1 425	3 041	101
有合并纳税权	216 622	3 881	29 149	1 557
无合并纳税权	525 170	12 646	39 293	1 396
有对外工程承包权	538 001	10 616	50 047	2 308
无对外工程承包权	203 791	5 911	18 395	645
有外事审批权	294 760	6 862	23 269	1 012
无外事审批权	447 032	9 665	45 173	1 941
有技术研究开发中心	590 453	11 549	51 519	2 723
无技术研究开发中心	151 339	4 978	16 923	230
有财务公司	129 407	2 626	2 753	347
无财务公司	612 385	13 901	65 689	2 606
有上市公司	611 500	15 190	58 048	2 676
无上市公司	130 292	1 337	10 394	277

4－4　续表8　　　　单位:万元

类　　型	存货跌价损伤和营业、管理、财务等费用合计		利润总额	应交所得税
	广告费	利息支出		
已建立母子公司体制	65 837	86 078	179 463	42 862
未建立母子公司体制	535	16 699	－3 679	2 962
二个层次集团	25 738	605	8 346	2 754
三个层次集团	10 565	52 201	128 470	20 914
三个层次以上集团	29 534	33 272	42 647	19 194
已执行合并会计报表	34 534	44 850	113 653	22 154
未执行合并会计报表	31 838	57 927	62 131	23 670
母公司出资人已明确	66 372	102 777	175 784	45 824
母公司出资人未明确				
从事均在同一大类中的行业的企业集团	25 993	34 674	30 871	16 454
不处于同一大类的行业,对主业有辅助作用	39 192	61 050	132 247	26 673
完全在不同行业大类进行投资经营的企业集团	1 187	7 053	12 666	2 697
有明确的企业集团重大事项决策程序制度	66 372	102 777	169 670	44 913
无明确的企业集团重大事项决策程序制度			6 114	911
有财务总监委派制	34 779	29 698	86 487	18 854
无财务总监委派制	31 593	73 079	89 297	26 970
有预算管理制度	66 347	93 931	169 673	44 805
无预算管理制度	25	8 846	6 111	1 019
有产权代表管理制度	59 840	74 300	134 290	37 458
无产权代表管理制度	6 532	28 477	41 494	8 366
是施行事业部制	59 830	35 214	104 525	30 188
未施行事业部制	6 542	67 563	71 259	15 636
是实行企业集团经营者年薪制	55 333	69 717	105 596	30 772
未实行企业集团经营者年薪制	11 039	33 060	70 188	15 052
已获得质量体系认证	40 634	96 648	162 645	41 770
未获得质量体系认证	25 738	6 129	13 139	4 054
已通过环境管理系列认证	10 330	44 844	96 394	26 441
未通过环境管理系列认证	56 042	57 933	79 390	19 383
技术中心条件完全满足需要	10 946	16 504	75 256	12 386
技术中心条件基本满足需要	29 153	48 756	78 681	16 984
技术中心条件不满足需要	25 773	13 525	－6 645	3 078
有投资自主权	66 362	97 728	187 252	45 518
无投资自主权	10	5 049	－11 468	306
有境外融资权	59 646	41 054	130 427	27 030
无境外融资权	6 726	61 723	45 357	18 794
有对外担保权	66 117	74 232	158 052	33 424
无对外担保权	255	28 545	17 732	12 400
有自营进出口权	65 675	94 454	175 807	43 637
无自营进出口权	697	8 323	－23	2 187
有合并纳税权	25 799	35 470	57 292	11 488
无合并纳税权	40 573	67 307	118 492	34 336
有对外工程承包权	36 058	69 736	160 318	35 783
无对外工程承包权	30 314	33 041	15 466	10 041
有外事审批权	54 585	47 911	77 524	24 862
无外事审批权	11 787	54 866	98 260	20 962
有技术研究开发中心	65 872	78 785	147 292	32 448
无技术研究开发中心	500	23 992	28 492	13 376
有财务公司	5 000	7 004	57 577	9 836
无财务公司	61 372	95 773	118 207	35 988
有上市公司	39 947	92 399	147 680	39 799
无上市公司	26 425	10 378	28 104	6 025

4-4 续表9 单位:万元

类型	应交增值税	固定资产投资完成额	研究开发费用	上交税金合计
已建立母子公司体制	232 832	497 411	77 582	288 188
未建立母子公司体制	12 325	47 834	6 343	19 320
二个层次集团	8 310	5 278	572	11 329
三个层次集团	111 135	258 110	63 002	139 594
三个层次以上集团	113 387	234 023	14 008	137 265
已执行合并会计报表	87 935	194 878	46 520	117 164
未执行合并会计报表	157 222	350 367	37 405	190 344
母公司出资人已明确	245 157	545 245	83 925	307 508
母公司出资人未明确				
从事均在同一大类中的行业的企业集团	122 938	233 497	15 652	144 250
不处于同一大类的行业,对主业有辅助作用	117 311	274 163	64 000	153 324
完全在不同行业大类进行投资经营的企业集团	4 908	37 585	4 273	9 934
有明确的企业集团重大事项决策程序制度	245 157	545 245	83 925	306 597
无明确的企业集团重大事项决策程序制度				911
有财务总监委派制	65 985	138 376	60 327	89 141
无财务总监委派制	179 172	406 869	23 598	218 367
有预算管理制度	233 743	511 294	80 406	293 048
无预算管理制度	11 414	33 951	3 519	14 460
有产权代表管理制度	196 332	392 344	59 128	244 255
无产权代表管理制度	48 825	152 901	24 797	63 253
是施行事业部制	149 348	241 743	26 230	186 647
未施行事业部制	95 809	303 502	57 695	120 861
是实行企业集团经营者年薪制	175 441	406 233	40 792	215 174
未实行企业集团经营者年薪制	69 716	139 012	43 133	92 334
已获得质量体系认证	223 906	502 589	71 465	281 938
未获得质量体系认证	21 251	42 656	12 460	25 570
已通过环境管理系列认证	165 231	290 317	37 075	200 078
未通过环境管理系列认证	79 926	254 928	46 850	107 430
技术中心条件完全满足需要	55 633	84 792	32 511	72 016
技术中心条件基本满足需要	78 746	234 129	43 804	100 637
技术中心条件不满足需要	16 922	31 512	2 728	22 645
有投资自主权	241 346	542 939	83 809	302 642
无投资自主权	3 811	2 306	116	4 866
有境外融资权	104 382	198 380	25 976	138 586
无境外融资权	140 775	346 865	57 949	168 922
有对外担保权	143 470	354 404	80 733	188 828
无对外担保权	101 687	190 841	3 192	118 680
有自营进出口权	240 091	526 954	83 723	298 830
无自营进出口权	5 066	18 291	202	8 678
有合并纳税权	55 501	162 187	25 305	70 870
无合并纳税权	189 656	383 058	58 620	236 638
有对外工程承包权	201 855	421 277	61 888	248 254
无对外工程承包权	43 302	123 968	22 037	59 254
有外事审批权	138 672	292 166	3 573	170 396
无外事审批权	106 485	253 079	80 352	137 112
有技术研究开发中心	151 301	350 433	79 043	195 298
无技术研究开发中心	93 856	194 812	4 882	112 210
有财务公司	38 894	33 434	19 259	51 356
无财务公司	206 263	511 811	64 666	256 152
有上市公司	216 038	476 581	69 900	271 027
无上市公司	29 119	68 664	14 025	36 481

4－5　资产总额为5亿元及以上企业集团按改制状况分组劳动工资指标

（2003年）　　单位：人

类　　别	从业人员	在岗职工	其他从业人员	研究开发人员
已建立母子公司体制	257 476	252 156	5 320	4 724
未建立母子公司体制	39 388	32 081	7 307	1 574
二个层次集团	4 878	4 878		68
三个层次集团	152 607	149 385	3 222	3 975
三个层次以上集团	99 991	97 893	2 098	681
已执行合并会计报表	105 930	102 671	3 259	3 366
未执行合并会计报表	190 934	181 566	9 368	2 932
母公司出资人已明确	296 864	284 237	12 627	6 298
母公司出资人未明确				
从事均在同一大类中的行业的企业集团	129 656	122 752	6 904	1 114
不处于同一大类的行业，对主业有辅助作用	147 450	144 728	2 722	4 064
完全在不同行业大类进行投资经营的企业集团	19 758	16 757	3 001	1 120
有明确的企业集团重大事项决策程序制度	293 056	281 698	11 358	6 298
无明确的企业集团重大事项决策程序制度	3 808	2 539	1 269	
有财务总监委派制	87 808	84 509	3 299	4 263
无财务总监委派制	209 056	199 728	9 328	2 035
有预算管理制度	265 192	255 701	9 491	5 740
无预算管理制度	31 672	28 536	3 136	558
有产权代表管理制度	169 574	163 155	6 419	4 024
无产权代表管理制度	127 290	121 082	6 208	2 274
是施行事业部制	95 514	93 651	1 863	2 244
未施行事业部制	201 350	190 586	10 764	4 054
是实行企业集团经营者年薪制	213 047	208 984	4 063	2 448
未实行企业集团经营者年薪制	83 817	75 253	8 564	3 850
已获得质量体系认证	264 379	253 173	11 206	5 614
未获得质量体系认证	32 485	31 064	1 421	684
已通过环境管理系列认证	141 716	137 850	3 866	2 322
未通过环境管理系列认证	155 148	146 387	8 761	3 976
技术中心条件完全满足需要	30 213	29 462	751	1 767
技术中心条件基本满足需要	162 750	157 005	5 745	2 889
技术中心条件不满足需要	24 682	21 645	3 037	522
有投资自主权	286 198	276 603	9 595	6 174
无投资自主权	10 666	7 634	3 032	124
有境外融资权	116 547	113 989	2 558	2 166
无境外融资权	180 317	170 248	10 069	4 132
有对外担保权	199 693	192 549	7 144	5 868
无对外担保权	97 171	91 688	5 483	430
有自营进出口权	266 119	257 803	8 316	6 174
无自营进出口权	30 745	26 434	4 311	124
有合并纳税权	106 619	106 506	113	1 539
无合并纳税权	190 245	177 731	12 514	4 759
有对外工程承包权	201 674	199 448	2 226	3 737
无对外工程承包权	95 190	84 789	10 401	2 561
有外事审批权	93 903	93 221	682	133
无外事审批权	202 961	191 016	11 945	6 165
有技术研究开发中心	217 645	208 112	9 533	5 178
无技术研究开发中心	79 219	76 125	3 094	1 120
有财务公司	16 325	15 635	690	1 602
无财务公司	280 539	268 602	11 937	4 696
有上市公司	225 574	217 509	8 065	5 386
无上市公司	71 290	66 728	4 562	912

4－5　续表　　　　单位:万元

类　　　别	从业人员劳动报酬	在岗职工劳动报酬	其他从业人员劳动报　酬	研究开发人员劳动报　酬
已建立母子公司体制	351 706	347 197	4 509	5 445
未建立母子公司体制	35 886	28 601	7 285	3 691
二个层次集团	4 520	4 520		108
三个层次集团	210 563	207 579	2 984	4 717
三个层次以上集团	136 623	135 098	1 525	620
已执行合并会计报表	164 911	161 621	3 290	3 277
未执行合并会计报表	222 681	214 177	8 504	5 859
母公司出资人已明确	387 592	375 798	11 794	9 136
母公司出资人未明确				
从事均在同一大类中的行业的企业集团	158 972	156 067	2 905	1 316
不处于同一大类的行业,对主业有辅助作用	208 186	204 038	4 148	4 620
完全在不同行业大类进行投资经营的企业集团	20 434	15 693	4 741	3 200
有明确的企业集团重大事项决策程序制度	380 684	371 193	9 491	9 136
无明确的企业集团重大事项决策程序制度	6 908	4 605	2 303	
有财务总监委派制	118 411	115 605	2 806	4 579
无财务总监委派制	269 181	260 193	8 988	4 557
有预算管理制度	353 707	345 705	8 002	8 401
无预算管理制度	33 885	30 093	3 792	735
有产权代表管理制度	241 973	238 938	3 035	3 833
无产权代表管理制度	145 619	136 860	8 759	5 303
是施行事业部制	148 495	146 287	2 208	1 334
未施行事业部制	239 097	229 511	9 586	7 802
是实行企业集团经营者年薪制	284 475	281 501	2 974	3 923
未实行企业集团经营者年薪制	103 117	94 297	8 820	5 213
已获得质量体系认证	358 605	347 437	11 168	8 490
未获得质量体系认证	28 987	28 361	626	646
已通过环境管理系列认证	192 113	190 757	1 356	1 504
未通过环境管理系列认证	195 479	185 041	10 438	7 632
技术中心条件完全满足需要	48 030	46 981	1 049	378
技术中心条件基本满足需要	205 340	199 740	5 600	4 959
技术中心条件不满足需要	18 242	18 001	241	599
有投资自主权	381 301	369 745	11 556	9 000
无投资自主权	6 291	6 053	238	136
有境外融资权	167 166	163 194	3 972	1 180
无境外融资权	220 426	212 604	7 822	7 956
有对外担保权	257 607	248 092	9 515	8 466
无对外担保权	129 985	127 706	2 279	670
有自营进出口权	350 395	341 236	9 159	9 000
无自营进出口权	37 197	34 562	2 635	136
有合并纳税权	147 126	147 069	57	2 923
无合并纳税权	240 466	228 729	11 737	6 213
有对外工程承包权	299 745	296 173	3 572	4 291
无对外工程承包权	87 847	79 625	8 222	4 845
有外事审批权	149 658	148 837	821	190
无外事审批权	237 934	226 961	10 973	8 946
有技术研究开发中心	271 612	264 722	6 890	5 936
无技术研究开发中心	115 980	111 076	4 904	3 200
有财务公司	31 438	30 521	917	
无财务公司	356 154	345 277	10 877	9 136
有上市公司	308 153	300 868	7 285	8 110
无上市公司	79 439	74 930	4 509	1 026

4－6 资产总额为5亿元及以上企业集团按改制状况分组主要经济效益指标

（2003年） 单位：万元

类　　型	净资产收益率	总资产报酬率	销售利润率	资本保值增值率
已建立母子公司体制	4.91	3.59	3.21	110.93
未建立母子公司体制	-2.02	1.17	-0.81	100.60
二个层次集团	13.72	10.98	3.84	105.32
三个层次集团	5.57	3.84	4.32	116.46
三个层次以上集团	2.90	2.91	1.78	99.88
已执行合并会计报表	6.33	4.36	4.16	115.46
未执行合并会计报表	2.31	2.46	1.88	105.20
母公司出资人已明确	4.18	3.27	2.91	109.73
母公司出资人未明确				
从事均在同一大类中的行业的企业集团	1.56	2.13	1.14	99.17
不处于同一大类的行业，对主业有辅助作用	5.32	3.94	4.27	116.09
完全在不同行业大类进行投资经营的企业集团	4.98	3.71	5.28	104.35
有明确的企业集团重大事项决策程序制度	4.05	3.22	2.84	109.78
无明确的企业集团重大事项决策程序制度	20.42	11.91	9.31	104.00
有财务总监委派制	6.42	4.35	4.40	132.04
无财务总监委派制	3.03	2.78	2.19	101.00
有预算管理制度	4.22	3.35	2.99	110.79
无预算管理制度	3.34	2.35	1.66	92.58
有产权代表管理制度	4.56	3.72	3.13	110.46
无产权代表管理制度	3.37	2.41	2.37	108.19
是施行事业部制	5.95	4.33	3.44	117.85
未施行事业部制	2.99	2.62	2.38	104.87
是实行企业集团经营者年薪制	3.91	3.28	2.71	100.57
未实行企业集团经营者年薪制	4.60	3.25	3.28	128.40
已获得质量体系认证	4.12	3.24	2.96	109.43
未获得质量体系认证	5.23	3.83	2.38	115.21
已通过环境管理系列认证	4.23	3.18	3.15	119.65
未通过环境管理系列认证	4.12	3.37	2.67	100.30
技术中心条件完全满足需要	8.33	5.06	5.89	154.93
技术中心条件基本满足需要	4.32	3.40	3.40	102.35
技术中心条件不满足需要	-5.29	0.85	-1.42	101.76
有投资自主权	4.66	3.51	3.15	109.79
无投资自主权	-17.09	-1.63	-12.00	107.17
有境外融资权	6.89	4.99	5.12	117.14
无境外融资权	1.65	2.11	1.30	103.61
有对外担保权	5.28	3.91	4.06	114.93
无对外担保权	0.71	1.80	0.82	96.08
有自营进出口权	4.52	3.52	3.26	109.92
无自营进出口权	-1.21	0.98		106.88
有合并纳税权	4.17	3.45	3.30	101.78
无合并纳税权	4.19	3.19	2.75	114.63
有对外工程承包权	5.02	3.67	3.28	111.50
无对外工程承包权	0.86	2.16	1.34	103.30
有外事审批权	4.37	3.87	2.69	95.91
无外事审批权	4.06	2.90	3.12	120.72
有技术研究开发中心	4.85	3.55	3.63	114.72
无技术研究开发中心	2.03	2.45	1.44	96.39
有财务公司	10.17	7.07	7.85	182.09
无财务公司	3.11	2.81	2.23	102.49
有上市公司	3.90	3.28	3.08	110.16
无上市公司	6.48	3.19	2.26	106.36

4-6 续表1

单位:%

类型	劳动生产率（万元/人）	成本费用利润率	流动资产比率	资产利税率
已建立母子公司体制	21.69	3.42	46.16	6.30
未建立母子公司体制	11.52	-0.84	34.34	1.07
二个层次集团	44.56	4.01	41.46	21.03
三个层次集团	19.49	4.66	46.07	5.70
三个层次以上集团	23.94	1.87	46.47	6.91
已执行合并会计报表	25.81	4.44	45.70	6.39
未执行合并会计报表	17.31	1.99	43.80	5.03
母公司出资人已明确	20.34	3.10	44.61	5.61
母公司出资人未明确				
从事均在同一大类中的行业的企业集团	20.84	1.20	44.82	5.75
不处于同一大类的行业,对主业有辅助作用	21.00	4.62	43.56	5.76
完全在不同行业大类进行投资经营的企业集团	12.15	5.43	53.13	3.46
有明确的企业集团重大事项决策程序制度	20.38	3.02	44.44	5.55
无明确的企业集团重大事项决策程序制度	17.25	10.59	73.34	16.04
有财务总监委派制	22.38	4.75	50.99	6.71
无财务总监委派制	19.49	2.32	41.70	5.11
有预算管理制度	21.39	3.17	44.27	5.80
无预算管理制度	11.62	1.84	48.85	3.24
有产权代表管理制度	25.29	3.32	41.31	6.40
无产权代表管理制度	13.76	2.55	51.00	4.09
是施行事业部制	31.83	3.63	43.16	8.92
未施行事业部制	14.90	2.55	45.50	3.59
是实行企业集团经营者年薪制	18.31	2.88	44.12	5.65
未实行企业集团经营者年薪制	25.50	3.48	45.45	5.54
已获得质量体系认证	20.76	3.14	43.95	5.51
未获得质量体系认证	16.98	2.61	55.16	7.16
已通过环境管理系列认证	21.60	3.35	42.93	6.60
未通过环境管理系列认证	19.19	2.84	46.44	4.53
技术中心条件完全满足需要	42.31	6.33	52.35	8.35
技术中心条件基本满足需要	14.22	3.70	45.93	4.57
技术中心条件不满足需要	18.98	-1.47	27.63	1.44
有投资自主权	20.77	3.36	45.50	5.97
无投资自主权	8.96	-11.18	26.43	-1.85
有境外融资权	21.85	5.58	40.21	7.49
无境外融资权	19.37	1.36	47.58	4.34
有对外担保权	19.47	4.39	45.40	5.67
无对外担保权	22.13	0.85	42.80	5.48
有自营进出口权	20.29	3.48	44.58	5.97
无自营进出口权	20.83		44.90	2.37
有合并纳税权	16.30	3.54	39.75	4.51
无合并纳税权	22.61	2.92	46.86	6.12
有对外工程承包权	24.22	3.49	43.66	6.59
无对外工程承包权	12.13	1.44	47.28	2.86
有外事审批权	30.75	2.82	38.44	7.16
无外事审批权	15.53	3.36	48.41	4.66
有技术研究开发中心	18.66	3.91	45.42	5.25
无技术研究开发中心	24.97	1.49	42.20	6.69
有财务公司	44.94	8.66	42.67	11.69
无财务公司	18.91	2.36	44.85	4.88
有上市公司	21.26	3.27	41.83	5.52
无上市公司	17.43	2.43	61.46	6.14

4－6 续表2

单位:%

类型	资金利润率	资产负债率	长期负债与资产总计比率	总资产使用率
已建立母子公司体制	3.11	62.44	14.61	74.07
未建立母子公司体制	-0.41	70.49	22.46	38.94
二个层次集团	15.22	49.99	0.64	266.59
三个层次集团	3.41	59.02	19.14	61.25
三个层次以上集团	2.19	69.01	6.87	91.19
已执行合并会计报表	3.82	60.29	13.58	73.93
未执行合并会计报表	1.69	65.89	17.18	66.14
母公司出资人已明确	2.64	63.50	15.64	69.47
母公司出资人未明确				
从事均在同一大类中的行业的企业集团	1.33	70.01	8.55	87.14
不处于同一大类的行业,对主业有辅助作用	3.38	59.53	20.47	61.05
完全在不同行业大类进行投资经营的企业集团	2.93	62.32	12.21	44.70
有明确的企业集团重大事项决策程序制度	2.57	63.58	15.74	69.11
无明确的企业集团重大事项决策程序制度	13.13	50.34		128.00
有财务总监委派制	4.25	60.62	9.25	72.88
无财务总监委派制	1.93	64.81	18.56	67.91
有预算管理制度	2.77	62.48	15.19	70.69
无预算管理制度	1.14	76.06	21.21	54.31
有产权代表管理制度	3.10	62.14	11.95	75.50
无产权代表管理制度	1.79	66.12	22.78	57.81
是施行事业部制	4.52	61.22	6.72	93.49
未施行事业部制	1.64	64.88	21.07	54.84
是实行企业集团经营者年薪制	2.53	64.22	17.62	71.41
未实行企业集团经营者年薪制	2.82	62.28	12.32	66.20
已获得质量体系认证	2.59	63.37	16.02	66.95
未获得质量体系认证	3.48	65.52	9.64	109.50
已通过环境管理系列认证	2.99	62.79	15.42	67.28
未通过环境管理系列认证	2.31	64.26	15.89	71.86
技术中心条件完全满足需要	5.44	58.37	6.35	69.58
技术中心条件基本满足需要	2.58	61.92	23.08	59.70
技术中心条件不满足需要	-1.05	77.41	23.30	55.40
有投资自主权	2.95	62.57	15.42	71.69
无投资自主权	-3.80	82.55	20.13	23.84
有境外融资权	4.92	56.27	23.13	71.76
无境外融资权	1.13	68.38	10.58	67.92
有对外担保权	3.35	60.29	18.81	63.70
无对外担保权	0.92	70.89	8.34	82.76
有自营进出口权	2.95	61.84	16.08	68.85
无自营进出口权		78.47	11.64	75.10
有合并纳税权	2.62	59.12	27.99	62.11
无合并纳税权	2.65	65.52	9.95	72.86
有对外工程承包权	3.29	60.51	15.42	76.31
无对外工程承包权	0.86	71.87	16.27	50.32
有外事审批权	3.00	62.89	12.14	87.90
无外事审批权	2.41	63.87	17.79	58.13
有技术研究开发中心	2.91	62.89	18.35	61.97
无技术研究开发中心	1.79	65.31	7.58	91.80
有财务公司	9.52	48.65	8.30	78.94
无财务公司	1.95	65.28	16.52	68.33
有上市公司	2.60	62.13	16.94	64.03
无上市公司	2.86	71.78	7.76	102.43

4-6 续表3 单位:%

类　　型	流动比率	速动比率	新产品销售收入与营业收入比率	研究开发费用与主营业务收入比率
已建立母子公司体制	96.52	69.55	7.49	1.42
未建立母子公司体制	71.50	53.86	12.67	1.46
二个层次集团	84.01	50.25		0.26
三个层次集团	115.55	81.80	14.07	2.18
三个层次以上集团	74.79	55.85		0.59
已执行合并会计报表	97.85	67.28	13.38	1.73
未执行合并会计报表	89.91	67.63	3.33	1.16
母公司出资人已明确	93.22	67.49	7.88	1.42
母公司出资人未明确				
从事均在同一大类中的行业的企业集团	72.93	55.32	1.60	0.58
不处于同一大类的行业,对主业有辅助作用	111.50	77.59	13.58	2.14
完全在不同行业大类进行投资经营的企业集团	106.03	81.33	5.10	1.80
有明确的企业集团重大事项决策程序制度	92.89	67.03	7.97	1.43
无明确的企业集团重大事项决策程序制度	145.68	139.63		
有财务总监委派制	99.26	74.92	21.07	3.10
无财务总监委派制	90.16	63.71	1.52	0.59
有预算管理制度	93.62	66.37	7.59	1.44
无预算管理制度	89.04	79.42	12.29	1.02
有产权代表管理制度	82.30	53.72	9.53	1.40
无产权代表管理制度	117.70	98.31	3.83	1.48
是施行事业部制	79.19	56.36	11.10	0.87
未施行事业部制	103.86	75.92	4.62	1.99
是实行企业集团经营者年薪制	94.66	66.60	2.08	1.07
未实行企业集团经营者年薪制	90.97	68.88	18.47	2.05
已获得质量体系认证	92.82	67.04	8.67	1.33
未获得质量体系认证	98.72	73.52		2.26
已通过环境管理系列认证	90.62	68.47	9.76	1.24
未通过环境管理系列认证	96.01	66.43	5.95	1.60
技术中心条件完全满足需要	100.63	77.35	22.62	2.58
技术中心条件基本满足需要	118.25	83.48	5.58	1.96
技术中心条件不满足需要	51.07	39.07	9.65	0.61
有投资自主权	96.50	69.48	8.01	1.44
无投资自主权	42.35	36.54		0.12
有境外融资权	121.34	80.90	11.73	1.05
无境外融资权	82.34	62.29	5.07	1.68
有对外担保权	109.45	77.53	11.13	2.13
无对外担保权	68.43	52.14	2.00	0.15
有自营进出口权	97.43	68.63	8.81	1.59
无自营进出口权	67.19	60.38		0.03
有合并纳税权	127.69	80.47	4.66	1.52
无合并纳税权	84.32	64.13	9.18	1.38
有对外工程承包权	96.84	67.38	7.68	1.29
无对外工程承包权	85.03	67.74	8.71	1.95
有外事审批权	75.74	44.55		0.13
无外事审批权	105.07	83.03	15.10	2.62
有技术研究开发中心	101.99	74.56	11.42	2.00
无技术研究开发中心	73.09	51.24	0.62	0.25
有财务公司	105.77	75.30	39.42	2.67
无财务公司	91.98	66.71	3.52	1.24
有上市公司	92.58	63.92	9.92	1.49
无上市公司	96.00	82.73		1.13

4－7 工业企业集团按改制状况分组主要财务指标

（2003 年） 单位：万元

类型	单位数（个）	年末资产总计	固定资产原价	无形资产
已建立母子公司体制	32	7 984 734	4 208 129	345 053
未建立母子公司体制	7	1 203 512	795 419	44 398
二个层次集团	19	1 007 329	430 098	41 752
三个层次集团	9	4 741 495	2 655 896	77 376
三个层次以上集团	4	2 235 910	1 122 135	225 925
已执行合并会计报表	12	3 494 392	2 169 983	58 549
未执行合并会计报表	27	5 693 854	2 833 565	330 902
母公司出资人已明确	39	9 188 246	5 003 548	389 451
母公司出资人未明确				
从事均在同一大类中的行业的企业集团	16	3 392 737	1 621 542	254 988
不处于同一大类的行业，对主业有辅助作用	16	5 213 621	3 087 390	96 454
完全在不同行业大类进行投资经营的企业集团	7	581 888	294 616	38 009
有明确的企业集团重大事项决策程序制度	36	9 111 889	4 975 518	388 971
无明确的企业集团重大事项决策程序制度	3	76 357	28 030	480
有财务总监委派制	19	3 047 434	1 210 328	83 647
无财务总监委派制	20	6 140 812	3 793 220	305 804
有预算管理制度	30	8 338 365	4 566 955	344 152
无预算管理制度	9	849 881	436 593	45 299
有产权代表管理制度	22	6 318 654	3 719 819	310 293
无产权代表管理制度	17	2 869 592	1 283 729	79 158
是施行事业部制	12	3 213 184	1 565 719	249 547
未施行事业部制	27	5 975 062	3 437 829	139 904
是实行企业集团经营者年薪制	13	5 450 931	3 205 317	268 590
未实行企业集团经营者年薪制	26	3 737 315	1 798 231	120 861
已获得质量体系认证	34	8 653 006	4 835 626	360 735
未获得质量体系认证	5	535 240	167 922	28 716
已通过环境管理系列认证	10	4 636 708	2 260 299	260 731
未通过环境管理系列认证	29	4 551 538	2 743 249	128 720
技术中心条件完全满足需要	7	1 718 237	701 235	46 312
技术中心条件基本满足需要	18	4 325 512	2 445 802	74 704
技术中心条件不满足需要	5	912 702	610 665	34 787
有投资自主权	34	8 642 136	4 668 497	386 539
无投资自主权	5	546 110	335 051	2 912
有境外融资权	13	3 690 584	2 227 550	86 995
无境外融资权	26	5 497 662	2 775 998	302 456
有对外担保权	26	6 390 859	3 548 262	178 914
无对外担保权	13	2 797 387	1 455 286	210 537
有自营进出口权	26	8 087 123	4 410 065	348 455
无自营进出口权	13	1 101 123	593 483	40 996
有合并纳税权	11	2 900 155	1 962 102	40 336
无合并纳税权	28	6 288 091	3 041 446	349 115
有对外工程承包权	20	6 759 112	3 819 558	314 471
无对外工程承包权	19	2 429 134	1 183 990	74 980
有外事审批权	5	3 264 430	2 371 919	214 036
无外事审批权	34	5 923 816	2 631 629	175 415
有技术研究开发中心	30	6 956 451	3 757 702	155 803
无技术研究开发中心	9	2 231 795	1 245 846	233 648
有财务公司	7	1 279 673	482 875	35 740
无财务公司	32	7 908 573	4 520 673	353 711
有上市公司	14	7 598 919	4 414 011	311 908
无上市公司	25	1 589 327	589 537	77 543

4－7　续表1　　　　　　　　　　　　　　　　　　　　　　　　单位:万元

类　　型	累计折旧	本年折旧	累计对外投资	本年对外投资
已建立母子公司体制	1 656 685	217 225	221 552	51 817
未建立母子公司体制	261 392	17 724	20 628	40
二个层次集团	121 489	15 027	15 128	1 919
三个层次集团	1 051 084	119 139	160 541	49 898
三个层次以上集团	484 112	83 059	45 883	
已执行合并会计报表	873 744	97 415	146 277	39 501
未执行合并会计报表	1 044 333	137 534	95 903	12 356
母公司出资人已明确	1 918 077	234 949	242 180	51 857
母公司出资人未明确				
从事均在同一大类中的行业的企业集团	638 333	94 323	88 918	6 618
不处于同一大类的行业,对主业有辅助作用	1 188 694	133 183	135 727	44 387
完全在不同行业大类进行投资经营的企业集团	91 050	7 443	17 535	852
有明确的企业集团重大事项决策程序制度	1 907 620	233 825	235 891	51 757
无明确的企业集团重大事项决策程序制度	10 457	1 124	6 289	100
有财务总监委派制	387 791	51 137	148 143	44 983
无财务总监委派制	1 530 286	183 812	94 037	6 874
有预算管理制度	1 760 328	223 304	196 987	51 757
无预算管理制度	157 749	11 645	45 193	100
有产权代表管理制度	1 465 060	191 346	156 099	45 152
无产权代表管理制度	453 017	43 603	86 081	6 705
是施行事业部制	629 986	109 064	89 658	27 907
未施行事业部制	1 288 091	125 885	152 522	23 950
是实行企业集团经营者年薪制	1 317 204	173 330	140 864	23 710
未实行企业集团经营者年薪制	600 873	61 619	101 316	28 147
已获得质量体系认证	1 863 551	230 195	217 360	51 857
未获得质量体系认证	54 526	4 754	24 820	
已通过环境管理系列认证	871 687	128 503	65 497	21 545
未通过环境管理系列认证	1 046 390	106 446	176 683	30 312
技术中心条件完全满足需要	266 786	33 779	40 793	17 571
技术中心条件基本满足需要	938 022	103 374	178 814	34 246
技术中心条件不满足需要	183 078	12 324	7 285	40
有投资自主权	1 830 574	230 028	235 815	50 950
无投资自主权	87 503	4 921	6 365	907
有境外融资权	901 784	103 936	106 734	28 163
无境外融资权	1 016 293	131 013	135 446	23 694
有对外担保权	1 336 683	145 145	176 182	44 272
无对外担保权	581 394	89 804	65 998	7 585
有自营进出口权	1 762 165	220 168	233 318	50 098
无自营进出口权	155 912	14 781	8 862	1 759
有合并纳税权	785 988	84 183	60 888	22 843
无合并纳税权	1 132 089	150 766	181 292	29 014
有对外工程承包权	1 553 758	206 043	120 644	45 239
无对外工程承包权	364 319	28 906	121 536	6 618
有外事审批权	1 035 530	142 368	47 566	6 006
无外事审批权	882 547	92 581	194 614	45 851
有技术研究开发中心	1 387 886	149 477	226 892	51 857
无技术研究开发中心	530 191	85 472	15 288	
有财务公司	193 788	25 690	42 410	17 571
无财务公司	1 724 289	209 259	199 770	34 286
有上市公司	1 738 014	216 841	163 498	49 938
无上市公司	180 063	18 108	78 682	1 919

4－7 续表2 单位:万元

类 型	长期投资	短期投资	存 货	流动资产年平均余额
已建立母子公司体制	225 943	12 444	1 079 774	3 688 940
未建立母子公司体制	27 108	577	109 192	411 211
二个层次集团	43 025	139	146 300	504 102
三个层次集团	102 334	12 042	646 235	2 189 522
三个层次以上集团	80 584	263	287 239	995 316
已执行合并会计报表	88 096	8 818	539 699	1 539 225
未执行合并会计报表	164 955	4 203	649 267	2 560 926
母公司出资人已明确	253 051	13 021	1 188 966	4 100 151
母公司出资人未明确				
从事均在同一大类中的行业的企业集团	112 106	718	410 563	1 583 643
不处于同一大类的行业,对主业有辅助作用	122 130	12 137	699 163	2 267 865
完全在不同行业大类进行投资经营的企业集团	18 815	166	79 240	248 643
有明确的企业集团重大事项决策程序制度	246 762	13 019	1 176 909	4 061 871
无明确的企业集团重大事项决策程序制度	6 289	2	12 057	38 280
有财务总监委派制	128 593	8 563	428 023	1 544 756
无财务总监委派制	124 458	4 458	760 943	2 555 395
有预算管理制度	237 779	12 936	1 121 113	3 707 909
无预算管理制度	15 272	85	67 853	392 242
有产权代表管理制度	189 702	9 550	874 132	2 657 216
无产权代表管理制度	63 349	3 471	314 834	1 442 935
是施行事业部制	134 534	8 584	423 377	1 352 360
未施行事业部制	118 517	4 437	765 589	2 747 791
是实行企业集团经营者年薪制	129 556	4 049	729 340	2 372 573
未实行企业集团经营者年薪制	123 495	8 972	459 626	1 727 578
已获得质量体系认证	217 231	13 021	1 116 151	3 807 132
未获得质量体系认证	35 820		72 815	293 019
已通过环境管理系列认证	107 585	10 400	516 201	2 010 474
未通过环境管理系列认证	145 466	2 621	672 765	2 089 677
技术中心条件完全满足需要	55 961	7 530	224 612	868 217
技术中心条件基本满足需要	121 017	4 796	607 829	2 044 269
技术中心条件不满足需要	25 519	486	65 740	259 023
有投资自主权	241 256	12 608	1 153 145	3 918 445
无投资自主权	11 795	413	35 821	181 706
有境外融资权	117 442	12 104	519 254	1 506 080
无境外融资权	135 609	917	669 712	2 594 071
有对外担保权	172 330	12 293	895 577	2 859 236
无对外担保权	80 721	728	293 389	1 240 915
有自营进出口权	231 531	12 471	1 112 064	3 651 685
无自营进出口权	21 520	550	76 902	448 466
有合并纳税权	46 265	4 680	431 690	1 174 268
无合并纳税权	206 786	8 341	757 276	2 925 883
有对外工程承包权	151 596	12 098	899 267	2 976 039
无对外工程承包权	101 455	923	289 699	1 124 112
有外事审批权	97 236	1 381	514 571	1 257 812
无外事审批权	155 815	11 640	674 395	2 842 339
有技术研究开发中心	202 497	12 812	898 181	3 171 509
无技术研究开发中心	50 554	209	290 785	928 642
有财务公司	51 494	6 726	150 904	629 123
无财务公司	201 557	6 295	1 038 062	3 471 028
有上市公司	182 784	12 020	972 222	3 258 125
无上市公司	70 267	1 001	216 744	842 026

4－7　续表3　　单位:万元

类　　型	应收帐款	年末负债		营业收入
		合　　计	流动负债	
已建立母子公司体制	637 345	5 026 111	3 864 685	5 640 804
未建立母子公司体制	92 140	870 345	604 913	429 052
二个层次集团	155 517	729 273	635 051	567 635
三个层次集团	267 102	2 793 518	1 891 671	3 150 342
三个层次以上集团	214 726	1 503 320	1 337 963	1 922 827
已执行合并会计报表	219 292	2 028 438	1 527 439	2 550 414
未执行合并会计报表	510 193	3 868 018	2 942 159	3 519 442
母公司出资人已明确	729 485	5 896 456	4 469 598	6 069 856
母公司出资人未明确				
从事均在同一大类中的行业的企业集团	376 512	2 479 618	2 167 416	2 458 395
不处于同一大类的行业,对主业有辅助作用	290 892	3 091 272	2 055 911	3 389 724
完全在不同行业大类进行投资经营的企业集团	62 081	325 566	246 271	221 737
有明确的企业集团重大事项决策程序制度	719 982	5 833 728	4 422 020	6 015 267
无明确的企业集团重大事项决策程序制度	9 503	62 728	47 578	54 589
有财务总监委派制	343 229	1 864 762	1 584 228	1 926 590
无财务总监委派制	386 256	4 031 694	2 885 370	4 143 266
有预算管理制度	671 116	5 230 403	3 991 016	5 672 822
无预算管理制度	58 369	666 053	478 582	397 034
有产权代表管理制度	526 890	3 985 615	3 265 713	4 682 914
无产权代表管理制度	202 595	1 910 841	1 203 885	1 386 942
是施行事业部制	195 585	1 898 115	1 687 821	2 946 391
未施行事业部制	533 900	3 998 341	2 781 777	3 123 465
是实行企业集团经营者年薪制	425 999	3 437 425	2 486 569	3 961 475
未实行企业集团经营者年薪制	303 486	2 459 031	1 983 029	2 108 381
已获得质量体系认证	621 706	5 548 639	4 173 629	5 495 952
未获得质量体系认证	107 779	347 817	295 969	573 904
已通过环境管理系列认证	264 614	2 913 622	2 209 362	3 123 045
未通过环境管理系列认证	464 871	2 982 834	2 260 236	2 946 811
技术中心条件完全满足需要	79 816	948 307	828 880	1 406 142
技术中心条件基本满足需要	419 053	2 820 310	1 892 287	2 467 150
技术中心条件不满足需要	54 872	706 282	491 764	493 640
有投资自主权	679 158	5 472 736	4 141 587	5 912 629
无投资自主权	50 327	423 720	328 011	157 227
有境外融资权	216 941	2 121 783	1 282 523	2 809 291
无境外融资权	512 544	3 774 673	3 187 075	3 260 565
有对外担保权	465 000	3 849 690	2 659 719	4 162 711
无对外担保权	264 485	2 046 766	1 809 879	1 907 145
有自营进出口权	573 057	5 069 494	3 769 683	5 758 620
无自营进出口权	156 428	826 962	699 915	311 236
有合并纳税权	167 094	1 732 736	944 211	2 002 563
无合并纳税权	562 391	4 163 720	3 525 387	4 067 293
有对外工程承包权	464 389	4 201 135	3 181 280	4 846 396
无对外工程承包权	265 096	1 695 321	1 288 318	1 223 460
有外事审批权	187 487	2 049 997	1 655 997	2 905 179
无外事审批权	541 998	3 846 459	2 813 601	3 164 677
有技术研究开发中心	553 741	4 474 899	3 212 931	4 366 932
无技术研究开发中心	175 744	1 421 557	1 256 667	1 702 924
有财务公司	136 751	799 067	699 195	833 303
无财务公司	592 734	5 097 389	3 770 403	5 236 553
有上市公司	533 721	4 843 106	3 588 201	4 849 623
无上市公司	195 764	1 053 350	881 397	1 220 233

4-7 续表4

单位:万元

类型	年末股东权益总计	年末少数股东权益	年末股东(所有者)权益合计	股本
已建立母子公司体制	2 958 623	778 734	2 179 889	1 525 283
未建立母子公司体制	333 167	107 029	226 138	215 836
二个层次集团	278 056	22 376	255 680	203 089
三个层次集团	1 947 977	708 822	1 239 155	704 644
三个层次以上集团	732 590	47 536	685 054	617 550
已执行合并会计报表	1 465 954	534 878	931 076	507 537
未执行合并会计报表	1 825 836	350 885	1 474 951	1 233 582
母公司出资人已明确	3 291 790	885 763	2 406 027	1 741 119
母公司出资人未明确				
从事均在同一大类中的行业的企业集团	913 119	64 006	849 113	848 214
不处于同一大类的行业,对主业有辅助作用	2 122 349	753 475	1 368 874	775 332
完全在不同行业大类进行投资经营的企业集团	256 322	68 282	188 040	117 573
有明确的企业集团重大事项决策程序制度	3 278 161	883 425	2 394 736	1 729 134
无明确的企业集团重大事项决策程序制度	13 629	2 338	11 291	11 985
有财务总监委派制	1 182 672	312 507	870 165	418 948
无财务总监委派制	2 109 118	573 256	1 535 862	1 322 171
有预算管理制度	3 107 962	844 678	2 263 284	1 606 726
无预算管理制度	183 828	41 085	142 743	134 393
有产权代表管理制度	2 333 039	607 752	1 725 287	1 252 530
无产权代表管理制度	958 751	278 011	680 740	488 589
是施行事业部制	1 315 069	255 784	1 059 285	668 629
未施行事业部制	1 976 721	629 979	1 346 742	1 072 490
是实行企业集团经营者年薪制	2 013 506	495 634	1 517 872	1 248 846
未实行企业集团经营者年薪制	1 278 284	390 129	888 155	492 273
已获得质量体系认证	3 104 367	885 763	2 218 604	1 626 237
未获得质量体系认证	187 423		187 423	114 882
已通过环境管理系列认证	1 723 086	351 047	1 372 039	898 376
未通过环境管理系列认证	1 568 704	534 716	1 033 988	842 743
技术中心条件完全满足需要	769 930	239 040	530 890	147 461
技术中心条件基本满足需要	1 505 202	511 409	993 793	802 564
技术中心条件不满足需要	206 420	38 747	167 673	158 147
有投资自主权	3 169 400	885 763	2 283 637	1 644 098
无投资自主权	122 390		122 390	97 021
有境外融资权	1 568 801	587 320	981 481	583 211
无境外融资权	1 722 989	298 443	1 424 546	1 157 908
有对外担保权	2 541 169	831 795	1 709 374	1 022 152
无对外担保权	750 621	53 968	696 653	718 967
有自营进出口权	3 017 629	865 725	2 151 904	1 523 181
无自营进出口权	274 161	20 038	254 123	217 938
有合并纳税权	1 167 419	431 562	735 857	541 951
无合并纳税权	2 124 371	454 201	1 670 170	1 199 168
有对外工程承包权	2 557 977	713 724	1 844 253	1 299 478
无对外工程承包权	733 813	172 039	561 774	441 641
有外事审批权	1 214 433	331 667	882 766	825 863
无外事审批权	2 077 357	554 096	1 523 261	915 256
有技术研究开发中心	2 481 552	789 196	1 692 356	1 108 172
无技术研究开发中心	810 238	96 567	713 671	632 947
有财务公司	480 606	173 062	307 544	113 884
无财务公司	2 811 184	712 701	2 098 483	1 627 235
有上市公司	2 755 813	869 923	1 885 890	1 428 444
无上市公司	535 977	15 840	520 137	312 675

4－7　续表5　　　　单位:万元

类　型	主营业务收入	主营业务成本	主营业务税金及附加	其他业务收入
已建立母子公司体制	5 534 346	4 565 212	46 819	106 458
未建立母子公司体制	409 554	347 246	1 464	19 498
二个层次集团	563 370	420 669	6 214	4 265
三个层次集团	3 060 069	2 530 860	28 892	90 273
三个层次以上集团	1 910 907	1 613 683	11 713	11 920
已执行合并会计报表	2 505 515	2 048 904	20 405	44 899
未执行合并会计报表	3 438 385	2 863 554	27 878	81 057
母公司出资人已明确	5 943 900	4 912 458	48 283	125 956
母公司出资人未明确				
从事均在同一大类中的行业的企业集团	2 439 872	2 076 437	14 126	18 523
不处于同一大类的行业,对主业有辅助作用	3 283 596	2 664 874	33 347	106 128
完全在不同行业大类进行投资经营的企业集团	220 432	171 147	810	1 305
有明确的企业集团重大事项决策程序制度	5 889 311	4 874 622	47 132	125 956
无明确的企业集团重大事项决策程序制度	54 589	37 836	1 151	
有财务总监委派制	1 907 237	1 454 300	17 251	19 353
无财务总监委派制	4 036 663	3 458 158	31 032	106 603
有预算管理制度	5 569 086	4 602 172	45 258	103 736
无预算管理制度	374 814	310 286	3 025	22 220
有产权代表管理制度	4 630 458	3 862 492	32 347	52 456
无产权代表管理制度	1 313 442	1 049 966	15 936	73 500
是施行事业部制	2 920 756	2 403 362	24 799	25 635
未施行事业部制	3 023 144	2 509 096	23 484	100 321
是实行企业集团经营者年薪制	3 871 955	3 251 515	22 890	89 520
未实行企业集团经营者年薪制	2 071 945	1 660 943	25 393	36 436
已获得质量体系认证	5 369 996	4 478 294	45 521	125 956
未获得质量体系认证	573 904	434 164	2 762	
已通过环境管理系列认证	3 049 810	2 537 894	32 756	73 235
未通过环境管理系列认证	2 894 090	2 374 564	15 527	52 721
技术中心条件完全满足需要	1 391 067	1 106 147	21 302	15 075
技术中心条件基本满足需要	2 387 567	1 932 968	16 073	79 583
技术中心条件不满足需要	475 452	390 229	1 545	18 188
有投资自主权	5 790 429	4 778 955	47 630	122 200
无投资自主权	153 471	133 503	653	3 756
有境外融资权	2 725 530	2 187 746	23 141	83 761
无境外融资权	3 218 370	2 724 712	25 142	42 195
有对外担保权	4 056 758	3 250 369	36 202	105 953
无对外担保权	1 887 142	1 662 089	12 081	20 003
有自营进出口权	5 638 919	4 660 131	46 775	119 701
无自营进出口权	304 981	252 327	1 508	6 255
有合并纳税权	1 933 824	1 645 873	11 558	68 739
无合并纳税权	4 010 076	3 266 585	36 725	57 217
有对外工程承包权	4 746 150	3 985 063	38 394	100 246
无对外工程承包权	1 197 750	927 395	9 889	25 710
有外事审批权	2 869 399	2 468 011	16 130	35 780
无外事审批权	3 074 501	2 444 447	32 153	90 176
有技术研究开发中心	4 254 086	3 429 344	38 920	112 846
无技术研究开发中心	1 689 814	1 483 114	9 363	13 110
有财务公司	820 085	615 860	11 286	13 218
无财务公司	5 123 815	4 296 598	36 997	112 738
有上市公司	4 732 994	3 953 001	40 099	116 629
无上市公司	1 210 906	959 457	8 184	9 327

4－7　续表6　　单位:万元

类　　型	新产品销售收入	出口销售总额	投资收益	营业外收入
已建立母子公司体制	463 029	327 318	6 304	13 646
未建立母子公司体制	57 482	34 397	1 872	1 658
二个层次集团	44 587	24 399	－249	3 962
三个层次集团	418 442	283 556	3 744	7 196
三个层次以上集团		19 363	2 809	2 488
已执行合并会计报表	381 749	256 400	3 206	4 749
未执行合并会计报表	138 762	105 315	4 970	10 555
母公司出资人已明确	520 511	361 715	8 176	15 304
母公司出资人未明确				
从事均在同一大类中的行业的企业集团	51 837	108 710	3 817	4 147
不处于同一大类的行业,对主业有辅助作用	455 985	204 508	2 763	7 033
完全在不同行业大类进行投资经营的企业集团	12 689	48 497	1 596	4 124
有明确的企业集团重大事项决策程序制度	516 261	361 401	8 309	15 269
无明确的企业集团重大事项决策程序制度	4 250	314	－133	35
有财务总监委派制	448 976	173 848	5 955	3 483
无财务总监委派制	71 535	187 867	2 221	11 821
有预算管理制度	466 528	302 205	7 617	14 220
无预算管理制度	53 983	59 510	559	1 084
有产权代表管理制度	413 038	265 484	5 884	10 136
无产权代表管理制度	107 473	96 231	2 292	5 168
是施行事业部制	338 678	85 890	3 278	6 286
未施行事业部制	181 833	275 825	4 898	9 018
是实行企业集团经营者年薪制	100 472	252 794	4 822	7 906
未实行企业集团经营者年薪制	420 039	108 921	3 354	7 398
已获得质量体系认证	519 709	348 806	6 669	14 052
未获得质量体系认证	802	12 909	1 507	1 252
已通过环境管理系列认证	298 823	43 040	1 450	6 427
未通过环境管理系列认证	221 688	318 675	6 726	8 877
技术中心条件完全满足需要	305 566	25 286	29	1 942
技术中心条件基本满足需要	149 542	282 739	5 633	6 915
技术中心条件不满足需要	49 733	1 788	280	3 703
有投资自主权	504 464	359 326	7 789	14 340
无投资自主权	16 047	2 389	387	964
有境外融资权	311 433	108 488	1 255	4 918
无境外融资权	209 078	253 227	6 921	10 386
有对外担保权	445 420	257 464	5 551	8 761
无对外担保权	75 091	104 251	2 625	6 543
有自营进出口权	500 605	343 438	7 726	11 364
无自营进出口权	19 906	18 277	450	3 940
有合并纳税权	86 308	184 622	1 516	4 466
无合并纳税权	434 203	177 093	6 660	10 838
有对外工程承包权	419 113	199 637	2 607	8 475
无对外工程承包权	101 398	162 078	5 569	6 829
有外事审批权	15 128	92 138	871	3 116
无外事审批权	505 383	269 577	7 305	12 188
有技术研究开发中心	504 841	309 813	5 942	12 560
无技术研究开发中心	15 670	51 902	2 234	2 744
有财务公司	308 184	17 844	465	1 212
无财务公司	212 327	343 871	7 711	14 092
有上市公司	479 344	270 679	6 114	9 622
无上市公司	41 167	91 036	2 062	5 682

4－7　续表7

单位:万元

类　　　型	存货跌价损伤和营业、管理、财务等费用合计	税　　金	劳动、待业保险费	职工教育费
已建立母子公司体制	711 302	13 870	63 749	2 768
未建立母子公司体制	69 324	4 658	7 286	329
二个层次集团	107 248	2 045	3 136	209
三个层次集团	396 696	7 647	41 107	2 463
三个层次以上集团	207 358	4 178	19 506	96
已执行合并会计报表	327 907	7 346	24 986	1 516
未执行合并会计报表	452 719	11 182	46 049	1 581
母公司出资人已明确	780 626	18 528	71 035	3 097
母公司出资人未明确				
从事均在同一大类中的行业的企业集团	272 717	5 705	27 416	322
不处于同一大类的行业,对主业有辅助作用	468 130	10 117	40 386	2 520
完全在不同行业大类进行投资经营的企业集团	39 779	2 706	3 233	255
有明确的企业集团重大事项决策程序制度	772 466	18 502	70 414	3 059
无明确的企业集团重大事项决策程序制度	8 160	26	621	38
有财务总监委派制	319 979	4 862	18 085	643
无财务总监委派制	460 647	13 666	52 950	2 454
有预算管理制度	732 320	15 654	62 293	2 829
无预算管理制度	48 306	2 874	8 742	268
有产权代表管理制度	563 633	12 310	42 081	1 514
无产权代表管理制度	216 993	6 218	28 954	1 583
是施行事业部制	376 568	7 928	19 050	639
未施行事业部制	404 058	10 600	51 985	2 458
是实行企业集团经营者年薪制	458 254	9 051	54 557	1 823
未实行企业集团经营者年薪制	322 372	9 477	16 478	1 274
已获得质量体系认证	689 915	18 044	66 483	3 034
未获得质量体系认证	90 711	484	4 552	63
已通过环境管理系列认证	394 169	8 765	36 796	1 459
未通过环境管理系列认证	386 457	9 763	34 239	1 638
技术中心条件完全满足需要	203 878	3 648	6 825	799
技术中心条件基本满足需要	331 877	5 597	41 771	1 869
技术中心条件不满足需要	88 939	3 201	4 370	175
有投资自主权	752 918	17 393	68 532	3 058
无投资自主权	27 708	1 135	2 503	39
有境外融资权	401 822	7 949	26 515	2 155
无境外融资权	378 804	10 579	44 520	942
有对外担保权	601 487	12 996	48 022	2 881
无对外担保权	179 139	5 532	23 013	216
有自营进出口权	723 710	16 026	67 181	3 003
无自营进出口权	56 916	2 502	3 854	94
有合并纳税权	230 267	4 672	29 705	1 658
无合并纳税权	550 359	13 856	41 330	1 439
有对外工程承包权	574 600	12 117	53 035	2 475
无对外工程承包权	206 026	6 411	18 000	622
有外事审批权	295 839	6 892	23 524	1 013
无外事审批权	484 787	11 636	47 511	2 084
有技术研究开发中心	624 694	12 446	52 966	2 843
无技术研究开发中心	155 932	6 082	18 069	254
有财务公司	147 941	3 022	3 369	372
无财务公司	632 685	15 506	67 666	2 725
有上市公司	625 149	15 496	58 268	2 678
无上市公司	155 477	3 032	12 767	419

4－7　续表8

单位:万元

类　　　　型	存货跌价损伤和营业、管理、财务等费用合计		利润总额	应交所得税
	广 告 费	利息支出		
已建立母子公司体制	67 771	96 141	187 076	47 401
未建立母子公司体制	619	18 160	-9 682	2 504
二个层次集团	28 018	13 246	17 948	8 155
三个层次集团	10 906	52 536	131 572	20 992
三个层次以上集团	28 847	30 359	37 556	18 254
已执行合并会计报表	34 214	44 776	115 479	22 986
未执行合并会计报表	34 176	69 525	61 915	26 919
母公司出资人已明确	68 390	114 301	177 394	49 905
母公司出资人未明确				
从事均在同一大类中的行业的企业集团	26 953	42 520	25 018	17 116
不处于同一大类的行业,对主业有辅助作用	40 507	65 179	142 179	30 166
完全在不同行业大类进行投资经营的企业集团	930	6 602	10 197	2 623
有明确的企业集团重大事项决策程序制度	66 950	112 418	177 105	49 883
无明确的企业集团重大事项决策程序制度	1 440	1 883	289	22
有财务总监委派制	35 269	36 478	94 171	23 006
无财务总监委派制	33 121	77 823	83 223	26 899
有预算管理制度	66 920	101 625	179 221	49 283
无预算管理制度	1 470	12 676	-1 827	622
有产权代表管理制度	60 327	84 400	144 496	42 056
无产权代表管理制度	8 063	29 901	32 898	7 849
是施行事业部制	60 543	37 244	119 112	32 116
未施行事业部制	7 847	77 057	58 282	17 789
是实行企业集团经营者年薪制	54 671	68 343	108 046	33 359
未实行企业集团经营者年薪制	13 719	45 958	69 348	16 546
已获得质量体系认证	42 652	107 563	163 359	45 543
未获得质量体系认证	25 738	6 738	14 035	4 362
已通过环境管理系列认证	11 321	47 350	100 081	26 796
未通过环境管理系列认证	57 069	66 951	77 313	23 109
技术中心条件完全满足需要	10 919	14 124	75 894	12 933
技术中心条件基本满足需要	31 072	58 847	74 330	19 331
技术中心条件不满足需要	25 778	14 214	-7 394	3 096
有投资自主权	68 380	107 318	188 301	49 460
无投资自主权	10	6 983	-10 907	445
有境外融资权	61 267	43 801	130 205	27 883
无境外融资权	7 123	70 500	47 189	22 022
有对外担保权	67 626	77 717	159 252	36 026
无对外担保权	764	36 584	18 142	13 879
有自营进出口权	68 032	98 755	184 708	46 325
无自营进出口权	358	15 546	-7 314	3 580
有合并纳税权	26 254	37 055	63 194	13 003
无合并纳税权	42 136	77 246	114 200	36 902
有对外工程承包权	37 747	80 166	160 497	38 935
无对外工程承包权	30 643	34 135	16 897	10 970
有外事审批权	54 594	47 946	80 792	25 940
无外事审批权	13 796	66 355	96 602	23 965
有技术研究开发中心	67 769	87 185	142 830	35 360
无技术研究开发中心	621	27 116	34 564	14 545
有财务公司	5 402	12 994	54 144	11 416
无财务公司	62 988	101 307	123 250	38 489
有上市公司	39 947	97 855	140 509	40 160
无上市公司	28 443	16 446	36 885	9 745

4－7　续表9

单位:万元

类　　　　型	应交增值税	固定资产投资完成额	研究开发费　用	上交税金合　计
已建立母子公司体制	248 848	555 885	80 124	310 119
未建立母子公司体制	13 169	52 688	7 813	20 331
二个层次集团	25 455	79 697	2 954	35 655
三个层次集团	111 241	258 110	63 212	139 880
三个层次以上集团	112 152	218 078	13 958	134 584
已执行合并会计报表	94 756	186 188	46 683	125 088
未执行合并会计报表	167 261	422 385	41 254	205 362
母公司出资人已明确	262 017	608 573	87 937	330 450
母公司出资人未明确				
从事均在同一大类中的行业的企业集团	126 751	238 434	16 900	149 572
不处于同一大类的行业,对主业有辅助作用	129 561	342 685	64 985	169 844
完全在不同行业大类进行投资经营的企业集团	5 705	27 454	6 052	11 034
有明确的企业集团重大事项决策程序制度	258 917	605 135	87 462	327 302
无明确的企业集团重大事项决策程序制度	3 100	3 438	475	3 148
有财务总监委派制	77 745	192 084	61 718	105 613
无财务总监委派制	184 272	416 489	26 219	224 837
有预算管理制度	246 653	567 344	81 913	311 590
无预算管理制度	15 364	41 229	6 024	18 860
有产权代表管理制度	207 926	463 784	59 888	262 292
无产权代表管理制度	54 091	144 789	28 049	68 158
是施行事业部制	157 961	245 980	26 867	198 005
未施行事业部制	104 056	362 593	61 070	132 445
是实行企业集团经营者年薪制	182 883	458 976	41 001	225 293
未实行企业集团经营者年薪制	79 134	149 597	46 936	105 157
已获得质量体系认证	240 208	565 711	75 445	303 795
未获得质量体系认证	21 809	42 862	12 492	26 655
已通过环境管理系列认证	167 112	291 357	37 689	202 673
未通过环境管理系列认证	94 905	317 216	50 248	12 777
技术中心条件完全满足需要	57 290	69 938	33 425	73 871
技术中心条件基本满足需要	90 718	304 087	45 788	115 646
技术中心条件不满足需要	17 807	32 634	3 372	24 104
有投资自主权	257 142	604 280	87 746	323 995
无投资自主权	4 875	4 293	191	6 455
有境外融资权	115 176	207 580	27 210	151 008
无境外融资权	146 841	400 993	60 727	179 442
有对外担保权	156 644	412 614	83 529	205 666
无对外担保权	105 373	195 959	4 408	124 784
有自营进出口权	253 082	537 213	87 095	315 433
无自营进出口权	8 935	71 360	842	15 017
有合并纳税权	63 727	166 722	26 143	81 402
无合并纳税权	198 290	441 851	61 794	249 048
有对外工程承包权	209 767	493 912	63 786	260 819
无对外工程承包权	52 250	114 661	24 151	69 631
有外事审批权	140 046	293 091	4 198	172 878
无外事审批权	121 971	315 482	83 739	157 572
有技术研究开发中心	165 815	406 659	82 585	213 621
无技术研究开发中心	96 202	201 914	5 352	116 829
有财务公司	41 613	39 104	20 273	56 051
无财务公司	220 404	569 469	67 664	274 399
有上市公司	216 655	480 190	70 156	272 311
无上市公司	45 362	128 383	17 781	58 139

4－8　工业企业集团按改制状况分组劳动工资指标

（2003 年）　　单位:人

类　　别	从业人员	在岗职工	其他从业人员	研究开发人员
已建立母子公司体制	273 095	262 454	10 641	5 739
未建立母子公司体制	40 422	33 897	6 525	1 651
二个层次集团	34 460	29 129	5 331	973
三个层次集团	154 607	151 385	3 222	4 075
三个层次以上集团	84 028	81 940	2 088	691
已执行合并会计报表	99 621	95 631	3 990	3 551
未执行合并会计报表	213 896	200 720	13 176	3 839
母公司出资人已明确	313 517	296 351	17 166	7 390
母公司出资人未明确				
从事均在同一大类中的行业的企业集团	129 277	122 114	7 163	1 639
不处于同一大类的行业,对主业有辅助作用	160 529	154 014	6 515	4 389
完全在不同行业大类进行投资经营的企业集团	23 711	20 223	3 488	1 362
有明确的企业集团重大事项决策程序制度	305 256	292 227	13 029	7 300
无明确的企业集团重大事项决策程序制度	8 261	4 124	4 137	90
有财务总监委派制	88 955	84 731	4 224	4 783
无财务总监委派制	224 562	211 620	12 942	2 607
有预算管理制度	272 061	261 158	10 903	6 380
无预算管理制度	41 456	35 193	6 263	1 010
有产权代表管理制度	186 747	179 553	7 194	4 386
无产权代表管理制度	126 770	116 798	9 972	3 004
是施行事业部制	91 490	89 543	1 947	2 524
未施行事业部制	222 027	206 808	15 219	4 866
是实行企业集团经营者年薪制	216 771	211 773	4 998	2 631
未实行企业集团经营者年薪制	96 746	84 578	12 168	4 759
已获得质量体系认证	277 836	262 091	15 745	6 706
未获得质量体系认证	35 681	34 260	1 421	684
已通过环境管理系列认证	146 666	142 790	3 876	2 503
未通过环境管理系列认证	166 851	153 561	13 290	4 887
技术中心条件完全满足需要	32 747	31 996	751	1 953
技术中心条件基本满足需要	177 812	168 005	9 807	3 253
技术中心条件不满足需要	28 461	25 424	3 037	927
有投资自主权	297 777	284 290	13 487	7 186
无投资自主权	15 740	12 061	3 679	204
有境外融资权	127 991	122 222	5 769	2 740
无境外融资权	185 526	174 129	11 397	4 650
有对外担保权	218 832	207 796	11 036	6 660
无对外担保权	94 685	88 555	6 130	730
有自营进出口权	288 576	275 283	13 293	6 923
无自营进出口权	24 941	21 068	3 873	467
有合并纳税权	116 125	115 431	694	1 949
无合并纳税权	197 392	180 920	16 472	5 441
有对外工程承包权	208 743	202 341	6 402	4 436
无对外工程承包权	104 774	94 010	10 764	2 954
有外事审批权	94 790	94 108	682	203
无外事审批权	218 727	202 243	16 484	7 187
有技术研究开发中心	239 020	225 425	13 595	6 133
无技术研究开发中心	74 497	70 926	3 571	1 257
有财务公司	22 041	20 605	1 436	1 786
无财务公司	291 476	275 746	15 730	5 604
有上市公司	227 438	219 373	8 065	5 484
无上市公司	86 079	76 978	9 101	1 906

4-8 续表 单位:万元

类别	从业人员劳动报酬	在岗职工劳动报酬	其他从业人员劳动报酬	研究开发人员劳动报酬
已建立母子公司体制	352 633	345 408	7 225	6 759
未建立母子公司体制	32 577	27 270	5 307	3 743
二个层次集团	27 505	24 695	2 810	1 260
三个层次集团	212 089	209 105	2 984	4 867
三个层次以上集团	113 039	111 608	1 431	632
已执行合并会计报表	149 598	145 902	3 696	3 698
未执行合并会计报表	235 612	226 776	8 836	6 804
母公司出资人已明确	385 210	372 678	12 532	10 502
母公司出资人未明确				
从事均在同一大类中的行业的企业集团	148 925	145 987	2 938	1 841
不处于同一大类的行业,对主业有辅助作用	215 390	210 862	4 528	5 261
完全在不同行业大类进行投资经营的企业集团	20 895	15 829	5 066	3 400
有明确的企业集团重大事项决策程序制度	380 678	370 220	10 458	10 416
无明确的企业集团重大事项决策程序制度	4 532	2 458	2 074	86
有财务总监委派制	110 621	107 290	3 331	5 448
无财务总监委派制	274 589	265 388	9 201	5 054
有预算管理制度	349 969	341 117	8 852	9 359
无预算管理制度	35 241	31 561	3 680	1 143
有产权代表管理制度	256 759	253 208	3 551	4 311
无产权代表管理制度	128 451	119 470	8 981	6 191
是施行事业部制	135 643	133 457	2 186	1 698
未施行事业部制	249 567	239 221	10 346	8 804
是实行企业集团经营者年薪制	288 247	284 654	3 593	4 335
未实行企业集团经营者年薪制	96 963	88 024	8 939	6 167
已获得质量体系认证	353 787	341 881	11 906	9 851
未获得质量体系认证	31 423	30 797	626	651
已通过环境管理系列认证	195 854	194 488	1 366	1 662
未通过环境管理系列认证	189 356	178 190	11 166	8 840
技术中心条件完全满足需要	47 753	46 704	1 049	708
技术中心条件基本满足需要	213 230	207 123	6 107	5 451
技术中心条件不满足需要	20 605	20 364	241	953
有投资自主权	374 243	362 377	11 866	10 144
无投资自主权	10 967	10 301	666	358
有境外融资权	170 506	166 584	3 922	1 889
无境外融资权	214 704	206 094	8 610	8 613
有对外担保权	265 846	255 937	9 909	9 347
无对外担保权	119 364	116 741	2 623	1 155
有自营进出口权	365 387	353 640	11 747	9 855
无自营进出口权	19 823	19 038	785	647
有合并纳税权	153 998	153 544	454	3 421
无合并纳税权	231 212	219 134	12 078	7 081
有对外工程承包权	292 779	288 668	4 111	5 297
无对外工程承包权	92 431	84 010	8 421	5 205
有外事审批权	150 591	149 770	821	338
无外事审批权	234 619	222 908	11 711	10 164
有技术研究开发中心	281 588	274 191	7 397	7 112
无技术研究开发中心	103 622	98 487	5 135	3 390
有财务公司	36 338	34 979	1 359	316
无财务公司	348 872	337 699	11 173	10 186
有上市公司	310 200	302 915	7 285	8 251
无上市公司	75 010	69 763	5 247	2 251

4－9 工业企业集团按改制状况分组主要经济效益指标

（2003 年）

单位:%

类型	净资产收益率	总资产报酬率	销售利润率	资本保值增值率
已建立母子公司体制	4.72	3.55	3.32	109.13
未建立母子公司体制	-3.66	0.70	-2.26	99.65
二个层次集团	3.52	3.10	3.16	93.67
三个层次集团	5.68	3.88	4.18	116.31
三个层次以上集团	2.63	3.04	1.95	99.06
已执行合并会计报表	6.31	4.59	4.53	115.21
未执行合并会计报表	1.92	2.31	1.76	102.97
母公司出资人已明确	3.87	3.17	2.92	108.08
母公司出资人未明确				
从事均在同一大类中的行业的企业集团	0.87	1.99	1.02	93.46
不处于同一大类的行业,对主业有辅助作用	5.28	3.98	4.19	117.36
完全在不同行业大类进行投资经营的企业集团	2.95	2.89	4.60	98.55
有明确的企业集团重大事项决策程序制度	3.88	3.18	2.94	107.39
无明确的企业集团重大事项决策程序制度	1.96	2.84	0.53	- 196.72
有财务总监委派制	6.02	4.29	4.89	121.55
无财务总监委派制	2.67	2.62	2.01	101.76
有预算管理制度	4.18	3.37	3.16	108.48
无预算管理制度	-1.33	1.28	-0.46	101.76
有产权代表管理制度	4.39	3.62	3.09	107.61
无产权代表管理制度	2.61	2.19	2.37	109.26
是施行事业部制	6.62	4.87	4.04	117.61
未施行事业部制	2.05	2.27	1.87	102.56
是实行企业集团经营者年薪制	3.71	3.24	2.73	101.02
未实行企业集团经营者年薪制	4.13	3.09	3.29	121.46
已获得质量体系认证	3.80	3.13	2.97	107.63
未获得质量体系认证	5.16	3.88	2.45	116.30
已通过环境管理系列认证	4.25	3.18	3.20	118.56
未通过环境管理系列认证	3.46	3.17	2.62	98.52
技术中心条件完全满足需要	8.18	5.24	5.40	150.89
技术中心条件基本满足需要	3.65	3.08	3.01	100.53
技术中心条件不满足需要	-5.08	0.75	-1.50	100.89
有投资自主权	4.38	3.42	3.18	108.22
无投资自主权	-9.28	-0.72	-6.94	104.63
有境外融资权	6.52	4.71	4.63	118.00
无境外融资权	1.46	2.14	1.45	100.41
有对外担保权	4.85	3.71	3.83	114.83
无对外担保权	0.57	1.96	0.95	90.17
有自营进出口权	4.59	3.51	3.21	110.43
无自营进出口权	-3.97	0.75	-2.35	87.61
有合并纳税权	4.30	3.46	3.16	102.06
无合并纳税权	3.64	3.04	2.81	111.71
有对外工程承包权	4.75	3.56	3.31	109.86
无对外工程承包权	0.81	2.10	1.38	102.33
有外事审批权	4.52	3.94	2.78	96.10
无外事审批权	3.50	2.75	3.05	116.59
有技术研究开发中心	4.33	3.31	3.27	112.18
无技术研究开发中心	2.47	2.76	2.03	97.21
有财务公司	8.89	5.25	6.50	146.99
无财务公司	3.02	2.84	2.35	103.41
有上市公司	3.64	3.14	2.90	107.78
无上市公司	5.06	3.36	3.02	109.66

4－9　续表1　　　　单位:%

类　　型	劳动生产率（万元/人）	成本费用利润率	流动资产比率	资产利税率
已建立母子公司体制	20.66	3.55	46.20	6.05
未建立母子公司体制	10.61	-2.32	34.17	0.41
二个层次集团	16.47	3.40	50.04	4.93
三个层次集团	20.38	4.49	46.18	5.73
三个层次以上集团	22.88	2.06	44.52	7.22
已执行合并会计报表	25.60	4.86	44.05	6.60
未执行合并会计报表	16.45	1.87	44.98	4.51
母公司出资人已明确	19.36	3.12	44.62	5.31
母公司出资人未明确				
从事均在同一大类中的行业的企业集团	19.02	1.06	46.68	4.89
不处于同一大类的行业,对主业有辅助作用	21.12	4.54	43.50	5.85
完全在不同行业大类进行投资经营的企业集团	9.35	4.83	42.73	2.87
有明确的企业集团重大事项决策程序制度	19.71	3.14	44.58	5.30
无明确的企业集团重大事项决策程序制度	6.61	0.63	50.13	5.95
有财务总监委派制	21.66	5.31	50.69	6.21
无财务总监委派制	18.45	2.12	41.61	4.86
有预算管理制度	20.85	3.36	44.47	5.65
无预算管理制度	9.58	-0.51	46.15	1.95
有产权代表管理制度	25.08	3.26	42.05	6.09
无产权代表管理制度	10.94	2.60	50.28	3.59
是施行事业部制	32.20	4.28	42.09	9.39
未施行事业部制	14.07	2.00	45.99	3.11
是实行企业集团经营者年薪制	18.27	2.91	43.53	5.76
未实行企业集团经营者年薪制	21.79	3.50	46.23	4.65
已获得质量体系认证	19.78	3.16	44.00	5.19
未获得质量体系认证	16.08	2.67	54.75	7.21
已通过环境管理系列认证	21.29	3.41	43.36	6.47
未通过环境管理系列认证	17.66	2.80	45.91	4.12
技术中心条件完全满足需要	42.94	5.79	50.53	8.99
技术中心条件基本满足需要	13.88	3.28	47.26	4.19
技术中心条件不满足需要	17.34	-1.54	28.38	1.31
有投资自主权	19.86	3.40	45.34	5.71
无投资自主权	9.99	-6.77	33.27	-0.98
有境外融资权	21.95	5.03	40.81	7.28
无境外融资权	17.57	1.52	47.18	3.99
有对外担保权	19.02	4.13	44.74	5.51
无对外担保权	20.14	0.99	44.36	4.85
有自营进出口权	19.96	3.43	45.15	5.99
无自营进出口权	12.48	-2.37	40.73	0.28
有合并纳税权	17.24	3.37	40.49	4.77
无合并纳税权	20.61	2.99	46.53	5.55
有对外工程承包权	23.22	3.52	44.03	6.05
无对外工程承包权	11.68	1.49	46.28	3.25
有外事审批权	30.65	2.92	38.53	7.26
无外事审批权	14.47	3.30	47.98	4.23
有技术研究开发中心	18.27	3.52	45.59	5.00
无技术研究开发中心	22.86	2.11	41.61	6.28
有财务公司	37.81	7.09	49.16	8.36
无财务公司	17.97	2.50	43.89	4.81
有上市公司	21.32	3.07	42.88	5.23
无上市公司	14.18	3.31	52.98	5.69

4-9 续表2 单位:%

类型	资金利润率	资产负债率	长期负债与资产总计比率	总资产使用率
已建立母子公司体制	3.00	62.95	14.55	69.31
未建立母子公司体制	-1.02	72.32	22.05	34.03
二个层次集团	2.21	72.40	9.35	55.93
三个层次集团	3.47	58.92	19.02	64.54
三个层次以上集团	2.30	67.24	7.40	85.46
已执行合并会计报表	4.07	58.05	14.34	71.70
未执行合并会计报表	1.42	67.93	16.26	60.39
母公司出资人已明确	2.47	64.17	15.53	64.69
母公司出资人未明确				
从事均在同一大类中的行业的企业集团	0.97	73.09	9.20	71.91
不处于同一大类的行业,对主业有辅助作用	3.41	59.29	19.86	62.98
完全在不同行业大类进行投资经营的企业集团	2.25	55.95	13.63	37.88
有明确的企业集团重大事项决策程序制度	2.48	64.02	15.49	64.63
无明确的企业集团重大事项决策程序制度	0.52	82.15	19.84	71.49
有财务总监委派制	3.98	61.19	9.21	62.59
无财务总监委派制	1.73	65.65	18.67	65.74
有预算管理制度	2.75	62.73	14.86	66.79
无预算管理制度	-0.27	78.37	22.06	44.10
有产权代表管理制度	2.94	63.08	11.39	73.28
无产权代表管理制度	1.45	66.59	24.64	45.77
是施行事业部制	5.21	59.07	6.54	90.90
未施行事业部制	1.19	66.92	20.36	50.60
是实行企业集团经营者年薪制	2.54	63.06	17.44	71.03
未实行企业集团经营者年薪制	2.37	65.80	12.74	55.44
已获得质量体系认证	2.41	64.12	15.89	62.06
未获得质量体系认证	3.45	64.98	9.69	107.22
已通过环境管理系列认证	2.94	62.84	15.19	65.78
未通过环境管理系列认证	2.04	65.53	15.88	63.58
技术中心条件完全满足需要	5.83	55.19	6.95	80.96
技术中心条件基本满足需要	2.09	65.20	21.45	55.20
技术中心条件不满足需要	-1.08	77.38	23.50	52.09
有投资自主权	2.79	63.33	15.40	67.00
无投资自主权	-2.54	77.59	17.53	28.10
有境外融资权	4.60	57.49	22.74	73.85
无境外融资权	1.08	68.66	10.69	58.54
有对外担保权	3.14	60.24	18.62	63.48
无对外担保权	0.86	73.17	8.47	67.46
有自营进出口权	2.93	62.69	16.07	69.73
无自营进出口权	-0.83	75.10	11.54	27.70
有合并纳税权	2.69	59.75	27.19	66.68
无合并纳税权	2.36	66.22	10.15	63.77
有对外工程承包权	3.06	62.16	15.09	70.22
无对外工程承包权	0.87	69.79	16.76	49.31
有外事审批权	3.11	62.80	12.07	87.90
无外事审批权	2.10	64.93	17.44	51.90
有技术研究开发中心	2.58	64.33	18.14	61.15
无技术研究开发中心	2.10	63.70	7.39	75.72
有财务公司	5.90	62.44	7.80	64.09
无财务公司	1.97	64.45	16.78	64.79
有上市公司	2.37	63.73	16.51	62.29
无上市公司	2.95	66.28	10.82	76.19

4-9 续表3

单位:%

类　　型	流动比率	速动比率	新产品销售收入与营业收入比率	研究开发费用与主营业务收入比率
已建立母子公司体制	95.45	67.51	8.21	1.45
未建立母子公司体制	67.98	49.93	13.40	1.91
二个层次集团	79.38	56.34	7.85	0.52
三个层次集团	115.75	81.58	13.28	2.07
三个层次以上集团	74.39	52.92		0.73
已执行合并会计报表	100.77	65.44	14.97	1.86
未执行合并会计报表	87.04	64.97	3.94	1.20
母公司出资人已明确	91.73	65.13	8.58	1.48
母公司出资人未明确				
从事均在同一大类中的行业的企业集团	73.07	54.12	2.11	0.69
不处于同一大类的行业,对主业有辅助作用	110.31	76.30	13.45	1.98
完全在不同行业大类进行投资经营的企业集团	100.96	68.79	5.72	2.75
有明确的企业集团重大事项决策程序制度	91.86	65.24	8.58	1.49
无明确的企业集团重大事项决策程序制度	80.46	55.12	7.79	0.87
有财务总监委派制	97.51	70.49	23.30	3.24
无财务总监委派制	88.56	62.19	1.73	0.65
有预算管理制度	92.91	64.82	8.22	1.47
无预算管理制度	81.96	67.78	13.60	1.61
有产权代表管理制度	81.37	54.60	8.82	1.29
无产权代表管理制度	119.86	93.71	7.75	2.14
是施行事业部制	80.12	55.04	11.49	0.92
未施行事业部制	98.78	71.26	5.82	2.02
是实行企业集团经营者年薪制	95.42	66.08	2.54	1.06
未实行企业集团经营者年薪制	87.12	63.94	19.92	2.27
已获得质量体系认证	91.22	64.48	9.46	1.40
未获得质量体系认证	99.00	74.40	0.14	2.18
已通过环境管理系列认证	91.00	67.63	9.57	1.24
未通过环境管理系列认证	92.45	62.69	7.52	1.74
技术中心条件完全满足需要	104.75	77.65	21.73	2.40
技术中心条件基本满足需要	108.03	75.91	6.06	1.92
技术中心条件不满足需要	52.67	39.30	10.07	0.71
有投资自主权	94.61	66.77	8.53	1.52
无投资自主权	55.40	44.48	10.21	0.12
有境外融资权	117.43	76.94	11.09	1.00
无境外融资权	81.39	60.38	6.41	1.89
有对外担保权	107.50	73.83	10.70	2.06
无对外担保权	68.56	52.35	3.94	0.23
有自营进出口权	96.87	67.37	8.69	1.54
无自营进出口权	64.07	53.09	6.40	0.28
有合并纳税权	124.36	78.65	4.31	1.35
无合并纳税权	82.99	61.51	10.68	1.54
有对外工程承包权	93.55	65.28	8.65	1.34
无对外工程承包权	87.25	64.77	8.29	2.02
有外事审批权	75.95	44.88	0.52	0.15
无外事审批权	101.02	77.05	15.97	2.72
有技术研究开发中心	98.71	70.76	11.56	1.94
无技术研究开发中心	73.90	50.76	0.92	0.32
有财务公司	89.98	68.40	36.98	2.47
无财务公司	92.06	64.53	4.05	1.32
有上市公司	90.80	63.71	9.88	1.48
无上市公司	95.53	70.94	3.37	1.47

4－10 国有控股企业集团按改制状况分组主要财务指标

（2003 年）

单位：万元

类　　型	单位数（个）	年末资产总计	固定资产原价	无形资产
已建立母子公司体制	29	7 968 196	4 217 792	328 129
未建立母子公司体制	8	1 254 830	833 719	44 398
二个层次集团	15	830 142	347 164	22 275
三个层次集团	9	4 697 625	2 667 961	79 587
三个层次以上集团	5	2 440 429	1 202 667	226 267
已执行合并会计报表	13	3 773 800	2 301 648	65 307
未执行合并会计报表	24	5 449 226	2 749 863	307 220
母公司出资人已明确	37	9 223 026	5 051 511	372 527
母公司出资人未明确				
从事均在同一大类中的行业的企业集团	17	3 605 787	1 742 043	250 496
不处于同一大类的行业，对主业有辅助作用	16	5 155 513	3 080 409	90 799
完全在不同行业大类进行投资经营的企业集团	4	461 726	229 059	31 232
有明确的企业集团重大事项决策程序制度	33	9 095 351	4 985 181	372 047
无明确的企业集团重大事项决策程序制度	4	127 675	66 330	480
有财务总监委派制	16	2 987 807	1 167 758	70 982
无财务总监委派制	21	6 235 219	3 883 753	301 545
有预算管理制度	27	8 327 701	4 578 231	329 293
无预算管理制度	10	895 325	473 280	43 234
有产权代表管理制度	18	6 084 964	3 613 834	290 859
无产权代表管理制度	19	3 138 062	1 437 677	81 668
是施行事业部制	7	3 130 982	1 555 253	240 453
未施行事业部制	30	6 092 044	3 496 258	132 074
是实行企业集团经营者年薪制	13	5 362 455	3 223 011	263 253
未实行企业集团经营者年薪制	24	3 860 571	1 828 500	109 274
已获得质量体系认证	32	8 702 213	4 890 433	348 420
未获得质量体系认证	5	520 813	161 078	24 107
已通过环境管理系列认证	10	4 473 600	2 177 137	256 079
未通过环境管理系列认证	27	4 749 426	2 874 374	116 448
技术中心条件完全满足需要	3	1 650 366	674 989	44 606
技术中心条件基本满足需要	18	4 282 910	2 451 156	68 177
技术中心条件不满足需要	3	803 003	583 547	24 148
有投资自主权	31	8 656 365	4 713 745	369 354
无投资自主权	6	566 661	337 766	3 173
有境外融资权	8	3 377 386	2 159 186	65 239
无境外融资权	29	5 845 640	2 892 325	307 288
有对外担保权	23	6 190 841	3 513 978	164 272
无对外担保权	14	3 032 185	1 537 533	208 255
有自营进出口权	20	7 791 773	4 315 255	335 602
无自营进出口权	17	1 431 253	736 256	36 925
有合并纳税权	12	2 911 350	1 958 879	34 843
无合并纳税权	25	6 311 676	3 092 632	337 684
有对外工程承包权	20	6 817 240	3 876 395	295 385
无对外工程承包权	17	2 405 786	1 175 116	77 142
有外事审批权	4	3 173 309	2 344 573	209 418
无外事审批权	33	6 049 717	2 706 938	163 109
有技术研究开发中心	24	6 736 279	3 709 692	136 931
无技术研究开发中心	13	2 486 747	1 341 819	235 596
有财务公司	4	1 158 558	453 325	24 520
无财务公司	33	8 064 468	4 598 186	348 007
有上市公司	13	7 482 599	4 418 679	306 157
无上市公司	24	1 740 427	632 832	66 370

4－10 续表1

单位:万元

类　　型	累计折旧	本年折旧	累计对外投资	本年对外投资
已建立母子公司体制	1 672 998	215 965	207 579	47 753
未建立母子公司体制	290 746	23 142	20 628	40
二个层次集团	113 887	12 293	11 297	967
三个层次集团	1 062 638	119 684	148 865	45 940
三个层次以上集团	496 473	83 988	47 417	846
已执行合并会计报表	902 302	100 280	151 676	40 347
未执行合并会计报表	1 061 442	138 827	76 531	7 446
母公司出资人已明确	1 963 744	239 107	228 207	47 793
母公司出资人未明确				
从事均在同一大类中的行业的企业集团	667 443	97 420	95 744	7 464
不处于同一大类的行业,对主业有辅助作用	1 210 763	135 208	117 254	40 329
完全在不同行业大类进行投资经营的企业集团	85 538	6 479	15 209	
有明确的企业集团重大事项决策程序制度	1 923 933	232 565	221 918	47 693
无明确的企业集团重大事项决策程序制度	39 811	6 542	6 289	100
有财务总监委派制	380 550	47 246	128 878	40 919
无财务总监委派制	1 583 194	191 861	99 329	6 874
有预算管理制度	1 776 798	222 166	182 766	47 693
无预算管理制度	186 946	16 941	45 441	100
有产权代表管理制度	1 449 060	187 881	156 407	45 152
无产权代表管理制度	514 684	51 226	71 800	2 641
是施行事业部制	642 246	107 629	77 190	23 943
未施行事业部制	1 321 498	131 478	151 017	23 850
是实行企业集团经营者年薪制	1 324 075	173 888	146 404	23 710
未实行企业集团经营者年薪制	639 669	65 219	81 803	24 083
已获得质量体系认证	1 903 342	234 458	203 387	47 793
未获得质量体系认证	60 402	4 649	24 820	
已通过环境管理系列认证	866 109	125 944	51 751	17 587
未通过环境管理系列认证	1 097 635	113 163	176 456	30 206
技术中心条件完全满足需要	259 182	32 751	35 167	16 619
技术中心条件基本满足需要	964 787	105 907	163 641	30 288
技术中心条件不满足需要	179 872	11 162	7 285	40
有投资自主权	1 875 498	234 160	221 842	46 886
无投资自主权	88 246	4 947	6 365	907
有境外融资权	911 268	104 193	89 175	23 353
无境外融资权	1 052 476	134 914	139 032	24 440
有对外担保权	1 372 120	148 801	162 488	39 462
无对外担保权	591 624	90 306	65 719	8 331
有自营进出口权	1 745 936	215 337	214 785	46 040
无自营进出口权	217 808	23 770	13 422	1 753
有合并纳税权	793 192	83 287	62 683	22 843
无合并纳税权	1 170 552	155 820	165 524	24 950
有对外工程承包权	1 589 005	208 904	101 379	41 175
无对外工程承包权	374 739	30 203	126 828	6 618
有外事审批权	1 030 221	140 972	44 514	5 906
无外事审批权	933 523	98 135	183 693	41 887
有技术研究开发中心	1 403 841	149 820	206 093	46 947
无技术研究开发中心	559 903	89 287	22 114	846
有财务公司	181 935	24 277	37 032	16 619
无财务公司	1 781 809	214 830	191 175	31 174
有上市公司	1 743 648	216 934	151 822	45 980
无上市公司	220 096	22 173	76 385	1 813

4－10　续表2　　单位:万元

类　　型	长期投资	短期投资	存　货	流动资产年平均余额
已建立母子公司体制	197 918	13 475	1 027 256	3 686 203
未建立母子公司体制	27 108	577	110 754	448 846
二个层次集团	22 601	84	107 957	444 792
三个层次集团	93 199	13 048	621 317	2 134 583
三个层次以上集团	82 118	343	297 982	1 106 828
已执行合并会计报表	89 991	10 540	537 903	1 681 413
未执行合并会计报表	135 035	3 512	600 107	2 453 636
母公司出资人已明确	225 026	14 052	1 138 010	4 135 049
母公司出资人未明确				
从事均在同一大类中的行业的企业集团	105 066	3 325	396 759	1 676 833
不处于同一大类的行业,对主业有辅助作用	104 505	10 626	673 791	2 242 040
完全在不同行业大类进行投资经营的企业集团	15 455	101	67 460	216 176
有明确的企业集团重大事项决策程序制度	218 737	14 050	1 124 391	4 059 134
无明确的企业集团重大事项决策程序制度	6 289	2	13 619	75 915
有财务总监委派制	109 857	7 077	399 478	1 540 526
无财务总监委派制	115 169	6 975	738 532	2 594 523
有预算管理制度	211 745	13 967	1 076 036	3 709 871
无预算管理制度	13 281	85	61 974	425 178
有产权代表管理制度	176 466	8 630	829 084	2 575 069
无产权代表管理制度	48 560	5 422	308 926	1 559 980
是施行事业部制	110 073	9 605	375 081	1 322 576
未施行事业部制	114 953	4 447	762 929	2 812 473
是实行企业集团经营者年薪制	118 536	6 576	691 242	2 297 199
未实行企业集团经营者年薪制	106 490	7 476	446 768	1 837 850
已获得质量体系认证	198 269	14 052	1 075 743	3 851 648
未获得质量体系认证	26 757		62 267	283 401
已通过环境管理系列认证	99 520	9 749	499 065	1 934 420
未通过环境管理系列认证	125 506	4 303	638 945	2 200 629
技术中心条件完全满足需要	45 550	6 605	210 155	831 006
技术中心条件基本满足需要	109 486	4 180	588 502	2 038 047
技术中心条件不满足需要	13 519	476	45 530	216 197
有投资自主权	213 231	13 639	1 102 178	3 950 836
无投资自主权	11 795	413	35 832	184 213
有境外融资权	88 927	10 553	448 569	1 343 060
无境外融资权	136 099	3 499	689 441	2 791 989
有对外担保权	149 474	13 254	832 128	2 769 062
无对外担保权	75 552	798	305 882	1 365 987
有自营进出口权	198 437	10 950	1 055 866	3 498 517
无自营进出口权	26 589	3 102	82 144	636 532
有合并纳税权	37 772	3 795	408 403	1 176 313
无合并纳税权	187 254	10 257	729 607	2 958 736
有对外工程承包权	126 331	10 637	865 477	3 008 839
无对外工程承包权	98 695	3 415	272 533	1 126 210
有外事审批权	79 046	1 381	499 924	1 217 062
无外事审批权	145 980	12 671	638 086	2 917 987
有技术研究开发中心	168 555	11 261	844 187	3 085 250
无技术研究开发中心	56 471	2 791	293 823	1 049 799
有财务公司	39 702	6 696	125 037	552 494
无财务公司	185 324	7 356	1 012 973	3 582 555
有上市公司	174 259	13 921	943 077	3 163 675
无上市公司	50 767	131	194 933	971 374

4－10　续表3　　单位:万元

类　　型	应收帐款	年末负债合计	流动负债	营业收入
已建立母子公司体制	682 931	5 094 549	3 901 916	5 533 587
未建立母子公司体制	94 724	896 179	630 747	494 739
二个层次集团	140 549	671 871	568 116	294 185
三个层次集团	255 484	2 763 930	1 856 653	2 940 715
三个层次以上集团	286 898	1 658 748	1 477 147	2 298 687
已执行合并会计报表	303 421	2 232 248	1 701 850	2 778 582
未执行合并会计报表	474 234	3 758 480	2 830 813	3 249 744
母公司出资人已明确	777 655	5 990 728	4 532 663	6 028 326
母公司出资人未明确				
从事均在同一大类中的行业的企业集团	433 232	2 645 422	2 302 896	2 656 028
不处于同一大类的行业,对主业有辅助作用	292 637	3 068 900	2 028 168	3 202 884
完全在不同行业大类进行投资经营的企业集团	51 786	276 406	201 599	169 414
有明确的企业集团重大事项决策程序制度	765 568	5 902 166	4 459 251	5 908 050
无明确的企业集团重大事项决策程序制度	12 087	88 562	73 412	120 276
有财务总监委派制	389 987	1 909 764	1 609 134	1 989 620
无财务总监委派制	387 668	4 080 964	2 923 529	4 038 706
有预算管理制度	716 522	5 305 032	4 032 076	5 564 695
无预算管理制度	61 133	685 696	500 587	463 631
有产权代表管理制度	508 601	3 886 549	3 163 820	4 231 077
无产权代表管理制度	269 054	2 104 179	1 368 843	1 797 249
是施行事业部制	238 062	1 917 795	1 695 817	2 788 421
未施行事业部制	539 593	4 072 933	2 836 846	3 239 905
是实行企业集团经营者年薪制	404 187	3 379 212	2 415 419	3 692 621
未实行企业集团经营者年薪制	373 468	2 611 516	2 117 244	2 335 705
已获得质量体系认证	671 315	5 648 025	4 245 806	5 637 521
未获得质量体系认证	106 340	342 703	286 857	390 805
已通过环境管理系列认证	243 894	2 846 694	2 135 878	3 043 635
未通过环境管理系列认证	533 761	3 144 034	2 396 785	2 984 691
技术中心条件完全满足需要	78 477	919 911	800 962	1 186 284
技术中心条件基本满足需要	421 989	2 808 579	1 880 326	2 467 997
技术中心条件不满足需要	50 049	649 771	439 262	262 296
有投资自主权	727 165	5 563 126	4 201 289	5 868 648
无投资自主权	50 490	427 602	331 374	159 678
有境外融资权	183 543	1 951 719	1 123 469	2 313 821
无境外融资权	594 112	4 039 009	3 409 194	3 714 505
有对外担保权	441 924	3 759 420	2 559 003	3 760 785
无对外担保权	335 731	2 231 308	1 973 660	2 267 541
有自营进出口权	552 498	4 925 190	3 636 547	5 228 867
无自营进出口权	225 157	1 065 538	896 116	799 459
有合并纳税权	176 488	1 759 138	951 135	1 649 534
无合并纳税权	601 167	4 231 590	3 581 528	4 378 792
有对外工程承包权	525 381	4 278 262	3 228 332	4 846 369
无对外工程承包权	252 274	1 712 466	1 304 331	1 181 957
有外事审批权	183 805	2 002 851	1 606 792	2 674 194
无外事审批权	593 850	3 987 877	2 925 871	3 354 132
有技术研究开发中心	550 515	4 378 261	3 120 550	3 916 577
无技术研究开发中心	227 140	1 612 467	1 412 113	2 111 749
有财务公司	121 508	719 523	622 171	758 052
无财务公司	656 147	5 271 205	3 910 492	5 270 274
有上市公司	507 856	4 763 272	3 503 136	4 772 741
无上市公司	269 799	1 227 456	1 029 527	1 255 585

4－10　续表4　　　　单位：万元

类　　　　型	年末股东权益总计	年末少数股东权益	年末股东(所有者)权益合计	股　　本
已建立母子公司体制	2 873 647	779 559	2 094 088	1 535 772
未建立母子公司体制	358 651	107 029	251 622	227 919
二个层次集团	158 271	12 411	145 860	157 247
三个层次集团	1 933 695	719 612	1 214 083	689 494
三个层次以上集团	781 681	47 536	734 145	689 031
已执行合并会计报表	1 541 552	552 801	988 751	589 940
未执行合并会计报表	1 690 746	333 787	1 356 959	1 173 751
母公司出资人已明确	3 232 298	886 588	2 345 710	1 763 691
母公司出资人未明确				
从事均在同一大类中的行业的企业集团	960 365	75 466	884 899	912 099
不处于同一大类的行业,对主业有辅助作用	2 086 613	742 840	1 343 773	760 964
完全在不同行业大类进行投资经营的企业集团	185 320	68 282	117 038	90 628
有明确的企业集团重大事项决策程序制度	3 193 185	884 250	2 308 935	1 739 623
无明确的企业集团重大事项决策程序制度	39 113	2 338	36 775	24 068
有财务总监委派制	1 078 043	291 907	786 136	432 802
无财务总监委派制	2 154 255	594 681	1 559 574	1 330 889
有预算管理制度	3 022 669	845 503	2 177 166	1 620 255
无预算管理制度	209 629	41 085	168 544	143 436
有产权代表管理制度	2 198 415	594 285	1 604 130	1 203 661
无产权代表管理制度	1 033 883	292 303	741 580	560 030
是施行事业部制	1 213 187	266 574	946 613	669 521
未施行事业部制	2 019 111	620 014	1 399 097	1 094 170
是实行企业集团经营者年薪制	1 983 243	507 021	1 476 222	1 225 496
未实行企业集团经营者年薪制	1 249 055	379 567	869 488	538 195
已获得质量体系认证	3 054 188	886 588	2 167 600	1 658 503
未获得质量体系认证	178 110		178 110	105 188
已通过环境管理系列认证	1 626 906	343 914	1 282 992	865 628
未通过环境管理系列认证	1 605 392	542 674	1 062 718	898 063
技术中心条件完全满足需要	730 455	235 538	494 917	130 481
技术中心条件基本满足需要	1 474 331	504 276	970 055	791 912
技术中心条件不满足需要	153 232	38 747	114 485	133 287
有投资自主权	3 093 239	886 588	2 206 651	1 665 825
无投资自主权	139 059		139 059	97 866
有境外融资权	1 425 667	566 647	859 020	515 884
无境外融资权	1 806 631	319 941	1 486 690	1 247 807
有对外担保权	2 431 421	832 547	1 598 874	973 702
无对外担保权	800 877	54 041	746 836	789 989
有自营进出口权	2 866 583	855 090	2 011 493	1 459 040
无自营进出口权	365 715	31 498	334 217	304 651
有合并纳税权	1 152 212	428 060	724 152	536 426
无合并纳税权	2 080 086	458 528	1 621 558	1 227 265
有对外工程承包权	2 538 978	693 051	1 845 927	1 334 382
无对外工程承包权	693 320	193 537	499 783	429 309
有外事审批权	1 170 458	331 667	838 791	803 502
无外事审批权	2 061 840	554 921	1 506 919	960 189
有技术研究开发中心	2 358 018	778 561	1 579 457	1 055 680
无技术研究开发中心	874 280	108 027	766 253	708 011
有财务公司	439 035	163 024	276 011	86 139
无财务公司	2 793 263	723 564	2 069 699	1 677 552
有上市公司	2 719 327	874 177	1 845 150	1 403 890
无上市公司	512 971	12 411	500 560	359 801

4－10 续表5 单位:万元

类型	主营业务收入	主营业务成本	主营业务税金及附加	其他业务收入
已建立母子公司体制	5 426 425	4 529 367	58 303	107 162
未建立母子公司体制	475 241	403 549	3 583	19 498
二个层次集团	290 300	226 240	5 167	3 885
三个层次集团	2 849 358	2 332 528	29 294	91 357
三个层次以上集团	2 286 767	1 970 599	23 842	11 920
已执行合并会计报表	2 731 151	2 257 955	32 544	47 431
未执行合并会计报表	3 170 515	2 674 961	29 342	79 229
母公司出资人已明确	5 901 666	4 932 916	61 886	126 660
母公司出资人未明确				
从事均在同一大类中的行业的企业集团	2 635 808	2 307 448	26 768	20 220
不处于同一大类的行业,对主业有辅助作用	3 097 749	2 495 974	34 623	105 135
完全在不同行业大类进行投资经营的企业集团	168 109	129 494	495	1 305
有明确的企业集团重大事项决策程序制度	5 781 390	4 838 777	58 616	126 660
无明确的企业集团重大事项决策程序制度	120 276	94 139	3 270	
有财务总监委派制	1 972 066	1 540 505	28 953	17 554
无财务总监委派制	3 929 600	3 392 411	32 933	109 106
有预算管理制度	5 460 338	4 563 625	57 216	104 357
无预算管理制度	441 328	369 291	4 670	22 303
有产权代表管理制度	4 179 083	3 492 154	30 806	51 994
无产权代表管理制度	1 722 583	1 440 762	31 080	74 666
是施行事业部制	2 761 702	2 315 955	33 705	26 719
未施行事业部制	3 139 964	2 616 961	28 181	99 941
是实行企业集团经营者年薪制	3 601 447	3 043 564	21 447	91 174
未实行企业集团经营者年薪制	2 300 219	1 889 352	40 439	35 486
已获得质量体系认证	5 511 017	4 627 869	59 316	126 504
未获得质量体系认证	390 649	305 047	2 570	156
已通过环境管理系列认证	2 971 654	2 476 371	32 626	71 981
未通过环境管理系列认证	2 930 012	2 456 545	29 260	54 679
技术中心条件完全满足需要	1 171 211	903 521	20 040	15 073
技术中心条件基本满足需要	2 389 481	1 943 002	16 843	78 516
技术中心条件不满足需要	244 108	218 922	967	18 188
有投资自主权	5 745 820	4 798 077	61 228	122 828
无投资自主权	155 846	134 839	658	3 832
有境外融资权	2 232 092	1 781 483	22 088	81 729
无境外融资权	3 669 574	3 151 433	39 798	44 931
有对外担保权	3 654 250	2 923 426	38 160	106 535
无对外担保权	2 247 416	2 009 490	23 726	20 125
有自营进出口权	5 110 422	4 226 734	42 594	118 445
无自营进出口权	791 244	706 182	19 292	8 215
有合并纳税权	1 580 371	1 353 736	10 961	69 163
无合并纳税权	4 321 295	3 579 180	50 925	57 497
有对外工程承包权	4 747 812	4 038 815	54 284	98 557
无对外工程承包权	1 153 854	894 101	7 602	28 103
有外事审批权	2 638 331	2 299 209	15 686	35 863
无外事审批权	3 263 335	2 633 707	46 200	90 797
有技术研究开发中心	3 804 800	3 065 445	37 850	111 777
无技术研究开发中心	2 096 866	1 867 471	24 036	14 883
有财务公司	745 527	557 451	10 534	12 525
无财务公司	5 156 139	4 375 465	51 352	114 135
有上市公司	4 655 878	3 888 476	40 467	116 863
无上市公司	1 245 788	1 044 440	21 419	9 797

4－10 续表6 单位:万元

类型	新产品销售收入	出口销售总额	投资收益	营业外收入
已建立母子公司体制	438 114	302 907	6 021	10 747
未建立母子公司体制	57 482	34 397	1 872	1 672
二个层次集团	24 798	810	－217	883
三个层次集团	413 316	282 734	3 444	7 317
三个层次以上集团		19 363	2 794	2 547
已执行合并会计报表	381 749	256 400	3 565	4 997
未执行合并会计报表	113 847	80 904	4 328	7 422
母公司出资人已明确	495 596	337 304	7 893	12 419
母公司出资人未明确				
从事均在同一大类中的行业的企业集团	47 615	101 059	4 208	4 295
不处于同一大类的行业,对主业有辅助作用	435 731	203 636	2 089	7 085
完全在不同行业大类进行投资经营的企业集团	12 250	32 609	1 596	1 039
有明确的企业集团重大事项决策程序制度	491 346	336 990	8 026	12 370
无明确的企业集团重大事项决策程序制度	4 250	314	－133	49
有财务总监委派制	424 863	157 088	5 298	3 525
无财务总监委派制	70 733	180 216	2 595	8 894
有预算管理制度	441 613	277 794	7 334	11 356
无预算管理制度	53 983	59 510	559	1 063
有产权代表管理制度	408 816	241 945	5 916	7 057
无产权代表管理制度	86 780	95 359	1 977	5 362
是施行事业部制	332 311	61 529	2 963	3 361
未施行事业部制	163 285	275 775	4 930	9 058
是实行企业集团经营者年薪制	97 052	252 794	5 228	8 050
未实行企业集团经营者年薪制	398 544	84 510	2 665	4 369
已获得质量体系认证	495 596	332 046	6 386	11 166
未获得质量体系认证		5 258	1 507	1 253
已通过环境管理系列认证	293 697	26 330	776	6 409
未通过环境管理系列认证	201 899	310 974	7 117	6 010
技术中心条件完全满足需要	289 197	17 585	29	1 882
技术中心条件基本满足需要	144 416	281 917	4 959	6 961
技术中心条件不满足需要	49 733	1 788	280	620
有投资自主权	479 549	334 915	7 506	11 434
无投资自主权	16 047	2 389	387	985
有境外融资权	302 448	107 666	613	4 804
无境外融资权	193 148	229 638	7 280	7 615
有对外担保权	436 435	240 754	5 283	8 864
无对外担保权	59 161	96 550	2 610	3 555
有自营进出口权	479 549	334 915	7 052	11 238
无自营进出口权	16 047	2 389	841	1 181
有合并纳税权	85 506	176 971	1 516	4 510
无合并纳税权	410 090	160 333	6 377	7 909
有对外工程承包权	395 000	198 765	1 950	8 554
无对外工程承包权	100 596	138 539	5 943	3 865
有外事审批权		92 088	871	3 096
无外事审批权	495 596	245 216	7 022	9 323
有技术研究开发中心	483 346	301 290	5 268	9 463
无技术研究开发中心	12 250	36 014	2 625	2 956
有财务公司	289 197	17 794	497	1 155
无财务公司	206 399	319 510	7 396	11 264
有上市公司	470 798	269 857	5 846	9 760
无上市公司	24 798	67 447	2 047	2 659

4-10 续表7 单位:万元

类型	存货跌价损伤和营业、管理、财务等费用合计	税金	劳动、待业保险费	职工教育费
已建立母子公司体制	658 065	12 417	66 190	2 689
未建立母子公司体制	70 744	4 658	7 286	329
二个层次集团	49 226	741	4 823	201
三个层次集团	392 579	7 498	41 861	2 392
三个层次以上集团	216 260	4 178	19 506	96
已执行合并会计报表	338 005	7 185	26 909	1 478
未执行合并会计报表	390 804	9 890	46 567	1 540
母公司出资人已明确	728 809	17 075	73 476	3 018
母公司出资人未明确				
从事均在同一大类中的行业的企业集团	235 142	4 994	29 102	352
不处于同一大类的行业,对主业有辅助作用	459 416	9 815	41 141	2 432
完全在不同行业大类进行投资经营的企业集团	34 251	2 266	3 233	234
有明确的企业集团重大事项决策程序制度	719 229	17 049	72 855	2 980
无明确的企业集团重大事项决策程序制度	9 580	26	621	38
有财务总监委派制	308 308	4 154	18 504	529
无财务总监委派制	420 501	12 921	54 972	2 489
有预算管理制度	680 014	14 229	64 754	2 755
无预算管理制度	48 795	2 846	8 722	263
有产权代表管理制度	501 830	10 949	42 934	1 383
无产权代表管理制度	226 979	6 126	30 542	1 635
是施行事业部制	324 377	6 799	19 801	484
未施行事业部制	404 432	10 276	53 675	2 534
是实行企业集团经营者年薪制	408 380	8 401	55 191	1 782
未实行企业集团经营者年薪制	320 429	8 674	18 285	1 236
已获得质量体系认证	683 090	16 991	67 739	2 939
未获得质量体系认证	45 719	84	5 737	79
已通过环境管理系列认证	387 319	8 593	36 624	1 423
未通过环境管理系列认证	341 490	8 482	36 852	1 595
技术中心条件完全满足需要	196 673	3 347	6 537	723
技术中心条件基本满足需要	325 828	5 389	42 678	1 836
技术中心条件不满足需要	38 701	2 586	4 370	112
有投资自主权	700 050	15 930	70 857	2 976
无投资自主权	28 759	1 145	2 619	42
有境外融资权	333 435	7 041	26 060	1 978
无境外融资权	395 374	10 034	47 416	1 040
有对外担保权	541 651	12 075	50 595	2 796
无对外担保权	187 158	5 000	22 881	222
有自营进出口权	659 875	15 237	66 691	2 840
无自营进出口权	68 934	1 838	6 785	178
有合并纳税权	182 839	4 080	31 970	1 620
无合并纳税权	545 970	12 995	41 506	1 398
有对外工程承包权	524 256	11 368	54 642	2 385
无对外工程承包权	204 553	5 707	18 834	633
有外事审批权	246 593	6 597	23 269	949
无外事审批权	482 216	10 478	50 207	2 069
有技术研究开发中心	561 202	11 322	53 585	2 671
无技术研究开发中心	167 607	5 753	19 891	347
有财务公司	138 519	2 652	2 874	351
无财务公司	590 290	14 423	70 602	2 667
有上市公司	618 334	15 133	58 719	2 664
无上市公司	110 475	1 942	14 757	354

4－10　续表8　　单位:万元

类　　型	存货跌价损伤和营业、管理、财务等费用合计		利润总额	应交所得税
	广告费	利息支出		
已建立母子公司体制	41 421	93 952	160 982	43 234
未建立母子公司体制	619	18 160	－3 568	3 415
二个层次集团	1 974	11 379	－ 316	2 667
三个层次集团	10 600	52 214	125 879	22 313
三个层次以上集团	28 847	30 359	35 419	18 254
已执行合并会计报表	33 883	45 670	112 007	23 757
未执行合并会计报表	8 157	66 442	45 407	22 892
母公司出资人已明确	42 040	112 112	157 414	46 649
母公司出资人未明确				
从事均在同一大类中的行业的企业集团	1 325	42 733	17 527	15 685
不处于同一大类的行业,对主业有辅助作用	40 132	64 431	134 778	28 785
完全在不同行业大类进行投资经营的企业集团	583	4 948	5 109	2 179
有明确的企业集团重大事项决策程序制度	40 600	110 229	151 011	45 716
无明确的企业集团重大事项决策程序制度	1 440	1 883	6 403	933
有财务总监委派制	34 547	34 269	74 080	19 958
无财务总监委派制	7 493	77 843	83 334	26 691
有预算管理制度	40 570	99 830	152 638	45 106
无预算管理制度	1 470	12 282	4 776	1 543
有产权代表管理制度	34 186	82 234	126 421	37 490
无产权代表管理制度	7 854	29 878	30 993	9 159
是施行事业部制	34 127	34 622	93 588	28 833
未施行事业部制	7 913	77 490	63 826	17 816
是实行企业集团经营者年薪制	29 018	68 881	99 311	30 960
未实行企业集团经营者年薪制	13 022	43 231	58 103	15 689
已获得质量体系认证	42 040	105 915	152 136	45 176
未获得质量体系认证		6 197	5 278	1 473
已通过环境管理系列认证	11 359	45 475	91 499	26 313
未通过环境管理系列认证	30 681	66 637	65 915	20 336
技术中心条件完全满足需要	10 259	13 725	67 872	11 432
技术中心条件基本满足需要	31 047	58 049	73 633	19 065
技术中心条件不满足需要	40	13 390	－16 785	324
有投资自主权	42 030	105 103	168 319	46 203
无投资自主权	10	7 009	－10 905	446
有境外融资权	34 853	41 594	114 613	24 029
无境外融资权	7 187	70 518	42 801	22 620
有对外担保权	41 210	75 402	146 143	33 966
无对外担保权	830	36 710	11 271	12 683
有自营进出口权	41 919	96 522	160 391	40 700
无自营进出口权	121	15 590	－2 977	5 949
有合并纳税权	225	36 962	50 244	9 329
无合并纳税权	41 815	75 150	107 170	37 320
有对外工程承包权	11 349	78 873	145 063	35 608
无对外工程承包权	30 691	33 239	12 351	11 041
有外事审批权	28 847	47 306	69 331	22 158
无外事审批权	13 193	64 806	88 083	24 491
有技术研究开发中心	41 346	85 164	124 720	30 821
无技术研究开发中心	694	26 948	32 694	15 828
有财务公司	5 083	12 546	49 968	9 886
无财务公司	36 957	99 566	107 446	36 763
有上市公司	39 982	97 842	137 431	41 197
无上市公司	2 058	14 270	19 983	5 452

4－10　续表9　　单位:万元

类　　型	应交增值税	固定资产投资完成额	研究开发费　用	上交税金合　计
已建立母子公司体制	227 988	529 460	74 571	283 639
未建立母子公司体制	13 169	52 688	7 813	21 242
二个层次集团	6 343	67 196	1 074	9 751
三个层次集团	109 433	244 186	59 539	139 244
三个层次以上集团	112 212	218 078	13 958	134 644
已执行合并会计报表	88 397	186 304	46 473	119 339
未执行合并会计报表	152 760	395 844	35 911	185 542
母公司出资人已明确	241 157	582 148	82 384	304 881
母公司出资人未明确				
从事均在同一大类中的行业的企业集团	117 169	234 036	16 040	137 848
不处于同一大类的行业,对主业有辅助作用	119 948	321 658	60 687	158 548
完全在不同行业大类进行投资经营的企业集团	4 040	26 454	5 657	8 485
有明确的企业集团重大事项决策程序制度	238 057	578 710	81 909	300 822
无明确的企业集团重大事项决策程序制度	3 100	3 438	475	4 059
有财务总监委派制	66 322	167 448	56 853	90 434
无财务总监委派制	174 835	414 700	25 531	214 447
有预算管理制度	226 051	540 919	76 360	285 386
无预算管理制度	15 106	41 229	6 024	19 495
有产权代表管理制度	190 600	450 660	58 556	239 039
无产权代表管理制度	50 557	131 488	23 828	65 842
是施行事业部制	139 336	222 541	22 195	174 963
未施行事业部制	101 821	359 607	60 189	129 913
是实行企业集团经营者年薪制	167 657	451 753	40 173	207 018
未实行企业集团经营者年薪制	73 500	130 395	42 211	97 863
已获得质量体系认证	228 176	544 770	70 496	290 343
未获得质量体系认证	12 981	37 378	11 888	14 538
已通过环境管理系列认证	164 350	275 834	34 048	199 256
未通过环境管理系列认证	76 807	306 314	48 336	105 625
技术中心条件完全满足需要	55 018	68 807	32 425	69 797
技术中心条件基本满足需要	82 315	283 985	42 325	106 769
技术中心条件不满足需要	9 085	26 356	2 716	11 995
有投资自主权	236 270	577 855	82 193	298 403
无投资自主权	4 887	4 293	191	6 478
有境外融资权	97 490	178 591	22 576	128 560
无境外融资权	143 667	403 557	59 808	176 321
有对外担保权	138 026	386 772	78 717	184 067
无对外担保权	103 131	195 376	3 667	120 814
有自营进出口权	234 359	510 702	82 193	290 296
无自营进出口权	6 798	71 446	191	14 585
有合并纳税权	48 423	159 755	25 329	61 832
无合并纳税权	192 734	422 393	57 055	243 049
有对外工程承包权	197 409	467 029	58 527	244 385
无对外工程承包权	43 748	115 119	23 857	60 496
有外事审批权	130 362	286 888	3 001	159 117
无外事审批权	110 795	295 260	79 383	145 764
有技术研究开发中心	146 418	379 148	77 466	188 561
无技术研究开发中心	94 739	203 000	4 918	116 320
有财务公司	39 114	34 570	19 259	51 652
无财务公司	202 043	547 578	63 125	253 229
有上市公司	214 336	462 657	66 437	270 666
无上市公司	26 821	119 491	15 947	34 215

4－11 国有控股企业集团按改制状况分组劳动工资指标

（2003 年） 单位：人

类别	从业人员	在岗职工	其他从业人员	研究开发人员
已建立母子公司体制	287 781	276 613	11 168	4 792
未建立母子公司体制	44 230	36 436	7 794	1 651
二个层次集团	38 252	32 404	5 848	557
三个层次集团	153 212	149 990	3 222	3 544
三个层次以上集团	96 317	94 219	2 098	691
已执行合并会计报表	120 845	116 806	4 039	3 436
未执行合并会计报表	211 166	196 243	14 923	3 007
母公司出资人已明确	332 011	313 049	18 962	6 443
母公司出资人未明确				
从事均在同一大类中的行业的企业集团	142 221	134 723	7 498	1 473
不处于同一大类的行业，对主业有辅助作用	169 855	161 879	7 976	3 773
完全在不同行业大类进行投资经营的企业集团	19 935	16 447	3 488	1 197
有明确的企业集团重大事项决策程序制度	319 942	306 386	13 556	6 353
无明确的企业集团重大事项决策程序制度	12 069	6 663	5 406	90
有财务总监委派制	105 517	100 550	4 967	4 024
无财务总监委派制	226 494	212 499	13 995	2 419
有预算管理制度	286 782	275 246	11 536	5 433
无预算管理制度	45 229	37 803	7 426	1 010
有产权代表管理制度	186 516	178 589	7 927	3 956
无产权代表管理制度	145 495	134 460	11 035	2 487
是施行事业部制	91 241	89 378	1 863	1 745
未施行事业部制	240 770	223 671	17 099	4 698
是实行企业集团经营者年薪制	212 121	207 021	5 100	2 450
未实行企业集团经营者年薪制	119 890	106 028	13 862	3 993
已获得质量体系认证	298 372	280 831	17 541	5 827
未获得质量体系认证	33 639	32 218	1 421	616
已通过环境管理系列认证	144 300	140 228	4 072	2 043
未通过环境管理系列认证	187 711	172 821	14 890	4 400
技术中心条件完全满足需要	27 642	26 891	751	1 767
技术中心条件基本满足需要	189 145	178 136	11 009	2 807
技术中心条件不满足需要	22 151	19 114	3 037	739
有投资自主权	315 895	300 612	15 283	6 239
无投资自主权	16 116	12 437	3 679	204
有境外融资权	120 188	113 350	6 838	2 012
无境外融资权	211 823	199 699	12 124	4 431
有对外担保权	225 351	213 113	12 238	5 903
无对外担保权	106 660	99 936	6 724	540
有自营进出口权	276 714	263 621	13 093	6 239
无自营进出口权	55 297	49 428	5 869	204
有合并纳税权	121 985	121 056	929	1 766
无合并纳税权	210 026	191 993	18 033	4 677
有对外工程承包权	228 357	220 390	7 967	3 653
无对外工程承包权	103 654	92 659	10 995	2 790
有外事审批权	89 494	88 659	835	65
无外事审批权	242 517	224 390	18 127	6 378
有技术研究开发中心	238 938	224 141	14 797	5 313
无技术研究开发中心	93 073	88 908	4 165	1 130
有财务公司	19 047	17 717	1 330	1 602
无财务公司	312 964	295 332	17 632	4 841
有上市公司	226 377	218 312	8 065	4 955
无上市公司	105 634	94 737	10 897	1 488

4－11　续表　　　　单位:万元

类　　别	从业人员劳动报酬	在岗职工劳动报酬	其他从业人员劳动报　酬	研究开发人员劳动报　酬
已建立母子公司体制	378 835	367 255	11 580	5 008
未建立母子公司体制	39 485	31 875	7 610	3 743
二个层次集团	35 302	28 231	7 071	649
三个层次集团	211 674	208 690	2 984	3 727
三个层次以上集团	131 859	130 334	1 525	632
已执行合并会计报表	177 722	173 846	3 876	3 487
未执行合并会计报表	240 598	225 284	15 314	5 264
母公司出资人已明确	418 320	399 130	19 190	8 751
母公司出资人未明确				
从事均在同一大类中的行业的企业集团	173 517	166 379	7 138	1 587
不处于同一大类的行业,对主业有辅助作用	226 446	219 460	6 986	3 912
完全在不同行业大类进行投资经营的企业集团	18 357	13 291	5 066	3 252
有明确的企业集团重大事项决策程序制度	406 880	392 067	14 813	8 665
无明确的企业集团重大事项决策程序制度	11 440	7 063	4 377	86
有财务总监委派制	134 596	126 805	7 791	3 894
无财务总监委派制	283 724	272 325	11 399	4 857
有预算管理制度	376 172	362 917	13 255	7 608
无预算管理制度	42 148	36 213	5 935	1 143
有产权代表管理制度	259 173	251 256	7 917	3 725
无产权代表管理制度	159 147	147 874	11 273	5 026
是施行事业部制	145 086	142 878	2 208	236
未施行事业部制	273 234	256 252	16 982	8 515
是实行企业集团经营者年薪制	284 780	281 178	3 602	4 025
未实行企业集团经营者年薪制	133 540	117 952	15 588	4 726
已获得质量体系认证	386 837	368 273	18 564	8 213
未获得质量体系认证	31 483	30 857	626	538
已通过环境管理系列认证	193 475	192 028	1 447	635
未通过环境管理系列认证	224 845	207 102	17 743	8 116
技术中心条件完全满足需要	43 753	42 704	1 049	378
技术中心条件基本满足需要	226 036	217 588	8 448	4 400
技术中心条件不满足需要	15 173	14 932	241	761
有投资自主权	406 903	388 379	18 524	8 393
无投资自主权	11 417	10 751	666	358
有境外融资权	166 107	160 002	6 105	412
无境外融资权	252 213	239 128	13 085	8 339
有对外担保权	277 267	265 017	12 250	7 833
无对外担保权	141 053	134 113	6 940	918
有自营进出口权	354 368	342 741	11 627	8 393
无自营进出口权	63 952	56 389	7 563	358
有合并纳税权	161 366	160 745	621	3 097
无合并纳税权	256 954	238 385	18 569	5 654
有对外工程承包权	321 989	315 254	6 735	3 733
无对外工程承包权	96 331	83 876	12 455	5 018
有外事审批权	145 396	144 506	890	82
无外事审批权	272 924	254 624	18 300	8 669
有技术研究开发中心	284 962	275 224	9 738	5 539
无技术研究开发中心	133 358	123 906	9 452	3 212
有财务公司	33 224	31 913	1 311	
无财务公司	385 096	367 217	17 879	8 751
有上市公司	309 263	301 978	7 285	7 120
无上市公司	109 057	97 152	11 905	1 631

4－12 国有控股企业集团按改制状况分组主要经济效益指标

（2003 年）

单位:%

类型	净资产收益率	总资产报酬率	销售利润率	资本保值增值率
已建立母子公司体制	4.10	3.20	2.91	109.03
未建立母子公司体制	-1.95	1.16	-0.72	99.95
二个层次集团	-1.88	1.33	-0.11	86.18
三个层次集团	5.36	3.79	4.28	116.41
三个层次以上集团	2.20	2.70	1.54	98.83
已执行合并会计报表	5.72	4.18	4.03	114.26
未执行合并会计报表	1.33	2.05	1.40	102.76
母公司出资人已明确	3.43	2.92	2.61	107.94
母公司出资人未明确				
从事均在同一大类中的行业的企业集团	0.19	1.67	0.66	93.60
不处于同一大类的行业,对主业有辅助作用	5.08	3.86	4.21	117.20
完全在不同行业大类进行投资经营的企业集团	1.58	2.18	3.02	98.51
有明确的企业集团重大事项决策程序制度	3.30	2.87	2.56	107.26
无明确的企业集团重大事项决策程序制度	13.99	6.49	5.32	222.54
有财务总监委派制	5.02	3.63	3.72	122.81
无财务总监委派制	2.63	2.58	2.06	101.77
有预算管理制度	3.56	3.03	2.74	108.35
无预算管理制度	1.54	1.91	1.03	102.33
有产权代表管理制度	4.05	3.43	2.99	107.79
无产权代表管理制度	2.11	1.94	1.72	108.27
是施行事业部制	5.34	4.09	3.36	118.24
未施行事业部制	2.28	2.32	1.97	102.57
是实行企业集团经营者年薪制	3.45	3.14	2.69	100.80
未实行企业集团经营者年薪制	3.40	2.62	2.49	121.61
已获得质量体系认证	3.50	2.97	2.70	107.55
未获得质量体系认证	2.14	2.20	1.35	115.02
已通过环境管理系列认证	4.01	3.06	3.01	119.37
未通过环境管理系列认证	2.84	2.79	2.21	98.39
技术中心条件完全满足需要	7.73	4.94	5.72	154.89
技术中心条件基本满足需要	3.70	3.07	2.98	100.22
技术中心条件不满足需要	-11.17	-0.42	-6.40	99.61
有投资自主权	3.95	3.16	2.87	108.12
无投资自主权	-8.16	-0.69	-6.83	103.99
有境外融资权	6.35	4.63	4.95	119.35
无境外融资权	1.12	1.94	1.15	100.37
有对外担保权	4.61	3.58	3.89	115.47
无对外担保权	-0.18	1.58	0.50	90.11
有自营进出口权	4.18	3.30	3.07	110.46
无自营进出口权	-2.44	0.88	-0.37	91.55
有合并纳税权	3.55	3.00	3.05	101.47
无合并纳税权	3.36	2.89	2.45	111.89
有对外工程承包权	4.31	3.28	2.99	109.69
无对外工程承包权	0.19	1.90	1.04	101.99
有外事审批权	4.03	3.68	2.59	95.64
无外事审批权	3.08	2.53	2.63	116.44
有技术研究开发中心	3.98	3.12	3.18	112.48
无技术研究开发中心	1.93	2.40	1.55	97.35
有财务公司	9.13	5.40	6.59	154.17
无财务公司	2.53	2.57	2.04	103.08
有上市公司	3.54	3.14	2.88	107.89
无上市公司	2.83	1.97	1.59	108.21

4－12　续表1　　　　单位:%

类　　　　型	劳动生产率（万元/人）	成本费用利润率	流动资产比率	资产利税率
已建立母子公司体制	19.23	3.10	46.26	5.61
未建立母子公司体制	11.19	-0.75	35.77	1.05
二个层次集团	7.69	-0.11	53.58	1.35
三个层次集团	19.19	4.62	45.44	5.63
三个层次以上集团	23.87	1.62	45.35	7.03
已执行合并会计报表	22.99	4.31	44.55	6.17
未执行合并会计报表	15.39	1.48	45.03	4.18
母公司出资人已明确	18.16	2.78	44.83	4.99
母公司出资人未明确				
从事均在同一大类中的行业的企业集团	18.68	0.69	46.50	4.48
不处于同一大类的行业,对主业有辅助作用	18.86	4.56	43.49	5.61
完全在不同行业大类进行投资经营的企业集团	8.50	3.12	46.82	2.09
有明确的企业集团重大事项决策程序制度	18.47	2.72	44.63	4.92
无明确的企业集团重大事项决策程序制度	9.97	6.17	59.46	10.00
有财务总监委派制	18.86	4.01	51.56	5.67
无财务总监委派制	17.83	2.19	41.61	4.67
有预算管理制度	19.40	2.91	44.55	5.23
无预算管理制度	10.25	1.14	47.49	2.74
有产权代表管理制度	22.68	3.17	42.32	5.72
无产权代表管理制度	12.35	1.86	49.71	3.59
是施行事业部制	30.56	3.54	42.24	8.52
未施行事业部制	13.46	2.11	46.17	3.18
是实行企业集团经营者年薪制	17.41	2.88	42.84	5.38
未实行企业集团经营者年薪制	19.48	2.63	47.61	4.46
已获得质量体系认证	18.89	2.86	44.26	5.05
未获得质量体系认证	11.62	1.50	54.42	4.00
已通过环境管理系列认证	21.09	3.20	43.24	6.45
未通过环境管理系列认证	15.90	2.36	46.33	3.62
技术中心条件完全满足需要	42.92	6.17	50.35	8.66
技术中心条件基本满足需要	13.05	3.25	47.59	4.03
技术中心条件不满足需要	11.84	-6.52	26.92	-0.84
有投资自主权	18.58	3.06	45.64	5.38
无投资自主权	9.91	-6.67	32.51	-0.95
有境外融资权	19.25	5.42	39.77	6.93
无境外融资权	17.54	1.21	47.76	3.87
有对外担保权	16.69	4.22	44.73	5.21
无对外担保权	21.26	0.51	45.05	4.56
有自营进出口权	18.90	3.28	44.90	5.61
无自营进出口权	14.46	-0.38	44.47	1.61
有合并纳税权	13.52	3.27	40.40	3.77
无合并纳税权	20.85	2.60	46.88	5.56
有对外工程承包权	21.22	3.18	44.14	5.82
无对外工程承包权	11.40	1.12	46.81	2.65
有外事审批权	29.88	2.72	38.35	6.79
无外事审批权	13.83	2.83	48.23	4.05
有技术研究开发中心	16.39	3.44	45.80	4.59
无技术研究开发中心	22.69	1.61	42.22	6.09
有财务公司	39.80	7.18	47.69	8.60
无财务公司	16.84	2.16	44.42	4.47
有上市公司	21.08	3.05	42.28	5.24
无上市公司	11.89	1.73	55.81	3.92

4－12 续表2 单位:%

类型	资金利润率	资产负债率	长期负债与资产总计比率	总资产使用率
已建立母子公司体制	2.58	63.94	14.97	68.10
未建立母子公司体制	-0.36	71.42	21.15	37.87
二个层次集团	-0.05	80.93	12.50	34.97
三个层次集团	3.37	58.84	19.31	60.66
三个层次以上集团	1.95	67.97	7.44	93.70
已执行合并会计报表	3.64	59.15	14.05	72.37
未执行合并会计报表	1.10	68.97	17.02	58.18
母公司出资人已明确	2.18	64.95	15.81	63.99
母公司出资人未明确				
从事均在同一大类中的行业的企业集团	0.64	73.37	9.50	73.10
不处于同一大类的行业,对主业有辅助作用	3.28	59.53	20.19	60.09
完全在不同行业大类进行投资经营的企业集团	1.42	59.86	16.20	36.41
有明确的企业集团重大事项决策程序制度	2.12	64.89	15.86	63.56
无明确的企业集团重大事项决策程序制度	6.25	69.37	11.87	94.20
有财务总监委派制	3.18	63.92	10.06	66.00
无财务总监委派制	1.70	65.45	18.56	63.02
有预算管理制度	2.34	63.70	15.29	65.57
无预算管理制度	0.67	76.59	20.68	49.29
有产权代表管理制度	2.67	63.87	11.88	68.68
无产权代表管理制度	1.25	67.05	23.43	54.89
是施行事业部制	4.19	61.25	7.09	88.21
未施行事业部制	1.28	66.86	20.29	51.54
是实行企业集团经营者年薪制	2.37	63.02	17.97	67.16
未实行企业集团经营者年薪制	1.92	67.65	12.80	59.58
已获得质量体系认证	2.22	64.90	16.11	63.33
未获得质量体系认证	1.37	65.80	10.72	75.01
已通过环境管理系列认证	2.82	63.63	15.89	66.43
未通过环境管理系列认证	1.66	66.20	15.73	61.69
技术中心条件完全满足需要	5.44	55.74	7.21	70.97
技术中心条件基本满足需要	2.09	65.58	21.67	55.79
技术中心条件不满足需要	-2.71	80.92	26.22	30.40
有投资自主权	2.48	64.27	15.73	66.38
无投资自主权	-2.51	75.46	16.98	27.50
有境外融资权	4.42	57.79	24.52	66.09
无境外融资权	0.92	69.09	10.77	62.77
有对外担保权	2.98	60.73	19.39	59.03
无对外担保权	0.49	73.59	8.50	74.12
有自营进出口权	2.64	63.21	16.54	65.59
无自营进出口权	-0.26	74.45	11.84	55.28
有合并纳税权	2.15	60.42	27.75	54.28
无合并纳税权	2.20	67.04	10.30	68.47
有对外工程承包权	2.74	62.76	15.40	69.64
无对外工程承包权	0.64	71.18	16.96	47.96
有外事审批权	2.74	63.12	12.48	83.14
无外事审批权	1.88	65.92	17.55	53.94
有技术研究开发中心	2.31	65.00	18.67	56.48
无技术研究开发中心	1.78	64.84	8.06	84.32
有财务公司	6.06	62.11	8.40	64.35
无财务公司	1.68	65.36	16.87	63.94
有上市公司	2.35	63.66	16.84	62.22
无上市公司	1.44	70.53	11.37	71.58

4－12　续表3　　单位:%

类　　型	流动比率	速动比率	新产品销售收入与营业收入比率	研究开发费用与主营业务收入比率
已建立母子公司体制	94.47	68.14	7.92	1.37
未建立母子公司体制	71.16	53.60	11.62	1.64
二个层次集团	78.29	59.29	8.43	0.37
三个层次集团	114.97	81.51	14.05	2.09
三个层次以上集团	74.93	54.76		0.61
已执行合并会计报表	98.80	67.19	13.74	1.70
未执行合并会计报表	86.68	65.48	3.50	1.13
母公司出资人已明确	91.23	66.12	8.22	1.40
母公司出资人未明确				
从事均在同一大类中的行业的企业集团	72.81	55.59	1.79	0.61
不处于同一大类的行业,对主业有辅助作用	110.55	77.32	13.60	1.96
完全在不同行业大类进行投资经营的企业集团	107.23	73.77	7.23	3.37
有明确的企业集团重大事项决策程序制度	91.03	65.81	8.32	1.42
无明确的企业集团重大事项决策程序制度	103.41	84.86	3.53	0.39
有财务总监委派制	95.74	70.91	21.35	2.88
无财务总监委派制	88.75	63.48	1.75	0.65
有预算管理制度	92.01	65.32	7.94	1.40
无预算管理制度	84.94	72.56	11.64	1.36
有产权代表管理制度	81.39	55.19	9.66	1.40
无产权代表管理制度	113.96	91.39	4.83	1.38
是施行事业部制	77.99	55.87	11.92	0.80
未施行事业部制	99.14	72.25	5.04	1.92
是实行企业集团经营者年薪制	95.11	66.49	2.63	1.12
未实行企业集团经营者年薪制	86.80	65.70	17.06	1.84
已获得质量体系认证	90.72	65.38	8.79	1.28
未获得质量体系认证	98.80	77.09		3.04
已通过环境管理系列认证	90.57	67.20	9.65	1.15
未通过环境管理系列认证	91.82	65.16	6.76	1.65
技术中心条件完全满足需要	103.75	77.51	24.38	2.77
技术中心条件基本满足需要	108.39	77.09	5.85	1.77
技术中心条件不满足需要	49.22	38.85	18.96	1.11
有投资自主权	94.04	67.80	8.17	1.43
无投资自主权	55.59	44.78	10.05	0.12
有境外融资权	119.55	79.62	13.07	1.01
无境外融资权	81.90	61.67	5.20	1.63
有对外担保权	108.21	75.69	11.60	2.15
无对外担保权	69.21	53.71	2.61	0.16
有自营进出口权	96.20	67.17	9.17	1.61
无自营进出口权	71.03	61.87	2.01	0.02
有合并纳税权	123.67	80.74	5.18	1.60
无合并纳税权	82.61	62.24	9.37	1.32
有对外工程承包权	93.20	66.39	8.15	1.23
无对外工程承包权	86.34	65.45	8.51	2.07
有外事审批权	75.74	44.63		0.11
无外事审批权	99.73	77.92	14.78	2.43
有技术研究开发中心	98.87	71.82	12.34	2.04
无技术研究开发中心	74.34	53.54	0.58	0.23
有财务公司	88.80	68.70	38.15	2.58
无财务公司	91.61	65.71	3.92	1.22
有上市公司	90.31	63.39	9.86	1.43
无上市公司	94.35	75.42	1.98	1.28

4－13　各类企业集团母公司统一决策状况

（2003 年）　　　　单位:个、%

类　　型	单位数	企业集团发展战略		重大投融资项目	
		单位数	比　例	单位数	比　例
总　计	**50**	**48**	**96.00**	**43**	**86.00**
一、按集团审批部门分					
国务院主管部门	2	2	100.00	2	100.00
省级人民政府	11	11	100.00	7	63.64
省级人民政府主管部门	15	15	100.00	14	93.33
其　他	22	20	90.91	20	90.91
二、按母公司控股情况分					
国有绝对控股	34	32	94.12	27	79.41
国有相对控股	3	3	100.00	3	100.00
集体绝对控股					
集体相对控股					
其　他	13	13	100.00	13	100.00
三、按集团主营行业分					
农、林、牧、渔业	2	1	50.00	2	100.00
采矿业	2	2	100.00	2	100.00
制造业	36	36	100.00	30	83.33
电力、燃气及水的生产和供应业	1	1	100.00	1	100.00
建筑业	5	4	80.00	4	80.00
交通运输、仓储和邮政业	1	1	100.00	1	100.00
批发和零售业	1	1	100.00	1	100.00
房地产业	1	1	100.00	1	100.00
文化、体育和娱乐业	1	1	100.00	1	100.00
四、按母公司登记注册类型分					
国有企业	14	13	92.86	10	71.43
国有独资企业	12	12	100.00	10	83.33
其他有限责任公司	13	12	92.31	13	100.00
股份有限公司	9	9	100.00	8	88.89
中外合资企业					
港澳台合资企业					
其　他	2	2	100.00	2	100.00
五、按母公司企业规模分					
大　型	17	16	94.12	14	82.35
中　型	25	25	100.00	22	88.00
小　型	7	6	85.71	6	85.71
其　他	1	1	100.00	1	100.00

4－13 续表

单位:个、%

类型	涉外贸易和经济技术合作		科研开发		财务管理制度	
	单位数	比例	单位数	比例	单位数	比例
总计	**31**	**62.00**	**31**	**62.00**	**40**	**80.00**
一、按集团审批部门分						
国务院主管部门	2	100.00	2	100.00	2	100.00
省级人民政府	6	54.55	4	36.36	6	54.55
省级人民政府主管部门	11	73.33	10	66.67	13	86.67
其他	12	54.55	15	68.18	19	86.36
二、按母公司控股情况分						
国有绝对控股	22	64.71	19	55.88	26	76.47
国有相对控股	2	66.67	2	66.67	3	100.00
集体绝对控股						
集体相对控股						
其他	7	53.85	10	76.92	11	84.62
三、按集团主营行业分						
农、林、牧、渔业	1	50.00	1	50.00	2	100.00
采矿业	2	100.00	2	100.00	2	100.00
制造业	22	61.11	25	69.44	28	77.78
电力、燃气及水的生产和供应业	1	100.00	1	100.00	1	100.00
建筑业	2	40.00	2	40.00	4	80.00
交通运输、仓储和邮政业	1	100.00			1	100.00
批发和零售业					1	100.00
房地产业	1	100.00			1	100.00
文化、体育和娱乐业	1	100.00				
四、按母公司登记注册类型分						
国有企业	9	64.29	9	64.29	11	78.57
国有独资企业	9	75.00	6	50.00	10	83.33
其他有限责任公司	7	53.85	9	69.23	11	84.62
股份有限公司	4	44.44	5	55.56	6	66.67
中外合资企业						
港澳台合资企业						
其他	2	100.00	2	100.00	2	100.00
五、按母公司企业规模分						
大型	11	64.71	9	52.94	14	82.35
中型	14	56.00	19	76.00	19	76.00
小型	5	71.43	2	28.57	6	85.71
其他	1	100.00	1	100.00	1	100.00

4-14 各类企业集团母公司出资人行使主要权利状况

（2003 年） 单位：个、%

类型	单位数	企业重大经营决策权		选择企业经营者		收取资产收益	
		单位数	比例	单位数	比例	单位数	比例
总计	**50**	**43**	**86.00**	**39**	**78.00**	**31**	**62.00**
一、按集团审批部门分							
国务院主管部门	2	2	100.00	2	100.00	2	100.00
省级人民政府	11	8	72.73	10	90.91	5	45.45
省级人民政府主管部门	15	13	86.67	9	60.00	6	40.00
其他	22	20	90.91	18	81.82	18	81.82
二、按母公司控股情况分							
国有绝对控股	34	28	82.35	27	79.41	22	64.71
国有相对控股	3	2	66.67	2	66.67	1	33.33
集体绝对控股							
集体相对控股							
其他	13	13	100.00	10	76.92	8	61.54
三、按集团主营行业分							
农、林、牧、渔业	2	2	100.00	1	50.00	1	50.00
采矿业	2	2	100.00	2	100.00	2	100.00
制造业	36	32	88.89	28	77.78	22	61.11
电力、燃气及水的生产和供应业	1	1	100.00	1	100.00	1	100.00
建筑业	5	3	60.00	4	80.00	3	60.00
交通运输、仓储和邮政业	1			1	100.00	1	100.00
批发和零售业	1	1	100.00	1	100.00		
房地产业	1	1	100.00				
文化、体育和娱乐业	1	1	100.00	1	100.00	1	100.00
四、按母公司登记注册类型分							
国有企业	14	13	92.86	11	78.57	9	64.29
国有独资企业	12	8	66.67	11	91.67	9	75.00
其他有限责任公司	13	13	100.00	10	76.92	8	61.54
股份有限公司	9	7	77.78	5	55.56	3	33.33
中外合资企业							
港澳台合资企业							
其他	2	2	100.00	2	100.00	2	100.00
五、按母公司企业规模分							
大型	17	14	82.35	14	82.35	10	58.82
中型	25	22	88.00	19	76.00	16	64.00
小型	7	6	85.71	5	71.43	4	57.14
其他	1	1	100.00	1	100.00	1	100.00

4－15 各类企业集团母公司组织机构建立状况

（2003 年）　　单位：个、%

类　　型	单位数	成立股东会		成立董事会		成立监事会		设立独立董事	
		单位数	比　例	单位数	比　例	单位数	比　例	单位数	比　例
总　　计	**50**	**22**	**64.71**	**34**	**100.00**	**27**	**79.41**	**10**	**29.41**
一、按集团审批部门分									
国务院主管部门	2			1	100.00	1	100.00		
省级人民政府	11	3	75.00	4	100.00	3	75.00	2	50.00
省级人民政府主管部门	15	9	69.23	13	100.00	11	84.62	3	23.08
其　他	22	10	62.50	16	100.00	12	75.00	5	31.25
二、按母公司控股情况分									
国有绝对控股	34	8	40.00	20	100.00	13	65.00	3	15.00
国有相对控股	3	2	100.00	2	100.00	2	100.00	1	50.00
集体绝对控股									
集体相对控股									
其　他	13	12	100.00	12	100.00	12	100.00	6	50.00
三、按集团主营行业分									
农、林、牧、渔业	2	2	100.00	2	100.00	2	100.00		
采矿业	2								
制造业	36	18	72.00	25	100.00	20	80.00	8	32.00
电力、燃气及水的生产和供应业	1			1	100.00	1	100.00		
建筑业	5			2	100.00				
交通运输、仓储和邮政业	1			1	100.00	1	100.00		
批发和零售业	1	1	100.00	1	100.00	1	100.00	1	100.00
房地产业	1	1	100.00	1	100.00	1	100.00	1	100.00
文化、体育和娱乐业	1			1	100.00	1	100.00		
四、按母公司登记注册类型分									
国有企业	14								
国有独资企业	12			12	100.00	5	41.67	1	8.33
其他有限责任公司	13	13	100.00	13	100.00	13	100.00	6	46.15
股份有限公司	9	9	100.00	9	100.00	9	100.00	3	33.33
中外合资企业									
港澳台合资企业									
其　他	2								
五、按母公司企业规模分									
大　型	17	5	62.50	8	100.00	5	62.50	2	25.00
中　型	25	14	66.67	21	100.00	17	80.95	7	33.33
小　型	7	3	60.00	5	100.00	5	100.00	1	20.00
其　他	1								

4－16　各类企业集团配套政策落实情况

（2003 年）　　单位:个、%

类　　型	单位数	有投资自主权		有境外融资权		有对外担保权	
		单位数	比　例	单位数	比　例	单位数	比　例
总　　计	**50**	**44**	**88.00**	**15**	**30.00**	**32**	**64.00**
一、按集团审批部门分							
国务院主管部门	2	2	100.00			2	100.00
省级人民政府	11	10	90.91	3	27.27	6	54.55
省级人民政府主管部门	15	13	86.67	5	33.33	9	60.00
其　他	22	19	86.36	7	31.82	15	68.18
二、按母公司控股情况分							
国有绝对控股	34	28	82.35	8	23.53	21	61.76
国有相对控股	3	3	100.00			2	66.67
集体绝对控股							
集体相对控股							
其　他	13	13	100.00	7	53.85	9	69.23
三、按集团主营行业分							
农、林、牧、渔业	2	1	50.00	1	50.00	1	50.00
采矿业	2	2	100.00	1	50.00	2	100.00
制造业	36	31	86.11	12	33.33	23	63.89
电力、燃气及水的生产和供应业	1	1	100.00			1	100.00
建筑业	5	5	100.00	1	20.00	3	60.00
交通运输、仓储和邮政业	1	1	100.00			1	100.00
批发和零售业	1	1	100.00			1	100.00
房地产业	1	1	100.00				
文化、体育和娱乐业	1	1	100.00				
四、按母公司登记注册类型分							
国有企业	14	13	92.86	3	21.43	10	71.43
国有独资企业	12	10	83.33	2	16.67	8	66.67
其他有限责任公司	13	11	84.62	6	46.15	7	53.85
股份有限公司	9	8	88.89	4	44.44	5	55.56
中外合资企业							
港澳台合资企业							
其　他	2	2	100.00			2	100.00
五、按母公司企业规模分							
大　型	17	15	88.24	5	29.41	12	70.59
中　型	25	21	84.00	9	36.00	16	64.00
小　型	7	7	100.00	1	14.29	4	57.14
其　他	1	1	100.00				

4－16 续表1 单位:个、%

类型	有自营产品进出口权		有合并纳税权		有对外工程承包与劳动合作权	
	单位数	比例	单位数	比例	单位数	比例
总计	**28**	**56.00**	**16**	**32.00**	**26**	**52.00**
一、按集团审批部门分						
国务院主管部门	1	50.00			2	100.00
省级人民政府	8	72.73	2	18.18	6	54.55
省级人民政府主管部门	9	60.00	5	33.33	8	53.33
其他	10	45.45	9	40.91	10	45.45
二、按母公司控股情况分						
国有绝对控股	18	52.94	11	32.35	19	55.88
国有相对控股	2	66.67	1	33.33	1	33.33
集体绝对控股						
集体相对控股						
其他	8	61.54	4	30.77	6	46.15
三、按集团主营行业分						
农、林、牧、渔业	1	50.00	2	100.00	2	100.00
采矿业	1	50.00	1	50.00	2	100.00
制造业	25	69.44	10	27.78	17	47.22
电力、燃气及水的生产和供应业					1	100.00
建筑业			2	40.00	4	80.00
交通运输、仓储和邮政业						
批发和零售业						
房地产业	1	100.00				
文化、体育和娱乐业			1	100.00		
四、按母公司登记注册类型分						
国有企业	9	64.29	3	21.43	7	50.00
国有独资企业	5	41.67	5	41.67	7	58.33
其他有限责任公司	8	61.54	6	46.15	7	53.85
股份有限公司	6	66.67	1	11.11	4	44.44
中外合资企业						
港澳台合资企业						
其他			1	50.00	1	50.00
五、按母公司企业规模分						
大型	11	64.71	5	29.41	10	58.82
中型	12	48.00	8	32.00	13	52.00
小型	4	57.14	3	42.86	2	28.57
其他	1	100.00			1	100.00

4－16 续表2

单位:个、%

类型	有外事审批权		已建立技术研究开发中心		成立财务公司	
	单位数	比例	单位数	比例	单位数	比例
总计	**6**	**12.00**	**34**	**68.00**	**8**	**16.00**
一、按集团审批部门分						
国务院主管部门			1	50.00		
省级人民政府	2	18.18	8	72.73	1	9.09
省级人民政府主管部门	3	20.00	10	66.67	2	13.33
其他	1	4.55	15	68.18	5	22.73
二、按母公司控股情况分						
国有绝对控股	4	11.76	22	64.71	4	11.76
国有相对控股			2	66.67		
集体绝对控股						
集体相对控股						
其他	2	15.38	10	76.92	4	30.77
三、按集团主营行业分						
农、林、牧、渔业	1	50.00	1	50.00	1	50.00
采矿业			1	50.00		
制造业	5	13.89	28	77.78	7	19.44
电力、燃气及水的生产和供应业			1	100.00		
建筑业			2	40.00		
交通运输、仓储和邮政业						
批发和零售业			1	100.00		
房地产业						
文化、体育和娱乐业						
四、按母公司登记注册类型分						
国有企业	1	7.14	9	64.29	1	7.14
国有独资企业			6	50.00	1	8.33
其他有限责任公司	3	23.08	11	84.62	3	23.08
股份有限公司	2	22.22	7	77.78	3	33.33
中外合资企业						
港澳台合资企业						
其他			1	50.00		
五、按母公司企业规模分						
大型	2	11.76	13	76.47	1	5.88
中型	2	8.00	19	76.00	5	20.00
小型	1	14.29	2	28.57	2	28.57
其他	1	100.00				

4－17 各类企业集团内部制度建设情况

（2003 年） 单位:个、%

类型	单位数	有重大事项决策程序制度		有财务总监委派制		有预算管理制度	
		单位数	比重	单位数	比重	单位数	比重
总计	**50**	**46**	**92.00**	**25**	**50.00**	**39**	**78.00**
一、按集团审批部门分							
国务院主管部门	2	2	100.00			1	50.00
省级人民政府	11	10	90.91	3	27.27	8	72.73
省级人民政府主管部门	15	14	93.33	10	66.67	12	80.00
其他	22	20	90.91	12	54.55	18	81.82
二、按母公司控股情况分							
国有绝对控股	34	31	91.18	15	44.12	25	73.53
国有相对控股	3	2	66.67	1	33.33	2	66.67
集体绝对控股							
集体相对控股							
其他	13	13	100.00	9	69.23	12	92.31
三、按集团主营行业分							
农、林、牧、渔业	2	2	100.00	1	50.00	1	50.00
采矿业	2	2	100.00			1	50.00
制造业	36	33	91.67	18	50.00	28	77.78
电力、燃气及水的生产和供应业	1	1	100.00	1	100.00	1	100.00
建筑业	5	4	80.00	3	60.00	4	80.00
交通运输、仓储和邮政业	1	1	100.00			1	100.00
批发和零售业	1	1	100.00	1	100.00	1	100.00
房地产业	1	1	100.00	1	100.00	1	100.00
文化、体育和娱乐业	1	1	100.00			1	100.00
四、按母公司登记注册类型分							
国有企业	14	12	85.71	3	21.43	7	50.00
国有独资企业	12	11	91.67	6	50.00	11	91.67
其他有限责任公司	13	13	100.00	9	69.23	12	92.31
股份有限公司	9	8	88.89	5	55.56	7	77.78
中外合资企业							
港澳台合资企业							
其他	2	2	100.00	2	100.00	2	100.00
五、按母公司企业规模分							
大型	17	16	94.12	7	41.18	13	76.47
中型	25	24	96.00	16	64.00	21	84.00
小型	7	5	71.43	2	28.57	4	57.14
其他	1	1	100.00			1	100.00

4－17　续表1　　单位:个、%

类　　型	有产权代表管理制度		施行事业部制		建立新的管理制度	
	单位数	比　例	单位数	比　例	单位数	比　例
总　计	**25**	**50.00**	**16**	**32.00**	**33**	**66.00**
一、按集团审批部门分						
国务院主管部门	1	50.00			1	50.00
省级人民政府	5	45.45	2	18.18	7	63.64
省级人民政府主管部门	6	40.00	6	40.00	10	66.67
其　他	13	59.09	8	36.36	15	68.18
二、按母公司控股情况分						
国有绝对控股	17	50.00	7	20.59	20	58.82
国有相对控股	1	33.33			2	66.67
集体绝对控股						
集体相对控股						
其　他	7	53.85	9	69.23	11	84.62
三、按集团主营行业分						
农、林、牧、渔业	1	50.00	1	50.00	2	100.00
采矿业	1	50.00			2	100.00
制造业	20	55.56	12	33.33	22	61.11
电力、燃气及水的生产和供应业	1	100.00			1	100.00
建筑业	2	40.00	1	20.00	3	60.00
交通运输、仓储和邮政业			1	100.00	1	100.00
批发和零售业					1	100.00
房地产业			1	100.00	1	100.00
文化、体育和娱乐业						
四、按母公司登记注册类型分						
国有企业	6	42.86	2	14.29	8	57.14
国有独资企业	5	41.67	2	16.67	6	50.00
其他有限责任公司	7	53.85	9	69.23	12	92.31
股份有限公司	5	55.56	2	22.22	6	66.67
中外合资企业						
港澳台合资企业						
其　他	2	100.00	1	50.00	1	50.00
五、按母公司企业规模分						
大　型	8	47.06	4	23.53	11	64.71
中　型	13	52.00	9	36.00	16	64.00
小　型	3	42.86	2	28.57	5	71.43
其　他	1	100.00	1	100.00	1	100.00

4－18　各类企业集团主要产品(服务)国内市场占有率情况

(2003年)　　　　单位:个、%

类　　型	单位数	50%及以上		20%－50%	
		单位数	比　例	单位数	比　例
总　　计	**50**	**7**	**14.00**	**5**	**10.00**
一、按集团审批部门分					
国务院主管部门	2	1	50.00		
省级人民政府	11	1	9.09	2	18.18
省级人民政府主管部门	15	3	20.00	1	6.67
其　他	22	2	9.09	2	9.09
二、按母公司控股情况分					
国有绝对控股	34	5	14.71	3	8.82
国有相对控股	3				
集体绝对控股					
集体相对控股					
其　他	13	2	15.38	2	15.38
三、按集团主营行业分					
农、林、牧、渔业	2				
采矿业	2	1	50.00		
制造业	36	6	16.67	5	13.89
电力、燃气及水的生产和供应业	1				
建筑业	5				
交通运输、仓储和邮政业	1				
批发和零售业	1				
房地产业	1				
文化、体育和娱乐业	1				
四、按母公司登记注册类型分					
国有企业	14	2	14.29	2	14.29
国有独资企业	12	3	25.00		
其他有限责任公司	13	2	15.38	2	15.38
股份有限公司	9			1	11.11
中外合资企业					
港澳台合资企业					
其　他	2				
五、按母公司企业规模分					
大　型	17	3	17.65	3	17.65
中　型	25	3	12.00	2	8.00
小　型	7	1	14.29		
其　他	1				

4－18　续表　　　　单位:个、%

类　　型	10%－20%		1%－10%		1%以下	
	单位数	比　例	单位数	比　例	单位数	比　例
总　　计	**5**	**10.00**	**20**	**40.00**	**13**	**26.00**
一、按集团审批部门分						
国务院主管部门	1	50.00				
省级人民政府			7	63.64	1	9.09
省级人民政府主管部门	4	26.67	5	33.33	2	13.33
其　他			8	36.36	10	45.45
二、按母公司控股情况分						
国有绝对控股	2	5.88	16	47.06	8	23.53
国有相对控股	1	33.33	1	33.33	1	33.33
集体绝对控股						
集体相对控股						
其　他	2	15.38	3	23.08	4	30.77
三、按集团主营行业分						
农、林、牧、渔业			2	100.00		
采矿业			1	50.00		
制造业	5	13.89	12	33.33	8	22.22
电力、燃气及水的生产和供应业					1	100.00
建筑业			2	40.00	3	60.00
交通运输、仓储和邮政业			1	100.00		
批发和零售业					1	100.00
房地产业			1	100.00		
文化、体育和娱乐业			1	100.00		
四、按母公司登记注册类型分						
国有企业			7	50.00	3	21.43
国有独资企业	1	8.33	4	33.33	4	33.33
其他有限责任公司			5	38.46	4	30.77
股份有限公司	3	33.33	4	44.44	1	11.11
中外合资企业						
港澳台合资企业						
其　他	1	50.00			1	50.00
五、按母公司企业规模分						
大　型	1	5.88	8	47.06	2	11.76
中　型	3	12.00	7	28.00	10	40.00
小　型	1	14.29	4	57.14	1	14.29
其　他			1	100.00		

⑤ 企业集团名单

简要说明

一、本篇提供企业集团名单，主要内容包括：

1.2003年企业集团概况。

2.2001－2003年各企业集团主要经济指标。

二、本篇资料来源于企业集团上报的年报。

三、本篇提供的财务指标一般采用“合并会计报表”的数据。但是小部分企业集团由于内部财务制度尚未完善，采用相加汇总的数据。

四、本篇公布的企业集团地址是指企业集团母公司的地址。

5－1　江西省省级调查企业集团概览

企业集团名称	母公司详细地址
江西省交通工程集团公司	江西省南昌市广场南路136号
核工业华东建设工程集团公司	江西省南昌市北京西路134号
江西桑海集团有限公司	江西省南昌市北郊新祺周
江西省李渡烟花集团有限公司	江西省南昌市进贤县李渡镇李渡大道2号
江西长运集团	江西省南昌市广场南路118号
江西省医药集团公司	江西省南昌市北京西路104号
果喜实业集团有限公司	江西省余江县白塔中路35号
江西凤凰光学仪器(集团)有限公司	江西省上饶市光学路1号
江西省电子集团公司	江西省南昌市高新技术开发区京东大道168号
江西省建工集团	江西省南昌市北京西路176号
江西联合重工业集团	江西省南昌市迎宾大道913号
南昌水业集团有限责任公司	江西省南昌市抚河路294号
江西德宇集团	江西省景德镇市瓷都大道11号
江西铜业集团公司	江西省贵溪市冶金大道15号
汇仁集团有限公司	江西省南昌市迎宾中大道1189号
江西崇义华森集团有限公司	江西省崇义县横水镇牛角河39号
江西洪都航空工业集团有限责任公司	江西省南昌市青云谱区新溪桥
江西万年贡贡米集团有限公司	江西省上饶市万年县陈营镇六号
江西省纺织集团公司	江西省南昌市北京东路125号
江西省石化集团公司	江西省南昌市北京东路98号
江西江中制药(集团)有限责任公司	江西省南昌高新区火炬大道888号
江西大茅山集团有限责任公司	江西省上饶市德兴市花桥镇金山
江西上饶信江实业集团公司	江西省上饶市南环路002号
昌河飞机工业(集团)有限责任公司	江西省景德镇市珠山区朝阳路535号
江铃汽车集团公司	江西省南昌市迎宾大道509号
江西长林机械集团有限公司	江西新余市北湖西路45号
江西清华泰豪科技集团有限公司	江西省南昌市高新开发区正高新大街
江西稀有稀土金属钨业集团公司	江西省南昌市北京西路118号
江西济民可信集团	江西省南昌市青山湖区顺外路98号
江西正邦集团有限公司	江西省南昌市南京西路277号
江西洪宇建设工程集团公司	江西省南昌市西湖区建设路99号
江西印刷集团公司	江西省南昌市西湖区站前西路121号
南昌齐洛瓦电器集团总公司	江西省南昌市市郊麦园
江西煌上煌集团有限公司	江西省南昌市二七南路539号
江西丰源电力(集团)有限责任公司	江西省南昌市高新技术开发区火炬大街188号
南昌市建筑工程集团有限公司	江西省南昌市民德路255号
江西九江茅山头企业集团公司	江西省九江市经济开发区九瑞大道2号
九江民生集团有限公司	江西省九江市九龙街龙翔国际大厦十楼
江西共青鸭鸭集团	江西省九江市共青开放开发区
九江清源实业集团有限公司	九江市开发区九瑞大道99号
江西全良集团	江西省上饶县皂头镇x号
江西万年春珍珠集团有限责任公司	江西省万年县湖云塘x号
江西中景集团有限公司	江西省景德镇市新厂陶阳路76号
江西省龙虎山旅游(集团)有限责任公司	江西省鹰潭市贵溪龙虎山镇
江西兴林森工集团有限公司	江西省吉安市安福县武功山大道18号
江西洋峰实业集团	江西省吉安市新干县城南工业区
江西省冶金集团公司	江西省南昌市北京西路118号
江西省煤炭集团公司	江西省南昌市丁公路115号
江西纸业集团公司	江西省南昌市东湖区董家窑112号
南昌市化工集团有限责任公司	江西省南昌市洪都北大道302号

5－2 省级被调查企业

（2001－

企业集团名称	资产总额			流动资产年平均余额		
	2001年	2002年	2003年	2001年	2002年	2003年
江西省冶金集团公司	1 473 906	1 589 679	1 603 689	536 438	591 714	637 342
江西铜业集团公司	1 209 035	1 262 298	1 376 645	415 242	443 612	483 075
江铃汽车集团公司	584 736	656 461	913 753	301 319	321 276	389 923
江西省煤炭集团公司	426 264	536 613	714 608	209 383	264 206	280 064
昌河飞机工业(集团)有限责任公司	522 683	636 638	701 690	308 531	397 110	431 878
江西洪都航空工业集团有限责任公司	397 642	438 941	514 356	257 751	257 713	271 124
江西省医药集团公司	378 483	355 548	422 157	211 010		244 040
江西省石化集团公司	551 438	407 542	394 727		108 576	104 340
江西省纺织集团公司	314 755	331 895	336 669	77 505	81 708	86 457
江西省电子集团公司	300 386	308 052	333 622	151 425	153 287	154 937
江西稀有稀土金属钨业集团公司	206 194	238 331	249 349	86 143	77 464	187 235
江西省建工集团	160 965	176 496	204 519	75 022	90 613	111 512
江西纸业集团公司	234 827	266 006	204 370	113 645	165 318	143 243
江西丰源电力(集团)有限责任公司	86 302	93 151	197 957	66 035	70 885	127 505
江西江中制药(集团)有限责任公司	144 508	154 440	181 797	96 541	94 313	92 515
江西凤凰光学仪器(集团)有限公司	93 603	106 939	125 080	55 020	48 450	62 723
江西清华泰豪科技集团有限公司	59 836	97 476	113 678	29 195	46 277	63 640
南昌水业集团有限责任公司	68 389	83 091	97 742	16 049	18 732	21 967
江西上饶信江实业集团公司	55 099	64 709	84 235	37 069	43 395	56 864
果喜实业集团有限公司	73 416	74 576	81 756	17 594	18 630	19 455
江西长运集团	56 183	75 440	81 593	15 211	21 222	26 054
汇仁集团有限公司	54 786	66 420	81 526	29 346	27 181	33 801
江西长林机械集团有限公司	76 467	69 411	71 607	28 124	24 556	25 400
江西共青鸭鸭集团	74 408	67 362	69 226	59 723	59 116	56 136
江西联合重工业集团	52 329	56 057	65 728	25 080	30 122	35 534
南昌市建筑工程集团有限公司		55 848	62 266		39 082	42 286
江西桑海集团有限公司		55 209	56 480		28 252	30 318
江西大茅山集团有限责任公司	54 342	54 793	56 016	24 640	17 042	17 504
核工业华东建设工程集团公司		47 750	51 318		33 569	37 635
江西省交通工程集团公司		24 369	51 077	13 200	12 321	23 961
南昌齐洛瓦电器集团总公司	42 007	41 450	42 831	29 004	28 459	28 537
江西洪宇建设工程集团公司		30 741	42 055		21 729	30 531
江西济民可信集团		31 587	36 634		14 487	17 804
南昌市化工集团有限责任公司	32 589	33 480	34 923	9 202	9 517	9 205
九江民生集团有限公司		35 561	32 609		1 829	
江西正邦集团有限公司		32 794	32 336		23 163	19 860
江西九江茅山头企业集团公司	30 041	29 676	29 257	15 698	14 942	15 198
江西万年贡贡米集团有限公司	26 521	26 600	28 267	21 393	21 168	21 419
九江清源实业集团有限公司	16 382	18 497	28 173		4 371	9 025
江西印刷集团公司	25 775	24 042	22 465	12 912	12 570	11 208
江西省龙虎山旅游(集团)有限责任公司		11 869	21 148		1 415	2 911
江西中景集团有限公司		20 471	20 773		10 036	11 079
江西兴林森工集团有限公司	20 610	20 414	20 551	2 499	2 477	2 507
江西全良集团	11 897	15 840	17 052	5 926	7 164	8 829
江西德宇集团	14 528	14 896	15 314	6 547	6 200	6 277
江西万年春珍珠集团有限责任公司	11 193	11 069	11 178	4 214	4 125	4 130
江西崇义华森集团有限公司		10 415	10 390		4 304	4 238
江西煌上煌集团有限公司	7 294	11 350	10 233	4 974	2 606	3 987
江西洋峰实业集团	4 809	2 772	4 563	1 295	1 439	1 685
江西省李渡烟花集团有限公司	10 003	7 163	4 529	1 670	2 973	2 285

集团主要经济指标

2003年)

单位:万元

年末负债合计			年末股东(所有者)权益合计		
2001年	2002年	2003年	2001年	2002年	2003年
882 662	1 031 506	1 070 917	591 244	558 173	514 525
597 984	661 531	801 175	361 454	336 475	291 339
373 967	398 760	444 510	198 094	129 986	306 219
251 148	287 293	436 197	139 627	163 774	189 414
323 542	437 863	455 311	127 320	128 213	173 865
210 445	248 447	310 472	135 058	135 269	148 952
284 117	243 501	289 246	94 366	112 047	132 911
388 973	343 277	325 853	148 696	64 265	68 874
258 909	254 389	262 654	54 344	36 433	35 268
145 041	146 883	172 586	98 414	97 140	92 754
154 039	175 559	196 298	42 494	58 300	53 051
105 732	125 096	155 428	55 233	51 400	49 091
162 598	245 717	240 539	72 229	20 289	-36 169
63 487	62 378	158 699	19 848	18 728	28 422
93 259	96 983	126 973	25 952	30 136	25 535
53 091	62 660	78 618	19 655	11 747	11 873
33 523	44 348	56 613	22 219	45 817	49 932
22 854	25 491	28 273	41 793	52 408	59 469
45 022	41 225	60 688	9 481	13 536	13 509
20 523	24 441	30 916	52 893	50 135	50 840
29 070	35 166	37 467	21 347	22 446	22 701
21 453	27 709	40 756	33 333	38 711	40 770
58 641	57 349	61 264	17 826	12 062	10 343
67 331	64 067	67 785	7 077	3 295	1 441
33 112	36 959	46 597	19 217	19 098	19 131
	36 573	40 076		19 275	22 190
	69 914	51 980		-15 780	3 294
40 689	31 077	32 734	13 653	23 716	23 282
	23 246	25 834		24 504	25 484
5 915	6 078	33 167	18 947	18 291	17 910
38 345	37 607	40 398	3 662	3 843	2 433
	24 669	35 755		6 072	6 227
	15 027	14 837		16 560	21 797
18 542	18 358	20 090	14 047	15 122	14 833
	25 666	16 326		9 286	15 241
	15 196	14 324		13 074	14 510
30 521	30 274	30 688	-480	-598	-1 431
24 479	14 757	16 184	1 266	11 843	12 083
2 969	6 447	15 755	13 363	12 050	12 418
19 273	17 393	14 996	6 502	6 649	7 469
	6 436	16 815		5 433	4 333
	11 826	10 176		8 645	10 597
3 857	3 666	3 882	16 753	16 748	16 669
6 233	8 161	9 977	5 664	7 679	7 075
7 737	8 230	9 336	6 791	6 656	4 846
3 873	3 683	3 786	7 320	7 386	7 392
	5 972	5 432		4 443	4 958
3 785	1 583	2 489	3 509	9 767	7 744
1 740	1 661	1 412	3 069	1 111	3 151
2 396	4 520	1 407	7 607	2 643	3 122

5－2 续表1

企业集团名称	营业收入			主营业务收入		
	2001年	2002年	2003年	2001年	2002年	2003年
江西省冶金集团公司	1 019 470	1 296 922	1 465 158	1 007 735	1 284 744	1 454 370
江西铜业集团公司	485 926	652 571	1 089 504	474 595	634 369	1 065 408
江铃汽车集团公司	459 256	578 031	733 701	459 256	564 461	721 353
昌河飞机工业(集团)有限责任公司	344 415	453 996	441 564	344 415	450 825	438 839
江西省建工集团	39 290	100 731	375 860	39 290	100 731	375 860
江西省医药集团公司	330 162	326 880	334 178	330 162	326 880	334 178
汇仁集团有限公司	150 113	153 846	217 344	150 113	153 846	217 344
江西省煤炭集团公司	190 482	219 180	260 520	152 080	176 858	216 214
江西正邦集团有限公司		167 724	175 587		167 724	175 585
江西洪都航空工业集团有限责任公司	138 327	167 429	170 103	138 327	167 429	170 103
江西稀有稀土金属钨业集团公司	130 251	104 864	146 666	122 440	104 864	141 471
江西省纺织集团公司	141 623	134 881	155 678	121 287	114 937	138 959
江西省电子集团公司	109 703	123 410	136 898	108 883	122 340	135 993
江西江中制药(集团)有限责任公司	44 558	72 686	115 045	42 880	71 937	114 149
江西丰源电力(集团)有限责任公司	34 744	55 514	103 193		54 280	101 599
江西省石化集团公司	138 427	82 105	95 555	138 427	80 934	94 086
江西凤凰光学仪器(集团)有限公司	47 963	48 362	67 629	47 963	48 275	67 365
核工业华东建设工程集团公司		64 094	65 687		64 094	65 687
江西清华泰豪科技集团有限公司	42 265	50 943	65 068	42 077	50 576	63 731
江西济民可信集团	25 030	29 936	46 036		29 936	46 035
南昌市建筑工程集团有限公司		42 684	45 353		42 551	45 166
江西省交通工程集团公司	30 114	21 761	40 295	30 009	21 632	40 215
江西上饶信江实业集团公司	35 199	40 209	40 391	35 159	39 854	39 615
江西桑海集团有限公司		24 973	33 814		24 973	33 814
南昌水业集团有限责任公司	19 055	21 082	34 324	18 937	20 303	32 912
江西联合重工业集团	25 875	26 287	32 074	24 697	24 714	30 023
江西长运集团	24 895	30 315	28 577	22 482	27 780	26 230
江西洪宇建设工程集团公司		20 588	20 862		20 575	20 816
果喜实业集团有限公司	17 402	20 016	20 681	17 402	20 016	20 681
江西中景集团有限公司		15 568	18 128		15 568	18 128
江西煌上煌集团有限公司	12 250	14 618	17 642	12 250	14 618	17 642
江西德宇集团	18 643	18 448	17 027	18 643	18 448	17 027
江西共青鸭鸭集团	15 731	14 589	15 325	14 489	14 589	15 299
九江清源实业集团有限公司	5 503	8 422	14 000	5 501	8 422	14 000
南昌齐洛瓦电器集团总公司	10 567	12 983	13 319		12 983	13 319
江西纸业集团公司	31 617	16 789	12 809	31 617	16 789	12 809
江西大茅山集团有限责任公司	9 275	9 645	12 142	9 107	9 466	11 836
江西长林机械集团有限公司	13 967	15 703	11 063	13 967	15 703	11 063
南昌市化工集团有限责任公司	11 832	12 810	11 019	11 409	12 810	11 019
江西印刷集团公司	10 577	10 246	10 133	10 402	10 050	10 133
江西省李渡烟花集团有限公司	9 975	8 622	8 501	9 975	8 622	8 501
江西崇义华森集团有限公司		7 722	8 405		7 718	8 400
九江民生集团有限公司		6 779	8 324		6 779	8 324
江西万年贡贡米集团有限公司	5 770	6 608	8 446	5 663	6 448	8 210
江西九江茅山头企业集团公司	5 613	6 155	7 055	5 539	6 102	6 961
江西万年春珍珠集团有限责任公司	4 903	4 941	4 487	4 820	4 860	4 404
江西洋峰实业集团	2 652	3 408	3 748	3 183	3 408	3 748
江西全良集团	4 444	4 477	3 577	4 444	4 477	3 577
江西兴林森工集团有限公司	2 533	2 510	2 451	2 496	2 381	2 375
江西省龙虎山旅游(集团)有限责任公司		2 111	1 852		2 111	1 852

单位:万元

主营业成本			出口销售总额		
2001 年	2002 年	2003 年	2001 年	2002 年	2003 年
865 245	1 101 537	1 298 543	16 252	15 021	3 652
407 203	566 457	945 885	21 611	44 076	78 236
350 737	425 169	535 092	4 784	8 010	15 716
275 038	361 871	361 167	648	521	1 869
34 757	92 679	356 916			
248 020	244 380	256 267	4 581	5 673	5 258
93 953	107 972	159 823			
120 479	133 239	160 359	699	961	3 200
	160 533	168 589			
110 941	135 782	136 938	42 157	36 649	93 204
99 762	89 232	118 658	36 469	29 958	58 548
115 322	106 783	123 735	723	1 098	148
83 548	92 755	103 365	23 161	27 226	30 031
19 930	31 230	50 975	8 884	2 584	10 200
	43 814	80 471			
126 648	75 323	86 567	66	814	1 640
37 683	38 529	53 785	11 285	10 355	31 961
	53 395	56 303			
34 705	40 912	50 387	300	168	822
	24 617	38 143			
	37 531	39 559			
25 323	18 289	35 742			
30 430	35 639	33 446			
	15 936	20 443		747	314
10 815	12 064	20 702			
23 050	22 393	23 265	290		496
17 940	22 213	19 308			
	18 943	19 443			
12 390	14 290	15 289	12 370	14 375	15 888
	10 846	12 785		36	50
9 869	12 155	14 880			
14 867	15 388	14 202			
11 039	11 591	8 390			
4 376	6 046	11 484			
9 016	11 890	12 197		372	500
24 277	16 059	12 757			
5 769	8 895	8 136			
9 897	11 154	8 620		572	
9 152	8 134	7 262			
8 382	7 993	8 511			
7 781	7 127	6 372	9 675	7 836	7 651
	7 058	7 450			
	2 113	7 083			
5 632	6 136	7 898	393		253
4 821	5 504	5 796	2 155	2 550	2 078
4 160	4 228	3 806			
2 733	3 107	3 191			
1 653	1 439	1 104			
1 485	1 523	1 336			
	394	347			

5－2　续表2

企业集团名称	利润总额		
	2001年	2002年	2003年
江铃汽车集团公司	15 243	42 492	57 577
江西铜业集团公司	10 038	2 299	36 655
江西省冶金集团公司	20 825	31 382	25 431
昌河飞机工业（集团）有限责任公司	5 083	10 389	10 211
江西省煤炭集团公司	3 758	6 480	8 813
汇仁集团有限公司	5 085	7 929	8 346
江西丰源电力（集团）有限责任公司	1 851	1 851	7 468
江西江中制药（集团）有限责任公司	4 266	4 106	7 092
核工业华东建设工程集团公司		7 201	6 114
江西清华泰豪科技集团有限公司	2 969	3 825	5 830
南昌水业集团有限责任公司	2 961	4 352	5 676
江西省电子集团公司	577	4 225	5 198
江西省医药集团公司	5 851	5 322	4 793
江西稀有稀土金属钨业集团公司	4 084	2 003	3 520
江西济民可信集团		1 865	3 520
江西洪都航空工业集团有限责任公司	－7 983	4 905	3 478
江西中景集团有限公司		2 395	3 268
江西长运集团	2 076	2 668	3 237
果喜实业集团有限公司	2 987	3 233	3 131
江西正邦集团有限公司		3 202	3 102
江西凤凰光学仪器（集团）有限公司	2 376	321	2 386
南昌市建筑工程集团有限公司		1 270	2 050
九江清源实业集团有限公司	410	527	1 045
江西煌上煌集团有限公司	520	662	912
江西省李渡烟花集团有限公司	209	204	740
江西上饶信江实业集团公司	142	97	485
江西省交通工程集团公司	1 839	807	327
江西德宇集团	443	365	315
江西万年贡贡米集团有限公司	－ 894	81	240
江西省龙虎山旅游（集团）有限责任公司		400	226
江西崇义华森集团有限公司		11	200
江西印刷集团公司	233	196	185
江西万年春珍珠集团有限责任公司	163	128	153
江西洪宇建设工程集团公司		81	91
南昌市化工集团有限责任公司	290	46	84
江西联合重工业集团	90	25	52
江西大茅山集团有限责任公司	－1 366	－1 471	14
江西桑海集团有限公司		－2 428	3
南昌齐洛瓦电器集团总公司	5	2	3
江西兴林森工集团有限公司	8	6	2
江西共青鸭鸭集团	－ 708	－ 672	1
江西洋峰实业集团	－32	85	－29
九江民生集团有限公司		－13	－86
江西九江茅山头企业集团公司	－94	－ 125	－ 106
江西全良集团	420	230	－ 336
江西长林机械集团有限公司	－ 563	－ 515	－1 794
江西省建工集团	－4 006	－1 761	－2 137
江西省纺织集团公司	－15 085	－7 271	－3 523
江西纸业集团公司	－6 245	－10 191	－7 656
江西省石化集团公司	－4 871	－7 631	－11 468

单位:万元

应交所得税			应交增值税		
2001 年	2002 年	2003 年	2001 年	2002 年	2003 年
2 404	4 624	9 836	27 868	32 393	38 894
1 289	2 050	5 184	22 217	28 777	31 171
10 822	6 480	11 649	65 185	78 294	90 083
2 524	3 022	1 580	9 498	17 514	15 544
2 676	2 651	2 751	8 455	11 893	15 126
1 626	2 949	2 754	10 827	5 596	8 310
1 153	610	970	953	1 049	1 195
3 596	3 596	5 275	5 169	3 371	9 108
	2 376	911			
309	372	319	1 298	1 056	1 773
1 223	1 331	1 941	1 562	1 356	1 196
1 081	1 159	1 727	5 474	3 098	3 713
1 505	1 553	1 300	15 466	14 354	12 941
1 053	329	90	6 487	5 357	6 613
	615	1 162		3 382	6 372
41	1 230	799	- 234	816	894
	790	1 078		1 241	1 374
1 165	1 463	1 717	-86	149	59
492	126	325	807	897	991
	150	78		19	106
413	717	355	1 823	1 450	1 120
	317	294			
	10	18		312	412
53	86	101	32	242	262
68	66	244	509	438	530
321	487	361	754	667	605
602	266	108		266	
			460	461	354
	15	30	18	18	20
	235	111		3	2
	1	1		529	517
63	64	64	631	663	
54	42	50			
	27	32			
	10	16	625	599	580
14	5	29	93	170	464
353	235	452	72	63	37
	103	22		1 960	2 718
	1		113	79	82
3	2	1	39	18	12
			121	382	516
	9		23	26	28
				6	1
			199	214	208
159	76	40	355	320	258
			679	489	473
1	1			19	60
158	164	18	5 038	4 395	4 801
	199		2 490	71	12
463	245	306		2 056	3 811

5－2　续表3

企业集团名称	年末从业人数（人）			在岗人员（人）		
	2001年	2002年	2003年	2001年	2002年	2003年
江西省煤炭集团公司	59 300	58 533	52 092	59 300	58 533	52 092
江西省冶金集团公司	59 955	58 590	51 154	59 912	58 554	51 071
江西铜业集团公司	34 400	33 589	32 912	34 381	33 560	32 897
江西省医药集团公司	32 410	29 347	27 607	29 149	28 223	26 186
江西稀有稀土金属钨业集团公司	20 900	19 628	18 726	20 023	18 045	16 864
江西洪都航空工业集团有限责任公司	16 987	16 616	16 737	16 892	16 505	16 639
江铃汽车集团公司	15 479	16 911	16 325	15 479	15 498	15 635
江西省电子集团公司	13 993	18 692	15 776	12 999	15 445	12 775
江西省建工集团	8 759	9 946	12 289	8 747	9 931	12 279
江西省石化集团公司	7 498	12 072	10 666	7 498	8 820	7 634
南昌市建筑工程集团有限公司		6 079	10 186		5 978	10 053
昌河飞机工业(集团)有限责任公司	7 191	9 577	9 906	7 150	9 491	9 845
江西省纺织集团公司	9 802	10 116	9 138	9 792	10 105	9 133
江西桑海集团有限公司		6 837	7 276		3 622	3 149
江西江中制药(集团)有限责任公司	3 719	3 904	4 959	3 370	3 578	4 375
汇仁集团有限公司	4 597	4 658	4 878	4 597	4 658	4 878
江西凤凰光学仪器(集团)有限公司	4 734	4 425	4 336	4 094	3 885	3 840
江西丰源电力(集团)有限责任公司	1 962	2 833	3 982	1 962	2 833	3 982
江西省交通工程集团公司	5 483	5 379	3 896	5 483	5 379	3 896
核工业华东建设工程集团公司		3 802	3 808		2 535	2 539
江西洪宇建设工程集团公司		3 458	2 765		3 042	2 224
江西共青鸭鸭集团	3 764	3 983	2 680	3 764	3 983	2 680
江西长林机械集团有限公司	2 691	2 568	2 347	2 691	2 568	2 347
江西联合重工业集团	2 198	2 166	2 180	1 808	1 646	1 533
南昌水业集团有限责任公司	1 713	1 731	2 008	1 498	1 531	1 814
江西正邦集团有限公司		1 800	2 000		1 800	2 000
江西长运集团	1 992	1 786	1 802	1 992	1 786	1 802
江西九江茅山头企业集团公司	1 710	1 669	1 679	1 691	1 252	1 192
江西清华泰豪科技集团有限公司	1 352	1 475	1 573	1 352	1 475	1 573
果喜实业集团有限公司	1 608	1 562	1 562	1 608	1 562	1 562
江西大茅山集团有限责任公司	2 756	2 614	1 460	2 756	2 614	1 460
江西省李渡烟花集团有限公司	1 480	1 482	1 436	1 480	1 482	1 436
九江清源实业集团有限公司	765	1 240	1 432	765	1 240	1 432
南昌市化工集团有限责任公司	1 636	1 586	1 411	1 278	1 586	1 411
江西上饶信江实业集团公司	2 426	1 553	1 290	2 417	1 542	1 290
江西印刷集团公司	1 367	1 239	1 175	1 367	1 239	1 175
江西济民可信集团		980	1 053		939	959
南昌齐洛瓦电器集团总公司	1 196	1 090	1 020	1 196	1 090	1 020
江西中景集团有限公司		897	887		897	887
江西煌上煌集团有限公司	611	775	782	611	775	782
江西崇义华森集团有限公司		681	683		681	683
江西洋峰实业集团	511	477	585	511	477	585
江西纸业集团公司	4 119	3 814	574	4 119	3 814	574
江西全良集团	504	504	504	245	245	245
江西万年春珍珠集团有限责任公司	524	486	469	317	310	316
江西德宇集团	420	450	400	365	400	390
江西兴林森工集团有限公司	445	419	376	445	419	376
江西万年贡贡米集团有限公司	1 600	1 638	308	1 570	1 481	308
江西省龙虎山旅游(集团)有限责任公司		300	300		257	257
九江民生集团有限公司		73	80		73	80

劳动报酬总额（万元）			在岗人员劳动报酬（万元）		
2001 年	2002 年	2003 年	2001 年	2002 年	2003 年
49 915	60 030	58 931	49 915	60 030	58 931
77 294	88 493	81 904	77 264	88 462	81 835
49 518	51 717	56 980	49 499	51 689	56 964
27 548	27 746	24 467	24 776	25 812	23 841
16 905	18 041	19 546	16 389	16 531	18 060
22 709	24 496	26 695	22 664	24 458	26 654
17 606	26 869	31 438	17 606	25 869	30 521
13 072	16 612	15 256	12 793	15 979	10 515
9 334	13 044	18 820	9 319	12 979	18 726
8 347	7 415	6 291	8 347	6 837	6 053
	5 502	8 979		5 414	8 821
7 136	13 056	11 414	6 976	12 915	11 282
7 852	7 004	7 431	7 848	7 000	7 428
	3 488	3 887		1 880	1 823
3 635	4 177	6 254	3 294	3 828	5 518
3 868	4 340	4 520	3 868	4 340	4 520
3 625	3 725	3 424	3 158	3 229	3 032
2 354	3 413	5 178	2 354	3 413	5 178
5 192	7 234	5 089	5 192	7 234	5 089
	6 844	6 908		4 563	4 605
	3 427	4 681		358	470
1 137	2 299	2 013	1 137	2 299	2 013
1 202	2 168	1 451	1 202	2 168	1 451
1 566	1 432	2 259	1 454	1 088	1 831
2 156	2 720	3 046	2 029	2 540	2 927
	1 380	1 526		1 380	1 526
2 093	2 242	2 796	2 093	2 242	2 796
716	875	1 079	706	725	754
1 543	1 902	2 135	1 543	1 902	2 135
946	1 359	1 044	946	1 359	1 044
1 396	1 303	1 454	1 396	1 303	1 454
768	684	959	768	684	959
42	818	912	42	818	912
909	986	901	720	986	901
1 680	1 595	1 598	1 673	1 588	1 598
1 224	1 280	1 102	1 224	1 280	1 102
	890	945	1 000	851	873
570	566	568	570	566	568
	922	933		922	933
274	510	582	274	510	582
	505	498		505	498
321	286	375	321	286	375
3 532	2 351	449	3 532	2 351	449
228	204	259	162	143	142
262	243	258	176	139	189
287	300	270	267	295	260
486	451	450	486	451	450
1 280	1 310	414	1 250	1 185	414
	542	542		530	530
	57	59		57	59

江西企业集团(公司)-2004

重点企业

- 2003年江西省重点企业建立现代企业制度跟踪监测报告
- 综合：主要财务、劳动工资以及经济效益指标

  各地区重点企业主要指标及名单
- 行业：工业企业、建筑业以及批发和零售业主要财务、劳动工资以及经济效益指标
- 经济类型：国有及国有控股重点企业、集体控股重点企业主要财务、劳动工资以及经济效益指标
- 股份有限公司：股份有限公司有关报告

  股份有限公司主要财务指标

  上市公司主要财务和经济效益指标

  上市公司概况

2003年江西省重点企业建立现代企业制度跟踪监测报告

2003年的江西经济虽经历了非典疫情、洪涝灾害及历史罕见的旱灾,但全省上下紧紧抓住以工业化为核心,大力发展开放型经济的战略举措,全省经济呈现快速、健康发展态势。从江西省企业调查队2003年重点企业建立现代企业制度跟踪监测调查统计资料显示:全省重点企业借助良好的宏观经济环境,加快改革进程,进一步解放和发展生产力,呈现出资产增长比较快、经济效益比较好、企业活力比较强的新气象。同时,重点企业发展的困难和问题也存在。

一、重点企业发展概况

(一)重点企业分布情况

列入跟踪监测的企业共100家,从行业看,工业企业有81家,占81%;建筑业企业8家,批发零售贸易业企业4家,交通运输、仓储和邮政业企业2家、信息传输、计算机服务和软件业1家,农林牧渔业企业1家,房地产业1家,租赁和商务服务业1家,住宿和餐饮业1家.

从规模看大中型企业居多,大型企业有30家,中型企业52家,共82家,占82%;小型企业和其它类型企业分别有14家和4家。按三次产业划分,以第二产业为主,有89家,第三产业有10家,第一产业仅1家。

(二)企业资产规模扩大,质量提高

近年来,全省重点企业转换经营机制和建立现代企业制度,大大激发了企业发展活力,企业资产规模不断扩大。2003年年末,全省100家重点企业拥有资产861.4亿元,比去年同期增长12.5%,户均资产8.6亿元,比去年同期增加近1亿元。从登记类型分类看,有限责任公司资产规模扩速最快,为22.5%,其它依次为中外合资企业和港澳台企业分别增长16.8%和15%。在企业资产规模扩大的同时,资产运营质量也有不同程度的提高。2003年全省100家重点企业资产使用率为70.7%,比去年增加10个百分点。资产利税率9.2%,净资产收益率4.8%,资产报酬率为4.4%,均比去年有不同程度的提高。

(三)企业经营业绩良好,效益提高

2003年,全省100家重点企业共实现营业收入627.3亿元,比去年增长32.3%。其中,有限责任公司、港澳台企业和股份有限公司增长速度较快,分别增长41%、41%和29%。完成出口销售总额26.6亿元,比去年增长26.2%。信息传输、计算机服务和软件业出口销售增幅达38.5%。2003年100家重点企业共实现利润26.4亿元,比去年增加63%,有7家企业盈利在1亿元以上,其中江西铜业股份有限公司、萍乡钢铁有限责任公司和南昌卷烟厂实现利润位居前列。100家重点企业全年上缴税金合计64.7亿元,其中应交所得税10.5亿元,应交增值税30.4亿元,均比去年有较大幅度增加。

(四)企业现代经营意识增强,效果见好

随着全球经济一体化,市场竞争越来越激烈,如果还是沿用传统的经营方式将不可避免的被市场淘汰。只有积极吸收先进的现代化企业生产和管理理念,才能使企业立于不败之地。2003年100家重点企业一方面加大媒体宣传力度。全年广告费投入共计6.6亿元,比去年增长31.5%,其中投入较大的分别为江西江中药业股份有限公司、汇仁集团有限公司和南昌卷烟厂,分别为2.9亿、2.6亿和0.6亿元。另一方面加快推进企业信息化建设,主要是抓住互联网已成为及时、有效掌握信息的重要窗口这一趋势,加大了网络信息化建设力度。从调查问卷结果显示,在互联网上已建立自己的网站的企业有48家,占48%,企业通过自己的网站将领导成员、基本情况、产品性能、市场价格公之于众,成为宣传企业永不闭幕的展台。

二、重点企业改制进程顺利

(一)改制面已近八成

2003年,100家重点企业中已有78家企业改制为公司制企业,改制率达78%。改制为股份有限公司和其他有限责任公司的企业为63家,其中,27%的企业改制为股份有限公司,36%的企业改制为其他有限责任公司。从改制企业对改制后经营状况及效果的总体评价比较满意度看,认为"效果很好"及"效果较好"的企业所占比重达79.5%。

（二）法人治理结构基本形成

调查显示，在已改制为公司制的企业中，有57家企业成立了股东代表大会，占已改制企业的73%，99%的企业成立了董事会；已设立了独立董事的占42%；成立了监事会的企业占83%。新“三会”成立后，能够各司其职，发挥决策、执行、监督的职能。六成以上的股东会能够决定公司大政方针、审议批准董事会、监事会的报告、选举和更换董事等重大事项。九成企业董事会能充分行使诸如公司经营计划、投资、财务和机构设置等权利。六成以上的企业董事会能够按照现代企业制度建设的要求，聘任高素质的企业家。这些企业的总经理年富力强、精力充沛，以30-50岁的年龄段的居多，占61%；近三分之二的大中型企业老总学历在大学本科以上，具备良好的复合型知识结构、丰富的工作阅历和管理经验。

（三）企业的自主经营权得到较好落实，政企职责进一步分开

2003年，全省100家重点企业中64%的总经理由董事会聘任、或由政府提名董事会聘任、或由职代会选举上级任命、或在社会公开招聘。其中在78家公司制企业中，总经理由董事会聘任、或由职代会选举产生的比例达68%。在77家成立董事会的企业中，董事长由董事会选举产生、或由股东会任命的占72.7%。

在企业中层管理人员的选用的方面政府部门干预逐步减少。2003年，70%的重点企业其中层管理人员的产生方式或由总经理自主决定，或总经理提名、董事会任命，或公开招聘，只有13%企业中层管理人员经总经理提名或由职代会选举后，还需报主管部门批准任命，尤其是企业中层管理人员由主管部门提名并决定仅占3%。

三、重点企业发展中的困难和问题

（一）企业改制力度有待进一步加大

政企分开、所有权与经营权分离是现代企业制度的重要内容和改革方向，也是政府转变职能的内在要求。从企业改制情况看，还存在不尽人意之处。部分国有重点企业改制进程缓慢。100家重点企业中仍有22家国有企业出于多方面原因，没有或刚刚开始进行现代企业制度改革，部分改制企业仍停留在只有改制计划而没有实质性行动的阶段。因此，要按照建立现代企业制度要求，加快进程，加大力度。

（二）企业负债加重，资产负债率上升

2003年，全省100家重点企业年末负债为530.1亿元，比上年增长17.7%，其中流动负债为398.5亿元，比上年增长了26.2%。资产负债率为62%，比去年提高了近3个百分点。资产负债率处在偏高的状态。特别是房地产业的资产负债率高达86%，比去年提高了15个百分点。在100家重点企业中，63%的企业资产负债率超过50%，其中有9家企业资产负债率达90%以上，有6家达到100%以上，最高的1家高达157%，处于高负债率和资不抵债的境地。

（三）企业技术创新能力有待提高

2003年100家重点企业的科研投入力度有所减弱，研究开发人员减少，技术创新能力提高缓慢。100家重点企业全年投入研究开发费用4.7亿元，仅比去年增长0.7%，占营业收入的的比重为0.8%；从事研究开发的人员为7804人，比去年同期减少81人，占全部从业人员的3%。调查问卷结果显示：企业已建立技术中心的为67%；获得新产品的途径以自主开发为主，占72%，其它如委托开发占18%，与院校科研机构联合开发的占50%，接受技术成果转让的占24%，引进技术消化和创新的占56%，其它途径占16%。100家重点企业近三年获得国内专利申请授权137项，平均每家只有1.37项，获得美国专利仅1项。

四、增强企业活力的对策及建议

（一）切实转变政府职能，营造良好的外部氛围

各级政府部门要进一步解放思想，切实转变政府职能，大力推进政企分开，进一步清理政府和部门的审批权、任免权，将企业的生产经营权和投资决策权真正交给企业。从制定政策措施等方面来引导企业改革与发展，服务于企业生产经营管理，真正做到不“越位”、不“缺位”、不“错位”。要进一步完善养老、医

疗、失业保障制度，使职工老有所养，病能医治，失业时基本生活有保障。对于目前仍承担着企业办社会等社会服务功能的重点企业，各级政府部门应按照国家有关政策，逐一落实。对于目前尚未改制或改制不彻底的重点企业，政府及有关部门应帮助其找出差距、制定具体的改制措施，尽快完成这项工作。继续完善国有重点企业国有资产出资人和授权经营制度，尽快形成国有资产保值增值和监督管理的新机制。

（二）加快技术创新步伐，培育企业核心竞争力

随着市场经济的深入，企业之间的竞争呈白热化趋势。只有拥有一项或几项核心技术能力并不断创新，在同行中处于持久领先地位，形成并保持自己真正拥有的核心竞争力，才能使企业持续健康发展。这就要求企业必须在明确自身未来几年、十几年乃至几十年的发展方向的前提下，寻找自身的技术优势，然后加大人力、物力、财力投入，对其开发、改造和利用，并在此过程中不断创新。大型企业根据自身科研机构的实力，可以高薪引进一些科技人才，也可经常与科研院所、大专院校、跨国公司交流和联合，掌握新技术动态，针对企业实际情况，形成自己的技术优势。中小企业由于自身科研比较薄弱，可以组建技术联盟，形成横向和纵向联盟形式。

（三）加强企业文化建设，促进企业持续健康发展

企业的主体是人，企业的发展要遵循"以人为本"的原则，不断建设企业自身文化。综观优秀企业的文化不难体会到，企业文化能够改变原来那种从个人角度建立价值观的一盘散沙状态，把员工的个人追求与个人的价值实现与企业紧紧联系在一起，能够引导员工自觉地按照符合企业发展、符合自己价值实现的方向努力。特别是随着企业的不断发展壮大，企业间的调整、重组、强强之间的联合，由于不同企业间有着不同的文化背景，不同的历史过程，不同的地域文化、人文文化，这些不同的文化发生碰撞，如果没有好的企业文化，就难于融合好，企业就不可能实现顺畅发展。因此企业文化的建设就是要用统一的价值观来凝聚全体员工的意志，使之思想一致、步调一致，形成强大的合力，使企业不断做大做强。

（吴兴华　罗凯）

① 综 合

简要说明

- 1997－2002 年重点企业单位数
- 1997－2002 年重点企业主要财务指标
- 1997－2002 年重点企业从业人员指标
- 1997－2002 年重点企业劳动报酬指标
- 2003 年重点企业单位数以及主要财务指标
- 2003 年重点企业从业人员指标
- 2003 年重点企业劳动报酬指标
- 2003 年重点企业主要经济效益指标
- 2003 年重点企业改革发展状况
- 2002－2003 各地区重点企业主要指标
- 2003 年各地区重点企业名单

1－1　重点企业建立现代制度企业单位数

单位:个

类　　型	1997年	1998年	1999年	2000年	2001年	2002年
总　　计	**50**	**100**	**90**	**100**	**92**	**100**
一、按控股情况分						
国有及国有控股	45	81	76	88	81	81
国有绝对控股	42	80	73	82	71	75
国有相对控股	3	1	3	6	10	6
集体控股	2	4	2	2	1	1
集体绝对控股	2	4	2	2	1	1
集体相对控股						
其　他	3	15	12	10	10	18
二、按主营行业分						
农、林、牧、渔业	2	4	4	2	1	2
工　业	46	78	69	85	77	82
采掘业			4	5	6	5
制造业			61	77	66	69
电气水的生产和供应业			4	3	5	8
建筑业		6	3	3	3	5
运输邮电业	1	1	1	2	1	1
批发零售贸易餐饮业	1	6	9	7	8	7
金融保险业						1
房地产业		2	2	1	1	
其　他		3	2		1	2
三、按登记注册类型分						
国有企业	10	49	45	49	23	20
国有独资企业	12	17	11	14	16	13
其他有限责任公司	16	16	13	15	16	33
股份有限公司	9	14	16	18	34	28
中外合资企业				2		4
港澳台合资企业				1	3	1
其　他	3	4	5	1		1
四、按企业规模分						
特大型	1	1	2	3	4	3
大　型	24	37	38	51	45	50
中　型	23	50	39	38	36	37
小　型	2	9	8	5	3	5
其　他		3	3	3	4	5

1－2 重点企业建立现代企业制度企业年末资产总计

单位:万元

类 型	1997 年	1998 年	1999 年	2000 年	2001 年	2002 年
总 计	**4 459 423**	**5 925 980**	**6 653 095**	**8 157 675**	**7 732 889**	**8 507 746**
一、按控股情况分						
国有及国有控股	4 367 727	5 376 239	6 262 083	7 828 258	7 333 590	7 928 439
国有绝对控股	4 168 401	5 323 848	6 150 567	7 635 583	6 085 333	6 896 220
国有相对控股	199 326	52 391	111 516	192 675	1 248 257	1 032 219
集体控股	5 361	88 443	65 435	11 993	7 158	5 722
集体绝对控股	5 361	88 443	65 435	11 993	7 158	5 722
集体相对控股						
其 他	86 334	461 297	325 577	317 422	392 141	573 585
二、按主营行业分						
农、林、牧、渔业	74 101	81 897	104 155	87 926	33 967	44 027
工 业	4 328 508	5 489 131	6 029 562	7 373 638	6 904 537	7 736 557
采掘业			721 991	325 259	200 104	232 272
制造业			4 389 810	6 708 068	6 171 913	6 645 251
电气水的生产和供应业			917 762	340 311	532 520	859 034
建筑业		95 499	80 986	60 654	73 119	174 200
运输邮电业	35 069	45 044	17 016	21 076	24 176	47 025
批发零售贸易餐饮业	27 745	143 585	226 707	591 783	656 118	330 885
金融保险业						131 026
房地产业		29 677	32 065	22 597	32 651	
其 他		41 146	162 604		8 321	44 026
三、按登记注册类型分						
国有企业	757 946	2 523 461	3 063 600	4 436 311	1 981 802	1 604 338
国有独资企业	2 158 633	2 511 570	2 063 869	2 310 212	1 389 429	1 432 906
其他有限责任公司	1 215 844	259 828	603 219	420 602	1 620 301	2 231 761
股份有限公司	289 955	476 998	670 257	861 383	1 879 280	2 076 005
中外合资企业				117 924		252 210
港澳台合资企业				6 213	862 077	882 313
其 他	37 045	154 123	252 150	5 028		28 213
四、按企业规模分						
特大型	962 252	994 339	1 495 170	2 006 700	2 260 632	1 980 062
大 型	2 938 646	3 787 384	3 907 028	4 900 813	4 240 315	4 833 447
中 型	547 896	1 057 264	1 093 198	1 080 393	971 004	1 252 899
小 型	10 629	70 369	100 130	31 692	24 567	42 239
其 他		16 623	57 568	138 076	236 371	399 099

1-3 重点企业建立现代企业制度企业固定资产原价

单位:万元

类　　型	1997 年	1998 年	1999 年	2000 年	2001 年	2002 年
总　　计	**1 830 889**	**2 266 985**	**4 029 263**	**4 664 852**	**4 846 073**	**5 638 976**
一、按控股情况分						
国有及国有控股	1 815 188	2 096 961	3 925 972	4 583 001	4 622 623	5 349 816
国有绝对控股	1 737 580	2 083 499	3 884 236	4 498 361	3 468 386	4 200 989
国有相对控股	77 608	13 462	41 736	84 640	1 154 237	1 148 827
集体控股	1 858	15 563	3 761	8 442	2 859	2 831
集体绝对控股	1 858	15 563	3 761	8 442	2 859	2 831
集体相对控股						
其　他	13 843	154 461	99 530	73 409	220 591	286 329
二、按主营行业分						
农、林、牧、渔业	37 017	28 137	45 834	32 728	5 169	9 676
工　业	1 763 463	2 146 502	3 764 443	4 406 033	4 480 379	5 327 067
采掘业			533 984	235 629	151 776	140 612
制造业			2 468 644	3 949 754	3 978 114	4 494 205
电气水的生产和供应业			761 815	220 650	350 489	692 250
建筑业		37 897	32 047	21 663	24 701	72 594
运输邮电业	25 792	27 582	14 544	18 706	24 602	32 156
批发零售贸易餐饮业	4 617	14 341	37 220	169 416	283 507	159 645
金融保险业						4 827
房地产业		850	5 024	16 306	18 451	
其　他		11 676	130 151		9 264	33 011
三、按登记注册类型分						
国有企业	328 010	1 092 659	2 213 643	2 774 875	931 282	887 370
国有独资企业	913 200	888 038	1 206 040	1 284 057	642 575	631 690
其他有限责任公司	476 036	83 888	203 623	273 334	1 079 660	1 595 734
股份有限公司	102 347	186 626	351 547	313 126	1 212 967	1 181 815
中外合资企业				13 135		289 788
港澳台合资企业				3 122	979 589	1 046 989
其　他	11 296	15 774	54 410	3 202		5 590
四、按企业规模分						
特大型	493 071	526 374	1 357 979	1 692 640	1 764 516	1 763 748
大　型	1 159 481	1 444 496	2 162 060	2 402 586	2 486 194	3 049 302
中　型	177 585	276 924	472 056	534 587	491 699	683 963
小　型	749	18 575	24 023	11 787	7 897	23 266
其　他		616	13 144	23 252	95 767	118 697

1－4 重点企业建立现代企业制度企业累计对外投资

单位:万元

类　型	1997 年	1998 年	1999 年	2000 年	2001 年	2002 年
总　计	**119 658**	**180 923**	**215 897**	**250 033**	**409 149**	**408 922**
一、按控股情况分						
国有及国有控股	119 632	172 835	211 502	235 423	395 542	371 860
国有绝对控股	108 867	172 835	206 640	234 161	334 566	365 832
国有相对控股	10 765		4 863	1 262	60 976	6 028
集体控股	26	43	36		853	141
集体绝对控股	26	43	36		853	141
集体相对控股						
其　他		8 045	4 359	14 609	12 754	36 921
二、按主营行业分						
农、林、牧、渔业	3 012	3 153	8 853	2 297	12 448	12 343
工　业	114 003	164 071	179 400	234 153	369 381	371 256
采掘业			15 982	3 588	2 460	838
制造业			144 634	214 456	365 930	364 016
电气水的生产和供应业			18 784	16 109	991	6 402
建筑业		1 241	1 812	1 820	9 693	2 031
运输邮电业	2 643	2 375	613	806	724	4 166
批发零售贸易餐饮业		9 960	25 219	10 957	14 664	15 122
金融保险业						3 914
房地产业					2 149	
其　他		123			90	90
三、按登记注册类型分						
国有企业	2 660	89 604	104 424	161 247	69 748	60 865
国有独资企业	61 434	75 199	71 022	47 809	205 251	168 209
其他有限责任公司	39 804	2 773	2 455	796	33 349	63 451
股份有限公司	15 734	13 311	35 960	40 180	100 230	113 911
中外合资企业						1 975
港澳台合资企业					571	511
其　他	26	36	2 036			
四、按企业规模分						
特大型	42 420	35 679	42 181	41 049	108 079	102 251
大　型	70 800	122 157	120 536	175 828	260 507	172 217
中　型	6 401	18 446	37 204	15 966	30 065	115 150
小　型	37	4 621	5 056	108		1 927
其　他		20	10 920	17 081	10 498	17 377

1－5 重点企业建立现代企业制度企业流动资产年平均余额

单位:万元

类　　型	1997 年	1998 年	1999 年	2000 年	2001 年	2002 年
总　　计	**1 777 571**	**2 442 991**	**2 684 831**	**3 397 594**	**3 121 544**	**3 163 381**
一、按控股情况分						
国有及国有控股	1 720 448	2 163 322	2 508 582	3 261 055	2 998 168	2 970 572
国有绝对控股	1 631 487	2 133 240	2 458 923	3 149 684	2 538 441	2 676 450
国有相对控股	88 961	30 082	49 659	111 371	459 727	294 122
集体控股	3 206	68 300	61 523	4 243	3 772	4 425
集体绝对控股	3 206	68 300	61 523	4 243	3 772	4 425
集体相对控股						
其　他		211 368	114 726	132 296	119 604	188 384
二、按主营行业分						
农、林、牧、渔业	20 986	39 388	50 985	48 449	15 394	16 282
工　业	1 740 957	2 185 135	2 394 307	3 124 842	2 695 648	2 742 840
采掘业			298 437	141 437	75 571	89 169
制造业			1 854 266	2 868 680	2 432 664	2 445 108
电气水的生产和供应业			241 605	114 725	187 413	208 563
建筑业		47 869	22 839	29 369	40 663	117 634
运输邮电业	6 168	7 138	7 644	8 722	9 511	14 717
批发零售贸易餐饮业	9 460	106 829	141 185	182 987	347 546	146 889
金融保险业						111 278
房地产业		28 411	25 445	3 224	12 614	
其　他		28 222	42 425		168	13 741
三、按登记注册类型分						
国有企业	291 383	999 388	1 051 051	1 718 405	899 804	604 234
国有独资企业	800 958	999 003	886 711	1 016 331	559 342	550 562
其他有限责任公司	538 151	145 688	346 382	153 007	507 665	756 892
股份有限公司	129 765	243 730	291 451	462 948	901 979	940 662
中外合资企业				41 480		71 653
港澳台合资企业				3 523	252 754	239 378
其　他	17 314	55 181	109 236	1 900		
四、按企业规模分						
特大型	293 702	319 947	511 550	613 712	798 657	607 300
大　型	1 183 881	1 532 657	1 611 461	2 260 958	1 735 842	1 666 674
中　型	292 151	554 738	467 175	434 852	427 327	604 896
小　型	7 836	24 070	63 431	11 344	11 377	16 075
其　他		11 578	31 214	76 727	148 341	268 436

1-6 重点企业建立现代企业制度企业年末负债合计

单位:万元

类　　型	1997 年	1998 年	1999 年	2000 年	2001 年	2002 年
总　　计	**2 505 830**	**3 506 829**	**3 951 623**	**4 906 437**	**4 246 366**	**5 039 626**
一、按控股情况分						
国有及国有控股	2 475 945	3 271 371	3 759 325	4 784 587	4 071 625	4 748 343
国有绝对控股	2 408 153	3 241 197	3 716 556	4 688 420	3 468 019	4 238 563
国有相对控股	67 792	30 174	42 769	96 167	603 606	509 780
集体控股	1 760	76 279	59 515	10 004	1 680	705
集体绝对控股	1 760	76 279	59 515	10 004	1 680	705
集体相对控股						
其　他	28 125	159 179	132 783	111 846	173 061	290 578
二、按主营行业分						
农、林、牧、渔业	40 336	65 655	110 971	67 151	22 267	27 697
工　业	2 436 535	3 197 038	3 444 906	4 323 027	3 688 853	4 514 307
采掘业			526 854	218 137	109 653	84 698
制造业			2 443 089	3 924 634	3 279 250	3 947 681
电气水的生产和供应业			474 963	180 256	299 950	481 928
建筑业		61 939	64 249	47 946	52 250	121 488
运输邮电业	10 904	18 769	7 837	10 851	12 053	19 842
批发零售贸易餐饮业	18 055	118 402	171 662	445 725	447 532	207 770
金融保险业						120 024
房地产业		16 389	18 888	11 737	21 326	
其　他		28 637	133 110		2 085	28 498
三、按登记注册类型分						
国有企业	459 208	1 411 166	1 789 793	2 888 799	1 393 408	1 036 034
国有独资企业	1 085 575	1 725 119	1 410 730	1 389 442	820 354	986 234
其他有限责任公司	839 483	155 774	377 789	212 738	733 054	1 242 140
股份有限公司	94 339	162 788	258 589	362 215	896 685	1 188 416
中外合资企业				44 769		150 685
港澳台合资企业				6 204	402 865	410 005
其　他	27 225	51 983	114 722	2 268		26 112
四、按企业规模分						
特大型	359 477	383 944	788 114	1 098 493	1 178 574	1 011 592
大　型	1 809 827	2 386 024	2 298 065	2 941 825	2 384 843	3 030 135
中　型	328 593	667 898	729 736	796 211	617 070	781 113
小　型	7 933	55 164	93 099	18 457	16 145	24 113
其　他		13 799	42 609	51 451	49 734	192 673

1－7　重点企业建立现代企业制度企业流动负债

单位:万元

类　　型	1997年	1998年	1999年	2000年	2001年	2002年
总　　计	**1 709 407**	**2 551 162**	**2 654 257**	**3 465 080**	**2 975 346**	**3 475 732**
一、按控股情况分						
国有及国有控股	1 679 828	2 361 252	2 499 079	3 363 246	2 878 613	3 285 296
国有绝对控股	1 632 126	2 332 759	2 461 961	3 289 230	2 496 350	3 031 145
国有相对控股	47 702	28 493	37 118	74 016	382 263	254 151
集体控股	1 454	67 903	59 132	4 375	1 680	705
集体绝对控股	1 454	67 903	59 132	4 375	1 680	705
集体相对控股						
其　他	28 125	122 007	96 046	97 458	95 053	189 731
二、按主营行业分						
农、林、牧、渔业	19 233	46 353	87 832	55 405	17 804	21 586
工　业	1 669 492	2 299 921	2 273 332	2 945 395	2 495 490	3 051 595
采掘业			438 696	106 291	81 858	64 138
制造业			1 615 596	2 723 653	2 309 503	2 801 582
电气水的生产和供应业			219 040	115 451	104 129	185 875
建筑业		45 595	59 446	41 639	50 272	108 592
运输邮电业	4 407	12 839	4 246	7 980	9 075	13 318
批发零售贸易餐饮业	16 275	113 475	162 721	409 393	388 725	156 365
金融保险业						97 357
房地产业		8 009	7 767	5 266	13 093	
其　他		24 969	58 913		887	26 919
三、按登记注册类型分						
国有企业	290 607	978 022	1 101 671	1 950 057	959 577	663 341
国有独资企业	645 573	1 289 337	979 658	1 045 687	626 111	771 078
其他有限责任公司	688 660	114 688	290 484	143 420	584 464	912 866
股份有限公司	59 840	121 261	179 408	280 330	600 607	869 789
中外合资企业				40 371		84 296
港澳台合资企业				3 405	204 587	170 990
其　他	24 728	47 853	103 036	1 808		3 372
四、按企业规模分						
特大型	239 290	276 521	607 568	804 407	877 055	658 475
大　型	1 204 122	1 699 514	1 396 295	1 984 954	1 522 877	2 035 163
中　型	258 668	520 098	539 256	613 074	515 002	596 250
小　型	7 327	43 339	71 377	11 788	13 304	19 630
其　他		11 689	39 760	50 856	47 108	166 214

1－8　重点企业建立现代企业制度企业年末股东(所有者)权益合计

单位:万元

类　　　型	1997 年	1998 年	1999 年	2000 年	2001 年	2002 年
总　　计	**1 953 592**	**2 419 151**	**2 701 472**	**3 251 237**	**3 486 523**	**3 468 120**
一、按控股情况分						
国有及国有控股	1 891 782	2 104 868	2 502 758	3 043 671	3 261 965	3 180 096
国有绝对控股	1 760 248	2 082 651	2 434 011	2 947 163	2 617 314	2 657 657
国有相对控股	131 534	22 217	68 747	96 508	644 651	522 439
集体控股	3 601	12 164	5 920	1 989	5 478	5 017
集体绝对控股	3 601	12 164	5 920	1 989	5 478	5 017
集体相对控股						
其　他	58 209	302 118	192 794	205 576	219 080	283 007
二、按主营行业分						
农、林、牧、渔业	33 765	16 242	－6 816	20 775	11 700	16 330
工　业	1 891 973	2 292 093	2 584 656	3 050 611	3 215 684	3 222 250
采掘业			195 137	107 122	90 451	147 574
制造业			1 946 720	2 783 434	2 892 663	2 697 570
电气水的生产和供应业			442 799	160 055	232 570	377 106
建筑业		33 561	16 737	12 708	20 869	52 712
运输邮电业	24 165	26 276	9 179	10 225	12 123	27 183
批发零售贸易餐饮业	3 690	25 183	55 045	146 058	208 586	123 115
金融保险业						11 002
房地产业		13 288	13 177	10 860	11 325	
其　他		12 509	29 494		6 236	15 528
三、按登记注册类型分						
国有企业	298 738	1 112 296	1 273 807	1 547 511	588 394	568 304
国有独资企业	1 073 058	786 451	653 139	920 770	569 075	446 672
其他有限责任公司	376 361	104 054	225 430	207 863	887 247	989 621
股份有限公司	195 616	314 210	411 668	499 167	982 595	887 589
中外合资企业				73 155		101 525
港澳台合资企业				9	459 212	472 308
其　他	9 820	102 140	137 428	2 760		2 101
四、按企业规模分						
特大型	602 775	610 395	707 056	908 207	1 082 058	968 470
大　型	1 128 819	1 401 360	1 608 964	1 958 987	1 855 472	1 803 312
中　型	219 302	389 366	363 462	284 182	353 934	471 786
小　型	2 696	15 205	7 031	13 235	8 422	18 126
其　他		2 824	14 959	86 625	186 637	206 426

1-9 重点企业建立现代企业制度企业股本(实收资本)

单位:万元

类型	1997年	1998年	1999年	2000年	2001年	2002年
总计	**855 657**	**1 172 593**	**1 257 569**	**1 701 340**	**2 222 804**	**2 249 300**
一、按控股情况分						
国有及国有控股	823 090	953 911	1 097 482	1 630 739	2 065 172	2 057 678
国有绝对控股	783 699	942 696	1 070 934	1 582 882	1 719 867	1 768 299
国有相对控股	39 391	11 215	26 548	47 857	345 305	289 379
集体控股	1 475	7 587	2 409	1 918	1 359	1 359
集体绝对控股	1 475	7 587	2 409	1 918	1 359	1 359
集体相对控股						
其他	31 093	211 095	157 678	68 682	156 273	190 263
二、按主营行业分						
农、林、牧、渔业	15 548	7 151	8 716	18 421	3 707	6 707
工业	832 053	1 090 951	1 162 911	1 577 860	2 048 743	2 090 372
采掘业			121 719	75 036	81 152	77 395
制造业			899 225	1 178 625	1 860 301	1 832 312
电气水的生产和供应业			141 968	324 199	107 290	180 665
建筑业		31 819	10 248	4 076	17 564	52 641
运输邮电业	5 002	1 132	6 286	6 286	6 286	9 286
批发零售贸易餐饮业	3 054	12 548	38 314	86 056	134 804	73 720
金融保险业						10 000
房地产业		14 872	16 128	8 640	8 400	
其他		14 119	14 965		3 300	6 574
三、按登记注册类型分						
国有企业	147 560	511 505	513 707	748 754	374 844	306 212
国有独资企业	442 693	331 093	325 176	655 261	332 211	282 210
其他有限责任公司	181 793	78 546	135 532	93 148	765 798	859 614
股份有限公司	77 380	155 079	170 419	188 919	480 913	433 607
中外合资企业				13 095		99 870
港澳台合资企业				1 028	269 038	266 404
其他	6 232	96 370	112 735	1 133		1 383
四、按企业规模分						
特大型	241 098	236 350	318 887	381 564	737 088	680 324
大型	496 051	636 545	663 861	1 114 896	1 181 950	1 225 470
中型	117 095	281 397	236 359	169 373	218 817	242 430
小型	1 413	12 818	21 659	9 180	8 123	11 550
其他		5 484	16 803	26 326	76 826	89 526

1－10 重点企业建立现代企业制度企业营业收入

单位:万元

类型	1997 年	1998 年	1999 年	2000 年	2001 年	2002 年
总计	**2 394 735**	**3 134 025**	**3 534 905**	**4 708 877**	**4 792 635**	**5 124 975**
一、按控股情况分						
国有及国有控股	2 344 088	2 825 858	3 334 062	4 458 635	4 546 971	4 699 990
国有绝对控股	2 272 844	2 803 479	3 291 975	4 389 471	3 967 385	4 203 666
国有相对控股	71 244	22 379	42 087	69 164	579 586	496 324
集体控股	6 374	97 759	6 167	12 859	954	303
集体绝对控股	6 374	97 759	6 167	12 859	954	303
集体相对控股						
其他	44 293	210 409	194 676	237 382	244 710	424 682
二、按主营行业分						
农、林、牧、渔业	37 044	23 387	21 206	15 245	2 609	22 308
工业	2 310 735	2 698 215		3 964 327	3 984 639	4 516 407
采掘业			432 400	150 277	98 567	86 903
制造业			2 043 234	3 498 171	3 626 413	4 158 882
电气水的生产和供应业			620 451	315 879	259 659	270 622
建筑业		70 830	52 409	45 147	56 921	164 535
运输邮电业	11 447	13 692	6 879	6 896	14 234	16 175
批发零售贸易餐饮业	35 509	303 996	237 061	664 902	723 914	377 888
金融保险业						2 794
房地产业		1 307	2 313	12 358	4 878	
其他		22 599	118 953		5 440	24 868
三、按登记注册类型分						
国有企业	655 440	1 427 757	1 744 850	2 666 277	1 472 272	951 936
国有独资企业	1 009 875	1 239 576	992 047	1 295 072	517 104	768 470
其他有限责任公司	553 353	145 033	454 773	287 366	1 000 807	1 547 490
股份有限公司	131 992	261 899	281 846	434 743	1 475 533	1 435 260
中外合资企业				17 373		64 694
港澳台合资企业				1 819	326 919	348 648
其他	44 074	59 760	61 390	6 225		8 477
四、按企业规模分						
特大型	416 919	337 636	707 160	1 219 326	1 207 080	991 127
大型	1 672 356	2 254 175	2 259 386	2 706 999	2 716 959	3 158 879
中型	296 926	469 890	525 525	674 132	714 211	756 533
小型	8 535	69 779	26 174	26 761	8 520	45 947
其他		2 546	16 661	81 657	145 865	172 489

1-11　重点企业建立现代企业制度企业主营业务收入

单位:万元

类　　型	1997年	1998年	1999年	2000年	2001年	2002年
总　　计	**2 348 702**	**3 082 380**	**3 446 372**	**4 524 981**	**4 664 105**	**4 959 432**
一、按控股情况分						
国有及国有控股	2 298 359	2 774 260	3 252 939	4 276 514	4 418 691	4 538 911
国有绝对控股	2 227 159	2 751 881	3 214 938	4 207 736	3 864 187	4 065 385
国有相对控股	71 200	22 379	38 001	68 778	554 504	473 526
集体控股	6 192	97 758	6 167	12 318	910	298
集体绝对控股	6 192	97 758	6 167	12 318	910	298
集体相对控股						
其　他	44 151	210 362	187 266	236 148	244 504	420 223
二、按主营行业分						
农、林、牧、渔业	36 574	23 325	20 704	14 686	2 609	22 308
工　业	2 268 797	2 647 653	3 012 061	3 781 122	3 864 326	4 363 378
采掘业			411 745	128 641	90 570	84 279
制造业			2 000 445	3 336 679	3 514 215	4 008 496
电气水的生产和供应业			599 871	315 802	259 541	270 603
建筑业		70 478	50 010	44 779	52 736	162 759
运输邮电业	7 821	13 567	5 272	6 896	12 145	15 298
批发零售贸易餐饮业	35 509	303 469	237 059	665 169	722 004	368 128
金融保险业						2 746
房地产业		1 307	2 313	12 328	4 878	
其　他		22 581	118 953		5 407	24 815
三、按登记注册类型分						
国有企业	626 774	1 412 314	1 692 087	2 518 423	1 447 828	922 407
国有独资企业	1 001 823	1 207 789	972 522	1 269 144	494 956	723 459
其他有限责任公司	545 502	143 689	454 717	285 879	977 033	1 511 648
股份有限公司	130 660	258 828	273 056	426 117	1 439 125	1 396 664
中外合资企业				17 373		64 197
港澳台合资企业				1 818	305 163	332 707
其　他	43 941	59 760	53 990	6 225		8 350
四、按企业规模分						
特大型	412 551	327 717	674 329	1 172 817	1 171 694	964 116
大　型	1 645 927	2 216 698	2 208 953	2 574 578	2 638 501	3 038 198
中　型	281 865	465 713	520 581	671 081	704 684	741 354
小　型	8 359	69 706	25 866	26 160	8 486	45 896
其　他		2 546	16 644	80 344	140 740	169 868

1－12　重点企业建立现代企业制度企业主营业务成本

单位:万元

类　　　　型	1997 年	1998 年	1999 年	2000 年	2001 年	2002 年
总　　　计	**1 843 075**	**2 577 857**	**2 858 696**	**3 270 544**	**3 580 539**	**3 955 786**
一、按控股情况分						
国有及国有控股	1 821 677	2 325 405	2 679 709	3 118 579	3 418 031	3 642 144
国有绝对控股	1 775 366	2 310 465	2 652 454	3 075 124	2 986 769	3 254 230
国有相对控股	46 311	14 940	27 255	43 455	431 262	387 914
集体控股	4 184	87 854	57 092	2 398	764	278
集体绝对控股	4 184	87 854	57 092	2 398	764	278
集体相对控股						
其　他	17 214	164 598	121 895	149 566	161 744	313 364
二、按主营行业分						
农、林、牧、渔业	28 878	10 443	15 406	8 041	1 717	15 229
工　业	1 776 458	2 190 543	2 420 564	2 673 017	2 916 363	3 426 181
采掘业			355 640	95 895	66 523	58 754
制造业			1 576 308	2 508 934	2 739 328	3 163 482
电气水的生产和供应业			488 615	68 188	110 512	203 945
建筑业		62 609	40 891	37 674	42 245	139 726
运输邮电业	5 934	10 599	3 357	4 175	8 779	10 860
批发零售贸易餐饮业	31 805	283 389	271 344	538 905	606 642	343 342
金融保险业						3 044
房地产业		1 220	1 879	8 730	2 385	
其　他		19 055	105 256		2 408	17 404
三、按登记注册类型分						
国有企业	478 410	1 191 100	1 351 447	1 799 953	940 373	649 189
国有独资企业	772 671	1 010 441	833 282	922 802	389 726	579 853
其他有限责任公司	461 615	115 283	349 701	184 150	788 530	1 249 731
股份有限公司	92 970	207 256	232 422	344 780	1 226 322	1 154 578
中外合资企业				13 519		47 046
港澳台合资企业				798	235 588	267 773
其　他	37 409	53 777	91 844	4 540		7 616
四、按企业规模分						
特大型	324 577	296 599	599 855	961 556	938 522	798 551
大　型	1 327 433	1 853 005	1 813 215	1 822 537	2 075 893	2 393 537
中　型	187 101	377 246	409 027	409 013	435 863	585 678
小　型	3 965	48 884	21 528	10 296	6 266	29 715
其　他		2 123	15 071	67 140	123 995	148 305

1－13 重点企业建立现代企业制度企业主营业务税金及附加

单位:万元

类　　型	1997年	1998年	1999年	2000年	2001年	2002年
总　　计	**75 711**	**71 952**	**121 828**	**119 915**	**174 659**	**208 018**
一、按控股情况分						
国有及国有控股	74 724	69 765	119 787	116 924	172 575	204 604
国有绝对控股	74 189	69 642	119 395	116 397	168 300	200 556
国有相对控股	535	123	392	527	4 275	4 048
集体控股	604	703	727	204	6	2
集体绝对控股	604	703	727	204	6	2
集体相对控股						
其　他	384	1 484	1 313	2 785	2 078	3 412
二、按主营行业分						
农、林、牧、渔业	1 734	271	286	1 037	7	84
工　业	73 559	69 058	119 258	115 188	169 493	200 815
采掘业			2 245	1 514	1 162	1 186
制造业			79 502	112 603	166 589	196 679
电气水的生产和供应业			37 511	1 071	1 742	2 950
建筑业		1 661	1 277	1 195	1 860	4 902
运输邮电业	214	258	174	229	317	436
批发零售贸易餐饮业	205	323	453	2 162	2 560	943
金融保险业						92
房地产业		73	83	102	268	
其　他		307	296		154	746
三、按登记注册类型分						
国有企业	55 295	48 335	95 164	99 340	118 007	133 956
国有独资企业	10 369	18 235	9 777	13 430	2 312	12 179
其他有限责任公司	5 083	717	12 515	3 199	8 356	14 645
股份有限公司	4 133	3 576	3 169	3 165	42 814	43 720
中外合资企业				44		18
港澳台合资企业					3 170	3 443
其　他	831	1 090	1 203	736		57
四、按企业规模分						
特大型	358	845	2 363	4 823	7 576	6 924
大　型	46 492	59 965	60 411	28 212	58 824	175 152
中　型	28 852	4 735	58 694	85 836	106 498	24 723
小　型	9	6 354	292	896	628	238
其　他		53	68	147	1 133	981

1－14　重点企业建立现代企业制度企业其他业务收入

单位:万元

类　　型	1997 年	1998 年	1999 年	2000 年	2001 年	2002 年
总　　计	**46 033**	**51 646**	**88 533**	**92 349**	**128 530**	**165 543**
一、按控股情况分						
国有及国有控股	45 729	51 598	81 123	182 120	128 280	161 079
国有绝对控股	45 685	51 598	77 037	181 734	103 198	138 281
国有相对控股	44		4 086	386	25 082	22 798
集体控股	182	1		540	44	5
集体绝对控股	182	1		540	44	5
集体相对控股						
其　他	142	47	7 410	1 234	206	4 459
二、按主营行业分						
农、林、牧、渔业	470	62	502	559		
工　业	41 938	50 562	84 024	183 205	120 313	153 029
采掘业			20 655	21 636	7 997	2 624
制造业			42 789	161 492	112 198	150 386
电气水的生产和供应业			20 580	77	118	19
建筑业		352	2 399	367	4 185	1 776
运输邮电业	3 626	125	1 607	1 250	2 089	877
批发零售贸易餐饮业		527	2	－267	1 910	9 760
金融保险业						48
房地产业				30		
其　他		18			33	53
三、按登记注册类型分						
国有企业	28 666	15 443	52 762	147 854	24 444	29 529
国有独资企业	8 052	31 787	19 525	25 928	22 148	45 011
其他有限责任公司	7 851	1 344	56	1 486	23 774	35 842
股份有限公司	1 332	3 071	8 790	8 625	36 408	38 596
中外合资企业						497
港澳台合资企业					21 756	15 941
其　他	133		7 400			127
四、按企业规模分						
特大型	4 368	9 919	32 831	46 509	35 386	27 011
大　型	26 429	37 477	50 433	132 421	78 458	120 681
中　型	15 061	4 176	4 944	3 051	9 527	15 179
小　型	176	73	308	600	34	51
其　他			17	1 313	5 125	2 621

1－15　重点企业建立现代企业制度企业出口销售总额

单位:万元

类　　型	1997 年	1998 年	1999 年	2000 年	2001 年	2002 年
总　　计	**72 482**	**257 401**	**155 961**	**302 449**	**141 656**	**274 595**
一、按控股情况分						
国有及国有控股	62 077	195 472	136 204	277 831	119 611	247 117
国有绝对控股	53 794	195 316	136 204	277 396	111 807	224 014
国有相对控股	8 283	156		435	7 804	23 103
集体控股	3 975	5 004	6 049	4 320		23
集体绝对控股	3 975	5 004	6 049	4 320		23
集体相对控股						
其　他	6 430	56 926	13 708	20 298	22 045	27 455
二、按主营行业分						
农、林、牧、渔业		1 825				
工　业	72 482	126 968	50 887	134 251	121 330	171 744
采掘业			3 772	840	464	680
制造业			47 115	133 411	120 866	171 064
电气水的生产和供应业						
建筑业		283				
运输邮电业						
批发零售贸易餐饮业		128 326	105 074	168 198	20 326	102 851
金融保险业						
房地产业						
其　他						
三、按登记注册类型分						
国有企业	107	151 315	114 270	218 855	38 076	123 937
国有独资企业	22 314	28 982	21 705	40 383	18 445	14 758
其他有限责任公司	44 342	11 952	9 106	25 331	49 516	52 498
股份有限公司	1 744	10 612	62	6 915	32 014	59 927
中外合资企业				4 863		372
港澳台合资企业					3 605	23 103
其　他	3 975	54 541	10 818	6 102		
四、按企业规模分						
特大型	19 207	12 578	5 861	29 254	25 815	44 397
大　型	35 352	173 896	127 454	228 123	86 013	141 374
中　型	17 923	70 927	22 646	36 757	29 828	63 540
小　型				5 353		
其　他				2 962		25 284

1－16 重点企业建立现代企业制度企业投资收益

单位:万元

类　　型	1997 年	1998 年	1999 年	2000 年	2001 年	2002 年
总　　计	**10 264**	**17 671**	**13 792**	**16 921**	**23 496**	**26 133**
一、按控股情况分						
国有及国有控股	10 263	12 730	13 395	16 705	23 319	25 537
国有绝对控股	9 503	12 745	7 250	16 638	19 326	25 199
国有相对控股	760	－15	6 146	67	3 993	338
集体控股		2		210	16	
集体绝对控股		2		210	16	
集体相对控股						
其　他	1	4 939	397	6	161	596
二、按主营行业分						
农、林、牧、渔业	42	25	－31	125	440	－1 360
工　业	9 892	17 132	12 963	14 502	20 818	26 469
采掘业			888		－1	
制造业			10 446	14 465	19 911	27 484
电气水的生产和供应业			1 629	37	908	－1 015
建筑业		－28	136	103	67	－53
运输邮电业	134	147	153	67	－23	54
批发零售贸易餐饮业	197	388	572	2 123	2 059	841
金融保险业						174
房地产业					133	
其　他		7			2	8
三、按登记注册类型分						
国有企业	1 501	6 358	3 823	6 003	3 027	1 631
国有独资企业	3 618	3 464	1 984	2 793	10 237	14 872
其他有限责任公司	2 733	130	203	210	262	2 505
股份有限公司	2 215	7 718	7 387	7 914	9 753	6 672
中外合资企业						169
港澳台合资企业					217	284
其　他	197		396			
四、按企业规模分						
特大型	1 717	－46	1 316	1 458	－79	3 788
大　型	8 089	16 694	10 961	14 783	20 242	13 734
中　型	532	689	1 312	267	1 397	6 352
小　型	－74	334	52	210	－1	15
其　他			151	203	1 937	2 244

1－17　重点企业建立现代企业制度企业营业外收入

单位:万元

类　　型	1997 年	1998 年	1999 年	2000 年	2001 年	2002 年
总　　计	**9 529**	**9 788**	**12 883**	**10 158**	**13 348**	**14 474**
一、按控股情况分						
国有及国有控股	9 497	9 104	12 759	9 458	13 267	14 035
国有绝对控股	8 516	8 956	12 617	9 324	10 875	13 035
国有相对控股	981	148	143	134	2 392	1 000
集体控股	12	129		140	8	50
集体绝对控股	12	129		140	8	50
集体相对控股						
其　他	20	555	124	560	73	389
二、按主营行业分						
农、林、牧、渔业	514	89	286	788	128	29
工　业	8 808	9 338	12 265	8 319	11 488	12 568
采掘业			1 654	708	329	1 249
制造业			9 138	7 339	10 778	9 732
电气水的生产和供应业			1 473	272	381	1 587
建筑业		133	68	5	4	362
运输邮电业	202	157	95	115	148	424
批发零售贸易餐饮业	5	44	55	917	1 531	1 033
金融保险业						1
房地产业				12	30	
其　他		27	115		19	57
三、按登记注册类型分						
国有企业	482	4 413	4 037	5 400	7 874	3 958
国有独资企业	4 997	3 653	7 181	2 909	938	5 613
其他有限责任公司	1 923	503	417	276	1 228	2 248
股份有限公司	2 118	1 202	1 169	1 546	2 863	1 988
中外合资企业				26		21
港澳台合资企业					445	536
其　他	9	17	80			110
四、按企业规模分						
特大型	850	1 632	2 435	1 831	2 436	1 870
大　型	7 521	6 397	9 209	5 875	8 982	5 434
中　型	1 146	1 197	1 058	1 771	1 288	6 323
小　型	12	562	138	190	28	29
其　他			43	491	614	818

1－18　重点企业建立现代企业制度企业利润总额

单位:万元

类　　型	1997年	1998年	1999年	2000年	2001年	2002年
总　　计	**101 695**	**93 830**	**107 911**	**258 565**	**305 264**	**177 283**
一、按控股情况分						
国有及国有控股	91 905	66 075	93 279	240 670	294 341	152 194
国有绝对控股	75 464	62 185	79 004	222 790	241 236	128 454
国有相对控股	16 441	3 890	14 275	17 880	53 105	23 740
集体控股	365	1 291	791	－209	6	2
集体绝对控股	365	1 291	791	－209	6	2
集体相对控股						
其　他	9 425	26 465	13 841	18 103	10 917	25 087
二、按主营行业分						
农、林、牧、渔业	2 601	－5 574	－5 280	－1 244	218	93
工　业	97 302	95 351	109 704	250 757	292 443	167 119
采掘业			15 034	－983	5 212	8 165
制造业			89 715	143 258	159 156	129 431
电气水的生产和供应业			4 955	108 482	128 075	29 523
建筑业		1 800	－473	673	897	1 635
运输邮电业	1 091	1 133	2 216	2 715	3 356	4 339
批发零售贸易餐饮业	701	1 657	1 357	4 814	5 248	3 010
金融保险业						－1 104
房地产业		－79	－609	849	1 575	
其　他		－458	995		1 527	2 191
三、按登记注册类型分						
国有企业	28 579	37 493	24 538	183 147	162 942	45 700
国有独资企业	44 712	4 923	23 313	13 084	24 370	33 659
其他有限责任公司	1 974	4 826	13 032	13 265	26 131	40 006
股份有限公司	25 433	44 082	39 632	49 110	62 234	38 291
中外合资企业				182		2 293
港澳台合资企业				－414	29 587	17 334
其　他	997	2 507	7 397	190		
四、按企业规模分						
特大型	21 747	981	11 959	20 663	49 401	34 202
大　型	62 368	88 820	65 861	173 286	200 792	94 252
中　型	17 118	1 736	35 654	57 308	49 505	33 419
小　型	462	2 970	－4 483	621	91	4 011
其　他		－677	－1 081	6 686	5 475	11 399

1－19 重点企业建立现代企业制度企业应缴增值税

单位:万元

类　　型	1997 年	1998 年	1999 年	2000 年	2001 年	2002 年
总　　计	**124 469**	**116 592**	**165 418**	**223 691**	**238 483**	**258 214**
一、按控股情况分						
国有及国有控股	120 086	105 593	154 678	205 722	222 355	237 555
国有绝对控股	115 512	103 488	152 556	202 375	196 157	210 294
国有相对控股	4 574	2 105	2 122	3 347	26 198	27 261
集体控股	287	774	513	385	86	18
集体绝对控股	287	774	513	385	86	18
集体相对控股						
其　他	4 096	10 225	10 227	17 583	16 042	20 641
二、按主营行业分						
农、林、牧、渔业	826	260	155	1 014		840
工　业	123 470	114 760	157 053	207 901	220 227	254 437
采掘业			22 647	8 917	6 013	6 605
制造业			93 147	186 895	199 936	224 821
电气水的生产和供应业			41 260	12 089	14 278	23 011
建筑业		413	26	5	2	591
运输邮电业		88	4			
批发零售贸易餐饮业	172	536	875	14 606	18 244	2 324
金融保险业						
房地产业			117	163		
其　他		536	7 187		10	22
三、按登记注册类型分						
国有企业	43 521	42 432	90 622	133 165	71 670	52 221
国有独资企业	50 823	53 054	38 322	56 493	23 209	30 535
其他有限责任公司	21 349	4 968	22 210	20 749	66 852	89 162
股份有限公司	8 096	14 970	10 900	11 930	58 256	57 946
中外合资企业				604		3 949
港澳台合资企业				225	18 496	24 320
其　他	680	1 169	3 363	523		81
四、按企业规模分						
特大型	22 300	17 651	33 889	67 551	65 841	60 709
大　型	85 121	79 413	96 610	106 772	126 626	171 613
中　型	16 507	15 446	34 243	46 697	44 343	20 963
小　型	540	4 014	533	1 038	668	2 574
其　他		68	142	1 633	1 005	2 355

1－20 重点企业建立现代企业制度企业固定资产投资完成额

单位:万元

类型	1997年	1998年	1999年	2000年	2001年	2002年
总计	**247 726**	**238 712**	**288 550.95**	**275 961**	**538 138**	**586 766**
一、按控股情况分						
国有及国有控股	245 731	223 962	270 222	275 435	414 707	433 620
国有绝对控股	245 021	223 503	268 875	271 314	395 218	360 611
国有相对控股	710	459	1 347	4 121	19 489	73 009
集体控股	201	7 520	170	70	195	443
集体绝对控股	201	7 520	170	70	195	443
集体相对控股						
其他	1 794	7 229	18 159	456	123 236	152 703
二、按主营行业分						
农、林、牧、渔业	2 280	5 106	178		2 203	3 611
工业	245 445	222 406	256 698	270 225	532 871	575 760
采掘业			15 873	7 127	6 336	28 719
制造业			222 784	229 302	488 583	540 933
电气水的生产和供应业			18 041	33 796	37 952	6 108
建筑业		8 196	24 841		271	674
运输邮电业				1 370 311		3 500
批发零售贸易餐饮业		727	71	5 735	1 750	3 221
金融保险业						
房地产业					869	
其他		2 277	6 763		174	
三、按登记注册类型分						
国有企业	41 980	127 406	205 599	176 459	121 812	51 589
国有独资企业	168 953	78 454	42 012	62 328	90 442	98 902
其他有限责任公司	26 492	12 800	16 233	8 519	225 387	140 268
股份有限公司	10 032	19 623	11 815	28 304	87 985	92 906
中外合资企业						136 193
港澳台合资企业					12 512	66 908
其他	269	428	12 892	350		
四、按企业规模分						
特大型	82 875	52 245	114 417	89 214	97 548	187 698
大型	147 644	155 626	133 728	144 810	401 889	353 067
中型	16 913	26 753	40 212	40 613	27 968	32 670
小型	293	3 888	194	570	400	5 440
其他		200		753	10 333	7 891

1－21　重点企业建立现代企业制度企业研究开发费用

单位:万元

类　　型	1997年	1998年	1999年	2000年	2001年	2002年
总　　计	**27 974**	**23 539**	**31 093**	**31 821**	**43 263**	**56 653**
一、按控股情况分						
国有及国有控股	27 705	21 526	31 039	31 761	38 159	55 082
国有绝对控股	26 838	21 490	30 692	31 557	36 552	54 457
国有相对控股	867	35	347	204	1 607	625
集体控股	18	135	20	30		
集体绝对控股	18	135	20	30		
集体相对控股						
其　他	252	1 878	34	30	5 104	1 571
二、按主营行业分						
农、林、牧、渔业	28				40	98
工　业	27 948	21 796	31 093	31 683	43 223	56 287
采掘业			110	8	406	615
制造业			29 250	31 675	42 803	55 613
电气水的生产和供应业			1 733		14	59
建筑业		103				
运输邮电业						
批发零售贸易餐饮业				138		268
金融保险业						
房地产业						
其　他		1 640				
三、按登记注册类型分						
国有企业	1 000	5 253	4 848	15 313	2 919	2 946
国有独资企业	22 204	13 781	23 716	14 746	15 710	22 554
其他有限责任公司	4 724	2 176	1 458	299	9 663	8 186
股份有限公司	26	2 298	1 051	1 411	14 690	21 725
中外合资企业				8		1 242
港澳台合资企业				20	281	
其　他	21	31	20	22		
四、按企业规模分						
特大型	861	75	914	3 522	14 388	21 792
大　型	25 371	17 972	29 149	26 780	24 514	13 071
中　型	1 743	5 303	1 014	1 304	3 067	20 419
小　型		189	16	68		88
其　他				146	1 294	1 283

1－22 重点企业建立现代企业制度企业从业人员数

单位:人

类　　　型	1997 年	1998 年	1999 年	2000 年	2001 年	2002 年
总　　计	**243 382**	**266 417**	**268 756**	**332 202**	**258 891**	**240 743**
一、按控股情况分						
国有及国有控股	239 076	250 836	254 562	319 177	248 480	224 726
国有绝对控股	232 140	248 834	250 517	312 616	226 133	205 345
国有相对控股	6 936	2 002	4 045	6 561	22 347	19 381
集体控股	1 527	2 999	1 608	1 902	140	120
集体绝对控股	1 527	2 999	1 608	1 902	140	120
集体相对控股						
其　他	2 779	12 582	12 586	11 123	10 271	15 897
二、按主营行业分						
农、林、牧、渔业	4 976	11 942	12 819	5 939	2 524	3 112
工　业	233 510	237 008	229 854	286 802	208 830	200 796
采掘业			61 745	36 535	21 643	17 685
制造业			157 008	242 497	177 279	173 220
电气水的生产和供应业			11 101	7 770	9 908	9 891
建筑业		9 878	11 297	5 226	5 190	21 851
运输邮电业	4 190	2 491	1 029	1 206	1 137	1 391
批发零售贸易餐饮业	706	3 497	5 287	31 868	40 279	8 674
金融保险业						160
房地产业		39	300	1 161	113	
其　他		1 562	8 170		818	4 759
三、按登记注册类型分						
国有企业	52 589	98 489	112 295	181 428	85 541	46 059
国有独资企业	76 415	130 327	106 157	103 311	51 208	48 024
其他有限责任公司	99 279	15 072	25 514	18 702	63 145	86 304
股份有限公司	11 460	20 091	20 884	26 097	46 984	43 952
中外合资企业				732		2 999
港澳台合资企业				542	12 013	13 164
其　他	3 639	2 438	3 906	1 390		241
四、按企业规模分						
特大型	29 310	26 727	71 814	91 906	84 647	53 989
大　型	177 816	174 359	136 502	183 675	126 395	133 503
中　型	34 687	59 334	52 910	50 643	41 423	44 510
小　型	569	5 404	6 261	3 836	1 706	3 014
其　他		593	1 269	2 142	4 720	5 727

1-23 重点企业建立现代企业制度企业从业人员劳动报酬

单位:万元

类　　型	1997年	1998年	1999年	2000年	2001年	2002年
总　　计	**247 145**	**213 453**	**239 771**	**495 173**	**286 187**	**325 096**
一、按控股情况分						
国有及国有控股	243 015	194 154	230 011	491 182	278 194	309 899
国有绝对控股	236 155	192 759	226 216	411 656	246 581	278 883
国有相对控股	6 860	1 395	3 795	79 526	31 613	31 016
集体控股	1 482	6 002	654	617	129	96
集体绝对控股	1 482	6 002	654	617	129	96
集体相对控股						
其　他	2 648	13 297	9 107	7 560	7 864	15 101
二、按主营行业分						
农、林、牧、渔业	5 022	5 583	5 115	2 216	1 497	2 331
工　业	238 944	191 994	208 693	357 556	237 666	262 746
采掘业			52 115	27 829	21 064	18 108
制造业			142 486	323 158	204 847	230 729
电气水的生产和供应业			14 092	6 569	11 755	13 909
建筑业		10 574	12 084	10 898	10 905	26 014
运输邮电业	2 474	1 358	904	104 420	1 339	1 793
批发零售贸易餐饮业	705	2 798	3 793	23 668	34 028	26 149
金融保险业						284
房地产业		29	129	601	95	
其　他		1 117	9 053		657	5 779
三、按登记注册类型分						
国有企业	52 929	70 589	107 210	281 693	86 540	68 910
国有独资企业	76 400	110 026	91 555	181 184	54 521	64 270
其他有限责任公司	102 765	19 399	22 767	16 376	71 277	110 784
股份有限公司	11 398	12 485	15 204	19 023	53 123	53 958
中外合资企业				374		2 589
港澳台合资企业				209	20 726	24 171
其　他	3 653	954	3 036	500		414
四、按企业规模分						
特大型	30 589	27 737	70 140	100 285	99 337	87 028
大　型	182 424	136 918	120 386	350 653	143 351	177 238
中　型	33 560	46 195	46 058	44 794	35 253	49 358
小　型	572	2 404	2 634	1 880	1 131	3 041
其　他		198	554	1 746	7 115	8 431

1－24　重点企业建立现代企业制度企业主要财务指标

（2003 年）　　单位：万元

类　　型	单位数（个）	年末资产总计	固定资产原价
总　　计	**100**	**8 614 010**	**5 192 477**
一、按控股情况分			
国有及国有控股	78	7 614 962	4 791 400
国有绝对控股	75	6 557 089	3 591 792
国有相对控股	3	1 057 873	1 199 608
集体控股	4	65 679	16 194
集体绝对控股	2	54 426	10 315
集体相对控股	2	11 253	5 879
其他	18	933 369	384 883
二、按主营行业分			
农、林、牧、渔业	1	20 551	2 715
工业	81	7 732 404	4 883 138
采矿业	3	197 209	86 336
制造业	74	7 200 088	4 438 263
电力、燃气及水的生产和供应业	4	335 107	358 539
建筑业	8	319 506	85 436
交通运输、仓储和邮政业	2	84 794	56 267
信息传输、计算机服务和软件业	1	3 538	733
批发和零售业	4	239 368	155 301
住宿和餐饮业	1	8 107	
金融业			
房地产业	1	15 402	1 445
租赁和商务服务业	1	190 340	7 442
三、按登记注册类型分			
国有企业	22	1 501 840	752 905
国有独资企业	11	887 759	289 358
其他有限责任公司	36	3 097 455	1 791 836
股份有限公司	27	1 847 985	1 112 344
中外合资企业	1	12 148	3 012
港澳台合资企业	3	1 266 823	1 243 022
四、按企业规模分			
大型	30	5 939 441	4 016 631
中型	52	2 244 965	1 033 069
小型	14	374 240	128 640
其他	4	55 364	14 137
五、按三次产业分			
第一产业	1	20 551	2 715
第二产业	89	8 051 910	4 968 574
第三产业	10	541 549	221 188
六、按重点企业类型分			
520 户国家重点企业	6	933 926	382 687
原 512 户国家重点企业	4	1 456 453	1 327 627
省级重点企业	89	5 349 143	2 854 248
现企国家百户试点企业	1	874 488	627 915
现企省级试点企业	2	123 516	61 886
国家试点企业集团母公司			

1－24 续表1

单位:万元

类型	累计折旧	本年折旧	无形资产
总计	**1 978 614**	**256 483**	**381 930**
一、按控股情况分			
国有及国有控股	1 882 186	231 473	312 305
国有绝对控股	1 348 697	189 430	302 083
国有相对控股	533 489	42 043	10 222
集体控股	6 866	325	17 309
集体绝对控股	5 397	314	15 326
集体相对控股	1 469	11	1 983
其他	89 562	24 685	52 316
二、按主营行业分			
农、林、牧、渔业	743	26	261
工业	1 877 187	241 065	370 287
采矿业	34 121	4 959	22 301
制造业	1 771 018	215 384	347 741
电力、燃气及水的生产和供应业	72 048	20 722	245
建筑业	29 532	4 350	5 469
交通运输、仓储和邮政业	26 920	1 503	2 162
信息传输、计算机服务和软件业	116	43	476
批发和零售业	31 829	4 777	2 529
住宿和餐饮业	9 554	3 911	479
金融业			
房地产业	960	250	
租赁和商务服务业	1 773	558	267
三、按登记注册类型分			
国有企业	256 058	35 296	34 841
国有独资企业	103 777	－8 942	38 508
其他有限责任公司	649 939	126 158	260 831
股份有限公司	412 278	59 614	28 751
中外合资企业	3 128	272	
港澳台合资企业	553 434	44 085	18 999
四、按企业规模分			
大型	1 589 103	197 924	273 837
中型	334 169	48 822	75 503
小型	42 598	5 074	31 296
其他	12 744	4 663	1 294
五、按三次产业分			
第一产业	743	26	261
第二产业	1 906 719	245 415	375 756
第三产业	71 152	11 042	5 913
六、按重点企业类型分			
520户国家重点企业	100 357	10 445	12 428
原512户国家重点企业	578 429	26 764	14 562
省级重点企业	1 002 544	160 192	223 927
现企国家百户试点企业	297 284	59 082	131 013
现企省级试点企业	22 458	3 214	2 814
国家试点企业集团母公司			

1－24 续表2

单位:万元

类型	累计对外投资	本年对外投资	长期投资
总计	**307 682**	**70 125**	**532 899**
一、按控股情况分			
国有及国有控股	295 116	65 073	488 702
国有绝对控股	276 740	53 573	486 782
国有相对控股	18 376	11 500	1 920
集体控股			4 888
集体绝对控股			3 860
集体相对控股			1 028
其他	12 566	5 052	39 309
二、按主营行业分			
农、林、牧、渔业			
工业	192 906	56 649	327 749
采矿业	887	50	2 115
制造业	192 019	56 599	323 933
电力、燃气及水的生产和供应业			1 701
建筑业	9 188		9 924
交通运输、仓储和邮政业	25 655	13 318	9 238
信息传输、计算机服务和软件业	456		456
批发和零售业	5 064	158	16 290
住宿和餐饮业			
金融业			
房地产业	827		106
租赁和商务服务业	73 586		169 136
三、按登记注册类型分			
国有企业	39 349	6 999	73 508
国有独资企业	139 125	3 969	263 447
其他有限责任公司	53 041	17 796	90 549
股份有限公司	56 904	29 811	102 588
中外合资企业			
港澳台合资企业	19 263	11 550	2 807
四、按企业规模分			
大型	251 016	46 457	420 592
中型	50 568	22 286	84 800
小型	5 642	1 382	20 163
其他	456		7 344
五、按三次产业分			
第一产业			
第二产业	202 094	56 649	337 673
第三产业	105 588	13 476	195 226
六、按重点企业类型分			
520 户国家重点企业	111 046	11 993	207 234
原 512 户国家重点企业	85 661	15 627	91 647
省级重点企业	91 029	37 259	214 072
现企国家百户试点企业	19 946	5 246	19 946
现企省级试点企业	25 655	13 318	23 291
国家试点企业集团母公司			

1－24　续表3　　单位:万元

类　　型	短期投资	存　货	流动资产年平均余额
总　　计	**47 153**	**1 232 670**	**3 445 955**
一、按控股情况分			
国有及国有控股	47 032	1 156 568	3 080 959
国有绝对控股	46 309	923 342	2 800 519
国有相对控股	723	233 226	280 440
集体控股		11 783	34 894
集体绝对控股		10 592	34 062
集体相对控股		1 191	832
其他	121	64 319	330 102
二、按主营行业分			
农、林、牧、渔业		11	2 507
工业	43 967	1 154 647	3 110 424
采矿业	10	10 075	94 603
制造业	43 957	1 139 854	2 969 802
电力、燃气及水的生产和供应业		4 718	46 019
建筑业	1 001	54 996	213 271
交通运输、仓储和邮政业	2 185	492	32 440
信息传输、计算机服务和软件业		370	1 987
批发和零售业		12 643	50 149
住宿和餐饮业		144	
金融业			
房地产业		9 367	15 108
租赁和商务服务业			20 069
三、按登记注册类型分			
国有企业	10 811	274 952	659 806
国有独资企业	30	71 606	366 550
其他有限责任公司	719	328 624	1 125 705
股份有限公司	34 860	285 600	861 999
中外合资企业		2 403	10 498
港澳台合资企业	733	269 485	421 397
四、按企业规模分			
大型	42 392	793 431	2 105 317
中型	4 730	348 667	1 105 745
小型	31	87 117	211 193
其他		3 455	23 700
五、按三次产业分			
第一产业		11	2 507
第二产业	44 968	1 209 643	3 323 695
第三产业	2 185	23 016	119 753
六、按重点企业类型分			
520 户国家重点企业	9 922	46 522	355 439
原 512 户国家重点企业	723	270 481	500 137
省级重点企业	36 508	810 704	2 281 766
现企国家百户试点企业		104 963	308 613
现企省级试点企业	2 215	20 429	57 173
国家试点企业集团母公司			

1－24　续表 4　　　　单位:万元

类　　型	应收帐款	年末负债合计	流动负债
总　　计	**631 512**	**5 301 242**	**3 984 535**
一、按控股情况分			
国有及国有控股	581 750	4 637 151	3 386 618
国有绝对控股	546 307	4 137 885	3 153 102
国有相对控股	35 443	499 266	233 516
集体控股	7 897	37 818	34 249
集体绝对控股	7 137	33 055	30 486
集体相对控股	760	4 763	3 763
其他	41 865	626 273	563 668
二、按主营行业分			
农、林、牧、渔业	163	3 882	3 363
工业	565 418	4 779 484	3 577 460
采矿业	19 224	86 283	76 010
制造业	529 142	4 441 970	3 410 360
电力、燃气及水的生产和供应业	17 052	251 231	91 090
建筑业	46 194	237 103	221 862
交通运输、仓储和邮政业	719	46 023	43 176
信息传输、计算机服务和软件业	290	1 569	1 421
批发和零售业	17 415	146 895	83 931
住宿和餐饮业	742	2 820	
金融业			
房地产业	571	13 244	8 858
租赁和商务服务业		70 222	44 464
三、按登记注册类型分			
国有企业	111 350	994 361	744 715
国有独资企业	70 032	535 598	393 321
其他有限责任公司	159 574	1 950 647	1 670 325
股份有限公司	227 679	1 187 623	802 428
中外合资企业	8 991	10 605	10 605
港澳台合资企业	53 886	622 408	363 141
四、按企业规模分			
大型	318 322	3 561 237	2 591 784
中型	267 967	1 459 344	1 157 480
小型	35 548	247 983	207 793
其他	9 675	32 678	27 478
五、按三次产业分			
第一产业	163	3 882	3 363
第二产业	611 612	5 016 587	3 799 322
第三产业	19 737	280 773	181 850
六、按重点企业类型分			
520 户国家重点企业	113 351	653 784	495 386
原 512 户国家重点企业	69 235	714 242	410 598
省级重点企业	407 865	3 419 784	2 608 192
现企国家百户试点企业	41 061	513 432	470 359
现企省级试点企业	8 016	47 364	37 719
国家试点企业集团母公司			

1－24　续表5　　　　单位:万元

类　　型	年末股东（所有者）权益合计	股本（实收资本）	营业收入
总　　计	**3 312 768**	**2 066 969**	**6 273 348**
一、按控股情况分			
国有及国有控股	2 977 811	1 893 060	5 299 721
国有绝对控股	2 419 204	1 616 065	4 732 012
国有相对控股	558 607	276 995	567 709
集体控股	27 861	29 308	20 902
集体绝对控股	21 371	23 290	12 245
集体相对控股	6 490	6 018	8 657
其他	307 096	144 601	952 725
二、按主营行业分			
农、林、牧、渔业	16 669	845	2 451
工业	2 952 920	1 886 101	5 665 795
采矿业	110 926	51 192	74 787
制造业	2 758 118	1 747 650	5 468 671
电力、燃气及水的生产和供应业	83 876	87 259	122 337
建筑业	82 403	61 840	274 199
交通运输、仓储和邮政业	38 771	12 560	39 414
信息传输、计算机服务和软件业	1 969	1 004	2 501
批发和零售业	92 473	51 440	234 238
住宿和餐饮业	5 287	3 300	4 359
金融业			
房地产业	2 158	3 000	2 147
租赁和商务服务业	120 118	46 879	48 244
三、按登记注册类型分			
国有企业	507 479	254 803	965 408
国有独资企业	352 161	245 258	298 993
其他有限责任公司	1 146 808	921 208	2 557 005
股份有限公司	660 362	335 017	1 657 292
中外合资企业	1 543	1 591	9 166
港澳台合资企业	644 415	309 092	785 484
四、按企业规模分			
大型	2 378 204	1 518 524	4 447 068
中型	785 621	423 857	1 485 451
小型	126 257	111 704	306 659
其他	22 686	12 884	34 170
五、按三次产业分			
第一产业	16 669	845	2 451
第二产业	3 035 323	1 947 941	5 939 994
第三产业	260 776	118 183	330 903
六、按重点企业类型分			
520户国家重点企业	280 142	161 219	327 372
原512户国家重点企业	742 211	436 827	754 174
省级重点企业	1 929 359	1 128 475	4 389 619
现企国家百户试点企业	361 056	340 448	802 183
现企省级试点企业	76 152	33 033	68 783
国家试点企业集团母公司			

1－24 续表6

单位:万元

类型	主营业务收入	主营业务成本	主营业务税金及附加
总计	**6 090 538**	**4 889 375**	**221 821**
一、按控股情况分			
国有及国有控股	5 118 719	4 136 844	216 203
国有绝对控股	4 554 671	3 690 892	212 551
国有相对控股	564 048	445 952	3 652
集体控股	20 738	17 120	183
集体绝对控股	12 143	9 981	51
集体相对控股	8 595	7 139	132
其他	951 081	735 411	5 435
二、按主营行业分			
农、林、牧、渔业	2 375	1 336	5
工业	5 536 590	4 395 384	211 331
采矿业	68 673	46 099	960
制造业	5 346 899	4 259 476	209 245
电力、燃气及水的生产和供应业	121 018	89 809	1 126
建筑业	271 945	241 527	8 061
交通运输、仓储和邮政业	37 712	26 857	1 245
信息传输、计算机服务和软件业	2 501	612	75
批发和零售业	232 929	218 948	906
住宿和餐饮业	4 339	2 826	100
金融业			
房地产业	2 147	1 885	98
租赁和商务服务业			
三、按登记注册类型分			
国有企业	931 548	624 754	138 789
国有独资企业	245 287	207 877	1 745
其他有限责任公司	2 527 188	2 112 621	21 651
股份有限公司	1 601 640	1 334 716	45 363
中外合资企业	9 165	7 774	
港澳台合资企业	775 710	601 633	14 273
四、按企业规模分			
大型	4 336 863	3 667 935	66 966
中型	1 413 877	964 576	137 996
小型	305 648	232 103	16 530
其他	34 150	24 761	329
五、按三次产业分			
第一产业	2 375	1 336	5
第二产业	5 808 535	4 636 911	219 392
第三产业	279 628	251 128	2 424
六、按重点企业类型分			
520户国家重点企业	277 326	181 238	1 783
原512户国家重点企业	747 530	613 655	4 358
省级重点企业	4 267 697	3 391 119	210 271
现企国家百户试点企业	797 985	703 363	5 409
现企省级试点企业	66 897	51 806	494
国家试点企业集团母公司			

1－24　续表7　　单位:万元

类　　　型	其他业务收入	新产品销售收入	出口销售总额
总　　计	**182 810**	**434 666**	**266 073**
一、按控股情况分			
国有及国有控股	181 002	427 529	229 380
国有绝对控股	177 341	427 529	172 585
国有相对控股	3 661		56 795
集体控股	164	1 152	1 897
集体绝对控股	102	1 152	1 071
集体相对控股	62		826
其他	1 644	5 985	34 796
二、按主营行业分			
农、林、牧、渔业	76		
工业	129 205	433 943	254 162
采矿业	6 114	6 740	920
制造业	121 772	427 203	253 242
电力、燃气及水的生产和供应业	1 319		
建筑业	2 254		
交通运输、仓储和邮政业	1 702		
信息传输、计算机服务和软件业		723	1 391
批发和零售业	1 309		10 520
住宿和餐饮业	20		
金融业			
房地产业			
租赁和商务服务业	48 244		
三、按登记注册类型分			
国有企业	33 860	164 730	26 097
国有独资企业	53 706	82 862	16 855
其他有限责任公司	29 817	62 449	58 974
股份有限公司	55 652	117 885	107 352
中外合资企业	1		
港澳台合资企业	9 774	6 740	56 795
四、按企业规模分			
大型	110 205	228 797	186 769
中型	71 574	204 692	73 884
小型	1 011	454	4 029
其他	20	723	1 391
五、按三次产业分			
第一产业	76		
第二产业	131 459	433 943	254 162
第三产业	51 275	723	11 911
六、按重点企业类型分			
520户国家重点企业	50 046	14 557	10 239
原512户国家重点企业	6 644	55 138	71 771
省级重点企业	121 922	325 174	181 692
现企国家百户试点企业	4 198	39 797	2 371
现企省级试点企业	1 886		3 043
国家试点企业集团母公司			

1－24 续表8

单位:万元

类　型	存货跌价损伤和营业、管理、财务等费用合计	税　金	劳动、待业保险费
总　计	**705 870**	**15 674**	**45 402**
一、按控股情况分			
国有及国有控股	569 743	13 973	40 356
国有绝对控股	520 299	11 833	34 716
国有相对控股	49 444	2 140	5 640
集体控股	3 158	67	131
集体绝对控股	2 337	39	118
集体相对控股	821	28	13
其他	132 969	1 634	4 915
二、按主营行业分			
农、林、牧、渔业	1 051	10	116
工业	657 042	11 556	36 540
采矿业	13 481	183	1 575
制造业	625 645	11 296	34 672
电力、燃气及水的生产和供应业	17 916	77	293
建筑业	23 892	181	6 545
交通运输、仓储和邮政业	1 991	8	294
信息传输、计算机服务和软件业	1 308	6	20
批发和零售业	16 634	4 060	1 406
住宿和餐饮业		－235	10
金融业			
房地产业	333		
租赁和商务服务业	3 619	88	471
三、按登记注册类型分			
国有企业	115 894	5 579	8 589
国有独资企业	47 783	824	4 268
其他有限责任公司	258 446	5 180	20 816
股份有限公司	199 262	1 878	4 946
中外合资企业	1 300	2	35
港澳台合资企业	83 185	2 211	6 748
四、按企业规模分			
大型	419 914	12 350	33 391
中型	235 194	3 109	11 130
小型	46 318	385	796
其他	4 444	－170	85
五、按三次产业分			
第一产业	1 051	10	116
第二产业	680 934	11 737	43 085
第三产业	23 885	3 927	2 201
六、按重点企业类型分			
520户国家重点企业	94 917	1 375	3 509
原512户国家重点企业	75 139	6 007	7 841
省级重点企业	479 297	6 194	26 426
现企国家百户试点企业	56 517	2 098	7 626
现企省级试点企业	9 531	301	709
国家试点企业集团母公司			

1－24　续表9　　　　单位:万元

类　　　型	存货跌价损伤和营业、管理、财务等费用合计		
	职工教育费	广告费	利息支出
总　　计	**3 342**	**66 287**	**112 129**
一、按控股情况分			
国有及国有控股	2 909	36 871	99 426
国有绝对控股	2 479	36 852	82 690
国有相对控股	430	19	16 736
集体控股	20	24	279
集体绝对控股	20	22	145
集体相对控股		2	134
其他	413	29 392	12 424
二、按主营行业分			
农、林、牧、渔业	3		26
工业	2 832	66 183	106 521
采矿业	150	35	1 049
制造业	2 653	66 148	93 131
电力、燃气及水的生产和供应业	29		12 341
建筑业	323		897
交通运输、仓储和邮政业	6	13	－97
信息传输、计算机服务和软件业	9	7	4
批发和零售业	136	84	1 839
住宿和餐饮业			
金融业			
房地产业			
租赁和商务服务业	33		2 939
三、按登记注册类型分			
国有企业	371	6 146	27 295
国有独资企业	350	359	8 614
其他有限责任公司	1 636	30 462	40 455
股份有限公司	449	29 278	19 017
中外合资企业	10		291
港澳台合资企业	526	42	16 457
四、按企业规模分			
大型	2 531	26 561	76 594
中型	718	38 846	30 376
小型	79	873	3 971
其他	14	7	1 188
五、按三次产业分			
第一产业	3		26
第二产业	3 155	66 183	107 418
第三产业	184	104	4 685
六、按重点企业类型分			
520 户国家重点企业	122	28 890	19 253
原 512 户国家重点企业	720	161	18 122
省级重点企业	1 642	37 234	66 231
现企国家百户试点企业	858	2	8 523
现企省级试点企业	9	13	514
国家试点企业集团母公司			

1－24　续表10　　单位:万元

类　　　型	投资收益	营业外收入	利润总额
总　　计	**7 346**	**14 123**	**264 272**
一、按控股情况分			
国有及国有控股	6 538	13 262	191 442
国有绝对控股	8 288	13 186	133 754
国有相对控股	－1 750	76	57 688
集体控股		6	51
集体绝对控股		1	－244
集体相对控股		5	295
其他	808	855	72 779
二、按主营行业分			
农、林、牧、渔业		21	2
工业	6 143	13 047	255 121
采矿业	－62	30	8 923
制造业	6 188	12 939	232 224
电力、燃气及水的生产和供应业	17	78	13 974
建筑业	223	685	379
交通运输、仓储和邮政业	711	140	6 045
信息传输、计算机服务和软件业	22		528
批发和零售业	236	224	1 044
住宿和餐饮业	1	6	110
金融业			
房地产业			－137
租赁和商务服务业	10		1 180
三、按登记注册类型分			
国有企业	824	770	49 149
国有独资企业	4 076	850	2 053
其他有限责任公司	1 364	2 893	110 975
股份有限公司	2 189	1 165	24 474
中外合资企业			107
港澳台合资企业	－1 107	8 445	77 514
四、按企业规模分			
大型	5 105	4 483	169 703
中型	1 569	1 156	73 693
小型	761	8 385	17 616
其他	－89	99	3 260
五、按三次产业分			
第一产业		21	2
第二产业	6 366	13 732	255 500
第三产业	980	370	8 770
六、按重点企业类型分			
520户国家重点企业	126	595	3 871
原512户国家重点企业	2 524	862	58 277
省级重点企业	4 331	11 473	181 316
现企国家百户试点企业	365	1 193	20 808
现企省级试点企业	1 425	123	8 278
国家试点企业集团母公司			

1－24　续表 11　　单位:万元

类　　型	应交所得税	应缴增值税	固定资产投资完成额
总　　计	**104 757**	**304 299**	**589 355**
一、按控股情况分			
国有及国有控股	78 628	257 885	407 601
国有绝对控股	48 258	231 241	333 017
国有相对控股	30 370	26 644	74 584
集体控股	112	986	33 391
集体绝对控股	9	609	54
集体相对控股	103	377	33 337
其他	26 017	45 428	148 363
二、按主营行业分			
农、林、牧、渔业	1	12	
工业	101 888	300 498	583 781
采矿业	2 279	5 023	15 761
制造业	97 850	283 906	567 069
电力、燃气及水的生产和供应业	1 759	11 569	951
建筑业	798	322	
交通运输、仓储和邮政业	1 620		3 147
信息传输、计算机服务和软件业	63		244
批发和零售业	387	2 730	1 440
住宿和餐饮业		14	
金融业			
房地产业			
租赁和商务服务业		723	743
三、按登记注册类型分			
国有企业	18 687	55 873	33 421
国有独资企业	431	5 962	41 541
其他有限责任公司	39 700	148 404	354 936
股份有限公司	14 995	58 391	72 637
中外合资企业	-	265	
港澳台合资企业	30 944	35 404	86 820
四、按企业规模分			
大型	73 884	209 711	486 217
中型	28 830	80 504	102 397
小型	958	12 768	497
其他	1 085	1 316	244
五、按三次产业分			
第一产业	1	12	
第二产业	102 686	300 820	583 781
第三产业	2 070	3 467	5 574
六、按重点企业类型分			
520 户国家重点企业	7 286	21 690	15 354
原 512 户国家重点企业	29 185	28 689	108 020
省级重点企业	60 742	193 115	358 497
现企国家百户试点企业	7 544	60 805	107 484
现企省级试点企业	1 938	－124	7 424
国家试点企业集团母公司			

1－24　续表12　　　　单位:万元

类　　型	研究开发费用	上交税金合计
总　　计	**47 218**	**646 551**
一、按控股情况分		
国有及国有控股	44 711	566 689
国有绝对控股	44 600	503 883
国有相对控股	111	62 806
集体控股	206	1 348
集体绝对控股	132	708
集体相对控股	74	640
其他	2 301	78 514
二、按主营行业分		
农、林、牧、渔业		28
工业	46 770	625 273
采矿业	76	8 445
制造业	46 694	602 297
电力、燃气及水的生产和供应业		14 531
建筑业		9 362
交通运输、仓储和邮政业		2 873
信息传输、计算机服务和软件业	376	144
批发和零售业	72	8 083
住宿和餐饮业		－121
金融业		
房地产业		98
租赁和商务服务业		811
三、按登记注册类型分		
国有企业	8 172	218 928
国有独资企业	23 660	8 962
其他有限责任公司	4 377	214 935
股份有限公司	10 827	120 627
中外合资企业		267
港澳台合资企业	182	82 832
四、按企业规模分		
大型	34 989	362 911
中型	11 678	250 439
小型	175	30 641
其他	376	2 560
五、按三次产业分		
第一产业		28
第二产业	46 770	634 635
第三产业	448	11 888
六、按重点企业类型分		
520户国家重点企业	1 993	32 134
原512户国家重点企业	21 516	68 239
省级重点企业	23 508	470 322
现企国家百户试点企业	201	75 856
现企省级试点企业	236	2 609
国家试点企业集团母公司		

1－25　重点企业建立现代企业制度企业劳动工资指标

（2003 年）　　　　单位：人

类　　型	从业人员年末人数	在岗职工（人）	其他从业人员	研究开发人员
总　　计	**238 909**	**219 801**	**19 108**	**7 804**
一、按控股情况分				
国有及国有控股	208 967	190 188	18 779	7 180
国有绝对控股	195 361	176 666	18 695	7 100
国有相对控股	13 606	13 522	84	80
集体控股	3 533	3 515	18	70
集体绝对控股	1 122	1 104	18	42
集体相对控股	2 411	2 411		28
其他	26 409	26 098	311	554
二、按主营行业分				
农、林、牧、渔业	376	376		
工业	193 904	186 280	7 624	7 717
采矿业	8 616	8 229	387	142
制造业	183 023	175 980	7 043	7 575
电力、燃气及水的生产和供应业	2 265	2 071	194	
建筑业	31 367	22 292	9 075	
交通运输、仓储和邮政业	5 591	3 959	1 632	
信息传输、计算机服务和软件业	125	125		84
批发和零售业	5 807	5 061	746	3
住宿和餐饮业	703	703		
金融业				
房地产业	280	249	31	
租赁和商务服务业	756	756		
三、按登记注册类型分				
国有企业	40 912	37 095	3 817	705
国有独资企业	30 694	30 355	339	2 405
其他有限责任公司	103 744	90 568	13 176	2 802
股份有限公司	39 464	37 972	1 492	1 678
中外合资企业	204	120	84	
港澳台合资企业	23 891	23 691	200	214
四、按企业规模分				
大型	150 090	138 386	11 704	4 881
中型	75 821	69 143	6 678	2 682
小型	11 249	10 652	597	157
其他	1 749	1 620	129	84
五、按三次产业分				
第一产业	376	376		
第二产业	225 271	208 572	16 699	7 717
第三产业	13 262	10 853	2 409	87
六、按重点企业类型分				
520 户国家重点企业	14 997	14 026	971	512
原 512 户国家重点企业	31 667	31 268	399	1 729
省级重点企业	162 493	144 755	17 738	4 716
现企国家百户试点企业	29 752	29 752		847
现企省级试点企业	3 141	3 141		35
国家试点企业集团母公司				

1－25　续表　　　　　　　　　　　　　　　　　　　　　　　　　　单位:万元

类　　　　型	从业人员劳动报酬	在岗职工劳动报酬	其他从业人员劳动报酬	研究开发人员劳动报酬
总　　计	**335 067**	**315 671**	**19 396**	**12 866**
一、按控股情况分				
国有及国有控股	298 925	279 684	19 241	11 470
国有绝对控股	270 310	251 241	19 069	11 392
国有相对控股	28 615	28 443	172	78
集体控股	2 513	2 498	15	112
集体绝对控股	1 281	1 266	15	79
集体相对控股	1 232	1 232		33
其他	33 629	33 489	140	1 284
二、按主营行业分				
农、林、牧、渔业	450	450		
工业	272 029	266 724	5 305	12 489
采矿业	9 102	8 793	309	225
制造业	258 335	253 458	4 877	12 264
电力、燃气及水的生产和供应业	4 592	4 473	119	
建筑业	44 235	32 758	11 477	
交通运输、仓储和邮政业	7 894	5 814	2 080	
信息传输、计算机服务和软件业	495	495		368
批发和零售业	8 261	7 789	472	9
住宿和餐饮业	592	592		
金融业				
房地产业	293	231	62	
租赁和商务服务业	818	818		
三、按登记注册类型分				
国有企业	51 931	48 084	3 847	1 322
国有独资企业	42 719	42 446	273	3 996
其他有限责任公司	148 242	134 712	13 530	4 059
股份有限公司	52 341	51 007	1 334	3 197
中外合资企业	655	483	172	
港澳台合资企业	39 179	38 939	240	292
四、按企业规模分				
大型	236 421	221 998	14 423	8 000
中型	85 087	80 938	4 149	4 326
小型	11 643	11 002	641	172
其他	1 916	1 733	183	368
五、按三次产业分				
第一产业	450	450		
第二产业	316 264	299 482	16 782	12 489
第三产业	18 353	15 739	2 614	377
六、按重点企业类型分				
520 户国家重点企业	14 013	13 171	842	650
原 512 户国家重点企业	59 254	58 796	458	3 352
省级重点企业	213 005	194 909	18 096	7 237
现企国家百户试点企业	48 795	48 795		1 627
现企省级试点企业	4 016	4 016		120
国家试点企业集团母公司				

1－26　重点企业建立现代企业制度企业主要经济效益指标

（2003 年）　　单位:%

类　　型	净资产收益率	总资产报酬率	销售利润率
总　计	**4.82**	**4.37**	**4.21**
一、按控股情况分			
国有及国有控股	3.79	3.82	3.61
国有绝对控股	3.53	3.30	2.83
国有相对控股	4.89	7.04	10.16
集体控股	-0.22	0.50	0.24
集体绝对控股	-1.18	-0.18	-1.99
集体相对控股	2.96	3.81	3.41
其他	15.23	9.13	7.64
二、按主营行业分			
农、林、牧、渔业	0.01	0.14	0.08
工业	5.19	4.68	4.50
采矿业	5.99	5.06	11.93
制造业	4.87	4.52	4.25
电力、燃气及水的生产和供应业	14.56	7.85	11.42
建筑业	-0.51	0.40	0.14
交通运输、仓储和邮政业	11.41	7.01	15.34
信息传输、计算机服务和软件业	23.62	15.04	21.11
批发和零售业	0.71	1.20	0.45
住宿和餐饮业	2.08	1.36	2.52
金融业			
房地产业	-6.35	-0.89	-6.38
租赁和商务服务业	0.98	2.16	2.45
三、按登记注册类型分			
国有企业	6.00	5.09	5.09
国有独资企业	0.46	1.20	0.69
其他有限责任公司	6.22	4.89	4.34
股份有限公司	1.44	2.35	1.48
中外合资企业	6.93	3.28	1.17
港澳台合资企业	7.23	7.42	9.87
四、按企业规模分			
大型	4.03	4.15	3.82
中型	5.71	4.64	4.96
小型	13.19	5.77	5.74
其他	9.59	8.03	9.54
五、按三次产业分			
第一产业	0.01	0.14	0.08
第二产业	5.03	4.51	4.30
第三产业	2.57	2.48	2.65
六、按重点企业类型分			
520 户国家重点企业	-1.22	2.48	1.18
原 512 户国家重点企业	3.92	5.25	7.73
省级重点企业	6.25	4.63	4.13
现企国家百户试点企业	3.67	3.35	2.59
现企省级试点企业	8.33	7.12	12.03
国家试点企业集团母公司			

1－26 续表1 单位：%

类型	资本保值增值率	劳动生产率（万元/人）	成本费用利润率
总计	**105.15**	**26.26**	**4.72**
一、按控股情况分			
国有及国有控股	104.02	25.36	4.07
国有绝对控股	101.89	24.22	3.18
国有相对控股	114.42	41.72	11.64
集体控股	101.83	5.92	0.25
集体绝对控股	101.30	10.91	-1.98
集体相对控股	103.61	3.59	3.71
其他	117.83	36.08	8.38
二、按主营行业分			
农、林、牧、渔业	99.53	6.52	0.08
工业	103.41	29.22	5.05
采矿业	103.46	8.68	14.98
制造业	103.07	29.88	4.75
电力、燃气及水的生产和供应业	115.80	54.01	12.97
建筑业	103.73	8.74	0.14
交通运输、仓储和邮政业	105.90	7.05	20.95
信息传输、计算机服务和软件业	104.40	20.01	27.50
批发和零售业	95.31	40.34	0.44
住宿和餐饮业	84.38	6.20	3.89
金融业			
房地产业	57.58	7.67	-6.18
租赁和商务服务业	225.20	63.81	32.61
三、按登记注册类型分			
国有企业	103.97	23.60	6.64
国有独资企业	96.92	9.74	0.80
其他有限责任公司	113.23	24.65	4.68
股份有限公司	93.75	42.00	1.60
中外合资企业	107.53	44.93	1.18
港澳台合资企业	111.00	32.88	11.32
四、按企业规模分			
大型	106.51	29.63	4.15
中型	101.21	19.59	6.14
小型	103.84	27.26	6.33
其他	113.97	19.54	11.16
五、按三次产业分			
第一产业	99.53	6.52	0.08
第二产业	103.42	26.37	4.80
第三产业	131.13	24.95	3.19
六、按重点企业类型分			
520户国家重点企业	102.60	21.83	1.40
原512户国家重点企业	99.31	23.82	8.46
省级重点企业	108.54	27.01	4.68
现企国家百户试点企业	102.38	26.96	2.74
现企省级试点企业	106.22	21.90	13.50
国家试点企业集团母公司			

1－26　续表2

单位:%

类　　　型	流动资产比率	资产利税率	总资产使用率
总　　计	**40.00**	**9.18**	**70.71**
一、按控股情况分			
国有及国有控股	40.46	8.74	67.22
国有绝对控股	42.71	8.81	69.46
国有相对控股	26.51	8.32	53.32
集体控股	53.13	1.86	31.57
集体绝对控股	62.58	0.76	22.31
集体相对控股	7.39	7.14	76.38
其他	35.37	13.25	101.90
二、按主营行业分			
农、林、牧、渔业	12.20	0.09	11.56
工业	40.23	9.92	71.60
采矿业	47.97	7.56	34.82
制造业	41.25	10.07	74.26
电力、燃气及水的生产和供应业	13.73	7.96	36.11
建筑业	66.75	2.74	85.11
交通运输、仓储和邮政业	38.26	8.60	44.47
信息传输、计算机服务和软件业	56.16	17.04	70.69
批发和零售业	20.95	1.96	97.31
住宿和餐饮业		2.76	53.52
金融业			
房地产业	98.09	-0.25	13.94
租赁和商务服务业	10.54	1.00	
三、按登记注册类型分			
国有企业	43.93	16.23	62.03
国有独资企业	41.29	1.10	27.63
其他有限责任公司	36.34	9.07	81.59
股份有限公司	46.65	6.94	86.67
中外合资企业	86.42	3.06	75.44
港澳台合资企业	33.26	10.04	61.23
四、按企业规模分			
大型	35.45	7.52	73.02
中型	49.25	13.02	62.98
小型	56.43	12.54	81.67
其他	42.81	8.86	61.68
五、按三次产业分			
第一产业	12.20	0.09	11.56
第二产业	41.28	9.63	72.14
第三产业	22.11	2.71	51.63
六、按重点企业类型分			
520户国家重点企业	38.06	2.93	29.69
原512户国家重点企业	34.34	6.27	51.33
省级重点企业	42.66	10.93	79.78
现企国家百户试点企业	35.29	9.95	91.25
现企省级试点企业	46.29	7.00	54.16
国家试点企业集团母公司			

1－26 续表3

单位:%

类　　　型	资金利润率	资产负债率	长期负债与资产总计比　率
总　计	**3.97**	**61.54**	**15.29**
一、按控股情况分			
国有及国有控股	3.20	60.90	16.42
国有绝对控股	2.65	63.11	15.02
国有相对控股	6.09	47.20	25.12
集体控股	0.12	57.58	5.43
集体绝对控股	-0.63	60.73	4.72
集体相对控股	5.63	42.33	8.89
其他	11.64	67.10	6.71
二、按主营行业分			
农、林、牧、渔业	0.04	18.89	2.53
工业	4.17	61.81	15.55
采矿业	6.08	43.75	5.21
制造业	4.12	61.69	14.33
电力、燃气及水的生产和供应业	4.20	74.97	47.79
建筑业	0.14	74.21	4.77
交通运输、仓储和邮政业	9.78	54.28	3.36
信息传输、计算机服务和软件业	20.28	44.35	4.18
批发和零售业	0.60	61.37	26.30
住宿和餐饮业	-1.15	34.78	34.78
金融业			
房地产业	-0.88	85.99	28.48
租赁和商务服务业	4.58	36.89	13.53
三、按登记注册类型分			
国有企业	4.25	66.21	16.62
国有独资企业	0.37	60.33	16.03
其他有限责任公司	4.89	62.98	9.05
股份有限公司	1.57	64.27	20.84
中外合资企业	1.03	87.30	
港澳台合资企业	6.98	49.13	20.47
四、按企业规模分			
大型	3.74	59.96	16.32
中型	4.08	65.01	13.45
小型	5.93	66.26	10.74
其他	12.99	59.02	9.39
五、按三次产业分			
第一产业	0.04	18.89	2.53
第二产业	4.00	62.30	15.12
第三产业	3.25	51.85	18.27
六、按重点企业类型分			
520户国家重点企业	0.61	70.00	16.96
原512户国家重点企业	4.66	49.04	20.85
省级重点企业	4.39	63.93	15.17
现企国家百户试点企业	3.26	58.71	4.93
现企省级试点企业	8.57	38.35	7.81
国家试点企业集团母公司			

1－26　续表4　　单位:%

类　型	已获利息倍数(倍)	流动比率	速动比率
总　计	**3.36**	**86.48**	**55.55**
一、按控股情况分			
国有及国有控股	2.93	90.97	56.82
国有绝对控股	2.62	88.82	59.53
国有相对控股	4.45	120.09	20.22
集体控股	1.18	101.88	67.48
集体绝对控股	-0.68	111.73	76.99
集体相对控股	3.20	22.11	-9.54
其他	6.86	58.56	47.15
二、按主营行业分			
农、林、牧、渔业	1.08	74.55	74.22
工业	3.40	86.95	54.67
采矿业	9.51	124.46	111.21
制造业	3.49	87.08	53.66
电力、燃气及水的生产和供应业	2.13	50.52	45.34
建筑业	1.42	96.13	71.34
交通运输、仓储和邮政业	-61.32	75.13	73.99
信息传输、计算机服务和软件业	133.00	139.83	113.79
批发和零售业	1.57	59.75	44.69
住宿和餐饮业			
金融业			
房地产业		170.56	64.81
租赁和商务服务业	1.40	45.14	45.14
三、按登记注册类型分			
国有企业	2.80	88.60	51.68
国有独资企业	1.24	93.19	74.99
其他有限责任公司	3.74	67.39	47.72
股份有限公司	2.29	107.42	71.83
中外合资企业	1.37	98.99	76.33
港澳台合资企业	5.71	116.04	41.83
四、按企业规模分			
大型	3.22	81.23	50.62
中型	3.43	95.53	65.41
小型	5.44	101.64	59.71
其他	3.74	86.25	73.68
五、按三次产业分			
第一产业	1.08	74.55	74.22
第二产业	3.38	87.48	55.64
第三产业	2.87	65.85	53.20
六、按重点企业类型分			
520户国家重点企业	1.20	71.75	62.36
原512户国家重点企业	4.22	121.81	55.93
省级重点企业	3.74	87.48	56.40
现企国家百户试点企业	3.44	65.61	43.30
现企省级试点企业	17.11	151.58	97.42
国家试点企业集团母公司			

1－26 续表5 单位:%

类型	新产品销售收入与营业收入比率	研究开发费用与营业收入比率	研究开发费用与主营业务收入比率
总计	**6.93**	**0.75**	**0.78**
一、按控股情况分			
国有及国有控股	8.07	0.84	0.87
国有绝对控股	9.03	0.94	0.98
国有相对控股		0.02	0.02
集体控股	5.51	0.99	0.99
集体绝对控股	9.41	1.08	1.09
集体相对控股		0.85	0.86
其他	0.63	0.24	0.24
二、按主营行业分			
农、林、牧、渔业			
工业	7.66	0.83	0.84
采矿业	9.01	0.10	0.11
制造业	7.81	0.85	0.87
电力、燃气及水的生产和供应业			
建筑业			
交通运输、仓储和邮政业			
信息传输、计算机服务和软件业	28.91	15.03	15.03
批发和零售业		0.03	0.03
住宿和餐饮业			
金融业			
房地产业			
租赁和商务服务业			
三、按登记注册类型分			
国有企业	17.06	0.85	0.88
国有独资企业	27.71	7.91	9.65
其他有限责任公司	2.44	0.17	0.17
股份有限公司	7.11	0.65	0.68
中外合资企业			
港澳台合资企业	0.86	0.02	0.02
四、按企业规模分			
大型	5.14	0.79	0.81
中型	13.78	0.79	0.83
小型	0.15	0.06	0.06
其他	2.12	1.10	1.10
五、按三次产业分			
第一产业			
第二产业	7.31	0.79	0.81
第三产业	0.22	0.14	0.16
六、按重点企业类型分			
520户国家重点企业	4.45	0.61	0.72
原512户国家重点企业	7.31	2.85	2.88
省级重点企业	7.41	0.54	0.55
现企国家百户试点企业	4.96	0.03	0.03
现企省级试点企业		0.34	0.35
国家试点企业集团母公司			

1－27 重点企业建立现代企业制度企业改革状发展状况

（2003年）

类型	总计		国有控股企业	
	数量（个）	比重（%）	数量（个）	比重（%）
调查单位数	100	100	78	100
一、企业组织机构组建情况				
成立了股东会	57	57.0	40	51.3
成立了董事会	77	77.0	55	70.5
设立独立董事	33	42.9	26	47.3
董事长与总经理由一人兼任	24	24.0	11	14.1
兼任原因				
《公司法》允许	10	41.7	3	27.3
机构部门同意	5	20.8	5	45.5
董事会决定	19	79.2	8	72.7
正向分设过度	1	4.2	1	9.1
暂无分设必要	7	29.2	3	27.3
其他				
成立了监事会	65	65.0	46	59.0
二、股东会职权行使情况				
决定经营方针和投资计划	54	94.7	38	95.0
选举和更换董事	54	94.7	37	92.5
选举和更换监事	53	93.0	37	92.5
审议批准董事会报告	55	96.5	38	95.0
审议批准监事会报告	54	94.7	38	95.0
审议批准财务方案	57	100.0	40	100.0
审议批准利润分配方案	57	100.0	40	100.0
决定增减注册资本	56	98.2	39	97.5
决定发行债券	47	82.5	34	85.0
决定转让出资	50	87.7	34	85.0
决定公司合分等事项	54	94.7	37	92.5
修改公司章程	56	98.2	39	97.5
三、董事会职权行使情况				
召集股东会	65	84.4	45	81.8
执行股东会决议	63	81.8	44	80.0
决定经营计划和投资方案	76	98.7	54	98.2
制订财务方案	76	98.7	55	100.0
制订利润分配方案	76	98.7	55	100.0
制订注册资本增减方案	77	100.0	55	100.0
拟定公司合分等事项方案	75	97.4	53	96.4
决定内部管理机构设置	75	97.4	54	98.2
聘任或解聘公司经理	73	94.8	51	92.7
经理提名，聘或解聘高管人员	73	94.8	51	92.7
制定公司基本管理制度	76	98.7	54	98.2

1－27　续表1

类　　型	总　计		国有控股企业	
	数量（个）	比重（%）	数量（个）	比重（%）
四、监事会职权行使情况				
检查公司财务	65	100.0	46	100.0
对董事和经理进行监督	63	96.9	45	97.8
纠正损害公司利益行为	64	98.5	45	97.8
提议召开临时股东会	59	90.8	41	89.1
其它职权	63	96.9	44	95.7
五、总经理职权行使情况				
主持生产经营管理	89	89.0	67	85.9
组织实施经营、投资方案	92	92.0	70	89.7
拟订管理制度及机构方案	91	91.0	70	89.7
聘或解聘高层管理人员	82	82.0	63	80.8
聘或解聘负责管理人员	84	84.0	63	80.8
六、企业劳动人事分配制度改革情况				
已全面实行劳动合同制度	88	88.0	68	87.2
已实行全员竞争上岗制度	76	76.0	55	70.5
仍存在干部和工人身份界限	43	43.0	41	52.6
内部管理人员已实行公开竞聘	85	85.0	63	80.8
企业能足额缴纳社会保险费	92	92.0	73	93.6
七、企业是否实行以下分配方法				
企业经营者年薪制	36	36.0	28	35.9
企业经营者持有股权期权	13	13.0	5	6.4
岗位工资为主的工资制	85	85.0	64	82.1
科技人员收入分配激励机制	58	58.0	44	56.4
职工持股分配制	10	10.0	4	5.1
工资集体协商制度	21	21.0	13	16.7
八、企业技术创新情况				
企业已建立技术中心	67	67.0	53	67.9
国家级认定	5	7.5	4	7.5
省级认定	37	55.2	32	60.4
其他级别认定	25	37.3	17	32.1
九、技术中心设施、经费和人员是否满足需要				
完全满足	5	7.5	3	5.7
基本满足	51	76.1	43	81.1
不满足	11	16.4	7	13.2
十、企业获新产品新技术途径				
自主开发	72	72.0	56	71.8
委托开发	18	18.0	15	19.2
与院校科研机构联合开发	50	50.0	39	50.0
接受技术成果转让	24	24.0	18	23.1
引进技术消化吸收和创新	56	56.0	46	59.0
其他	16	16.0	14	17.9

1－27　续表2

类　　　　　　型	总　　计		国有控股企业	
	数量（个）	比重（%）	数量（个）	比重（%）
十一、企业分离富余职工的主要去向				
安排到其他单位	13	16.5	9	13.4
企业内部消化	54	68.4	48	71.6
失业	14	17.7	12	17.9
提前退休	41	51.9	38	56.7
其他	30	38.0	25	37.3
本企业无富余职工	21	21.0	11	14.1
十二、企业办社会性服务机构分离情况				
全部分离	20	36.4	17	34.7
分离50% 及以上	9	16.4	7	14.3
分离50% 以下	13	23.6	13	26.5
没有分离	13	23.6	12	24.5
本企业无上述机构	45	45.0	29	37.2
十三、国有企业未实行公司制主要原因				
没有改制计划	6	27.3	6	27.3
准备实行，现未启动	7	31.8	7	31.8
正在进行公司制改制	8	36.4	8	36.4
准备实行非公司制形式	1	4.5	1	4.5
十四、公司制企业未进行注册登记的				
正在办理				
暂未进行登记				
其他				
十五、推进改革的主要障碍				
社会保障制度不完善	66	66.0	55	70.5
政府转变职能滞后	50	50.0	42	53.8
历史包袱沉重	44	44.0	37	47.4
产权不明确	23	23.0	19	24.4
市场体系不健全	39	39.0	30	38.5
缺乏激励和约束机制	28	28.0	23	29.5
十六、影响生产经营主要因素				
市场需求不足	29	29.0	25	32.1
负债过高、利息负担重	33	33.0	28	35.9
资金紧缺	48	48.0	36	46.2
企业相互拖欠资金	21	21.0	13	16.7
人员过剩	33	33.0	29	37.2
设备及技术落后	26	26.0	22	28.2
原材料等价格偏高	50	50.0	38	48.7
管理机制不完善	31	31.0	26	33.3
十七、改制后的总体评价				
效果很好	12	15.4	4	7.1
效果较好	50	64.1	36	64.3
效果一般	16	20.5	16	28.6
尚未见效				
十八、对未来发展前景预测				
很好	25	25.0	17	21.8
较好	68	68.0	55	70.5
一般	7	7.0	6	7.7

1－27　续表3

类　　型	总　计		国有控股企业	
	数量（个）	比重（%）	数量（个）	比重（%）
十九、总经理产生方式				
主管部门任命	22	22.0	22	28.2
董事会聘任	52	52.0	33	42.3
政府提名董事会聘任	9	9.0	9	11.5
职代会选举上级任命	1	1.0		
社会公开招聘	2	2.0	1	1.3
上级组织部门任命	13	13.0	13	16.7
其他	1	1.0		
二十、企业经理层中多数人员的文化程度				
博士	1	1.0	1	1.3
硕士	4	4.0	3	3.8
大学本科	59	59.0	47	60.3
大学专科	33	33.0	26	33.3
中专或高中	2	2.0		
其他	1	1.0	1	1.3
二十一、企业经理层中熟悉国际商务的人员比重				
100%	8	8.0	8	10.3
50%－100%	16	16.0	15	19.2
50%以下	76	76.0	55	70.5
二十二、中层管理人员产生方式				
总经理自主决定	13	13.0	12	15.4
总经理提名主管部门批	12	12.0	12	15.4
总经理提名董事会聘任	38	38.0	26	33.3
主管部门提名并决定	3	3.0	3	3.8
职代会选举主管部门任命	1	1.0		
公开招聘	19	19.0	13	16.7
其他	14	14.0	12	15.4
二十三、董事长产生方式				
政府部门任命	17	22.1	17	30.9
董事会选举产生	48	62.3	29	52.7
资产运营机构指定	3	3.9	3	5.5
股东会任命	8	10.4	6	10.9
其他	1	1.3		
二十四、企业出资人情况				
有明确出资人	79	79.0	57	73.1
出资人法定人数为1人	13	16.5	13	22.8
出资人法定人数为2－5人	27	34.2	17	29.8
出资人法定人数为5人以上	39	49.4	27	47.4

1－27　续表4

类　　　　　　型	总　　计		国有控股企业	
	数量（个）	比重（%）	数量（个）	比重（%）
二十五、企业近三年专利申请授权及应用情况				
获得国内专利申请授权	137	100.0	94	100.0
已应用专利	119	86.9	79	84.0
获得美国专利申请授权	1	100.0	1	100.0
已应用专利	1	100.0	1	100.0
二十六、企业建立商业网站情况				
已经建立	48	48.0	39	50.0
二十七、企业主要产品(服务)国内市场占有率				
50% 及以上	8	8.0	6	7.7
20% －50%	16	16.0	14	17.9
10% －20%	5	5.0	3	3.8
1% －10%	25	25.0	20	25.6
1% 以下	46	46.0	35	44.9
二十八、企业在银行的信用等级				
AAA 级	40	40.0	30	38.5
AA 级	28	28.0	20	25.6
A 级	17	17.0	14	17.9
BBB 级				
BB 级	1	1.0	1	1.3
B 级	1	1.0	1	1.3
CCC 级				
CC 级				
C 级	1	1.0	1	1.3
二十九、企业是否有奖惩制度				
有,并且能严格执行	92	92.0	70	89.7
有,但很难严格执行	8	8.0	8	10.3
无				
三十、企业质量管理情况				
企业已通过 ISO9000 认证	77	77.0	63	80.8
企业已通过 ISO14000 认证	7	7.0	5	6.4
三十一、上市公司情况				
企业为上市公司	13	13.0	13	16.7
A 股	13	100.0	13	100.0
B 股				
H 股	1	7.7	1	7.7
三十二、企业签订"债转股"协议情况				
已签订"债转股"协议	10	10.0	10	12.8
1999 年签订协议	2	20.0	2	20.0
2000 年签订协议	7	70.0	7	70.0
2001 年签订协议				
2002 年签订协议				
2003 年签订协议	1	10.0	1	10.0

1－28 各地区重点企业单位数以及注册资本

（2003 年） 单位：万元

地区	单位数	注册资本	国家资本	集体资本	法人资本	个人资本	外商资本
南昌市	88	629 227	389 797	25 829	105 667	95 093	12 841
景德镇市	21	288 981	245 674	187	31 011	11 999	110
萍乡市	6	76 942	14 605	35	50 300	12 002	
九江市	46	403 983	141 248	1 581	230 676	21 520	8 958
新余市	23	414 433	352 715	3 533	44 439	8 008	5 738
鹰潭市	19	438 629	15 209	4 822	277 385	25 565	115 648
赣州市	10	99 134	54 095	20 913	11 102	428	12 596
吉安市	42	147 379	89 498	1 082	35 744	18 069	2 986
宜春市	17	87 285	43 350	36 827	5 050	691	1 367
抚州市	40	50 740	14 216	107	19 512	12 768	4 137
上饶市	22	96 219	62 162		15 491	16 162	2 404

1－29　各地区重点企业主要财务指标

（2002－2003 年）　　　　单位：万元

地　区	年末资产总计		固定资产原价		累计折旧		无形资产	
	2002 年	2003 年	2002 年	2003 年	2002 年	2003 年	2002 年	2003 年
南昌市	2 742 353	3 244 293	1 172 859	1 181 067	333 381	385 794	98 068	120 476
景德镇市	1 235 916	1 136 486	624 795	607 269	241 745	246 577	34 115	33 088
萍乡市	398 117	662 948	270 459	252 819	69 845	84 194	8 518	41 561
九江市	1 650 272	1 769 431	1 396 461	1 459 003	506 136	558 586	48 579	47 273
新余市	1 028 518	1 183 415	781 998	854 472	383 506	397 683	144 214	147 050
鹰潭市	1 283 190	1 445 636	1 417 797	1 566 232	612 786	669 921	9 058	19 057
赣州市	474 179	449 243	188 708	172 392	63 265	54 854	37 054	38 480
吉安市	479 088	505 279	385 662	378 858	76 861	101 751	3 244	4 068
宜春市	118 185	117 052	88 049	91 489	35 958	39 241	17 307	15 109
抚州市	229 189	251 186	103 215	113 231	30 761	34 033	10 298	13 053
上饶市	551 960	614 295	281 397	782 619	81 475	85 375	14 621	8 163

地　区	本年折旧		累计对外投资		本年对外投资		长期投资	
	2002 年	2003 年	2002 年	2003 年	2002 年	2003 年	2002 年	2003 年
南昌市	49 234	54 897	237 893	223 479	27 642	40 100	1 126 729	358 728
景德镇市	21 889	13 657	3 765	3 764	592	559	120 802	69 990
萍乡市	10 950	22 509	2 338	5 987	1 338	3 650	10 834	9 426
九江市	51 886	70 327	15 576	20 389	1 024	1 186	17 206	22 315
新余市	52 461	71 938	31 990	27 407	11 308	7 005	32 261	27 292
鹰潭市	58 830	60 724	125	18 382	11	11 500	2 363	4 063
赣州市	7 628	7 365	3 160	4 237	385	1 077	21 111	29 072
吉安市	20 132	25 241	9 120	3 065	6 660	530	1 184	12 748
宜春市	3 705	2 857	487	487			2 113	1 932
抚州市	4 879	4 059	1 264	1 513		600	7 549	12 075
上饶市	11 818	10 260	32 256	38 102	7 126	12 635	23 153	44 559

1－29　续表1

单位:万元

地　　区	短期投资		存　　货		流动资产年平均余额		应收帐款	
	2002年	2003年	2002年	2003年	2002年	2003年	2002年	2003年
南昌市	17 851	36 305	433 789	497 862	1 416 799	1 498 467	301 559	299 468
景德镇市	55	48	160 924	134 172	480 073	541 563	94 830	99 297
萍乡市		10	40 977	28 461	137 337	246 915	21 822	23 711
九江市	3 269	80	191 531	269 317	554 756	630 293	155 857	120 407
新余市	470	870	124 294	133 674	321 136	413 326	71 565	77 943
鹰潭市	3	770	190 086	267 087	342 230	396 415	49 870	68 182
赣州市	25	81	61 261	58 377	236 095	246 337	34 797	34 086
吉安市			40 882	41 418	114 913	128 877	32 307	39 171
宜春市	10	10	15 527	16 601	43 782	45 208	14 427	11 770
抚州市	93	2 127	32 142	26 923	121 314	129 480	45 102	50 342
上饶市	21 520	9 803	76 958	74 636	253 723	266 745	44 161	48 164

地　　区	年末负债合计		流动负债		年末股东权益合计		股本(实收资本)	
	2002年	2003年	2002年	2003年	2002年	2003年	2002年	2003年
南昌市	1 648 861	1 996 285	1 301 802	1 662 851	1 093 492	1 248 008	627 076	703 967
景德镇市	777 967	758 281	572 561	552 003	457 949	378 205	271 408	247 451
萍乡市	250 565	481 143	216 511	475 889	147 552	181 805	45 391	73 550
九江市	1 195 731	1 350 496	633 921	744 225	454 541	418 935	363 713	348 652
新余市	592 611	729 958	471 975	626 964	435 907	453 457	418 443	419 062
鹰潭市	605 189	693 798	313 985	376 401	678 001	751 838	406 134	406 264
赣州市	311 557	327 177	135 008	122 926	137 686	147 002	89 190	93 384
吉安市	341 693	338 825	157 416	189 327	137 395	166 454	114 337	140 101
宜春市	65 482	70 375	43 990	51 114	51 387	48 073	44 601	44 009
抚州市	147 307	164 603	133 499	150 007	81 882	86 583	54 392	54 302
上饶市	350 233	422 271	213 992	255 582	201 727	192 024	99 225	99 699

1－29 续表2

单位:万元

地区	营业收入		主营业务收入		主营业务成本		主营业务税金及附加	
	2002年	2003年	2002年	2003年	2002年	2003年	2002年	2003年
南昌市	1 963 379	2 621 703	1 932 461	2 507 478	1 423 046	1 839 279	145 976	166 649
景德镇市	406 452	424 442	390 139	415 583	324 260	341 895	2 350	2 472
萍乡市	366 958	551 984	364 475	545 020	288 000	418 893	2 103	2 924
九江市	1 399 291	1 708 461	1 368 280	1 659 411	1 181 055	1 568 138	47 907	51 897
新余市	688 085	1 023 760	672 478	1 012 831	572 161	888 630	3 863	6 225
鹰潭市	597 865	837 114	580 500	832 477	475 092	678 588	5 157	5 544
赣州市	178 629	227 121	171 104	218 463	112 198	123 896	867	1 174
吉安市	208 632	289 348	206 849	288 151	152 338	221 600	6 862	8 256
宜春市	64 671	79 478	64 407	79 216	51 251	65 297	986	992
抚州市	260 480	299 718	258 345	297 759	206 429	244 377	2 022	2 234
上饶市	358 624	438 940	358 146	438 476	263 632	310 485	10 686	12 115

地区	其他业务收入		新产品销售收入		出口销售总额		存货跌价损失和营业、管理、财务等费用合计	
	2002年	2003年	2002年	2003年	2002年	2003年	2002年	2003年
南昌市	30 918	114 225	167 125	203 152	117 301	128 016	291 525	344 551
景德镇市	16 313	8 859	72 038	74 914	30 788	33 364	66 841	73 162
萍乡市	2 483	6 964	1 318	7 217	37	37	43 913	60 685
九江市	31 011	49 050	68 838	81 893	35 035	30 230	116 637	142 173
新余市	15 607	10 929	63 022	49 613	9 298	2 964	88 470	81 240
鹰潭市	17 365	4 637	8 064	8 939	40 935	83 694	76 595	78 780
赣州市	7 525	8 658	19 191	25 471	11 403	17 846	16 385	20 939
吉安市	1 783	1 197	3 702	4 230	5 758	37 123	36 949	37 397
宜春市	264	262	1 632	8 945	1 161	1 463	9 801	11 598
抚州市	2 135	1 959	5 037	8 407	2 076	4 170	27 699	32 086
上饶市	478	464	1 920	1 776	12 551	11 256	55 033	66 520

1－29 续表3

单位:万元

地区	投资收益		营业外收入		利润总额		应交所得税	
	2002 年	2003 年	2002 年	2003 年	2002 年	2003 年	2002 年	2003 年
南昌市	8 113	6 381	2 998	4 473	85 246	118 583	23 821	37 002
景德镇市	10 787	325	1 928	2 263	6 925	－178	1 489	4 555
萍乡市	202	－16	36	550	28 048	58 528	4 350	22 072
九江市	503	155	1 679	1 684	28 752	－99 912	1 962	2 865
新余市	1 160	434	1 515	1 602	11 261	21 726	3 588	8 197
鹰潭市	286	－1 728	732	266	27 231	65 557	2 603	32 145
赣州市	181	377	549	284	43 801	73 990	14 242	24 195
吉安市	33	18	414	472	3 164	14 157	1 364	1 912
宜春市	43	－58	243	70	－18	－778	93	124
抚州市	115	286	344	601	10 641	12 483	3 278	3 584
上饶市	2 798	1 664	4 588	8 650	30 721	50 706	2 462	3 770

地区	应缴增值税		税金合计		固定资产投资完成额		研究开发费用	
	2002 年	2003 年	2002 年	2003 年	2002 年	2003 年	2002 年	2003 年
南昌市	73 861	100 628	246 041	307 619	143 549	172 692	32 170	32 098
景德镇市	19 711	19 324	24 707	28 309	38 076	35 267	5 665	5 667
萍乡市	24 789	34 029	32 001	59 919	37 595	152 081		626
九江市	48 100	53 341	103 013	114 314	48 044	44 021	5 105	6 905
新余市	43 348	70 454	53 121	87 715	93 506	114 005	1 535	1 612
鹰潭市	30 543	36 621	40 580	77 248	75 118	131 294	1 577	1 713
赣州市	7 897	11 298	23 406	37 019	8 143	37 057	2 896	2 212
吉安市	14 842	19 402	23 483	29 754	4 115	6 229	112	127
宜春市	3 615	4 129	5 091	5 650	3 556	4 266	228	322
抚州市	8 857	9 798	14 718	16 248	12 069	10 032	1 076	405
上饶市	13 162	14 744	28 652	32 311	10 724	9 133	5	260

1－30 各地区重点企业主要劳动工资指标

（2002－2003年） 单位：万元

地区	单位数（个）	从业人员（人）		在岗职工（人）		其他从业人员（人）		研究开发人员（人）	
		2002年	2003年	2002年	2003年	2002年	2003年	2002年	2003年
南昌市	88	125 857	140 388	117 286	125 403	8 571	14 985	4 608	4 465
景德镇市	21	33 528	33 187	32 167	31 527	1 361	1 660	1 379	1 365
萍乡市	6	16 097	18 334	16 089	18 328	8	6	181	279
九江市	46	62 153	55 656	54 725	49 253	7 428	6 403	943	918
新余市	23	44 696	46 151	42 589	43 920	2 107	2 231	1 400	1 338
鹰潭市	19	26 338	26 500	25 491	25 672	847	828	98	191
赣州市	10	7 700	8 013	7 679	7 783	21	230	237	263
吉安市	42	17 155	20 973	16 845	20 544	310	429	20	21
宜春市	17	9 612	9 526	8 778	8 661	834	865	90	71
抚州市	40	18 153	18 349	16 844	17 092	1 309	1 257	512	530
上饶市	22	16 083	16 183	15 461	15 469	622	714	142	150

地区	从业人员劳动报酬		在岗职工劳动报酬		其他从业人员劳动报酬		研究开发人员劳动报酬	
	2002年	2003年	2002年	2003年	2002年	2003年	2002年	2003年
南昌市	154 105	192 082	147 580	176 388	6 525	15 694	7 388	7 213
景德镇市	36 350	33 986	35 182	32 810	1 168	1 176	1 746	1 815
萍乡市	22 732	27 308	22 730	27 306	2	2	270	481
九江市	59 265	61 112	54 525	55 863	4 740	5 249	1 182	1 318
新余市	56 422	63 316	55 660	62 517	762	799	2 091	2 143
鹰潭市	37 525	41 496	36 750	40 801	775	695	151	218
赣州市	10 167	11 059	10 157	10 876	10	183	581	588
吉安市	13 054	16 743	12 808	16 458	246	285	36	45
宜春市	8 546	9 287	8 047	8 763	494	514	170	203
抚州市	19 207	21 018	18 226	20 075	981	943	711	827
上饶市	14 521	15 632	14 142	15 107	379	525	233	287

1-31 各地区重点企业主要经济效益指标

(2002-2003年)　　　　单位:%

地　　区	净资产收益率		总资产报酬率		销售利润率		资本保值增值率	劳动生产率(万元/人)	
	2002年	2003年	2002年	2003年	2002年	2003年	2003年	2002年	2003年
南昌市	5.62	6.54	4.33	4.56	4.34	4.52	114.13	15.60	18.67
景德镇市	1.19	-1.25	2.03	1.95	1.70	-0.04	82.59	12.12	12.79
萍乡市	16.06	20.05	8.18	10.07	7.64	10.60	123.21	22.80	30.11
九江市	5.89	-24.53	3.20	-4.27	2.05	-5.85	92.17	22.51	30.70
新余市	1.76	2.98	2.70	3.07	1.64	2.12	104.03	15.39	22.18
鹰潭市	3.63	4.44	3.87	5.98	4.55	7.83	110.89	22.70	31.59
赣州市	21.47	33.87	10.22	16.25	24.52	32.58	106.77	23.20	28.34
吉安市	1.31	7.36	3.47	5.26	1.52	4.89	121.15	12.16	13.80
宜春市	-0.22	-1.88	1.66	1.39	-0.03	-0.98	93.55	6.73	8.34
抚州市	8.99	10.28	5.59	5.59	4.09	4.16	105.74	14.35	16.33
上饶市	14.01	24.44	6.76	9.49	8.57	11.55	95.19	22.30	27.12

地　　区	资产利税率		总资产使用率		流动资产比率		资金利润率	
	2002年	2003年	2002年	2003年	2002年	2003年	2002年	2003年
南昌市	11.12	11.89	70.47	77.29	51.66	46.19	3.78	5.17
景德镇市	2.35	1.90	31.57	36.57	38.84	47.65	0.80	-0.02
萍乡市	13.80	14.40	91.55	82.21	34.50	37.25	8.30	14.08
九江市	7.56	0.30	82.91	93.78	33.62	35.62	1.99	-6.53
新余市	5.69	8.32	65.38	85.59	31.22	34.93	1.56	2.50
鹰潭市	4.90	7.45	45.24	57.59	26.67	27.42	2.37	5.07
赣州市	11.70	18.23	38.09	46.07	52.55	51.95	12.39	19.90
吉安市	5.19	8.28	43.18	57.03	23.99	25.51	0.75	3.49
宜春市	3.88	3.71	54.50	67.68	37.05	41.07	-0.02	-0.80
抚州市	9.39	9.76	112.72	118.54	52.93	51.55	5.49	5.98
上饶市	9.89	12.63	64.89	71.38	45.97	43.42	6.77	5.26

1－31 续表

地区	资产负债率		已获利息倍数(倍)		流动比率		成本费用利润率	
	2002 年	2003 年	2002 年	2003 年	2002 年	2003 年	2002 年	2003 年
南昌市	60.13	61.53	3.55	5.04	108.83	90.11	4.97	5.43
景德镇市	62.95	66.72	1.38	0.99	83.85	98.11	1.77	－0.04
萍乡市	62.94	72.58	7.22	8.09	63.43	51.88	8.45	12.20
九江市	72.46	76.32	2.20	－3.11	87.51	84.69	2.22	－5.84
新余市	57.62	61.68	1.68	2.48	68.04	65.92	1.70	2.24
鹰潭市	47.16	47.99	2.22	4.14	109.00	105.32	4.94	8.66
赣州市	69.35	69.00	21.58	24.97	174.87	200.39	34.06	51.09
吉安市	71.32	67.06	1.23	2.14	23.99	25.51	1.67	5.47
宜春市	55.41	60.12	0.99	0.68	99.53	88.45	－0.03	－0.98
抚州市	64.27	65.53	5.89	8.99	90.87	86.32	4.54	4.52
上饶市	63.45	68.74	5.67	7.70	118.57	104.37	9.64	13.45

地区	长期负债与资产总计比率		速动比率		新产品销售收入与营业收入比率		研究开发费用与主营业务收入比率	
	2002 年	2003 年	2002 年	2003 年	2002 年	2003 年	2002 年	2003 年
南昌市	12.66	10.28	75.51	60.17	8.51	7.75	1.66	1.28
景德镇市	16.62	18.15	55.74	73.80	17.72	17.65	1.45	1.36
萍乡市	8.55	0.79	44.51	45.90	0.36	1.31	0.16	0.11
九江市	34.04	34.26	57.30	48.50	4.92	4.79	0.37	0.42
新余市	11.73	8.70	41.71	44.60	9.16	4.85	0.23	0.16
鹰潭市	22.69	21.96	48.46	34.36	1.35	1.07	0.27	0.21
赣州市	39.30	43.07	129.50	152.90	10.74	11.21	1.69	1.01
吉安市	38.46	29.59	47.03	46.19	1.77	1.46	0.05	0.04
宜春市	18.19	16.46	64.23	55.97	2.52	11.25	0.35	0.41
抚州市	6.02	5.81	66.80	68.37	1.93	2.80	0.42	0.14
上饶市	24.68	27.14	82.60	75.17	0.54	0.40		0.06

1－32 分地区按营业收入排序重点企业名单

（2003 年）

企业名称	营业收入（万元）	资产总计（万元）	从业人员（人）	企业详细地址	邮政编码
南昌					
南昌钢铁有限责任公司	448780	443406	10941	江西省南昌市青山湖区罗家镇	330012
南昌卷烟厂	327726	241492	1430	江西省南昌市西湖区抚生路 118 号	330009
汇仁集团有限公司	217344	81526	4878	江西省南昌市迎宾大道 1189 号	330043
诚志股份有限公司	147491	159247	1670	江西省南昌市青山湖区昌北枫林大道	330013
江西正邦实业有限公司	133455	25044	1211	江西省南昌市东湖区南京西路 277 号	330006
南昌昌夏建设工程集团公司	100190	9435	13186	江西省南昌市青云谱区井冈山大道 703 号	330002
南昌百货大楼股份有限公司	96179	51450	2300	江西省南昌市东湖区中山路 1 号	330006
江西江中药业股份有限公司	94587	98694	4188	江西省南昌市高新区火炬大道 888 号	330077
江西联创光电科技股份有限公司	87034	154688	6129	江西省南昌市高新技术开发区京东大道 168 号	330029
江西洪都航空工业集团有限责任公司	78896	192641	11762	江西省南昌市青云谱区新溪桥	330024
中国东方航空股份有限公司江西分公司	67310	6622	670	江西省南昌市西湖区北京西路 208 号	330046
南昌铁路工程(集团)有限责任公司	62463	67389	8214	江西省南昌市西湖区二七南路 109 号	330002
江西华源江纺有限公司	55866	57602	5715	江西省南昌市东湖区塘山乡	330039
江西洪都航空工业股份有限公司	53374	136314	1987	江西省南昌市青云谱区新溪桥	330024
江西丰源电力(集团)有限责任公司	48500	86258	580	江西省南昌市高新开发区火炬大街 188 号	330029
江铃汽车集团公司	48244	190340	756	江西省南昌市青云谱区迎宾大道 509 号	330001
江西省交通工程集团公司	40295	51076	2896	江西省南昌市西湖区广场南路 136 号	330003
江西桑海集团有限责任公司	33814	56480	7276	江西省南昌市新建县新祺周	330115
江西昌南建设工程集团公司	30909	15976	2325	江西省南昌市西湖区司马庙立交桥西南侧	330029
江西省火电建设公司	27072	28229	3466	江西省南昌市青云谱区井冈山大道 2 号	330001
江西中恒建设集团公司	25497	20023	5031	江西省南昌市西湖区船山路 711 号	330009
江西汪氏蜜蜂园有限公司	24011	24654	650	江西省南昌市新建县长凌镇	330100
南昌市公共交通总公司	23952	42560	4462	江西省南昌市西湖区站前西路 176 号	330003
南昌供水有限责任公司	21305	32205	1084	江西省南昌市青云谱区抚河南路 294 号	330001
江西济民堂医药有限公司	20835	6326	1035	江西省南昌市青山湖区顺外 98 号	330029
江西洪宇建设工程集团公司	20833	41765	2739	江西省南昌市西湖区建设西路 99 号	330009
江西江联能源环保股份有限公司	18650	34228	1328	江西省南昌市青云谱区迎宾大道 913 号	330001
江西煌上煌集团有限公司	17642	10233	782	江西省南昌市西湖区二七南路 539 号	330002
江西长运股份有限公司	15462	42234	1129	江西省南昌市西湖区八一大道 199 号	330003
江西清华泰豪科技集团有限公司	13815	34934	474	江西省南昌市高新技术开发区清华科技园	330029
四通(江西)电机有限责任公司	13767	42643	1244	江西省南昌市西湖区井冈山大道 1028 号	330002
江西沙神集团公司	13511	1921	436	江西省南昌市进贤县温圳镇永安路 191 号	331721
南昌齐洛瓦电器集团总公司	13319	42831	1020	江西省南昌市昌北开发区蛟桥麦园	330008
江西纸业股份有限公司	12809	204370	574	江西省南昌市东湖区董家窑 112 号	330006
江西洪城水业股份有限公司	12794	28799	492	江西省南昌市青云谱区沿江南路 292 号	330001
南昌市第一建筑工程公司	12708	27890	7157	江西省南昌市西湖区孺子路 260 号	330009
江西省粮油食品进出口公司	10883	79991	287	江西省南昌市西湖区站前西路 200 号	330002
南昌市第三建筑工程公司	10764	17049	2675	江西省南昌市东湖区象山北路 195 号	330008
南昌正大畜禽有限公司	10039	6570	246	江西省南昌市经济技术开发区蛟桥	330044
江西泛亚电线电缆有限公司	9166	12148	204	江西省南昌市新建县长凌镇 257 号	330100
江西省李渡烟花集团有限公司	8501	6529	1436	江西省南昌市进贤县李渡镇李渡大道 2 号	331725
江西投资房地产开发有限责任公司	6979	15302	50	江西省南昌市东湖区福州路	330006
江西嘉业建设工程集团公司	6012	20608	1980	江西省南昌市南昌县莲塘中大道 739 号	330200
江西第一机床有限责任公司(江西第五机	5819	14006	740	江西省南昌市青云谱区井冈山大道 536 号	330001
江西印刷集团公司	5381	19044	923	江西省南昌市西湖区站前西路 121 号	330002
南昌凯马柴油有限公司	5277	24689	958	江西省南昌市经济技术开发区青岚	330013
江东机床厂	4542	17022	1236	江西省南昌市青云谱区井冈山大道 576 号	330001
南昌市建筑工程集团有限公司	4210	6456	311	江西省南昌市东湖区民德路 255 号	330008

1－32　续表1

企 业 名 称	营业收入（万元）	资产总计（万元）	从业人员（人）	企 业 详 细 地 址	邮政编码
江西水运集团有限公司	3917	9186	814	江西省南昌市东湖沿江北路150号	330006
南昌五湖大酒店有限公司	3715	13825	398	江西省南昌市东湖区洪都北大道33号	330077
江西金世纪新材料股份有限公司	3658	10723	345	江西省南昌市双港街72号	330013
南昌希望饲料有限公司	3552	1088	167	江西省南昌市南昌县莲塘镇横岗村	330200
江西金阳光百货有限公司	2716	7364	140	江西省南昌市东湖区南京西路277号	330006
江西省龙式建筑开发集团公司	2698	6870	392	江西省南昌市东湖区省府大院东四路023号	330046
南昌金鼎软件开发有限公司	2501	3538	125	江西省南昌市高新开发区火炬大街809号	330029
南昌电池有限公司	2487	520	316	江西省南昌市西湖区北京东路2号	330029
江西南昌昌碧米业集团有限公司	2394	4568	47	江西省南昌市南昌县莲塘镇公园路26号	330200
南昌通用机械有限责任公司	2332	12258	693	江西省南昌市青云谱区建设路151弄1号	330002
南昌鄱阳湖大酒店集团有限公司	2252	8350	345	江西省南昌市青山湖区湖坊镇	330002
江西华春企业集团有限公司	1926	9528	218	江西省南昌市经济技术开发区麦庐大道	330032
先科（南昌）电子有限公司	1716	2135	390	江西省南昌市昌北开发区麦园	330032
南昌市物资联营有限公司	1532	270	13	江西省南昌市西湖区广场南路12号	330003
江西省豫林水泥有限公司	1363	4834	169	江西省南昌市南昌县莲塘镇龚南路19号	330200
南昌市滕王阁管理处	1287	6870	205	江西省南昌市东湖区仿古街58号	330008
江西油脂化工有限责任公司	1247	6654	129	江西省南昌市东湖区青山南路278号	330006
江西采矿机械厂	1223	8535	327	江西省南昌市青云谱区迎宾大道755号	330001
江西南翔化工集团公司	1181	687	62	江西省南昌市南昌县向塘	330201
南昌煤制品有限公司	1118	1339	208	江西省南昌市东湖区佘山路98号	330006
南昌天高娱乐城有限公司	1085	726	63	江西省南昌市西湖区站前西路167号	330002
青山湖宾馆有限公司	958	6989	408	江西省南昌市东湖区福州路169号	330006
南昌衡器总厂	909	2403	193	江西省南昌市东湖区福州路307号	330006
南昌搪瓷厂	871	3926	271	江西省南昌市西湖区上海路543号	330029
江西省新大地实业发展总公司	727	1827	62	江西省南昌市西湖区八一大道266号	330003
江西华鑫大酒店有限责任公司	602	6036	183	江西省南昌市东湖区象山北路237号	330008
南昌机床厂	580	794	78	江西省南昌市昌北区下罗南昌市第一电子器材厂内	330044
江西进贤岚湖第二水泥有限公司	549	685	136	江西省南昌市进贤池溪	331700
南昌建材大市场有限公司	473	9936	70	江西省南昌市青云谱何坊西路309号	330001
南昌市北郊建材有限公司	385	90	134	江西省南昌市新建县长凌镇	330100
南昌市出租汽车有限公司	298	1766	12	江西省南昌市东湖区南京西路58号	330006
江西卫生材料厂	292	1645	184	江西省南昌市湾里区招贤路227号	330004
南昌水泥压力管总厂	248	2320	186	江西省南昌市西湖区朝阳中路79号	330009
南昌市北郊恒顺食品饮料有限公司	245	50	20	江西省南昌市新建县长凌镇	330100
江西精密铸造厂	184	791	69	江西省南昌市西湖区精密路15号	330046
南昌市北郊恒发食品有限公司	152	60	30	江西省南昌市新建县长凌镇	330100
南昌领王服装有限公司	129	18309	400	江西省南昌市青云谱区井冈山大道164号	330001
南昌科瑞物业管理有限公司	105	131	18	江西省南昌市东湖区江大南路148号	330029
江西绿叶集团有限公司	84	5745	25	江西省南昌市东湖区二七北路436号附1号	330006
江西金球房地产开发有限公司		29983	80	江西省南昌市青云谱区丝网塘5号	330001
景德镇					
景德镇华意电器总公司	105130	306964	2350	江西省景德镇市珠山区新厂路28号	333001
景德镇市焦化煤气总厂	83903	156170	3558	江西省景德镇市昌江区历尧乡	333000
江西景德镇发电有限责任公司	47823	78740	1669	江西省景德镇市珠山区青塘	333000
江西化纤化工有限责任公司	29641	70746	2902	江西省景德镇乐平市镇桥	333311
江西电化有限责任公司	28543	43678	840	江西省景德镇市乐平塔山	333332
江西黑猫碳黑股份有限公司	23562	39156	336	江西省景德镇市昌江区历尧	333000
江西东风药业股份有限公司	23292	27178	2542	江西省景德镇市乐平镇15号	333300
乐平矿务局	13021	31067	4052	江西省景德镇市乐平后港镇	333300

1－32 续表 2

企业名称	营业收入（万元）	资产总计（万元）	从业人员（人）	企业详细地址	邮政编码
江西信达电子有限公司	12710	11967	1233	江西省景德镇市珠山区瓷都大道 636 号	333000
景德镇普天通信设备厂	10435	19392	1035	江西省景德镇市珠山区新厂东路 142 号	333001
江西锦溪水泥有限公司	9587	7097	580	江西省景德镇市乐平涌山镇	333303
乐平市供电有限公司	6108	15625	588	江西省乐平市人民中路 13 号	333300
景德镇航空锻铸公司	5779	8514	1476	江西省景德镇市昌江区鲇鱼山	333039
江西景光电子有限公司	4516	27758	889	江西省景德镇市浮梁县湘湖	333405
江西万平电子有限责任公司	3929	19490	809	江西省景德镇市浮梁县樟树坑	333413
昌河飞机工业(集团)有限责任公司	3729	158282	4710	江西省景德镇市珠山区朝阳路 539 号	333002
江西景德镇啤酒有限公司	3003	4578	386	江西省景德镇市浮梁旧城 1 号	333000
江西浮南瓷土矿	2701	13974	916	江西省景德镇市浮梁湘湖镇	333404
景德镇市三蕾瓷用化工有限公司	2539	4900	428	江西省景德镇市珠山区东郊	333001
景德镇陶瓷股份有限公司	2281	69557	1079	江西省景德镇市珠山区新厂西路 172 号	333001
江西景华电子有限责任公司	2210	21653	809	江西省景德镇市珠山区朝阳路 543 号	333001
萍乡					
萍乡钢铁有限责任公司	461857	492029	9460	江西省萍乡市湘东区团结路	337019
安源实业股份有限公司	54700	142077	6581	江西省萍乡市安源区后埠街昭萍东路 3 号	337003
江西武冠新材料股份有限公司	19235	14717	580	江西省萍乡市安源区白源街道办事处	337000
萍乡市益民动力有限责任公司	7266	4007	756	江西省萍乡市安源区丹江街	337034
江西日江水泥制造有限公司	6774	4242	506	江西省萍乡市芦溪县芦溪镇	337200
江西机床制造有限公司	2152	5876	451	江西省萍乡市芦溪县花生岭	337200
九江					
中国石油化工股份有限公司九江分公司	782562	421137	2708	江西省九江市滨江东路 230 号	332004
江西九江供电公司	90952	201663	1326	江西省九江市长虹大道 74 号	332000
江西省柘林水电开发有限责任公司	23027	137494	1166	江西省九江市滨江路 961 号	332000
蓝星化工新材料股份有限公司江西星火有	49409	100813	1309	江西省九江市永修县艾城	330319
中国石化集团九江石油化工总厂	125800	88604	2285	江西省九江市浔阳区滨江东路 228 号	332004
九江化纤股份有限公司	42992	67938	3314	江西省九江市庐山区姑塘镇	332017
中铁四局集团第五工程有限公司	69226	62037	3553	江西省九江市长虹大道 968 号	332000
中铁大桥局集团第五工程有限公司	91437	50961	3880	江西省九江市浔阳区白水湖 20 号	332001
江西江洲造船厂	10491	38966	1159	江西省九江市瑞昌码头镇	332208
江西海扬纺织集团有限公司	26213	37743	4918	江西省九江市开发区官牌夹	332000
九江港务局	5852	37591	1477	江西省九江市浔阳区滨江路 37 号	332000
江西东津发电有限责任公司	6091	36657	398	江西省九江市修水县义宁镇宽红大道 101 号	332400
巨石集团九江有限公司	17962	33354	2387	江西省九东市庐山区前进东路 450 号	332005
九江啤酒厂	3872	29520	762	江西省九江市滨江路 259 号	332000
中铁大桥集团第七工程有限公司	27934	28790	1575	江西省九江市滨江东路 148 号	332004
江西省九江长途汽车运输总公司	13032	25257	1290	江西省九江市庐峰路 2 号	332000
江西制氧机厂	9423	24943	535	江西省九江市庐山区莲花路 101 号	332008
九江市自来水公司	3347	24169	667	江西省九江市浔阳区长虹大道 96 号	332000
九江市邮政局	14320	23276	1696	江西省九江市交通路 12 号	332000
江西无线电厂	30731	22634	1574	江西省九江市十里大道 869 号	332007
九江有色金属冶炼厂	9270	21752	758	江西省九江市庐山区新港杨家场村	332014
九江市大中大集团股份有限公司	1376	19323	935	江西省九江市浔阳区浔阳街 118 号	332000
江西长江化工厂	8394	18496	1432	江西省九江市庐山区前进东路 1210 号	332006
九江三棉印染有限责任公司	18013	15996	1744	江西省九江市浔阳东路 36 号	332000
中国石化股份有限公司江西九江石油分公司	46591	15983	461	江西省九江市浔阳东路 157 号	332000
九江市庐山区房地产开发股份有限公司	2147	15402	280	江西省九江市庐山区十里大道 190 号	332000
九江仪表厂	4616	14635	1141	江西省九江市庐山区十里大道 1039 号	332007
江西船用阀门厂	3238	13886	477	江西省九江市湖口双钟镇	332500

1－32 续表 3

企业名称	营业收入（万元）	资产总计（万元）	从业人员（人）	企业详细地址	邮政编码
九江啤酒有限责任公司	3777	12383	598	江西省九江市九江县赤湖乡	332108
江西华孚纺织有限公司	7898	11977	770	江西省九江市彭泽县龙城	332700
江西庐山海螺水泥有限公司	13028	11830	650	江西省九江市庐山区海会镇	332016
九江船用机械厂	5528	11334	744	江西省九江市瑞昌夏畈镇	332209
江西省烟草公司九江分公司	59352	11151	218	江西省九江市浔阳东路 238 号	332000
九江市针织内衣三厂	5269	10968	1071	江西省九江市十里大道 42 号	332000
江西朝阳机械厂	6794	10915	836	江西省九江市彭泽县龙泉路 1 号	332727
江西省九江市整流器厂	4020	10656	300	江西省九江市滨江路 40 号	332000
江西江新造船厂	10249	7910	844	江西省九江市湖口县双钟镇	332501
江西航海仪器厂	3277	6887	408	江西省九江市瑞昌县桂林镇	332215
九江德福电子材料有限公司	3172	6521	195	江西省九江市庐山区十里大道花园畈 97 号	332005
九江针织服装集团有限公司	7581	6430	1620	江西省九江市浔阳路 278 号	332000
九江市财兴五金机电厂	6654	4380	667	江西省九江市庐山区莲花工业小区	332008
九江正大饲料有限公司	3832	3871	42	江西省九江开发区九瑞大道 45 号	332000
江西湖口蓝天药用玻璃厂	4104	3640	360	江西省九江市湖口县城	332500
九江石化化工有限责任公司	10108	3285	10	江西省九江市滨江东路 228 号	332004
九江石化华庐实业公司	7450	3259	466	江西省九江市滨江东路 213 号	332000
江西驰耐得轮胎有限公司	8050	3014	650	江西省九江市德安县石桥路 170 号	330400
新余					
新余钢铁有限责任公司	802183	874488	29752	江西省新余市渝水区城关镇冶金路	338001
新华金属制品股份有限公司	57199	47828	921	江西省新余市高新技术经济开发区	338004
江西新余发电有限责任公司	42559	78071	1300	江西省新余市渝水区城北办	338002
新余市良山钢管有限责任公司	17828	4117	678	江西省新余市渝水区良山镇	338013
新余市永盛供贸有限公司	13164	4684	110	江西省新余市渝水区城北办望城村委	338001
新余新钢劳动服务公司	11722	4784	353	江西省新余市城区城南西街 39 号	338001
江西长林机械(集团)有限公司	11063	71607	2347	江西省新余市渝水区北湖西路 45 号	338029
新余福润肉类食品有限公司	8079	11145	246	江西省新余市仙来东大道 21 号	336504
新余新钢综合服务公司	7169	4999	645	江西省新余市渝水区公园南路 1 号	338001
江西钢丝厂	6453	16746	1103	江西省新余市渝水区城区	338034
新余新钢实业公司	6232	3581	1500	江西省新余市渝水区良山镇	338000
江西省花鼓山煤矿	5611	18467	4258	江西省新余市渝水区下村镇	338019
新余市渝水区供电有限责任公司	5029	11944	629	江西省新余市城区劳动南路 42 号	338025
新余市康美乐食品厂	4742	3026	250	江西省新余市城区劳动北路 15 号	338000
新余市赣锋锂业有限公司	3938	2052	145	江西省新余市仙女湖区河下镇	338015
分宜县供电公司	3591	7848	358	江西省新余市分宜县分宜镇	336600
新余新钢耐火材料公司	3411	1751	268	江西省新余市渝水区良山镇	338013
新余市淦发带钢有限公司	3405	1993	120	江西新余市高新开发区	338004
分宜煤矿电机厂	3284	5589	444	江西省新余市分宜县分宜镇	336600
新余前卫化工厂	3161	928	300	江西省新余市仙来东大道 18 号	338000
新余绿洲橡塑有限公司	1856	2225	112	江西省新余市分宜县钤山西路 84 号	336600
新余灵顿－沃斯锻压有限公司	1363	3496	167	江西省新余市渝水区人民南路 15 号	338025
新余天翔纺织印染有限责任公司	718	2046	145	江西省新余市城区通济路 3 号	338000
鹰潭					
江西铜业股份有限公司	545749	1016926	12910	江西省鹰潭市贵溪市冶金大道 15 号	335424
江西省贵溪火力发电厂	57833	72256	2042	江西省鹰潭市贵溪市东门 41 号	335000
江西贵溪化肥有限责任公司	56978	136009	2009	江西省鹰潭市贵溪市化工大道 1 号	335424
中国石油化工股份有限公司江西鹰潭分公司	29291	8199	160	江西省鹰潭市月湖区南站路 63 号	335000
江西省烟草公司鹰潭分公司	24089	6982	257	江西省鹰潭市月湖区交通街	335000
果喜实业集团有限公司	20681	81756	1562	江西省鹰潭市余江县白塔中路 35 号	335200

1－32 续表4

企业名称	营业收入（万元）	资产总计（万元）	从业人员（人）	企业详细地址	邮政编码
江西龙源实业有限公司	16680	5437	1600	江西省鹰潭市贵溪市雄石镇41号	335400
江西省鹰潭市三川有限公司	11742	11162	866	江西省鹰潭市月湖区工业园	335002
江西华鹰核工电子线材有限公司	11393	3630	130	江西省鹰潭市月湖区军民路99号	335001
贵溪新世纪水泥有限公司	9447	11713	167	江西省鹰潭市贵溪市罗河工业区	335400
江西移动有限责任公司鹰潭分公司	9394	2314	64	江西省鹰潭市月湖区百佳城	335000
江西省电信有限公司鹰潭分公司	9392	36743	449	江西省鹰潭市月湖区交通街	335000
海利贵溪化工农药有限公司	8486	11281	438	江西省鹰潭市贵溪市雄石镇	335425
江西天施康中药股份有限公司余江分公司	8149	10203	414	江西省鹰潭市余江县邓埠工业区（东区）交通北路	335200
江西南方照明有限公司	6959	8614	2169	江西省鹰潭市贵溪市西后街	335400
诚志股份合作分公司	5146	9734	144	江西省鹰潭市月湖区林荫西路14号	335000
铁道部鹰潭木材防腐厂	3937	8686	399	江西省鹰潭市月湖区军民路6号	335002
江西省鹰潭市工程有限责任公司	1768	3991	720	江西省鹰潭市月湖区胜利东路19号	335000
赣州					
江西赣州供电公司	95792	236503	1691	江西省赣州市章贡区红旗大道27号	341000
江西江铃齿轮股份有限公司	36081	28892	1114	江西省赣州市章贡区水东镇呼岗村	341005
赣州虔东实业（集团）有限公司	18798	22407	660	江西省赣州市章贡区七里镇	341000
江西南方稀土高技术股份有限公司	17887	29723	804	江西省赣州市章贡区青年路36号	341000
赣州钴钨有限责任公司	15671	44522	1308	江西省赣州市章贡区东外五龙岗103号	341000
赣州医药集团公司	11818	9168	204	江西省赣州市红旗大道九号	341000
江西气体压缩机有限公司	10312	12389	954	江西省赣州市章贡区南河路23号	341000
江西赣南海欣药业股份有限公司	10202	13391	770	江西省赣州市章贡区健康路99号	341000
江西省赣南建筑工程总公司	8627	35147	340	江西省赣州市章贡区健康路52号	341000
赣州创业工业集团公司	1933	42037	168	江西省赣州市章贡区西郊路9号	341000
吉安					
井冈山华能发电有限公司	82147	237446	291	江西省吉安市青原区河东镇	343009
友利电电子（江西）有限公司	34637	6167	4000	江西省吉安市吉州区工业园	343000
江西井冈山卷烟厂	19073	18154	871	江西省吉安市吉安县赣中大道3号	343100
江西泰和大北农饲料有限公司	17120	2582	229	江西省吉安市泰和县澄江镇	343700
江西省泰和玉华水泥有限公司	14148	16118	630	江西省吉安市泰和县上田镇	343700
江西燕京啤酒有限责任公司	13656	16899	657	江西省吉安市吉安县白云街42号	343100
江西电缆有限责任公司	7525	5516	319	江西省吉安市吉州区禾埠乡	343008
江西新干县精制盐厂	5614	4553	428	江西省吉安市新干县大洋洲镇	331302
江西赣粤恒兴机电材料有限公司	5317	7867	357	江西省吉安市永新县湘赣大道237号	343400
江西永丰县金丰萤石有限公司	5067	2640	43	江西省吉安市永丰县石马镇	331512
浒坑钨矿	4982	15650	1574	江西省吉安市安福县浒坑镇	343205
江西金顶药业有限公司	4611	1510	142	江西省吉安市高新技术产业开发区	343100
江西万安县钨钼材料有限公司	4436	1344	54	江西省吉安市万安县芙蓉镇	343800
井冈山旅游发展股份有限公司	4359	8107	703	江西省吉安市井冈山市茨坪镇10号	343600
江西庐陵水泥有限公司	4274	4206	375	江西省吉安市吉安县敦厚镇	343100
江西新干飞宇电声有限公司	4268	4912	1312	江西省吉安市新干县工业园	331300
江西机械化工厂	4119	3742	563	江西省吉安市吉安县安塘乡	343100
江西庆江化工厂	4056	16431	431	江西省吉安市泰和县苏溪街818号	343711
江西洋峰实业（集团）有限责任公司	3748	4563	585	江西省吉安市新干县城南工业区	331308
江西堆花酒业有限责任公司	3373	23793	350	江西省吉安市真君山1号	343000
江西富丰纸业有限公司	3138	2780	200	江西省吉安市永丰县恩江镇	331500
江西齐峰水泥有限公司	2726	4857	327	江西省吉安市安福县彭家村镇	343200
江西省大光山煤矿	2700	5436	1698	江西省吉安市安福县枫田镇	343229
江西宏盛玉华水泥有限公司	2593	4012	350	江西省吉安市安福县枫田镇	343200
江西兴林森工集团有限公司	2451	20551	376	江西省吉安市安福县武功山大道18号	343200

1-32 续表5

企业名称	营业收入（万元）	资产总计（万元）	从业人员（人）	企业详细地址	邮政编码
江西半边天药业有限公司	2450	5822	195	江西省吉安市泰和县澄江镇	343700
江西宝绿苎麻纺织有限公司	2280	1072	383	江西省吉安市永丰县东湖镇	331500
江西翔云服装有限公司	2270	2362	550	江西省吉安市遂川县泉江镇	343900
江西万安氯酸盐有限责任公司	2267	5798	290	江西省吉安市万安县芙蓉镇	343800
江西金鑫建材有限公司	2200	5133	280	江西省吉安市新干县金川南大道74号	331300
江西第二机床厂	1981	10640	944	江西省吉安市永新县建设路10号	343400
江西省遂川县秀洲建材股份有限公司	1698	2639	242	江西省吉安市遂川县衙前镇23号	343903
永丰希望饲料有限公司	1689	2012	72	江西省吉安市永丰县恩江镇	331500
江西海天药业有限公司	1261	4654	120	江西省吉安市永新县高桥楼镇	343425
江西乌石山铁矿	1238	8855	266	江西省吉安市永新县文竹镇	343411
江西京通制药有限公司	1223	1668	85	江西省吉安市永丰县城北坪上	331500
安福县林化有限责任公司	1082	1129	115	江西省吉安市安福县太平镇	343223
江西同方药业有限责任公司	1021	6899	152	江西省吉安市永丰县城北	331500
江西绿海油脂有限公司	1008	2365	46	江西省吉安市永丰县桥南镇	331500
江西井冈山泉涌建材有限公司	916	1503	130	江西省吉安市井冈山市厦坪镇	343603
江西液压件股份有限公司	816	1700	142	江西省吉安市安福县武功山42号	343200
江西大自然药业有限公司	810	1192	96	江西省吉安市吉安县东昌路7号	343100
宜春					
药都樟树医药集团公司	31449	14465	986	江西省宜春市樟树市药都南路3号	331200
江西盐矿有限责任公司	12438	38172	1409	江西省宜春市樟树市吴家巷	331200
上高县供电有限责任公司	9168	12019	619	江西省上高县和平镇	336400
江西宏丰人选板有限公司	5347	6930	305	江西省宜丰县	336300
宜春第一机械厂	4684	10757	808	江西省宜春市袁州区珠泉街20号	336000
江西奉新酒业酿造有限公司	2851	1266	138	江西省奉新县城	330700
江西省七宝山铅锌矿	2489	6317	456	江西省上高县城	336403
宜丰县石花尖瓷业有限公司	1961	2720	1410	江西省宜丰县石花尖乡	336312
江西省棠浦煤矿	1631	2814	995	江西省宜春市宜丰县棠浦镇	336304
江西丰城徐山矿业公司	1578	2324	776	江西省丰城市铁路乡	330019
江西省上高县白水泥有限责任公司	1505	3034	208	江西省上高县塔下乡	336000
江西省上高县圳鑫水泥有限责任公司	1280	2310	140	江西省上高县上甘山乡	336403
铜鼓县发电公司	1217	1	268	江西省铜鼓县柳林镇	336200
江西第三机床厂	827	2800	508	江西省上高县敖阳镇	336400
江西省上高县金牛陶瓷有限公司	810	390	250	江西省上高县敖山镇	336414
上高县金印机械有限责任公司	218	2308	130	江西省上高县敖阳镇	336400
江西奉新碧云米业有限责任公司	25	1437	120	江西省奉新县冯川中路	330700
抚州					
江西省烟草公司抚州分公司	121289	16783	887	江西省抚州市临川区文昌大桥南路金家山1号	344000
江西江铃底盘股份有限公司	28566	23656	652	江西省抚州市临川区环城南路5号	344000
江西临川建筑安装总公司	21671	25266	3056	江西省抚州市临川区抚临路20号	344100
江西省抚州市建筑工程有限公司	20537	26320	4697	江西省抚州市临川区荆公路104号	344000
广昌县烟草公司	8631	3800	58	江西省抚州市广昌县圩江镇15号	344900
江西博雅生物制药股份有限公司	8494	17312	330	江西省抚州市赣东大道161号	344000
江西添光化工有限责任公司	8455	7318	712	江西省抚州市临川区抚北镇安塘路4号	344001
江西珍视明药业有限公司	7900	9714	522	江西省抚州市临川区西大街营上巷九号	344000
江西东亚药业有限责任公司	7686	8516	642	江西省抚州市东乡县荆公路6号	331800
江西永惠实业有限公司	7491	4218	116	江西省抚州市临川区临川大道	344000
江西省赣东苎麻纺织有限公司	7067	4385	695	江西省抚州市崇仁县站前南路22号	344200
江西钧天机械有限公司	5208	14211	362	江西省抚州市临川区工业园区	344000
南城县供电有限责任公司	4419	11920	382	江西省抚州市南城县建昌镇	344700

1－32　续表6

企业名称	营业收入（万元）	资产总计（万元）	从业人员（人）	企业详细地址	邮政编码
金溪县漂润香料有限公司	3280	1493	53	江西省抚州市金溪县秀谷镇	344800
江西长衡机械有限公司	3227	4510	400	江西省抚州市崇仁县人民大道	344200
恒安（江西）卫生用品有限公司	3120	2319	369	江西省抚州市东乡县圩上桥乡	331801
江西黎川环球瓷业有限公司	3116	1340	700	江西省抚州市黎川县日峰镇	344600
江西省医药集团公司	2699	5423	250	江西省抚州市临川区羊城街73号	344000
宜黄县供电有限公司	2687	6445	456	江西省抚州市宜黄县凤岗镇	344400
江西昌诺药业有限公司	2550	3667	150	江西省抚州市南城县金山口	344700
江西永胜机械厂	2358	10256	305	江西省抚州市崇仁县巴山镇中山路52号	344200
江西金溪县供电有限责任公司	1957	5644	265	江西省抚州市金溪县秀谷镇	344800
广昌县供电有限责任公司	1701	6250	139	江西省抚州市广昌县吁江镇解放路56号	344900
抚州市新华书店	1678	1069	86	江西省抚州市赣东大道2号	344000
江西省松翔啤酒有限公司南城分公司	1657	1679	102	江西省抚州市南城县建昌镇	344700
江西金中大纺织有限公司	1480	2180	130	江西省抚州市金溪县浒湾镇	344809
乐安县供电有限责任公司	1467	6343	375	江西省抚州市乐安县下街巷28号	344300
宜黄县水泥厂	1403	3784	416	江西省抚州市宜黄县凤岗镇	344400
金溪和氏米业有限公司	1364	261	52	江西省抚州市金溪县秀谷镇	344800
江西南丰县一０二九厂	1110	614	101	江西省抚州市南丰县莱溪乡	344500
江西省东方兽药有限公司	1058	1878	138	江西省抚州市东乡县圩上桥镇	331801
江西桔王药业有限公司	1017	2313	146	江西省抚州市南丰县富溪工业园区	344500
崇仁县邮政局	967	1817	106	江西省抚州市崇仁县巴山镇	344200
江西泰丰制药有限公司	864	3053	172	江西省抚州市东乡县孝岗镇泰丰路11号	331800
赣东电动工具实业有限公司	608	1385	142	江西省抚州市崇仁县中山路23号	344200
江西省盐业总公司崇仁县公司	333	384	27	江西省抚州市崇仁县人民路	344200
江西金鑫汽车配件有限公司	314	344	48	江西省抚州市金溪县秀谷镇23号	344800
抚州市房地产开发公司	217	1435	38	江西省抚州市临川区羊城路51号	344000
金溪宾馆	70	829	60	江西省抚州市金溪县秀谷镇	344800
江西省抚州市燃料总公司	2	1052	12	江西省抚州市临川区羊城路79号	344000
上饶					
江西月兔企业集团有限公司	185035	107820	4400	江西省上饶市广丰县芦林工业区	334600
江西水泥厂	58188	213606	3019	江西省上饶市万年县陈营镇	335506
凤凰光学股份有限公司	53321	81282	2012	江西省上饶市信江区光学路1号	334000
江西上饶供电公司	41103	103944	898	江西省上饶市中山东路1号	334000
江西月兔丰华产业股份有限公司	39709	12174	440	江西省广丰县芦林工业园x号	334600
江西广厦包装印刷有限公司	11629	7933	181	江西省广丰县芦林工业区x号	334600
玉山县供电有限责任公司	9686	11756	711	江西省玉山县冰溪镇博士路30号	334700
江西金山金矿	7649	16960	626	江西省上饶市德兴市花桥镇金山金矿	334213
江西峰饶食品开发有限公司	7201	9018	185	江西省横峰县岑阳镇白沙岭x号	334300
江西省顺隆造纸有限责任公司	4395	1974	528	江西省弋阳县旭光乡1号	334400
江西怀玉山活性炭（集团）有限公司	3733	4017	530	江西省玉山县文成镇x号	334700
江西全良集团公司	3577	17052	504	江西省上饶市上饶县皂头镇	334116
万年银业有限公司	2839	3592	254	江西省万年县石镇东街17号	335503
江西天施康中药股份有限公司弋阳分公司	2164	2168	253	江西省弋阳县志敏大道55号	334400
上饶市溢洲商厦有限公司	1637	6107	187	江西省上饶市中山西路33号	334000
江西省婺源大鄣山绿色食品有限公司	1339	1322	48	江西省婺源县紫阳镇天佑路99号	333200
上饶市自来水公司	1338	3228	260	江西省上饶市中山西路075号	334000
江西省盐业总公司上饶市分公司	1242	885	60	江西省上饶市信江西路195号	334000
江西弋阳蛇纹石矿	1224	2009	287	江西省弋阳县樟树墩乡1号	334406
万年矿业有限公司	1073	3985	224	江西省万年县石镇18号	335503
江西省万年县白马煤矿	432	1689	208	江西省万年县湖云镇12号	335505
江西上饶国人实业有限公司	426	1774	368	江西省上饶县石人乡	334105

② 行　业

简要说明

- 2003 年各行业重点企业主要财务以及经济效益指标
- 2003 年各行业重点企业从业人员以及劳动报酬指标
- 2003 年工业企业单位数以及注册资本
- 2003 年工业企业主要财务以及经济效益指标
- 2003 年工业企业从业人员以及劳动报酬指标
- 2003 年建筑业企业单位数以及注册资本
- 2003 年建筑业主要财务以及经济效益指标
- 2003 年建筑业从业人员以及劳动报酬指标
- 2003 年批发和零售业单位数以及注册资本
- 2003 年批发和零售业主要财务指标以及经济效益指标
- 2003 年批发和零售业从业人员以及劳动报酬指标

2－1　重点企业分行业单位数及注册资本

（2003年）　　单位:万元

类　　型	单位数（个）	注册资本金
总　计	**100**	**2 070 093**
林业	1	845
煤炭开采和洗选业	1	22 000
有色金属矿采选业	1	437
非金属矿采选业	1	28 755
农副食品加工业	1	3 000
食品制造业	1	3 000
饮料制造业	3	36 318
烟草制品业	3	23 401
纺织业	1	4 996
纺织服装、鞋、帽制造业	1	16 148
木材加工及木、竹、藤、棕、草制品业	1	1 001
造纸及纸制品业	1	36 107
印刷业和记录媒介的复制	1	2 190
石油加工、炼焦及核燃料加工业	3	101 376
化学原料及化学制品制造业	7	128 948
医药制造业	9	75 687
化学纤维制造业	1	20 010
非金属矿物制品业	7	64 703
黑色金属冶炼及压延加工业	3	502 708
有色金属冶炼及压延加工业	5	308 704
金属制品业	1	19 322
通用设备制造业	4	17 739
专用设备制造业	1	2 045
交通运输设备制造业	6	136 427
电气机械及器材制造业	7	94 179
通信设备、计算机及其他电子设备制造业	5	82 273
仪器仪表及文化、办公用机械制造业	1	23 747
工艺品及其他制造业	1	15 000
电力、热力的生产和供应业	2	63 739
水的生产和供应业	2	23 200
房屋和土木工程建筑业	8	64 287
道路运输业	1	9 286
城市公共交通业	1	3 274
软件业	1	1 000
批发业	2	79 016
零售业	2	2 046
住宿业	1	3 300
房地产业	1	3 000
商务服务业	1	46 879

2－2　重点企业分行业主要财务指标

（2003 年）　　　　单位:万元

类　　　型	年末资产总计	固定资产原价	累计折旧	本年折旧
总　计	**8 614 010**	**5 192 477**	**1 978 614**	**256 483**
林业	20 551	2 715	743	26
煤炭开采和洗选业	142 077	44 345	14 747	2 670
有色金属矿采选业	16 960	9 992	3 075	557
非金属矿采选业	38 172	31 999	16 299	1 732
农副食品加工业	10 233	4 122	499	191
食品制造业	24 654	12 968	176	
饮料制造业	57 744	24 590	8 347	1 280
烟草制品业	367 466	117 250	45 826	9 710
纺织业	57 602	53 026	28 948	2 317
纺织服装、鞋、帽制造业	42 037	4 756	1 168	61
木材加工及木、竹、藤、棕、草制品业	2 639	2 274	854	11
造纸及纸制品业	204 370	69 255	20 915	2 771
印刷业和记录媒介的复制	19 044	12 369	3 436	268
石油加工、炼焦及核燃料加工业	616 463	574 073	246 581	29 672
化学原料及化学制品制造业	377 948	291 935	85 583	9 957
医药制造业	474 115	168 467	34 303	8 814
化学纤维制造业	67 938	57 563	27 982	2 685
非金属矿物制品业	342 190	210 560	53 541	3 591
黑色金属冶炼及压延加工业	1 809 923	997 823	436 490	89 145
有色金属冶炼及压延加工业	1 124 301	1 203 813	547 498	41 426
金属制品业	47 828	23 502	11 051	1 466
通用设备制造业	132 230	52 689	23 855	1 445
专用设备制造业	10 757	6 123	3 355	－312
交通运输设备制造业	547 695	140 645	42 970	－14 652
电气机械及器材制造业	453 650	181 935	85 910	14 511
通信设备、计算机及其他电子设备制造业	246 223	137 210	47 940	8 690
仪器仪表及文化、办公用机械制造业	81 282	33 728	9 735	1 711
工艺品及其他制造业	81 756	57 587	4 055	626
电力、热力的生产和供应业	274 103	296 542	58 942	17 124
水的生产和供应业	61 004	61 997	13 106	3 598
房屋和土木工程建筑业	319 506	85 436	29 532	4 350
道路运输业	42 234	28 158	12 723	1 503
城市公共交通业	42 560	28 109	14 197	
软件业	3 538	733	116	43
批发业	168 595	116 857	24 268	3 179
零售业	70 773	38 444	7 561	1 598
住宿业	8 107		9 554	3 911
房地产业	15 402	1 445	960	250
商务服务业	190 340	7 442	1 773	558

2－2 续表1

单位:万元

类型	无形资产	累计对外投资	本年对外投资	长期投资
总　计	**381 930**	**307 682**	**70 125**	**532 899**
林业	261			
煤炭开采和洗选业	8 724	887	50	887
有色金属矿采选业	2 885			20
非金属矿采选业	10 692			1 208
农副食品加工业		2 326	852	2 326
食品制造业				639
饮料制造业	2 505			13 291
烟草制品业	2 149	1 930	530	1 930
纺织业		809	809	214
纺织服装、鞋、帽制造业	12 821			3 853
木材加工及木、竹、藤、棕、草制品业	347			30
造纸及纸制品业				2 918
印刷业和记录媒介的复制				2 601
石油加工、炼焦及核燃料加工业	9 019			14 335
化学原料及化学制品制造业	1 186			185
医药制造业	18 770	9 524	6 841	33 629
化学纤维制造业	2			
非金属矿物制品业	2 392	31 928	6 311	34 359
黑色金属冶炼及压延加工业	206 278	34 334	16 135	37 660
有色金属冶炼及压延加工业	32 664	19 646	11 500	8 236
金属制品业	626	4 632	1 000	4 632
通用设备制造业	15 675	1 866		1 882
专用设备制造业	1 675			190
交通运输设备制造业	5 557	78 324	11 325	111 135
电气机械及器材制造业	28 612	3 934		26 175
通信设备、计算机及其他电子设备制造业	6 055	2 766	1 296	9 626
仪器仪表及文化、办公用机械制造业	652			14 053
工艺品及其他制造业	756			34
电力、热力的生产和供应业	16			90
水的生产和供应业	229			1 611
房屋和土木工程建筑业	5 469	9 188		9 924
道路运输业	2 162	25 655	13 318	9 238
城市公共交通业				
软件业	476	456		456
批发业	238	4 962	158	16 175
零售业	2 291	102		115
住宿业	479			
房地产业		827		106
商务服务业	267	73 586		169 136

2－2 续表2

单位:万元

类 型	短期投资	存 货	流动资产年平均余额	应收帐款
总 计	**47 153**	**1 232 670**	**3 445 955**	**631 512**
林业		11	2 507	163
煤炭开采和洗选业	10	8 119	83 000	14 723
有色金属矿采选业		356	1 725	749
非金属矿采选业		1 600	9 878	3 752
农副食品加工业	30	713	3 987	165
食品制造业	66	2 450	8 068	693
饮料制造业		11 526	20 116	35
烟草制品业		165 737	233 943	17 395
纺织业	596	17 354	24 239	1 439
纺织服装、鞋、帽制造业		5 587	26 490	4 359
木材加工及木、竹、藤、棕、草制品业			832	156
造纸及纸制品业	72	8 980	143 243	78 456
印刷业和记录媒介的复制		644	7 850	2 201
石油加工、炼焦及核燃料加工业		116 222	182 964	28 876
化学原料及化学制品制造业	20	31 272	118 468	38 116
医药制造业	92	61 580	221 172	48 641
化学纤维制造业		8 436	44 467	14 144
非金属矿物制品业	9 750	30 122	118 616	24 654
黑色金属冶炼及压延加工业		175 525	639 852	53 374
有色金属冶炼及压延加工业	803	256 357	320 255	40 600
金属制品业		9 022	27 479	9 914
通用设备制造业		25 267	69 070	15 320
专用设备制造业		4 819	6 830	1 207
交通运输设备制造业	32 413	65 446	337 721	53 561
电气机械及器材制造业		78 695	240 410	40 735
通信设备、计算机及其他电子设备制造业	60	39 302	113 644	38 815
仪器仪表及文化、办公用机械制造业	30	20 359	40 631	7 297
工艺品及其他制造业	25	4 439	19 455	8 989
电力、热力的生产和供应业		4 307	35 059	11 646
水的生产和供应业		411	10 960	5 406
房屋和土木工程建筑业	1 001	54 996	213 271	46 194
道路运输业	2 185	70	16 542	719
城市公共交通业		422	15 898	
软件业		370	1 987	290
批发业		7 164	28 682	12 899
零售业		5 479	21 467	4 516
住宿业		144		742
房地产业		9 367	15 108	571
商务服务业			20 069	

2－2　续表3　　　　单位:万元

类　　型	年末负债合计	流动负债	年末股东（所有者）权益合计	股　本（实收资本）
总　计	**5 301 242**	**3 984 535**	**3 312 768**	**2 066 969**
林业	3 882	3 363	16 669	845
煤炭开采和洗选业	65 338	62 275	76 739	22 000
有色金属矿采选业	12 190	5 987	4 770	437
非金属矿采选业	8 755	7 748	29 417	28 755
农副食品加工业	2 489	2 489	7 744	6 845
食品制造业	6 979	4 379	17 675	3 009
饮料制造业	16 157	10 888	41 587	38 176
烟草制品业	223 961	214 736	143 505	53 091
纺织业	36 386	13 712	21 216	4 996
纺织服装、鞋、帽制造业	24 365	22 465	17 672	19 208
木材加工及木、竹、藤、棕、草制品业	1 471	1 471	1 168	1 001
造纸及纸制品业	240 539	224 271	－36 169	36 107
印刷业和记录媒介的复制	12 373	9 234	6 671	1 807
石油加工、炼焦及核燃料加工业	476 048	244 792	140 415	101 376
化学原料及化学制品制造业	230 313	155 911	147 635	116 683
医药制造业	245 866	221 847	228 249	84 285
化学纤维制造业	44 121	29 799	23 817	20 010
非金属矿物制品业	231 497	125 444	110 693	44 037
黑色金属冶炼及压延加工业	1 203 907	1 157 649	606 016	501 029
有色金属冶炼及压延加工业	540 686	257 169	583 615	308 704
金属制品业	18 488	15 488	29 340	19 322
通用设备制造业	108 815	83 587	23 415	22 407
专用设备制造业	11 810	6 260	－1 053	2 045
交通运输设备制造业	284 028	235 208	263 667	157 073
电气机械及器材制造业	303 250	244 186	150 400	95 688
通信设备、计算机及其他电子设备制造业	113 277	72 351	132 946	72 004
仪器仪表及文化、办公用机械制造业	34 228	27 108	47 054	23 747
工艺品及其他制造业	30 916	29 916	50 840	15 000
电力、热力的生产和供应业	226 878	76 871	47 225	64 059
水的生产和供应业	24 353	14 219	36 651	23 200
房屋和土木工程建筑业	237 103	221 862	82 403	61 840
道路运输业	13 136	10 611	29 098	9 286
城市公共交通业	32 887	32 565	9 673	3 274
软件业	1 569	1 421	1 969	1 004
批发业	85 543	71 439	83 052	49 826
零售业	61 352	12 492	9 421	1 614
住宿业	2 820		5 287	3 300
房地产业	13 244	8 858	2 158	3 000
商务服务业	70 222	44 464	120 118	46 879

2－2 续表4

单位:万元

类型	主营业务收入	主营业务成本	主营业务税金及附加	其他业务收入
总　计	**6 090 538**	**4 889 375**	**221 821**	**182 810**
林业	2 375	1 336	5	76
煤炭开采和洗选业	48 586	34 021	327	6 114
有色金属矿采选业	7 649	4 367	37	
非金属矿采选业	12 438	7 711	596	
农副食品加工业	17 642	14 880	96	
食品制造业	24 011	11 804	78	
饮料制造业	20 439	14 128	1 993	167
烟草制品业	502 403	245 677	143 751	29 431
纺织业	55 725	48 095	225	141
纺织服装、鞋、帽制造业	1 933	1 965	3	
木材加工及木、竹、藤、棕、草制品业	1 636	1 103	113	62
造纸及纸制品业	12 809	12 757	－1	
印刷业和记录媒介的复制	5 381	4 655	38	
石油加工、炼焦及核燃料加工业	869 506	783 670	42 181	20 521
化学原料及化学制品制造业	178 326	159 737	1 323	2 921
医药制造业	566 373	400 052	2 432	2 750
化学纤维制造业	28 162	23 958	272	14 830
非金属矿物制品业	107 040	69 799	781	1 154
黑色金属冶炼及压延加工业	1 684 859	1 448 667	10 418	27 961
有色金属冶炼及压延加工业	596 387	478 620	3 712	5 376
金属制品业	53 755	45 543		3 444
通用设备制造业	44 194	34 305	154	1 650
专用设备制造业	4 684	3 179	40	
交通运输设备制造业	200 533	158 424	368	10 362
电气机械及器材制造业	169 535	143 468	841	146
通信设备、计算机及其他电子设备制造业	127 748	97 006	260	672
仪器仪表及文化、办公用机械制造业	53 137	42 695	39	184
工艺品及其他制造业	20 681	15 289	128	
电力、热力的生产和供应业	88 238	65 848	1 018	
水的生产和供应业	32 780	23 961	108	1 319
房屋和土木工程建筑业	271 945	241 527	8 061	2 254
道路运输业	13 760	9 111	455	1 702
城市公共交通业	23 952	17 746	790	
软件业	2 501	612	75	
批发业	135 737	129 654	758	946
零售业	97 192	89 294	148	363
住宿业	4 339	2 826	100	20
房地产业	2 147	1 885	98	
商务服务业				48 244

2-2 续表5

单位:万元

类 型	新产品销售收入	出口销售总额	投资收益	营业外收入
总 计	**434 666**	**266 073**	**7 346**	**14 123**
林业				21
煤炭开采和洗选业	6 740		-62	19
有色金属矿采选业				7
非金属矿采选业		920		4
农副食品加工业	437			
食品制造业				
饮料制造业				65
烟草制品业	49 967	1 645	766	8 374
纺织业	8 303	7 544	8	62
纺织服装、鞋、帽制造业		1 049		
木材加工及木、竹、藤、棕、草制品业				
造纸及纸制品业			33	19
印刷业和记录媒介的复制				
石油加工、炼焦及核燃料加工业		2 023	- 110	513
化学原料及化学制品制造业	52 634	17 433	56	53
医药制造业	18 777	27 045	- 397	253
化学纤维制造业	9 242	109		45
非金属矿物制品业	2 007	126	485	157
黑色金属冶炼及压延加工业	39 797	4 233	563	1 850
有色金属冶炼及压延加工业	5 580	75 782	-1 675	184
金属制品业		111	-32	32
通用设备制造业	21 894	518	4	10
专用设备制造业	296	50	-72	6
交通运输设备制造业	79 852	56 607	5 180	1 083
电气机械及器材制造业	55 383	12 946	689	54
通信设备、计算机及其他电子设备制造业	83 034	27 090	-24	137
仪器仪表及文化、办公用机械制造业		3 043	714	20
工艺品及其他制造业		15 888		22
电力、热力的生产和供应业			5	6
水的生产和供应业			12	72
房屋和土木工程建筑业			223	685
道路运输业			711	103
城市公共交通业				37
软件业	723	1 391	22	
批发业		10 520	236	37
零售业				187
住宿业			1	6
房地产业				
商务服务业			10	

2－2 续表6 单位:万元

类型	存货跌价损伤和营业、管理、财务等费用合计	税金	劳动、待业保险费	职工教育费
总计	**705 870**	**15 674**	**45 402**	**3 342**
林业	1 051	10	116	3
煤炭开采和洗选业	9 336	117	1 257	121
有色金属矿采选业	1 929	3	40	5
非金属矿采选业	2 216	63	278	24
农副食品加工业	1 839	6		13
食品制造业	8 781			
饮料制造业	3 560	115	109	16
烟草制品业	60 388	319	1 600	93
纺织业	4 669	198	105	67
纺织服装、鞋、帽制造业	241			
木材加工及木、竹、藤、棕、草制品业	293			
造纸及纸制品业	8 076			
印刷业和记录媒介的复制	209			
石油加工、炼焦及核燃料加工业	57 791	937	1 005	20
化学原料及化学制品制造业	18 781	622	833	20
医药制造业	127 366	880	1 652	151
化学纤维制造业	14 778	110	548	44
非金属矿物制品业	28 110	495	1 801	27
黑色金属冶炼及压延加工业	131 546	3 166	15 171	1 244
有色金属冶炼及压延加工业	53 344	2 292	5 817	428
金属制品业	5 672	63	31	10
通用设备制造业	9 848	301	719	55
专用设备制造业	2 328	46	373	6
交通运输设备制造业	36 338	263	2 614	309
电气机械及器材制造业	18 704	336	726	20
通信设备、计算机及其他电子设备制造业	23 263	770	1 153	119
仪器仪表及文化、办公用机械制造业	7 744	293	415	3
工艺品及其他制造业	1 976	84		8
电力、热力的生产和供应业	12 424	25	147	12
水的生产和供应业	5 492	52	146	17
房屋和土木工程建筑业	23 892	181	6 545	323
道路运输业	1 787	8	294	6
城市公共交通业	204			
软件业	1 308	6	20	9
批发业	8 901	3 928	812	110
零售业	7 733	132	594	26
住宿业		－235	10	
房地产业	333			
商务服务业	3 619	88	471	33

2－2 续表7 单位:万元

类 型	广 告 费	利息支出	利润总额	应交所得税
总 计	**66 287**	**112 129**	**264 272**	**104 757**
林业		26	2	1
煤炭开采和洗选业	23	454	7 199	1 843
有色金属矿采选业		423	1 321	436
非金属矿采选业	12	172	403	
农副食品加工业	310	19	902	101
食品制造业	2 640	168	3 348	1 105
饮料制造业	48	523	109	120
烟草制品业	6 070	2 923	58 021	13 217
纺织业		906	2 002	645
纺织服装、鞋、帽制造业			－276	
木材加工及木、竹、藤、棕、草制品业		44	55	24
造纸及纸制品业		5 456	－7 656	
印刷业和记录媒介的复制				3
石油加工、炼焦及核燃料加工业	81	8 202	－15 141	2 187
化学原料及化学制品制造业	151	7 304	－2 367	570
医药制造业	56 140	3 032	29 435	9 094
化学纤维制造业		1 891	－10 048	
非金属矿物制品业	40	5 815	4 917	3 206
黑色金属冶炼及压延加工业	328	19 770	80 523	32 457
有色金属冶炼及压延加工业	22	17 899	54 326	29 219
金属制品业	22	982	2 806	448
通用设备制造业	27	983	－1 554	42
专用设备制造业	3	653	－937	
交通运输设备制造业	130	3 171	16 595	2 210
电气机械及器材制造业	4	8 931	2 683	902
通信设备、计算机及其他电子设备制造业	95	2 432	7 777	1 657
仪器仪表及文化、办公用机械制造业		611	3 573	318
工艺品及其他制造业	37	1 416	3 131	325
电力、热力的生产和供应业		11 631	9 487	262
水的生产和供应业		710	4 487	1 497
房屋和土木工程建筑业		897	379	798
道路运输业	13	－97	4 705	1 620
城市公共交通业			1 340	
软件业	7	4	528	63
批发业	35	1 155	509	167
零售业	49	684	535	220
住宿业			110	
房地产业			－137	
商务服务业		2 939	1 180	

2－2 续表8　　单位:万元

类　　型	应缴增值税	固定资产投资完成额	研究开发费用	上交税金合计
总　计	**304 299**	**589 355**	**47 218**	**646 551**
林业	12			28
煤炭开采和洗选业	3 638	12 236	71	5 925
有色金属矿采选业		2 317		476
非金属矿采选业	1 385	1 208	5	2 044
农副食品加工业	262		133	465
食品制造业	1 200		720	2 383
饮料制造业	1 337	53		3 565
烟草制品业	43 117	8 406	393	200 404
纺织业	2 002	1 019		3 070
纺织服装、鞋、帽制造业	1			4
木材加工及木、竹、藤、棕、草制品业	89			226
造纸及纸制品业	12			11
印刷业和记录媒介的复制	1	382		42
石油加工、炼焦及核燃料加工业	37 984	20 851	3 187	83 289
化学原料及化学制品制造业	6 450	14 814	1 859	8 965
医药制造业	24 765	14 695	564	37 171
化学纤维制造业	2 443	2 175	986	2 825
非金属矿物制品业	8 712	1 932	589	13 194
黑色金属冶炼及压延加工业	113 432	305 136	806	159 473
有色金属冶炼及压延加工业	27 283	77 550	1 246	62 506
金属制品业	2 267	2 477	195	2 778
通用设备制造业	1 611	2 134	805	2 108
专用设备制造业	365	76	168	451
交通运输设备制造业	5 102	52 820	23 065	7 943
电气机械及器材制造业	2 566	40 982	5 182	4 645
通信设备、计算机及其他电子设备制造业	2 038	17 290	6 382	4 725
仪器仪表及文化、办公用机械制造业	－124	4 277	236	526
工艺品及其他制造业	991		178	1 528
电力、热力的生产和供应业	10 376			11 681
水的生产和供应业	1 193	951		2 850
房屋和土木工程建筑业	322			9 362
道路运输业		3 147		2 083
城市公共交通业				790
软件业		244	376	144
批发业	1 952	1 440	72	6 805
零售业	778			1 278
住宿业	14			－121
房地产业				98
商务服务业	723	743		811

2－3 重点企业分行业从业人员指标

单位:人

类型	从业人员人数			
		在岗职工	其他从业人员	研究开发人员
总 计	**238 909**	**219 801**	**19 108**	**7 804**
林业	376	376		
煤炭开采和洗选业	6 581	6 581		134
有色金属矿采选业	626	626		
非金属矿采选业	1 409	1 022	387	8
农副食品加工业	782	782		16
食品制造业	650	650		25
饮料制造业	1 511	1 198	313	
烟草制品业	6 701	6 501	200	39
纺织业	5 715	5 715		
纺织服装、鞋、帽制造业	168	168		
木材加工及木、竹、藤、棕、草制品业	242	242		
造纸及纸制品业	574	574		
印刷业和记录媒介的复制	923	923		
石油加工、炼焦及核燃料加工业	6 602	5 807	795	179
化学原料及化学制品制造业	9 490	9 312	178	498
医药制造业	22 835	18 202	4 633	317
化学纤维制造业	3 314	3 314		84
非金属矿物制品业	7 605	7 350	255	102
黑色金属冶炼及压延加工业	50 153	50 147	6	1 787
有色金属冶炼及压延加工业	16 027	15 961	66	279
金属制品业	921	888	33	39
通用设备制造业	5 369	5 190	179	422
专用设备制造业	808	808		46
交通运输设备制造业	21 069	20 827	242	1 957
电气机械及器材制造业	7 780	7 680	100	438
通信设备、计算机及其他电子设备制造业	10 210	10 167	43	1 283
仪器仪表及文化、办公用机械制造业	2 012	2 012		35
工艺品及其他制造业	1 562	1 562		29
电力、热力的生产和供应业	689	689		
水的生产和供应业	1 576	1 382	194	
房屋和土木工程建筑业	31 367	22 292	9 075	
道路运输业	1 129	1 129		
城市公共交通业	4 462	2 830	1 632	
软件业	125	125		84
批发业	2 572	2 287	285	3
零售业	3 235	2 774	461	
住宿业	703	703		
房地产业	280	249	31	
商务服务业	756	756		

2－4　重点企业分行业劳动报酬指标

单位:万元

类　　　型	从业人员劳动报酬	在岗职工劳动报酬	其他从业人员劳动报酬	研究开发人员劳动报酬
总　计	**335 067**	**315 671**	**19 396**	**12 866**
林业	450	450		
煤炭开采和洗选业	6 929	6 929		214
有色金属矿采选业	638	638		
非金属矿采选业	1 535	1 226	309	11
农副食品加工业	582	582		27
食品制造业	468	468		90
饮料制造业	1 258	1 103	155	
烟草制品业	12 480	12 240	240	164
纺织业	7 418	7 418		
纺织服装、鞋、帽制造业	79	79		
木材加工及木、竹、藤、棕、草制品业	95	95		
造纸及纸制品业	499	499		
印刷业和记录媒介的复制	1 002	1 002		
石油加工、炼焦及核燃料加工业	11 057	10 393	664	313
化学原料及化学制品制造业	9 394	9 179	215	575
医药制造业	22 036	19 387	2 649	429
化学纤维制造业	1 998	1 998		62
非金属矿物制品业	5 338	5 172	166	111
黑色金属冶炼及压延加工业	88 658	88 656	2	2 242
有色金属冶炼及压延加工业	30 134	30 060	74	333
金属制品业	1 584	1 570	14	64
通用设备制造业	5 176	4 930	246	604
专用设备制造业	1 141	1 141		168
交通运输设备制造业	35 109	34 855	254	4 152
电气机械及器材制造业	6 756	6 578	178	677
通信设备、计算机及其他电子设备制造业	12 789	12 769	20	2 096
仪器仪表及文化、办公用机械制造业	2 240	2 240		120
工艺品及其他制造业	1 044	1 044		37
电力、热力的生产和供应业	1 972	1 972		
水的生产和供应业	2 620	2 501	119	
房屋和土木工程建筑业	44 235	32 758	11 477	
道路运输业	1 776	1 776		
城市公共交通业	6 118	4 038	2 080	
软件业	495	495		368
批发业	6 155	5 797	358	9
零售业	2 106	1 992	114	
住宿业	592	592		
房地产业	293	231	62	
商务服务业	818	818		

2－5　重点企业分行业主要经济效益指标

（2003 年）　　　　单位：%

类　　型	净资产收益率	总资产报酬率	销售利润率	资本保值增值率
总　计	**4.82**	**4.37**	**4.21**	**105.15**
林业	0.01	0.14	0.08	99.53
煤炭开采和洗选业	6.98	5.39	13.16	103.90
有色金属矿采选业	18.55	10.28	17.27	109.63
非金属矿采选业	1.37	1.51	3.24	101.40
农副食品加工业	10.34	9.00	5.11	79.29
食品制造业	12.69	14.26	13.94	130.14
饮料制造业	-0.03	1.09	0.53	148.10
烟草制品业	31.22	16.58	10.91	118.55
纺织业	6.40	5.05	3.58	106.90
纺织服装、鞋、帽制造业	-1.56	-0.66	-14.28	100.33
皮革、毛皮、羽毛（绒）及其制品业				
木材加工及木、竹、藤、棕、草制品业	2.65	3.75	3.24	99.07
造纸及纸制品业	21.17	-1.08	-59.77	- 162.27
印刷业和记录媒介的复制	-0.04			100.33
石油加工、炼焦及核燃料加工业	-12.34	-1.13	-1.70	92.39
化学原料及化学制品制造业	-1.99	1.31	-1.31	92.84
医药制造业	8.91	6.85	5.17	121.74
化学纤维制造业	-42.19	-12.01	-23.37	70.31
非金属矿物制品业	1.55	3.14	4.54	104.88
黑色金属冶炼及压延加工业	7.93	5.54	4.70	113.76
有色金属冶炼及压延加工业	4.30	6.42	9.03	113.80
金属制品业	8.04	7.92	4.91	108.74
通用设备制造业	-6.82	-0.43	-3.39	94.63
专用设备制造业	88.98	-2.64	-20.00	-26.38
交通运输设备制造业	5.46	3.61	7.87	80.43
电气机械及器材制造业	1.18	2.56	1.58	103.12
通信设备、计算机及其他电子设备制造业	4.60	4.15	6.06	103.46
仪器仪表及文化、办公用机械制造业	6.92	5.15	6.70	106.11
工艺品及其他制造业	5.52	5.56	15.14	101.41
电力、热力的生产和供应业	19.53	7.70	10.75	124.27
水的生产和供应业	8.16	8.52	13.16	106.44
房屋和土木工程建筑业	-0.51	0.40	0.14	103.73
道路运输业	10.60	10.91	30.43	106.40
城市公共交通业	13.85	3.15	5.59	104.44
软件业	23.62	15.04	21.11	104.40
批发业	0.41	0.99	0.37	94.82
零售业	3.34	1.72	0.55	99.92
住宿业	2.08	1.36	2.52	84.38
房地产业	-6.35	-0.89	-6.38	57.58
商务服务业	0.98	2.16	2.45	225.20

2-5 续表1

单位:%

类　　　　　型	劳动生产率（万元/人）	成本费用利润率	资产利税率	总资产使用率
总　计	**26.26**	**4.72**	**9.18**	**70.71**
林业	6.52	0.08	0.09	11.56
煤炭开采和洗选业	8.31	16.60	7.86	34.20
有色金属矿采选业	12.22	20.98	8.01	45.10
非金属矿采选业	8.83	4.06	6.25	32.58
农副食品加工业	22.56	5.40	12.31	172.40
食品制造业	36.94	16.26	18.76	97.39
饮料制造业	13.64	0.62	5.96	35.40
烟草制品业	79.37	18.96	66.64	136.72
纺织业	9.78	3.79	7.34	96.74
纺织服装、鞋、帽制造业	11.51	-12.51	-0.65	4.60
木材加工及木、竹、藤、棕、草制品业	7.02	3.94	9.74	61.99
造纸及纸制品业	22.32	-36.75	-3.74	6.27
印刷业和记录媒介的复制	5.83		0.20	28.26
石油加工、炼焦及核燃料加工业	134.81	-1.80	10.55	141.05
化学原料及化学制品制造业	19.10	-1.33	1.43	47.18
医药制造业	24.92	5.58	11.94	119.46
化学纤维制造业	12.97	-25.94	-10.79	41.45
非金属矿物制品业	14.23	5.02	4.21	31.28
黑色金属冶炼及压延加工业	34.15	5.10	11.29	93.09
有色金属冶炼及压延加工业	37.55	10.21	7.59	53.05
金属制品业	62.11	5.48	10.61	112.39
通用设备制造业	8.54	-3.52	0.16	33.42
专用设备制造业	5.80	-17.01	-4.95	43.54
交通运输设备制造业	10.01	8.52	4.03	36.61
电气机械及器材制造业	21.81	1.65	1.34	37.37
通信设备、计算机及其他电子设备制造业	12.58	6.47	4.09	51.88
仪器仪表及文化、办公用机械制造业	26.50	7.08	4.29	65.37
工艺品及其他制造业	13.24	18.13	5.20	25.30
电力、热力的生产和供应业	128.07	12.12	7.62	32.19
水的生产和供应业	21.64	15.23	9.49	53.73
房屋和土木工程建筑业	8.74	0.14	2.74	85.11
道路运输业	13.70	43.17	12.22	32.58
城市公共交通业	5.37	7.47	5.00	56.28
软件业	20.01	27.50	17.04	70.69
批发业	53.14	0.37	1.91	80.51
零售业	30.16	0.55	2.06	137.33
住宿业	6.20	3.89	2.76	53.52
房地产业	7.67	-6.18	-0.25	13.94
商务服务业	63.81	32.61	1.00	

2-5 续表2

单位:%

类　　型	流动资产比率	资金利润率	资产负债率	长期负债与资产总计比率
总　计	**40.00**	**3.97**	**61.54**	**15.29**
林业	12.20	0.04	18.89	2.53
煤炭开采和洗选业	58.42	6.39	45.99	2.16
有色金属矿采选业	10.17	15.29	71.88	36.57
非金属矿采选业	25.88	1.58	22.94	2.64
农副食品加工业	38.96	11.85	24.32	
食品制造业	32.72	16.05	28.31	10.55
饮料制造业	34.84	0.30	27.98	9.12
烟草制品业	63.66	19.00	60.95	2.51
纺织业	42.08	4.14	63.17	39.36
纺织服装、鞋、帽制造业	63.02	-0.92	57.96	4.52
木材加工及木、竹、藤、棕、草制品业	31.53	2.44	55.74	
造纸及纸制品业	70.09	-4.00	117.70	7.96
印刷业和记录媒介的复制	41.22		64.97	16.48
石油加工、炼焦及核燃料加工业	29.68	-2.97	77.22	37.51
化学原料及化学制品制造业	31.35	-0.73	60.94	19.69
医药制造业	46.65	8.28	51.86	5.07
化学纤维制造业	65.45	-13.57	64.94	21.08
非金属矿物制品业	34.66	1.78	67.65	30.99
黑色金属冶炼及压延加工业	35.35	6.70	66.52	2.56
有色金属冶炼及压延加工业	28.48	5.56	48.09	25.22
金属制品业	57.45	7.03	38.66	6.27
通用设备制造业	52.23	-1.59	82.29	19.08
专用设备制造业	63.49	-9.76	109.79	51.59
交通运输设备制造业	61.66	3.81	51.86	8.91
电气机械及器材制造业	52.99	0.80	66.85	13.02
通信设备、计算机及其他电子设备制造业	46.15	3.83	46.01	16.62
仪器仪表及文化、办公用机械制造业	49.99	5.53	42.11	8.76
工艺品及其他制造业	23.80	4.29	37.81	1.22
电力、热力的生产和供应业	12.79	3.48	82.77	54.73
水的生产和供应业	17.97	7.50	39.92	16.61
房屋和土木工程建筑业	66.75	0.14	74.21	4.77
道路运输业	39.17	14.71	31.10	5.98
城市公共交通业	37.35	4.50	77.27	0.76
软件业	56.16	20.28	44.35	4.18
批发业	17.01	0.42	50.74	8.37
零售业	30.33	1.02	86.69	69.04
住宿业		-1.15	34.78	34.78
房地产业	98.09	-0.88	85.99	28.48
商务服务业	10.54	4.58	36.89	13.53

2－5　续表3　　　　单位:%

类　　　　型	已获利息倍　　数（倍）	流动比率	速动比率	新产品销售收入与营业收入比率
总　计	**3.36**	**86.48**	**55.55**	**6.93**
林业	1.08	74.55	74.22	
煤炭开采和洗选业	16.86	133.28	120.24	12.32
有色金属矿采选业	4.12	28.81	22.87	
非金属矿采选业	3.34	127.49	106.84	
农副食品加工业	48.47	160.18	131.54	2.48
食品制造业	20.93	184.24	128.29	
饮料制造业	1.21	184.75	78.89	
烟草制品业	20.85	108.94	31.76	9.40
纺织业	3.21	176.77	50.21	14.86
纺织服装、鞋、帽制造业		117.92	93.05	
木材加工及木、竹、藤、棕、草制品业	2.25	56.56	56.56	
造纸及纸制品业	－0.40	63.87	59.87	
印刷业和记录媒介的复制		85.01	78.04	
石油加工、炼焦及核燃料加工业	－0.85	74.74	27.26	
化学原料及化学制品制造业	0.68	75.98	55.93	29.04
医药制造业	10.71	99.70	71.94	3.30
化学纤维制造业	－4.31	149.22	120.91	21.50
非金属矿物制品业	1.85	94.56	70.54	1.86
黑色金属冶炼及压延加工业	5.07	55.27	40.11	2.32
有色金属冶炼及压延加工业	4.04	124.53	24.85	0.93
金属制品业	3.86	177.42	119.17	
通用设备制造业	－0.58	82.63	52.40	47.76
专用设备制造业	－0.43	109.11	32.12	6.32
交通运输设备制造业	6.23	143.58	115.76	37.86
电气机械及器材制造业	1.30	98.45	66.23	32.64
通信设备、计算机及其他电子设备制造业	4.20	157.07	102.75	64.66
仪器仪表及文化、办公用机械制造业	6.85	149.89	74.78	
工艺品及其他制造业	3.21	65.03	50.19	
电力、热力的生产和供应业	1.82	45.61	40.00	
水的生产和供应业	7.32	77.08	74.19	
房屋和土木工程建筑业	1.42	96.13	71.34	
道路运输业	－47.51	155.89	155.24	
城市公共交通业		48.82	47.52	
软件业	133.00	139.83	113.79	28.91
批发业	1.44	40.15	30.12	
零售业	1.78	171.85	127.99	
住宿业				
房地产业		170.56	64.81	
商务服务业	1.40	45.14	45.14	

2－6 重点企业工业单位数及注册资本

（2003 年）　　单位：万元

类　　　　型	单 位 数（个）	注册资本金
总　　计	**81**	**1 857 160**
一、按控股情况分		
国有及国有控股	61	1 676 913
国有绝对控股	58	1 399 918
国有相对控股	3	276 995
集体控股	4	28 486
集体绝对控股	2	22 469
集体相对控股	2	6 017
其他	16	151 761
二、按主营行业		
采矿业	3	51 192
制造业	74	1 719 029
电力、燃气及水的生产和供应业	4	86 939
三、按登记注册类型分		
国有企业	15	155 842
国有独资企业	9	161 154
其他有限责任公司	31	904 163
股份有限公司	23	347 318
中外合资企业	1	1 591
港澳台合资企业	2	287 092
四、按企业规模分		
大型	22	1 372 389
中型	45	377 487
小型	12	98 704
其他	2	8 580
五、按重点企业类型分		
520 户国家重点企业	5	114 340
原 512 户国家重点企业	3	366 355
省级重点企业	72	1 034 338
现企国家百户试点企业	1	342 127
现企省级试点企业	1	23 747
国家试点企业集团母公司		

2－7　重点企业工业企业主要财务指标

（2003 年）　　单位:万元

类　　型	年末资产总计	固定资产原价	累计折旧	本年折旧
总　　计	**7 732 404**	**4 883 138**	**1 877 187**	**241 065**
一、按控股情况分				
国有及国有控股	6 788 344	4 518 698	1 787 932	217 696
国有绝对控股	5 730 471	3 319 090	1 254 443	175 653
国有相对控股	1 057 873	1 199 608	533 489	42 043
集体控股	65 679	16 194	6 866	325
集体绝对控股	54 426	10 315	5 397	314
集体相对控股	11 253	5 879	1 469	11
其他	878 381	348 246	82 389	23 044
二、按主营行业				
采矿业	197 209	86 336	34 121	4 959
制造业	7 200 088	4 438 263	1 771 018	215 384
电力、燃气及水的生产和供应业	335 107	358 539	72 048	20 722
三、按登记注册类型分				
国有企业	1 182 370	572 481	207 787	31 017
国有独资企业	646 343	265 214	93 548	－10 547
其他有限责任公司	2 913 251	1 755 112	637 810	123 886
股份有限公司	1 853 546	1 088 642	396 227	55 022
中外合资企业	12 148	3 012	3 128	272
港澳台合资企业	1 124 746	1 198 677	538 687	41 415
四、按企业规模分				
大型	5 363 477	3 811 887	1 529 958	191 086
中型	2 001 517	938 239	302 990	44 462
小型	323 691	119 608	41 165	4 808
其他	43 719	13 404	3 074	709
五、按重点企业类型分				
520 户国家重点企业	743 586	375 245	98 584	9 887
原 512 户国家重点企业	1 367 849	1 250 446	554 161	23 585
省级重点企业	4 746 481	2 629 532	927 158	148 511
现企国家百户试点企业	874 488	627 915	297 284	59 082
现企省级试点企业	81 282	33 728	9 735	1 711
国家试点企业集团母公司				

2－7　续表1　　单位：万元

类　型	无形资产	累计对外投资	本年对外投资	长期投资
总　计	**370 287**	**192 906**	**56 649**	**327 749**
一、按控股情况分				
国有及国有控股	303 429	180 796	51 597	284 123
国有绝对控股	293 207	162 420	40 097	282 203
国有相对控股	10 222	18 376	11 500	1 920
集体控股	17 309			4 888
集体绝对控股	15 326			3 860
集体相对控股	1 983			1 028
其他	49 549	12 110	5 052	38 738
二、按主营行业				
采矿业	22 301	887	50	2 115
制造业	347 741	192 019	56 599	323 933
电力、燃气及水的生产和供应业	245			1 701
三、按登记注册类型分				
国有企业	34 556	33 708	6 841	49 346
国有独资企业	38 241	65 539	3 969	92 374
其他有限责任公司	254 672	44 076	17 796	90 093
股份有限公司	32 543	31 207	16 543	94 016
中外合资企业				
港澳台合资企业	10 275	18 376	11 500	1 920
四、按企业规模分				
大型	270 695	163 959	46 299	227 913
中型	67 969	24 751	8 968	73 510
小型	31 284	4 196	1 382	19 438
其他	339			6 888
五、按重点企业类型分				
520户国家重点企业	12 161	37 460	11 993	38 098
原512户国家重点企业	14 368	80 699	15 469	86 857
省级重点企业	212 745	54 801	23 941	182 848
现企国家百户试点企业	131 013	19 946	5 246	19 946
现企省级试点企业	652			14 053
国家试点企业集团母公司				

2－7 续表2

单位:万元

类型	短期投资	存货	流动资产年平均余额	应收帐款
总计	**43 967**	**1 154 647**	**3 110 424**	**565 418**
一、按控股情况分				
国有及国有控股	43 846	1 081 871	2 763 669	519 743
国有绝对控股	43 123	848 645	2 483 229	484 300
国有相对控股	723	233 226	280 440	35 443
集体控股		11 783	34 894	7 897
集体绝对控股		10 592	34 062	7 137
集体相对控股		1 191	832	760
其他	121	60 993	311 861	37 778
二、按主营行业				
采矿业	10	10 075	94 603	19 224
制造业	43 957	1 139 854	2 969 802	529 142
电力、燃气及水的生产和供应业		4 718	46 019	17 052
三、按登记注册类型分				
国有企业	9 810	245 412	543 882	80 540
国有独资企业	30	68 336	322 521	68 003
其他有限责任公司	719	298 471	1 003 244	132 867
股份有限公司	32 685	278 659	891 882	235 854
中外合资企业		2 403	10 498	8 991
港澳台合资企业	723	261 366	338 397	39 163
四、按企业规模分				
大型	41 392	760 754	1 921 444	267 604
中型	2 545	330 356	1 000 785	257 021
小型	30	60 596	166 482	32 150
其他		2 941	21 713	8 643
五、按重点企业类型分				
520 户国家重点企业	9 922	46 522	335 370	113 351
原 512 户国家重点企业	723	267 299	471 455	65 527
省级重点企业	33 322	735 863	1 994 986	345 479
现企国家百户试点企业		104 963	308 613	41 061
现企省级试点企业	30	20 359	40 631	7 297
国家试点企业集团母公司				

2－7　续表3　　　　　　　　　　　　　　　　　　　　　　单位：万元

类　　型	年末负债合计	流动负债	年末股东（所有者）权益合计	股　　本（实收资本）
总　　计	**4 779 484**	**3 577 460**	**2 952 920**	**1 887 646**
一、按控股情况分				
国有及国有控股	4 160 220	2 985 255	2 628 124	1 714 208
国有绝对控股	3 660 954	2 751 739	2 069 517	1 437 213
国有相对控股	499 266	233 516	558 607	276 995
集体控股	37 818	34 249	27 861	29 308
集体绝对控股	33 055	30 486	21 371	23 290
集体相对控股	4 763	3 763	6 490	6 018
其他	581 446	557 956	296 935	144 130
二、按主营行业				
采矿业	86 283	76 010	110 926	51 192
制造业	4 441 970	3 410 360	2 758 118	1 749 195
电力、燃气及水的生产和供应业	251 231	91 090	83 876	87 259
三、按登记注册类型分				
国有企业	796 647	571 658	385 723	178 273
国有独资企业	432 209	319 690	214 134	188 324
其他有限责任公司	1 820 544	1 541 899	1 092 707	892 549
股份有限公司	1 162 409	832 742	691 137	339 817
中外合资企业	10 605	10 605	1 543	1 591
港澳台合资企业	557 070	300 866	567 676	287 092
四、按企业规模分				
大型	3 244 448	2 320 889	2 119 029	1 377 060
中型	1 302 255	1 060 481	699 262	398 502
小型	204 492	170 033	119 199	103 504
其他	28 289	26 057	15 430	8 580
五、按重点企业类型分				
520户国家重点企业	583 562	450 922	160 024	114 340
原512户国家重点企业	693 627	389 986	674 222	387 001
省级重点企业	2 988 863	2 266 193	1 757 618	1 045 857
现企国家百户试点企业	513 432	470 359	361 056	340 448
现企省级试点企业	34 228	27 108	47 054	23 747
国家试点企业集团母公司				

2－7 续表4 单位:万元

类　　型	主营业务收入	主营业务成　本	主营业务税金及附加	其他业务收入
总　　计	**5 536 590**	**4 395 384**	**211 331**	**129 205**
一、按控股情况分				
国有及国有控股	4 663 167	3 731 670	205 918	127 681
国有绝对控股	4 099 119	3 285 718	202 266	124 020
国有相对控股	564 048	445 952	3 652	3 661
集体控股	20 738	17 120	183	164
集体绝对控股	12 143	9 981	51	102
集体相对控股	8 595	7 139	132	62
其他	852 685	646 594	5 230	1 360
二、按主营行业				
采矿业	68 673	46 099	960	6 114
制造业	5 346 899	4 259 476	209 245	121 772
电力、燃气及水的生产和供应业	121 018	89 809	1 126	1 319
三、按登记注册类型分				
国有企业	714 106	427 792	135 434	31 496
国有独资企业	205 072	172 135	442	5 382
其他有限责任公司	2 348 335	1 954 450	16 620	28 985
股份有限公司	1 532 788	1 265 621	44 889	59 681
中外合资企业	9 165	7 774		1
港澳台合资企业	727 124	567 612	13 946	3 660
四、按企业规模分				
大型	3 985 089	3 352 490	59 925	59 420
中型	1 229 187	799 730	135 061	68 904
小型	295 004	221 841	16 191	881
其他	27 310	21 323	154	
五、按重点企业类型分				
520户国家重点企业	277 326	181 238	1 783	1 802
原512户国家重点企业	622 676	494 573	3 636	5 698
省级重点企业	3 838 603	3 016 210	200 503	117 507
现企国家百户试点企业	797 985	703 363	5 409	4 198
现企省级试点企业	53 137	42 695	39	184
国家试点企业集团母公司				

2－7　续表5

单位:万元

类　　　型	新产品销售收入	出口销售总额	投资收益	营业外收入
总　　计	**433 943**	**254 162**	**6 143**	**13 047**
一、按控股情况分				
国有及国有控股	427 529	218 860	5 357	12 373
国有绝对控股	427 529	162 065	7 107	12 297
国有相对控股		56 795	－1 750	76
集体控股	1 152	1 897		6
集体绝对控股	1 152	1 071		1
集体相对控股		826		5
其他	5 262	33 405	786	668
二、按主营行业				
采矿业	6 740	920	－62	30
制造业	427 203	253 242	6 188	12 939
电力、燃气及水的生产和供应业			17	78
三、按登记注册类型分				
国有企业	164 730	15 577	541	629
国有独资企业	82 862	16 855	4 066	850
其他有限责任公司	61 726	57 583	1 166	2 254
股份有限公司	124 625	107 352	1 415	888
中外合资企业				
港澳台合资企业		56 795	－1 045	8 426
四、按企业规模分				
大型	228 797	176 249	4 636	3 738
中型	204 692	73 884	858	836
小型	454	4 029	761	8 380
其他			－ 112	93
五、按重点企业类型分				
520户国家重点企业	14 557	10 239	116	595
原512户国家重点企业	55 138	71 771	2 288	825
省级重点企业	324 451	169 781	3 374	10 434
现企国家百户试点企业	39 797	2 371	365	1 193
现企省级试点企业		3 043	714	20
国家试点企业集团母公司				

2-7 续表6

单位:万元

类　　　型	存货跌价损伤和营业、管理、财务等费用合计	税　金	劳动、待业保险费	职工教育费
总　　计	**657 042**	**11 556**	**36 540**	**2 832**
一、按控股情况分				
国有及国有控股	529 703	9 984	31 969	2 434
国有绝对控股	480 259	7 844	26 329	2 004
国有相对控股	49 444	2 140	5 640	430
集体控股	3 158	67	131	20
集体绝对控股	2 337	39	118	20
集体相对控股	821	28	13	
其他	124 181	1 505	4 440	378
二、按主营行业				
采矿业	13 481	183	1 575	150
制造业	625 645	11 296	34 672	2 653
电力、燃气及水的生产和供应业	17 916	77	293	29
三、按登记注册类型分				
国有企业	98 071	1 529	5 403	147
国有独资企业	41 321	718	2 728	241
其他有限责任公司	243 756	5 123	17 578	1 491
股份有限公司	198 745	2 090	5 305	538
中外合资企业	1 300	2	35	10
港澳台合资企业	73 849	2 094	5 491	405
四、按企业规模分				
大型	388 554	8 194	27 141	2 142
中型	220 725	2 936	8 657	607
小型	44 627	367	687	78
其他	3 136	59	55	5
五、按重点企业类型分				
520户国家重点企业	91 298	1 287	3 038	89
原512户国家重点企业	68 131	2 249	7 037	611
省级重点企业	441 096	5 922	18 839	1 274
现企国家百户试点企业	56 517	2 098	7 626	858
现企省级试点企业	7 744	293	415	3
国家试点企业集团母公司				

2－7　续表7　　单位:万元

类　　型	广 告 费	利息支出	利润总额	应交所得税
总　　计	**66 183**	**106 521**	**255 121**	**101 888**
一、按控股情况分				
国有及国有控股	36 823	94 506	183 352	76 042
国有绝对控股	36 804	77 770	125 664	45 672
国有相对控股	19	16 736	57 688	30 370
集体控股	24	279	51	112
集体绝对控股	22	145	－244	9
集体相对控股	2	134	295	103
其他	29 336	11 736	71 718	25 734
二、按主营行业				
采矿业	35	1 049	8 923	2 279
制造业	66 148	93 131	232 224	97 850
电力、燃气及水的生产和供应业		12 341	13 974	1 759
三、按登记注册类型分				
国有企业	6 111	25 502	48 145	18 307
国有独资企业	359	5 627	545	323
其他有限责任公司	30 455	40 214	109 549	39 159
股份有限公司	29 239	18 884	26 460	14 998
中外合资企业		291	107	
港澳台合资企业	19	16 003	70 315	29 101
四、按企业规模分				
大型	26 526	71 824	165 278	73 154
中型	38 784	29 599	68 048	26 774
小型	873	3 914	19 173	938
其他		1 184	2 622	1 022
五、按重点企业类型分				
520户国家重点企业	28 890	16 314	2 691	7 286
原512户国家重点企业	126	18 089	58 277	29 101
省级重点企业	37 165	63 595	173 345	57 957
现企国家百户试点企业	2	8 523	20 808	7 544
现企省级试点企业		611	3 573	318
国家试点企业集团母公司				

2－7 续表 8　　单位:万元

类　　型	应缴增值税	固定资产投资完成额	研究开发费用	上交税金合计
总　　计	**300 498**	**583 781**	**46 770**	**625 273**
一、按控股情况分				
国有及国有控股	254 840	402 271	44 639	546 784
国有绝对控股	228 196	327 687	44 528	483 978
国有相对控股	26 644	74 584	111	62 806
集体控股	986	33 391	206	1 348
集体绝对控股	609	54	132	708
集体相对控股	377	33 337	74	640
其他	44 672	148 119	1 925	77 141
二、按主营行业				
采矿业	5 023	15 761	76	8 445
制造业	283 906	567 069	46 694	602 297
电力、燃气及水的生产和供应业	11 569	951		14 531
三、按登记注册类型分				
国有企业	53 891	31 981	8 100	209 161
国有独资企业	5 239	40 798	23 660	6 722
其他有限责任公司	148 100	354 692	4 001	209 002
股份有限公司	61 237	81 726	10 898	123 214
中外合资企业	265			267
港澳台合资企业	31 766	74 584	111	76 907
四、按企业规模分				
大型	206 743	484 034	34 917	348 016
中型	79 687	99 250	11 678	244 458
小型	12 766	497	175	30 262
其他	1 302			2 537
五、按重点企业类型分				
520 户国家重点企业	20 967	14 611	1 993	31 323
原 512 户国家重点企业	26 737	106 580	21 444	61 723
省级重点企业	191 989	355 106	23 132	456 371
现企国家百户试点企业	60 805	107 484	201	75 856
现企省级试点企业	－124	4 277	236	526
国家试点企业集团母公司				

2-8 重点企业工业企业从业人员指标

单位:人

类 型	从业人员人数	在岗职工	其他从业人员	研究开发人员
总 计	**193 904**	**186 280**	**7 624**	**7 717**
一、按控股情况分				
国有及国有控股	166 387	159 092	7 295	7 177
国有绝对控股	152 781	145 570	7 211	7 097
国有相对控股	13 606	13 522	84	80
集体控股	3 533	3 515	18	70
集体绝对控股	1 122	1 104	18	42
集体相对控股	2 411	2 411		28
其他	23 984	23 673	311	470
二、按主营行业				
采矿业	8 616	8 229	387	142
制造业	183 023	175 980	7 043	7 575
电力、燃气及水的生产和供应业	2 265	2 071	194	
三、按登记注册类型分				
国有企业	20 240	19 340	900	702
国有独资企业	27 042	26 703	339	2 405
其他有限责任公司	88 410	83 309	5 101	2 718
股份有限公司	40 698	39 698	1 000	1 812
中外合资企业	204	120	84	
港澳台合资企业	17 310	17 110	200	80
四、按企业规模分				
大型	119 583	118 115	1 468	4 878
中型	62 771	57 110	5 661	2 682
小型	10 629	10 263	366	157
其他	921	792	129	
五、按重点企业类型分				
520 户国家重点企业	14 241	13 270	971	512
原 512 户国家重点企业	29 382	29 237	145	1 726
省级重点企业	120 529	114 021	6 508	4 632
现企国家百户试点企业	29 752	29 752		847
现企省级试点企业	2 012	2 012		35
国家试点企业集团母公司				

2-9 重点企业工业企业劳动报酬指标

单位:万元

类型	从业人员劳动报酬	在岗职工劳动报酬	其他从业人员劳动报酬	研究开发人员劳动报酬
总计	**272 029**	**266 724**	**5 305**	**12 489**
一、按控股情况分				
国有及国有控股	238 172	233 022	5 150	11 461
国有绝对控股	209 557	204 579	4 978	11 383
国有相对控股	28 615	28 443	172	78
集体控股	2 513	2 498	15	112
集体绝对控股	1 281	1 266	15	79
集体相对控股	1 232	1 232		33
其他	31 344	31 204	140	916
二、按主营行业				
采矿业	9 102	8 793	309	225
制造业	258 335	253 458	4 877	12 264
电力、燃气及水的生产和供应业	4 592	4 473	119	
三、按登记注册类型分				
国有企业	23 480	22 835	645	1 313
国有独资企业	36 812	36 539	273	3 996
其他有限责任公司	124 329	121 512	2 817	3 691
股份有限公司	54 503	53 345	1 158	3 411
中外合资企业	655	483	172	
港澳台合资企业	32 250	32 010	240	78
四、按企业规模分				
大型	192 336	191 191	1 145	7 991
中型	67 786	64 228	3 558	4 326
小型	11 078	10 659	419	172
其他	829	646	183	
五、按重点企业类型分				
520户国家重点企业	13 195	12 353	842	650
原512户国家重点企业	53 888	53 734	154	3 343
省级重点企业	156 151	151 842	4 309	6 869
现企国家百户试点企业	48 795	48 795		1 627
现企省级试点企业	2 240	2 240		120
国家试点企业集团母公司				

2－10　重点企业工业企业主要经济效益指标

（2003年）　　单位：%

类　　型	净资产收益率	总资产报酬率	销售利润率	资本保值增值率
总　　计	**5.19**	**4.68**	**4.50**	**103.41**
一、按控股情况分				
国有及国有控股	4.08	4.09	3.83	101.96
国有绝对控股	3.87	3.55	2.98	99.04
国有相对控股	4.89	7.04	10.16	114.42
集体控股	-0.22	0.50	0.24	101.83
集体绝对控股	-1.18	-0.18	-1.99	101.30
集体相对控股	2.96	3.81	3.41	103.61
其他	15.49	9.50	8.40	118.53
二、按主营行业				
采矿业	5.99	5.06	11.93	103.46
制造业	4.87	4.52	4.25	103.07
电力、燃气及水的生产和供应业	14.56	7.85	11.42	115.80
三、按登记注册类型分				
国有企业	7.74	6.23	6.46	106.51
国有独资企业	0.10	0.95	0.26	73.40
其他有限责任公司	6.44	5.14	4.61	113.57
股份有限公司	1.66	2.45	1.66	94.49
中外合资企业	6.93	3.28	1.17	107.53
港澳台合资企业	7.26	7.67	9.62	112.03
四、按企业规模分				
大型	4.35	4.42	4.09	103.87
中型	5.90	4.88	5.24	101.02
小型	15.30	7.13	6.48	106.88
其他	10.37	8.71	9.60	131.27
五、按重点企业类型分				
520户国家重点企业	-2.87	2.56	0.96	72.84
原512户国家重点企业	4.33	5.58	9.27	99.98
省级重点企业	6.57	4.99	4.38	109.25
现企国家百户试点企业	3.67	3.35	2.59	102.38
现企省级试点企业	6.92	5.15	6.70	106.11
国家试点企业集团母公司				

2-10 续表1 单位:%

类型	劳动生产率（万元/人）	成本费用利润率	资产利税率	总资产使用率
总计	**29.22**	**5.05**	**9.92**	**71.60**
一、按控股情况分				
国有及国有控股	28.79	4.30	9.49	68.69
国有绝对控股	27.64	3.34	9.70	71.53
国有相对控股	41.72	11.64	8.32	53.32
集体控股	5.92	0.25	1.86	31.57
集体绝对控股	10.91	-1.98	0.76	22.31
集体相对控股	3.59	3.71	7.14	76.38
其他	35.61	9.30	13.85	97.07
二、按主营行业				
采矿业	8.68	14.98	7.56	34.82
制造业	29.88	4.75	10.07	74.26
电力、燃气及水的生产和供应业	54.01	12.97	7.96	36.11
三、按登记注册类型分				
国有企业	36.84	9.16	20.08	60.40
国有独资企业	7.78	0.26	0.96	31.73
其他有限责任公司	26.89	4.98	9.41	80.61
股份有限公司	39.13	1.81	7.15	82.69
中外合资企业	44.93	1.18	3.06	75.44
港澳台合资企业	42.22	10.96	10.32	64.65
四、按企业规模分				
大型	33.82	4.42	8.05	74.30
中型	20.68	6.67	14.13	61.41
小型	27.84	7.20	14.87	91.14
其他	29.65	10.72	9.33	62.47
五、按重点企业类型分				
520户国家重点企业	19.60	0.99	3.42	37.30
原512户国家重点企业	21.39	10.36	6.48	45.52
省级重点企业	32.82	5.01	11.92	80.87
现企国家百户试点企业	26.96	2.74	9.95	91.25
现企省级试点企业	26.50	7.08	4.29	65.37
国家试点企业集团母公司				

2-10 续表2

单位:%

类型	流动资产比率	资金利润率	资产负债率	长期负债与资产总计比率
总计	**40.23**	**4.17**	**61.81**	**15.55**
一、按控股情况分				
国有及国有控股	40.71	3.34	61.28	17.31
国有绝对控股	43.33	2.76	63.89	15.87
国有相对控股	26.51	6.09	47.20	25.12
集体控股	53.13	0.12	57.58	5.43
集体绝对控股	62.58	-0.63	60.73	4.72
集体相对控股	7.39	5.63	42.33	8.89
其他	35.50	12.41	66.20	2.67
二、按主营行业				
采矿业	47.97	6.08	43.75	5.21
制造业	41.25	4.12	61.69	14.33
电力、燃气及水的生产和供应业	13.73	4.20	74.97	47.79
三、按登记注册类型分				
国有企业	46.00	5.30	67.38	19.03
国有独资企业	49.90	0.11	66.87	17.41
其他有限责任公司	34.44	5.17	62.49	9.56
股份有限公司	48.12	1.67	62.71	17.79
中外合资企业	86.42	1.03	87.30	
港澳台合资企业	30.09	7.04	49.53	22.78
四、按企业规模分				
大型	35.82	3.93	60.49	17.22
中型	50.00	4.16	65.06	12.08
小型	51.43	7.83	63.18	10.65
其他	49.66	8.18	64.71	5.11
五、按重点企业类型分				
520户国家重点企业	45.10	0.44	78.48	17.84
原512户国家重点企业	34.47	4.99	50.71	22.20
省级重点企业	42.03	4.69	62.97	15.23
现企国家百户试点企业	35.29	3.26	58.71	4.93
现企省级试点企业	49.99	5.53	42.11	8.76
国家试点企业集团母公司				

2－10　续表3　　　　单位:%

类　　型	已获利息倍数（倍）	流动比率	速动比率	新产品销售收入与营业收入比率
总　　计	**3.40**	**86.95**	**54.67**	**7.66**
一、按控股情况分				
国有及国有控股	2.94	92.58	56.34	8.92
国有绝对控股	2.62	90.24	59.40	10.12
国有相对控股	4.45	120.09	20.22	
集体控股	1.18	101.88	67.48	5.51
集体绝对控股	-0.68	111.73	76.99	9.41
集体相对控股	3.20	22.11	-9.54	
其他	7.11	55.89	44.96	0.62
二、按主营行业				
采矿业	9.51	124.46	111.21	9.01
制造业	3.49	87.08	53.66	7.81
电力、燃气及水的生产和供应业	2.13	50.52	45.34	
三、按登记注册类型分				
国有企业	2.89	95.14	52.21	22.09
国有独资企业	1.10	100.89	79.51	39.37
其他有限责任公司	3.72	65.07	45.71	2.60
股份有限公司	2.40	107.10	73.64	7.83
中外合资企业	1.37	98.99	76.33	
港澳台合资企业	5.39	112.47	25.60	
四、按企业规模分				
大型	3.30	82.79	50.01	5.66
中型	3.30	94.37	63.22	15.77
小型	5.90	97.91	62.27	0.15
其他	3.21	83.33	72.04	
五、按重点企业类型分				
520户国家重点企业	1.16	74.37	64.06	5.22
原512户国家重点企业	4.22	120.89	52.35	8.77
省级重点企业	3.73	88.03	55.56	8.20
现企国家百户试点企业	3.44	65.61	43.30	4.96
现企省级试点企业	6.85	149.89	74.78	
国家试点企业集团母公司				

2－11　重点企业建筑业单位数及注册资本

（2003 年）　　　　　　　　　　　　　　　　单位：万元

类　　　　型	单　位　数 （个）	注册资本金
总　计	**8**	**64 287**
一、按控股情况分		
国有及国有控股	8	64 287
国有绝对控股	8	64 287
国有相对控股		
集体控股		
集体绝对控股		
集体相对控股		
其他		
二、按登记注册类型分		
国有企业	4	23 430
国有独资企业	1	10 055
其他有限责任公司	3	30 802
股份有限公司		
中外合资企业		
港澳台合资企业		
三、按企业规模分		
大型	4	38 932
中型	3	20 155
小型	1	5 200
其他		
四、按重点企业类型分		
520 户国家重点企业		
原 512 户国家重点企业		
省级重点企业	8	64 287
现企国家百户试点企业		
现企省级试点企业		
国家试点企业集团母公司		

2-12 重点企业建筑业企业主要财务指标

(2003年)　　单位:万元

类型	年末资产总计	固定资产原价	累计折旧	本年折旧
总　计	**319 506**	**85 436**	**29 532**	**4 350**
一、按控股情况分				
国有及国有控股	319 506	85 436	29 532	4 350
国有绝对控股	319 506	85 436	29 532	4 350
国有相对控股				
集体控股				
集体绝对控股				
集体相对控股				
其他				
二、按登记注册类型分				
国有企业	108 315	35 458	9 806	1 100
国有独资企业	51 076	16 702	8 456	1 047
其他有限责任公司	160 115	33 276	11 270	2 203
股份有限公司				
中外合资企业				
港澳台合资企业				
三、按企业规模分				
大型	174 469	52 336	18 907	3 101
中型	109 890	25 513	10 152	1 233
小型	35 147	7 587	473	16
其他				
四、按重点企业类型分				
520户国家重点企业				
原512户国家重点企业				
省级重点企业	319 506	85 436	29 532	4 350
现企国家百户试点企业				
现企省级试点企业				
国家试点企业集团母公司				

2－12 续表1 单位:万元

类 型	无形资产	累计对外投资	投资收益	长期投资
总 计	**5 469**	**9 188**	**223**	**9 924**
一、按控股情况分				
国有及国有控股	5 469	9 188	223	9 924
国有绝对控股	5 469	9 188	223	9 924
国有相对控股				
集体控股				
集体绝对控股				
集体相对控股				
其他				
二、按登记注册类型分				
国有企业	47	679	47	7 987
国有独资企业				1 937
其他有限责任公司	5 422	8 509	176	
股份有限公司				
中外合资企业				
港澳台合资企业				
三、按企业规模分				
大型	2 637	8 509	223	7 368
中型	2 820	60		1 937
小型	12	619		619
其他				
四、按重点企业类型分				
520户国家重点企业				
原512户国家重点企业				
省级重点企业	5 469	9 188	223	9 924
现企国家百户试点企业				
现企省级试点企业				
国家试点企业集团母公司				

2－12　续表2

单位:万元

类　　　　型	短期投资	存　　货	流动资产年平均余额	应收帐款
总　　计	**1 001**	**54 996**	**213 271**	**46 194**
一、按控股情况分				
国有及国有控股	1 001	54 996	213 271	46 194
国有绝对控股	1 001	54 996	213 271	46 194
国有相对控股				
集体控股				
集体绝对控股				
集体相对控股				
其他				
二、按登记注册类型分				
国有企业	1 001	21 954	71 344	17 911
国有独资企业		3 270	23 960	2 029
其他有限责任公司		29 772	117 967	26 254
股份有限公司				
中外合资企业				
港澳台合资企业				
三、按企业规模分				
大型	1 000	25 091	119 224	37 819
中型		12 751	64 444	5 548
小型	1	17 154	29 603	2 827
其他				
四、按重点企业类型分				
520户国家重点企业				
原512户国家重点企业				
省级重点企业	1 001	54 996	213 271	46 194
现企国家百户试点企业				
现企省级试点企业				
国家试点企业集团母公司				

2－12 续表3 单位:万元

类型	年末负债合计	流动负债	年末股东(所有者)权益合计	股本(实收资本)
总计	**237 103**	**221 862**	**82 403**	**61 840**
一、按控股情况分				
国有及国有控股	237 103	221 862	82 403	61 840
国有绝对控股	237 103	221 862	82 403	61 840
国有相对控股				
集体控股				
集体绝对控股				
集体相对控股				
其他				
二、按登记注册类型分				
国有企业	79 284	69 053	29 031	23 430
国有独资企业	33 167	29 167	17 909	10 055
其他有限责任公司	124 652	123 642	35 463	28 355
股份有限公司				
中外合资企业				
港澳台合资企业				
三、按企业规模分				
大型	128 137	122 427	46 332	41 485
中型	78 719	70 533	31 171	15 155
小型	30 247	28 902	4 900	5 200
其他				
四、按重点企业类型分				
520户国家重点企业				
原512户国家重点企业				
省级重点企业	237 103	221 862	82 403	61 840
现企国家百户试点企业				
现企省级试点企业				
国家试点企业集团母公司				

2-12 续表4 单位:万元

类型	主营业务收入	主营业务成本	主营业务税金及附加	其他业务收入
总计	**271 945**	**241 527**	**8 061**	**2 254**
一、按控股情况分				
国有及国有控股	271 945	241 527	8 061	2 254
国有绝对控股	271 945	241 527	8 061	2 254
国有相对控股				
集体控股				
集体绝对控股				
集体相对控股				
其他				
二、按登记注册类型分				
国有企业	57 753	49 562	1 807	1 418
国有独资企业	40 215	35 742	1 303	80
其他有限责任公司	173 977	156 223	4 951	756
股份有限公司				
中外合资企业				
港澳台合资企业				
三、按企业规模分				
大型	192 085	168 045	5 493	1 595
中型	71 363	65 105	2 327	529
小型	8 497	8 377	241	130
其他				
四、按重点企业类型分				
520户国家重点企业				
原512户国家重点企业				
省级重点企业	271 945	241 527	8 061	2 254
现企国家百户试点企业				
现企省级试点企业				
国家试点企业集团母公司				

2－12　续表5

单位:万元

类　　型	营业外收入	利润总额	应交所得税	应交增值税	上交税金合计
总　计	**685**	**379**	**798**	**322**	**9 362**
一、按控股情况分					
国有及国有控股	685	379	798	322	9 362
国有绝对控股	685	379	798	322	9 362
国有相对控股					
集体控股					
集体绝对控股					
集体相对控股					
其他					
二、按登记注册类型分					
国有企业	67	－845	213	30	2 172
国有独资企业		328	108		1 429
其他有限责任公司	618	896	477	292	5 761
股份有限公司					
中外合资企业					
港澳台合资企业					
三、按企业规模分					
大型	671	1 396	563	293	6 489
中型	9	403	215	27	2 592
小型	5	－1 420	20	2	281
其他					
四、按重点企业类型分					
520户国家重点企业					
原512户国家重点企业					
省级重点企业	685	379	798	322	9 362
现企国家百户试点企业					
现企省级试点企业					
国家试点企业集团母公司					

2－12 续表6 单位:万元

类型	存货跌价损伤和营业、管理、财务等费用合计	税金	劳动、待业保险费	职工教育费	利息支出
总计	**23 892**	**181**	**6 545**	**323**	**897**
一、按控股情况分					
国有及国有控股	23 892	181	6 545	323	897
国有绝对控股	23 892	181	6 545	323	897
国有相对控股					
集体控股					
集体绝对控股					
集体相对控股					
其他					
二、按登记注册类型分					
国有企业	8 718	122	2 374	114	638
国有独资企业	2 843	18	1 069	76	48
其他有限责任公司	12 331	41	3 102	133	211
股份有限公司					
中外合资企业					
港澳台合资企业					
三、按企业规模分					
大型	18 636	140	4 967	246	676
中型	3 898	23	1 469	76	164
小型	1 358	18	109	1	57
其他					
四、按重点企业类型分					
520户国家重点企业					
原512户国家重点企业					
省级重点企业	23 892	181	6 545	323	897
现企国家百户试点企业					
现企省级试点企业					
国家试点企业集团母公司					

2－13 重点企业建筑业企业从业人员指标

单位:人

类型	从业人员人数	在岗职工	其他从业人员
总计	**31 367**	**22 292**	**9 075**
一、按控股情况分			
国有及国有控股	31 367	22 292	9 075
国有绝对控股	31 367	22 292	9 075
国有相对控股			
集体控股			
集体绝对控股			
集体相对控股			
其他			
二、按登记注册类型分			
国有企业	13 638	12 638	1 000
国有独资企业	2 896	2 896	
其他有限责任公司	14 833	6 758	8 075
股份有限公司			
中外合资企业			
港澳台合资企业			
三、按企业规模分			
大型	22 717	14 398	8 319
中型	8 310	7 754	556
小型	340	140	200
其他			
四、按重点企业类型分			
520 户国家重点企业			
原 512 户国家重点企业			
省级重点企业	31 367	22 292	9 075
现企国家百户试点企业			
现企省级试点企业			
国家试点企业集团母公司			

2－14　重点企业建筑业企业劳动报酬指标

单位：万元

类　　型	从业人员劳动报酬	在岗职工劳动报酬	其他从业人员劳动报酬
总　　计	**44 235**	**32 758**	**11 477**
一、按控股情况分			
国有及国有控股	44 235	32 758	11 477
国有绝对控股	44 235	32 758	11 477
国有相对控股			
集体控股			
集体绝对控股			
集体相对控股			
其他			
二、按登记注册类型分			
国有企业	16 178	15 414	764
国有独资企业	5 089	5 089	
其他有限责任公司	22 968	12 255	10 713
股份有限公司			
中外合资企业			
港澳台合资企业			
三、按企业规模分			
大型	30 994	20 154	10 840
中型	12 969	12 492	477
小型	272	112	160
其他			
四、按重点企业类型分			
520 户国家重点企业			
原 512 户国家重点企业			
省级重点企业	44 235	32 758	11 477
现企国家百户试点企业			
现企省级试点企业			
国家试点企业集团母公司			

2-15 重点企业建筑业企业主要经济效益指标

(2003年)

单位:%

类　　型	净资产收益率	总资产报酬率	销售利润率	资本保值增值率
总　计	**-0.51**	**0.40**	**0.14**	**103.73**
一、按控股情况分				
国有及国有控股	-0.51	0.40	0.14	103.73
国有绝对控股	-0.51	0.40	0.14	103.73
国有相对控股				
集体控股				
集体绝对控股				
集体相对控股				
其他				
二、按登记注册类型分				
国有企业	-3.64	-0.19	-1.43	99.75
国有独资企业	1.23	0.74	0.81	97.91
其他有限责任公司	1.18	0.69	0.51	110.67
股份有限公司				
中外合资企业				
港澳台合资企业				
三、按企业规模分				
大型	1.80	1.19	0.72	108.61
中型	0.60	0.52	0.56	102.34
小型	-29.39	-3.88	-16.46	77.57
其他				
四、按重点企业类型分				
520户国家重点企业				
原512户国家重点企业				
省级重点企业	-0.51	0.40	0.14	103.73
现企国家百户试点企业				
现企省级试点企业				
国家试点企业集团母公司				

2－15　续表1　　单位:%

类　　型	劳动生产率（万元/人）	成本费用利润率	资产利税率	总资产使用率
总　　计	**8.74**	**0.14**	**2.74**	**85.11**
一、按控股情况分				
国有及国有控股	8.74	0.14	2.74	85.11
国有绝对控股	8.74	0.14	2.74	85.11
国有相对控股				
集体控股				
集体绝对控股				
集体相对控股				
其他				
二、按登记注册类型分				
国有企业	4.34	－1.45	0.92	53.32
国有独资企业	13.91	0.85	3.19	78.74
其他有限责任公司	11.78	0.53	3.83	108.66
股份有限公司				
中外合资企业				
港澳台合资企业				
三、按企业规模分				
大型	8.53	0.75	4.12	110.10
中型	8.65	0.58	2.51	64.94
小型	25.37	－14.59	－3.35	24.18
其他				
四、按重点企业类型分				
520户国家重点企业				
原512户国家重点企业				
省级重点企业	8.74	0.14	2.74	85.11
现企国家百户试点企业				
现企省级试点企业				
国家试点企业集团母公司				

2－15　续表2　　单位:%

类　　型	流动资产比率	资金利润率	资产负债率	长期负债与资产总计比率
总　　计	**66.75**	**0.14**	**74.21**	**4.77**
一、按控股情况分				
国有及国有控股	66.75	0.14	74.21	4.77
国有绝对控股	66.75	0.14	74.21	4.77
国有相对控股				
集体控股				
集体绝对控股				
集体相对控股				
其他				
二、按登记注册类型分				
国有企业	65.87	-0.87	73.20	9.45
国有独资企业	46.91	1.02	64.94	7.83
其他有限责任公司	73.68	0.64	77.85	0.63
股份有限公司				
中外合资企业				
港澳台合资企业				
三、按企业规模分				
大型	68.34	0.91	73.44	3.27
中型	58.64	0.50	71.63	7.45
小型	84.23	-3.87	86.06	3.83
其他				
四、按重点企业类型分				
520户国家重点企业				
原512户国家重点企业				
省级重点企业	66.75	0.14	74.21	4.77
现企国家百户试点企业				
现企省级试点企业				
国家试点企业集团母公司				

2-15 续表3 单位:%

类　　型	已获利息倍数(倍)	流动比率	速动比率
总　　计	**1.42**	**96.13**	**71.34**
一、按控股情况分			
国有及国有控股	1.42	96.13	71.34
国有绝对控股	1.42	96.13	71.34
国有相对控股			
集体控股			
集体绝对控股			
集体相对控股			
其他			
二、按登记注册类型分			
国有企业	-0.32	103.32	71.52
国有独资企业	7.83	82.15	70.94
其他有限责任公司	5.25	95.41	71.33
股份有限公司			
中外合资企业			
港澳台合资企业			
三、按企业规模分			
大型	3.07	97.38	76.89
中型	3.46	91.37	73.29
小型	-23.91	102.43	43.07
其他			
四、按重点企业类型分			
520户国家重点企业			
原512户国家重点企业			
省级重点企业	1.42	96.13	71.34
现企国家百户试点企业			
现企省级试点企业			
国家试点企业集团母公司			

2－16 重点企业批发和零售业单位数及注册资本

（2003 年）　　　　单位:万元

类　　型	单位数（个）	注册资本金
总　　计	**4**	**81 062**
一、按控股情况分		
国有及国有控股	3	80 050
国有绝对控股	3	80 050
国有相对控股		
集体控股		
集体绝对控股		
集体相对控股		
其他	1	1 012
二、按登记注册类型分		
国有企业	2	79 016
国有独资企业		
其他有限责任公司		
股份有限公司	2	2 046
中外合资企业		
港澳台合资企业		
三、按企业规模分		
大型	2	79 016
中型	2	2 046
小型		
其他		
四、按重点企业类型分		
520 户国家重点企业		
原 512 户国家重点企业	1	75 268
省级重点企业	3	5 794
现企国家百户试点企业		
现企省级试点企业		
国家试点企业集团母公司		

2－17 重点企业批发和零售业企业主要财务指标

（2003 年） 单位:万元

类型	年末资产总计	固定资产原价	累计折旧	本年折旧
总计	**239 368**	**155 301**	**31 829**	**4 777**
一、按控股情况分				
国有及国有控股	187 918	119 397	24 772	3 179
国有绝对控股	187 918	119 397	24 772	3 179
国有相对控股				
集体控股				
集体绝对控股				
集体相对控股				
其他	51 450	35 904	7 057	1 598
二、按登记注册类型分				
国有企业	168 595	116 857	24 268	3 179
国有独资企业				
其他有限责任公司				
股份有限公司	70 773	38 444	7 561	1 598
中外合资企业				
港澳台合资企业				
三、按企业规模分				
大型	168 595	116 857	24 268	3 179
中型	70 773	38 444	7 561	1 598
小型				
其他				
四、按重点企业类型分				
520 户国家重点企业				
原 512 户国家重点企业	88 604	77 181	24 268	3 179
省级重点企业	150 764	78 120	7 561	1 598
现企国家百户试点企业				
现企省级试点企业				
国家试点企业集团母公司				

2－17　续表1　　单位:万元

类　　型	无形资产	累计对外投资	本年对外投资	长期投资
总　　计	**2 529**	**5 064**	**158**	**16 290**
一、按控股情况分				
国有及国有控股	238	5 064	158	16 175
国有绝对控股	238	5 064	158	16 175
国有相对控股				
集体控股				
集体绝对控股				
集体相对控股				
其他	2 291			115
二、按登记注册类型分				
国有企业	238	4 962	158	16 175
国有独资企业				
其他有限责任公司				
股份有限公司	2 291	102		115
中外合资企业				
港澳台合资企业				
三、按企业规模分				
大型	238	4 962	158	16 175
中型	2 291	102		115
小型				
其他				
四、按重点企业类型分				
520户国家重点企业				
原512户国家重点企业	194	4 962	158	4 790
省级重点企业	2 335	102		11 500
现企国家百户试点企业				
现企省级试点企业				
国家试点企业集团母公司				

2－17 续表2 单位:万元

类　　型	出口销售额	存　货	流动资产年平均余额	应收帐款
总　计	**10 520**	**12 643**	**50 149**	**17 415**
一、按控股情况分				
国有及国有控股	10 520	9 687	33 895	13 618
国有绝对控股	10 520	9 687	33 895	13 618
国有相对控股				
集体控股				
集体绝对控股				
集体相对控股				
其他		2 956	16 254	3 797
二、按登记注册类型分				
国有企业	10 520	7 164	28 682	12 899
国有独资企业				
其他有限责任公司				
股份有限公司		5 479	21 467	4 516
中外合资企业				
港澳台合资企业				
三、按企业规模分				
大型	10 520	7 164	28 682	12 899
中型		5 479	21 467	4 516
小型				
其他				
四、按重点企业类型分				
520户国家重点企业				
原512户国家重点企业		3 182	28 682	3 708
省级重点企业	10 520	9 461	21 467	13 707
现企国家百户试点企业				
现企省级试点企业				
国家试点企业集团母公司				

2－17　续表3　　　　单位:万元

类　　型	年末负债合计	流动负债	年末股东（所有者）权益合计	股　　本（实收资本）
总　　计	**146 895**	**83 931**	**92 473**	**51 440**
一、按控股情况分				
国有及国有控股	103 637	79 640	84 281	50 428
国有绝对控股	103 637	79 640	84 281	50 428
国有相对控股				
集体控股				
集体绝对控股				
集体相对控股				
其他	43 258	4 291	8 192	1 012
二、按登记注册类型分				
国有企业	85 543	71 439	83 052	49 826
国有独资企业				
其他有限责任公司				
股份有限公司	61 352	12 492	9 421	1 614
中外合资企业				
港澳台合资企业				
三、按企业规模分				
大型	85 543	71 439	83 052	49 826
中型	61 352	12 492	9 421	1 614
小型				
其他				
四、按重点企业类型分				
520户国家重点企业				
原512户国家重点企业	20 615	20 612	67 989	49 826
省级重点企业	126 280	63 319	24 484	1 614
现企国家百户试点企业				
现企省级试点企业				
国家试点企业集团母公司				

2－17 续表4

单位:万元

类型	主营业务收入	主营业务成本	主营业务税金及附加	其他业务收入
总计	**232 929**	**218 948**	**906**	**1 309**
一、按控股情况分				
国有及国有控股	137 034	130 743	776	1 025
国有绝对控股	137 034	130 743	776	1 025
国有相对控股				
集体控股				
集体绝对控股				
集体相对控股				
其他	95 895	88 205	130	284
二、按登记注册类型分				
国有企业	135 737	129 654	758	946
国有独资企业				
其他有限责任公司				
股份有限公司	97 192	89 294	148	363
中外合资企业				
港澳台合资企业				
三、按企业规模分				
大型	135 737	129 654	758	946
中型	97 192	89 294	148	363
小型				
其他				
四、按重点企业类型分				
520户国家重点企业				
原512户国家重点企业	124 854	119 082	722	946
省级重点企业	108 075	99 866	184	363
现企国家百户试点企业				
现企省级试点企业				
国家试点企业集团母公司				

2－17　续表5　　　　　　　　　　　　　　　　　　　　　　　　　　单位:万元

类　　　　型	营业外收入	利润总额	应交所得税	应交增值税	上交税金合计
总　　计	**224**	**1 044**	**387**	**2 730**	**8 083**
一、按控股情况分					
国有及国有控股	37	511	167	1 974	6 854
国有绝对控股	37	511	167	1 974	6 854
国有相对控股					
集体控股					
集体绝对控股					
集体相对控股					
其他	187	533	220	756	1 229
二、按登记注册类型分					
国有企业	37	509	167	1 952	6 805
国有独资企业					
其他有限责任公司					
股份有限公司	187	535	220	778	1 278
中外合资企业					
港澳台合资企业					
三、按企业规模分					
大型	37	509	167	1 952	6 805
中型	187	535	220	778	1 278
小型					
其他					
四、按重点企业类型分					
520户国家重点企业					
原512户国家重点企业	37		84	1 952	6 516
省级重点企业	187	1 044	303	778	1 567
现企国家百户试点企业					
现企省级试点企业					
国家试点企业集团母公司					

2－17 续表6 单位:万元

类型	存货跌价损伤和营业、管理、财务等费用合计	税金	劳动、待业保险费	职工教育费
总计	**16 634**	**4 060**	**1 406**	**136**
一、按控股情况分				
国有及国有控股	9 154	3 937	951	110
国有绝对控股	9 154	3 937	951	110
国有相对控股				
集体控股				
集体绝对控股				
集体相对控股				
其他	7 480	123	455	26
二、按登记注册类型分				
国有企业	8 901	3 928	812	110
国有独资企业				
其他有限责任公司				
股份有限公司	7 733	132	594	26
中外合资企业				
港澳台合资企业				
三、按企业规模分				
大型	8 901	3 928	812	110
中型	7 733	132	594	26
小型				
其他				
四、按重点企业类型分				
520户国家重点企业				
原512户国家重点企业	7 008	3 758	804	109
省级重点企业	9 626	302	602	27
现企国家百户试点企业				
现企省级试点企业				
国家试点企业集团母公司				

2-17　续表7

单位:万元

类　　　　型	广告费	利息支出	投资收益	固定资产投资完成额	研究开发费用
总　　计	**84**	**1 839**	**236**	**1 440**	**72**
一、按控股情况分					
国有及国有控股	35	1 155	236	1 440	72
国有绝对控股	35	1 155	236	1 440	72
国有相对控股					
集体控股					
集体绝对控股					
集体相对控股					
其他	49	684			
二、按登记注册类型分					
国有企业	35	1 155	236	1 440	72
国有独资企业					
其他有限责任公司					
股份有限公司	49	684			
中外合资企业					
港澳台合资企业					
三、按企业规模分					
大型	35	1 155	236	1 440	72
中型	49	684			
小型					
其他					
四、按重点企业类型分					
520户国家重点企业					
原512户国家重点企业	35	33	236	1 440	72
省级重点企业	49	1 806			
现企国家百户试点企业					
现企省级试点企业					
国家试点企业集团母公司					

2－18 重点企业批发和零售业企业从业人员指标

单位:人

类　　型	从业人员人数	在岗职工	其他从业人员	研究开发人员
总　　计	**5 807**	**5 061**	**746**	**3**
一、按控股情况分				
国有及国有控股	3 507	2 761	746	3
国有绝对控股	3 507	2 761	746	3
国有相对控股				
集体控股				
集体绝对控股				
集体相对控股				
其他	2 300	2 300		
二、按登记注册类型分				
国有企业	2 572	2 287	285	3
国有独资企业				
其他有限责任公司				
股份有限公司	3 235	2 774	461	
中外合资企业				
港澳台合资企业				
三、按企业规模分				
大型	2 572	2 287	285	3
中型	3 235	2 774	461	
小型				
其他				
四、按重点企业类型分				
520 户国家重点企业				
原 512 户国家重点企业	2 285	2 031	254	3
省级重点企业	3 522	3 030	492	
现企国家百户试点企业				
现企省级试点企业				
国家试点企业集团母公司				

2－19　重点企业批发和零售业企业劳动报酬指标

单位:万元

类　　型	从业人员劳动报酬	在岗职工劳动报酬	其他从业人员劳动报酬	研究开发人员劳动报酬
总　计	**8 261**	**7 789**	**472**	**9**
一、按控股情况分				
国有及国有控股	6 471	5 999	472	9
国有绝对控股	6 471	5 999	472	9
国有相对控股				
集体控股				
集体绝对控股				
集体相对控股				
其他	1 790	1 790		
二、按登记注册类型分				
国有企业	6 155	5 797	358	9
国有独资企业				
其他有限责任公司				
股份有限公司	2 106	1 992	114	
中外合资企业				
港澳台合资企业				
三、按企业规模分				
大型	6 155	5 797	358	9
中型	2 106	1 992	114	
小型				
其他				
四、按重点企业类型分				
520 户国家重点企业				
原 512 户国家重点企业	5 366	5 062	304	9
省级重点企业	2 895	2 727	168	
现企国家百户试点企业				
现企省级试点企业				
国家试点企业集团母公司				

2－20 重点企业批发和零售业企业主要经济效益指标

（2003 年） 单位:%

类　　型	净资产收益率	总资产报酬率	销售利润率	资本保值增值率
总　　计	**0.71**	**1.20**	**0.45**	**95.31**
一、按控股情况分				
国有及国有控股	0.41	0.89	0.37	94.93
国有绝对控股	0.41	0.89	0.37	94.93
国有相对控股				
集体控股				
集体绝对控股				
集体相对控股				
其他	3.82	2.37	0.55	99.44
二、按登记注册类型分				
国有企业	0.41	0.99	0.37	94.82
国有独资企业				
其他有限责任公司				
股份有限公司	3.34	1.72	0.55	99.92
中外合资企业				
港澳台合资企业				
三、按企业规模分				
大型	0.41	0.99	0.37	94.82
中型	3.34	1.72	0.55	99.92
小型				
其他				
四、按重点企业类型分				
520 户国家重点企业				
原 512 户国家重点企业	-0.12	0.04		93.08
省级重点企业	3.03	1.89	0.96	102.09
现企国家百户试点企业				
现企省级试点企业				
国家试点企业集团母公司				

2－20　续表1　　单位:%

类　　型	劳动生产率（万元/人）	成本费用利润率	资产利税率	总资产使用率
总　　计	**40.34**	**0.44**	**1.96**	**97.31**
一、按控股情况分				
国有及国有控股	39.37	0.37	1.74	72.92
国有绝对控股	39.37	0.37	1.74	72.92
国有相对控股				
集体控股				
集体绝对控股				
集体相对控股				
其他	41.82	0.56	2.76	186.38
二、按登记注册类型分				
国有企业	53.14	0.37	1.91	80.51
国有独资企业				
其他有限责任公司				
股份有限公司	30.16	0.55	2.06	137.33
中外合资企业				
港澳台合资企业				
三、按企业规模分				
大型	53.14	0.37	1.91	80.51
中型	30.16	0.55	2.06	137.33
小型				
其他				
四、按重点企业类型分				
520户国家重点企业				
原512户国家重点企业	55.05		3.02	140.91
省级重点企业	30.79	0.95	1.33	71.68
现企国家百户试点企业				
现企省级试点企业				
国家试点企业集团母公司				

2-20 续表2 单位:%

类 型	流动资产比率	资金利润率	资产负债率	长期负债与资产总计比率
总 计	**20.95**	**0.60**	**61.37**	**26.30**
一、按控股情况分				
国有及国有控股	18.04	0.40	55.15	12.77
国有绝对控股	18.04	0.40	55.15	12.77
国有相对控股				
集体控股				
集体绝对控股				
集体相对控股				
其他	31.59	1.18	84.08	75.74
二、按登记注册类型分				
国有企业	17.01	0.42	50.74	8.37
国有独资企业				
其他有限责任公司				
股份有限公司	30.33	1.02	86.69	69.04
中外合资企业				
港澳台合资企业				
三、按企业规模分				
大型	17.01	0.42	50.74	8.37
中型	30.33	1.02	86.69	69.04
小型				
其他				
四、按重点企业类型分				
520户国家重点企业				
原512户国家重点企业	32.37		23.27	
省级重点企业	14.24	1.13	83.76	41.76
现企国家百户试点企业				
现企省级试点企业				
国家试点企业集团母公司				

2－20 续表3

单位:%

类　　　　型	已获利息倍数(倍)	流动比率	速动比率	研究开发费用与营业收入比率
总　　计	**1.57**	**59.75**	**44.69**	**0.03**
一、按控股情况分				
国有及国有控股	1.44	42.56	30.40	0.05
国有绝对控股	1.44	42.56	30.40	0.05
国有相对控股				
集体控股				
集体绝对控股				
集体相对控股				
其他	1.78	378.79	309.90	
二、按登记注册类型分				
国有企业	1.44	40.15	30.12	0.05
国有独资企业				
其他有限责任公司				
股份有限公司	1.78	171.85	127.99	
中外合资企业				
港澳台合资企业				
三、按企业规模分				
大型	1.44	40.15	30.12	0.05
中型	1.78	171.85	127.99	
小型				
其他				
四、按重点企业类型分				
520户国家重点企业				
原512户国家重点企业	1.00	139.15	123.71	0.06
省级重点企业	1.58	33.90	18.96	
现企国家百户试点企业				
现企省级试点企业				
国家试点企业集团母公司				

③ 经济类型

简要说明

- 2003 年国有及国有控股重点企业单位数以及注册资本
- 2003 年国有及国有控股重点企业主要财务指标以及经济效益指标
- 2003 年国有及国有控股重点企业从业人员以及劳动报酬指标
- 2003 年集体控股重点企业单位数以及注册资本
- 2003 年集体控股重点企业主要财务以及经济效益指标
- 2003 年集体控股重点企业从业人员以及劳动报酬指标

3－1 国有及国有控股企业单位数及注册资本

（2003年） 单位:万元

类型	企业数（个）	注册资本金					
		合计	国家资本	集体资本	法人资本	个人资本	外商资本
总计	**78**	**1 887 834**	**1 149 236**	**387**	**511 395**	**105 218**	**121 598**
一、按控股情况分							
国有绝对控股	75	1 610 839	1 149 236	222	373 611	82 218	5 552
国有相对控股	3	276 995		165	137 784	23 000	116 046
二、按主营行业分							
农、林、牧、渔业	1	845	679			166	
工业	61	1 676 913	1 044 937	387	413 148	96 843	121 598
采矿业	3	51 192	43 157	35		8 000	
制造业	54	1 538 782	934 580	187	393 574	88 843	121 598
电力、燃气及水的生产和供应业	4	86 939	67 200	165	19 574		
建筑业	8	64 287	44 126		16 464	3 697	
交通运输、仓储和邮政业	2	12 560	3 274		5 044	4 242	
批发和零售业	3	80 050	4 542		75 268	240	
住宿和餐饮业	1	3 300	3 189		111		
房地产业	1	3 000	1 610		1 360	30	
租赁和商务服务业	1	46 879	46 879				
三、按登记注册类型分							
国有企业	22	261 562	157 794	187	93 897	9 574	110
国有独资企业	11	218 088	214 088		4 000		
其他有限责任公司	18	764 686	636 923		121 741	5 453	569
股份有限公司	24	354 815	119 743	200	162 808	67 191	4 873
中外合资企业	1	1 591			1 193		398
港澳台合资企业	2	287 092	20 688		127 756	23 000	115 648
四、按企业规模分							
大型	28	1 470 730	875 536	165	412 847	66 534	115 648
中型	39	325 285	188 055	35	92 728	38 627	5 840
小型	8	79 939	74 179	187	5 406	57	110
其他	3	11 880	11 466		414		
五、按三次产业分							
第一产业	1	845	679			166	
第二产业	69	1 741 200	1 089 063	387	429 612	100 540	121 598
第三产业	8	145 789	59 494		81 783	4 512	
六、按重点企业类型分							
520户国家重点企业	6	161 219	146 608		8 371	6 240	
原512户国家重点企业	4	441 623	99 951		203 024	23 000	115 648
省级重点企业	67	942 865	560 550	387	300 000	75 978	5 950
现企国家百户试点企业	1	342 127	342 127				
现企省级试点企业	2	33 033			18 046	14 987	
国家试点企业集团母公司							

3－2 国有及国有控股企业主要财务指标

（2003 年）　　　　单位：万元

类　　型	年末资产总计	固定资产原价	累计折旧	本年折旧
总　计	**7 614 962**	**4 791 400**	**1 882 186**	**231 473**
一、按控股情况分				
国有绝对控股	6 557 089	3 591 792	1 348 697	189 430
国有相对控股	1 057 873	1 199 608	533 489	42 043
二、按主营行业分				
农、林、牧、渔业	20 551	2 715	743	26
工业	6 788 344	4 518 698	1 787 932	217 696
采矿业	197 209	86 336	34 121	4 959
制造业	6 256 028	4 073 823	1 681 763	192 015
电力、燃气及水的生产和供应业	335 107	358 539	72 048	20 722
建筑业	319 506	85 436	29 532	4 350
交通运输、仓储和邮政业	84 794	56 267	26 920	1 503
批发和零售业	187 918	119 397	24 772	3 179
住宿和餐饮业	8 107		9 554	3 911
房地产业	15 402	1 445	960	250
租赁和商务服务业	190 340	7 442	1 773	558
三、按登记注册类型分				
国有企业	1 501 840	752 905	256 058	35 296
国有独资企业	887 759	289 358	103 777	－8 942
其他有限责任公司	2 184 525	1 440 605	564 884	103 470
股份有限公司	1 903 944	1 106 843	415 652	59 962
中外合资企业	12 148	3 012	3 128	272
港澳台合资企业	1 124 746	1 198 677	538 687	41 415
四、按企业规模分				
大型	5 365 886	3 800 602	1 524 937	178 335
中型	1 904 992	876 915	309 079	44 899
小型	292 258	100 479	35 542	3 619
其他	51 826	13 404	12 628	4 620
五、按三次产业分				
第一产业	20 551	2 715	743	26
第二产业	7 107 850	4 604 134	1 817 464	222 046
第三产业	486 561	184 551	63 979	9 401
六、按重点企业类型分				
520 户国家重点企业	933 926	382 687	100 357	10 445
原 512 户国家重点企业	1 456 453	1 327 627	578 429	26 764
省级重点企业	4 350 095	2 453 171	906 116	135 182
现企国家百户试点企业	874 488	627 915	297 284	59 082
现企省级试点企业	123 516	61 886	22 458	3 214
国家试点企业集团母公司				

3－2 续表1

单位:万元

类　　型	无形资产	累计对外投资	本年对外投资	长期投资
总　　计	**312 305**	**295 116**	**65 073**	**488 702**
一、按控股情况分				
国有绝对控股	302 083	276 740	53 573	486 782
国有相对控股	10 222	18 376	11 500	1 920
二、按主营行业分				
农、林、牧、渔业	261			
工业	303 429	180 796	51 597	284 123
采矿业	22 301	887	50	2 115
制造业	280 883	179 909	51 547	280 307
电力、燃气及水的生产和供应业	245			1 701
建筑业	5 469	9 188		9 924
交通运输、仓储和邮政业	2 162	25 655	13 318	9 238
批发和零售业	238	5 064	158	16 175
住宿和餐饮业	479			
房地产业		827		106
租赁和商务服务业	267	73 586		169 136
三、按登记注册类型分				
国有企业	34 841	39 349	6 999	73 508
国有独资企业	38 508	139 125	3 969	263 447
其他有限责任公司	195 114	41 075	13 344	47 090
股份有限公司	33 567	57 191	29 261	102 737
中外合资企业				
港澳台合资企业	10 275	18 376	11 500	1 920
四、按企业规模分				
大型	238 914	245 916	42 857	401 166
中型	54 816	46 034	21 686	66 844
小型	17 757	3 166	530	13 804
其他	818			6 888
五、按三次产业分				
第一产业	261			
第二产业	308 898	189 984	51 597	294 047
第三产业	3 146	105 132	13 476	194 655
六、按重点企业类型分				
520户国家重点企业	12 428	111 046	11 993	207 234
原512户国家重点企业	14 562	85 661	15 627	91 647
省级重点企业	154 302	78 463	32 207	169 875
现企国家百户试点企业	131 013	19 946	5 246	19 946
现企省级试点企业	2 814	25 655	13 318	23 291
国家试点企业集团母公司				

3－2 续表2

单位:万元

类　　型	短期投资	存　货	流动资产年平均余额	应收帐款
总　计	**47 032**	**1 156 568**	**3 080 959**	**581 750**
一、按控股情况分				
国有绝对控股	46 309	923 342	2 800 519	546 307
国有相对控股	723	233 226	280 440	35 443
二、按主营行业分				
农、林、牧、渔业		11	2 507	163
工业	43 846	1 081 871	2 763 669	519 743
采矿业	10	10 075	94 603	19 224
制造业	43 836	1 067 078	2 623 047	483 467
电力、燃气及水的生产和供应业		4 718	46 019	17 052
建筑业	1 001	54 996	213 271	46 194
交通运输、仓储和邮政业	2 185	492	32 440	719
批发和零售业		9 687	33 895	13 618
住宿和餐饮业		144		742
房地产业		9 367	15 108	571
租赁和商务服务业			20 069	
三、按登记注册类型分				
国有企业	10 811	274 952	659 806	111 350
国有独资企业	30	71 606	366 550	70 032
其他有限责任公司	598	262 961	799 554	123 332
股份有限公司	34 870	283 280	906 154	228 882
中外合资企业		2 403	10 498	8 991
港澳台合资企业	723	261 366	338 397	39 163
四、按企业规模分				
大型	42 392	767 187	1 921 687	312 198
中型	4 639	308 175	968 246	230 740
小型	1	78 121	169 313	29 427
其他		3 085	21 713	9 385
五、按三次产业分				
第一产业		11	2 507	163
第二产业	44 847	1 136 867	2 976 940	565 937
第三产业	2 185	19 690	101 512	15 650
六、按重点企业类型分				
520 户国家重点企业	9 922	46 522	355 439	113 351
原 512 户国家重点企业	723	270 481	500 137	69 235
省级重点企业	36 387	734 602	1 916 770	358 103
现企国家百户试点企业		104 963	308 613	41 061
现企省级试点企业	2 215	20 429	57 173	8 016
国家试点企业集团母公司				

类　　　型	年末负债合计	流动负债	年末股东（所有者）权益合计	股　本（实收资本）
总　　计	**4 637 151**	**3 386 618**	**2 977 811**	**1 893 060**
一、按控股情况分				
国有绝对控股	4 137 885	3 153 102	2 419 204	1 616 065
国有相对控股	499 266	233 516	558 607	276 995
二、按主营行业分				
农、林、牧、渔业	3 882	3 363	16 669	845
工业	4 160 220	2 985 255	2 628 124	1 714 208
采矿业	86 283	76 010	110 926	51 192
制造业	3 822 706	2 818 155	2 433 322	1 575 757
电力、燃气及水的生产和供应业	251 231	91 090	83 876	87 259
建筑业	237 103	221 862	82 403	61 840
交通运输、仓储和邮政业	46 023	43 176	38 771	12 560
批发和零售业	103 637	79 640	84 281	50 428
住宿和餐饮业	2 820		5 287	3 300
房地产业	13 244	8 858	2 158	3 000
租赁和商务服务业	70 222	44 464	120 118	46 879
三、按登记注册类型分				
国有企业	994 361	744 715	507 479	254 803
国有独资企业	535 598	393 321	352 161	245 258
其他有限责任公司	1 349 097	1 095 001	835 428	753 748
股份有限公司	1 190 420	842 110	713 524	350 568
中外合资企业	10 605	10 605	1 543	1 591
港澳台合资企业	557 070	300 866	567 676	287 092
四、按企业规模分				
大型	3 122 161	2 153 235	2 243 725	1 448 764
中型	1 276 302	1 033 179	628 690	352 892
小型	207 579	174 147	84 679	79 524
其他	31 109	26 057	20 717	11 880
五、按三次产业分				
第一产业	3 882	3 363	16 669	845
第二产业	4 397 323	3 207 117	2 710 527	1 776 048
第三产业	235 946	176 138	250 615	116 167
六、按重点企业类型分				
520户国家重点企业	653 784	495 386	280 142	161 219
原512户国家重点企业	714 242	410 598	742 211	436 827
省级重点企业	2 755 693	2 010 275	1 594 402	954 566
现企国家百户试点企业	513 432	470 359	361 056	340 448
现企省级试点企业	47 364	37 719	76 152	33 033
国家试点企业集团母公司				

3－2 续表4 单位:万元

类型	其他业务收入	主营业务收入	主营业务成本	主营业务税金及附加
总计	**181 002**	**5 118 719**	**4 136 844**	**216 203**
一、按控股情况分				
国有绝对控股	177 341	3 576 757	3 690 892	212 551
国有相对控股	3 661	352 086	445 952	3 652
二、按主营行业分				
农、林、牧、渔业	76	2 375	1 336	5
工业	127 681	4 663 167	3 731 670	205 918
采矿业	6 114	68 673	46 099	960
制造业	120 248	4 473 476	3 595 762	203 832
电力、燃气及水的生产和供应业	1 319	121 018	89 809	1 126
建筑业	2 254	271 945	241 527	8 061
交通运输、仓储和邮政业	1 702	37 712	26 857	1 245
批发和零售业	1 025	137 034	130 743	776
住宿和餐饮业	20	4 339	2 826	100
房地产业		2 147	1 885	98
租赁和商务服务业	48 244			
三、按登记注册类型分				
国有企业	33 860	931 548	624 754	138 789
国有独资企业	53 706	245 287	207 877	1 745
其他有限责任公司	29 205	1 679 779	1 461 772	16 484
股份有限公司	60 570	1 525 816	1 267 055	45 239
中外合资企业	1	9 165	7 774	
港澳台合资企业	3 660	727 124	567 612	13 946
四、按企业规模分				
大型	110 205	3 657 662	3 142 604	64 178
中型	69 828	1 163 769	768 871	135 598
小型	949	265 639	201 220	16 173
其他	20	31 649	24 149	254
五、按三次产业分				
第一产业	76	2 375	1 336	5
第二产业	129 935	4 935 112	3 973 197	213 979
第三产业	50 991	181 232	162 311	2 219
六、按重点企业类型分				
520户国家重点企业	50 046	277 326	181 238	1 783
原512户国家重点企业	6 644	747 530	613 655	4 358
省级重点企业	120 114	3 295 878	2 638 588	204 653
现企国家百户试点企业	4 198	797 985	703 363	5 409
现企省级试点企业	1 886	66 897	51 806	494
国家试点企业集团母公司				

3－2 续表5

单位:万元

类型	新产品销售收入	出口销售总额	存货跌价损失和营业、管理、财务等费用合计	税金
总计	**427 529**	**229 380**	**569 743**	**13 973**
一、按控股情况分				
国有绝对控股	427 529	172 585	520 299	11 833
国有相对控股		56 795	49 444	2 140
二、按主营行业分				
农、林、牧、渔业			1 051	10
工业	427 529	218 860	529 703	9 984
采矿业	6 740	920	13 481	183
制造业	420 789	217 940	498 306	9 724
电力、燃气及水的生产和供应业			17 916	77
建筑业			23 892	181
交通运输、仓储和邮政业			1 991	8
批发和零售业		10 520	9 154	3 937
住宿和餐饮业				－235
房地产业			333	
租赁和商务服务业			3 619	88
三、按登记注册类型分				
国有企业	164 730	26 097	115 894	5 579
国有独资企业	82 862	16 855	47 783	824
其他有限责任公司	55 312	22 281	138 186	3 626
股份有限公司	124 625	107 352	192 731	1 848
中外合资企业			1 300	2
港澳台合资企业		56 795	73 849	2 094
四、按企业规模分				
大型	228 797	186 769	327 923	11 318
中型	198 715	39 631	197 968	2 508
小型	17	2 980	40 716	323
其他			3 136	－176
五、按三次产业分				
第一产业			1 051	10
第二产业	427 529	218 860	553 595	10 165
第三产业		10 520	15 097	3 798
六、按重点企业类型分				
520户国家重点企业	14 557	10 239	94 917	1 375
原512户国家重点企业	55 138	71 771	75 139	6 007
省级重点企业	318 037	144 999	343 170	4 493
现企国家百户试点企业	39 797	2 371	56 517	2 098
现企省级试点企业		3 043	9 531	301
国家试点企业集团母公司				

3－2　续表6　　　　单位:万元

类　　型	存货跌价损失和营业、管理、财务等费用合计			
	劳动、待业保险费	职工教育费	广告费	利息支出
总　　计	**40 356**	**2 909**	**36 871**	**99 426**
一、按控股情况分				
国有绝对控股	34 716	2 479	36 852	82 690
国有相对控股	5 640	430	19	16 736
二、按主营行业分				
农、林、牧、渔业	116	3		26
工业	31 969	2 434	36 823	94 506
采矿业	1 575	150	35	1 049
制造业	30 101	2 255	36 788	81 116
电力、燃气及水的生产和供应业	293	29		12 341
建筑业	6 545	323		897
交通运输、仓储和邮政业	294	6	13	-97
批发和零售业	951	110	35	1 155
住宿和餐饮业	10			
房地产业				
租赁和商务服务业	471	33		2 939
三、按登记注册类型分				
国有企业	8 589	371	6 146	27 295
国有独资企业	4 268	350	359	8 614
其他有限责任公司	16 241	1 231	1 144	29 111
股份有限公司	5 732	542	29 203	18 112
中外合资企业	35	10		291
港澳台合资企业	5 491	405	19	16 003
四、按企业规模分				
大型	29 451	2 234	497	69 163
中型	10 156	647	36 045	25 904
小型	684	23	329	3 175
其他	65	5		1 184
五、按三次产业分				
第一产业	116	3		26
第二产业	38 514	2 757	36 823	95 403
第三产业	1 726	149	48	3 997
六、按重点企业类型分				
520户国家重点企业	3 509	122	28 890	19 253
原512户国家重点企业	7 841	720	161	18 122
省级重点企业	21 380	1 209	7 818	53 528
现企国家百户试点企业	7 626	858	2	8 523
现企省级试点企业	709	9	13	514
国家试点企业集团母公司				

3－2 续表7

单位:万元

类　　　　型	投资收益	营业外收入	利润总额	应交所得税
总　　计	**6 538**	**13 262**	**191 442**	**78 628**
一、按控股情况分				
国有绝对控股	8 288	13 186	133 754	48 258
国有相对控股	－1 750	76	57 688	30 370
二、按主营行业分				
农、林、牧、渔业		21	2	1
工业	5 357	12 373	183 352	76 042
采矿业	－62	30	8 923	2 279
制造业	5 402	12 265	160 455	72 004
电力、燃气及水的生产和供应业	17	78	13 974	1 759
建筑业	223	685	379	798
交通运输、仓储和邮政业	711	140	6 045	1 620
批发和零售业	236	37	511	167
住宿和餐饮业	1	6	110	
房地产业			－ 137	
租赁和商务服务业	10		1 180	
三、按登记注册类型分				
国有企业	824	770	49 149	18 687
国有独资企业	4 076	850	2 053	431
其他有限责任公司	557	2 219	42 456	14 336
股份有限公司	2 126	997	27 362	16 073
中外合资企业			107	
港澳台合资企业	－1 045	8 426	70 315	29 101
四、按企业规模分				
大型	5 059	3 934	113 759	51 515
中型	829	847	60 348	26 071
小型	761	8 382	14 603	20
其他	－ 111	99	2 732	1 022
五、按三次产业分				
第一产业		21	2	1
第二产业	5 580	13 058	183 731	76 840
第三产业	958	183	7 709	1 787
六、按重点企业类型分				
520户国家重点企业	126	595	3 871	7 286
原512户国家重点企业	2 524	862	58 277	29 185
省级重点企业	3 523	10 612	108 486	34 613
现企国家百户试点企业	365	1 193	20 808	7 544
现企省级试点企业	1 425	123	8 278	1 938
国家试点企业集团母公司				

3－2　续表8　　　　单位:万元

类　　型	应缴增值税	固定资产投资完成额	研究开发费用
总　　计	**257 885**	**407 601**	**44 711**
一、按控股情况分			
国有绝对控股	231 241	333 017	44 600
国有相对控股	26 644	74 584	111
二、按主营行业分			
农、林、牧、渔业	12		
工业	254 840	402 271	44 639
采矿业	5 023	15 761	76
制造业	238 248	385 559	44 563
电力、燃气及水的生产和供应业	11 569	951	
建筑业	322		
交通运输、仓储和邮政业		3 147	
批发和零售业	1 974	1 440	72
住宿和餐饮业	14		
房地产业			
租赁和商务服务业	723	743	
三、按登记注册类型分			
国有企业	55 873	33 421	8 172
国有独资企业	5 962	41 541	23 660
其他有限责任公司	104 507	173 479	2 225
股份有限公司	59 512	84 576	10 543
中外合资企业	265		
港澳台合资企业	31 766	74 584	111
四、按企业规模分			
大型	173 300	341 594	34 960
中型	72 664	65 559	9 709
小型	10 605	448	42
其他	1 316		
五、按三次产业分			
第一产业	12		
第二产业	255 162	402 271	44 639
第三产业	2 711	5 330	72
六、按重点企业类型分			
520 户国家重点企业	21 690	15 354	1 993
原 512 户国家重点企业	28 689	108 020	21 516
省级重点企业	146 701	176 743	21 001
现企国家百户试点企业	60 805	107 484	201
现企省级试点企业	－124	7 424	236
国家试点企业集团母公司			

3－3 国有及国有控股企业从业人员指标

单位：人

类　　型	从业人员人数	在岗职工	其他从业人员	研究开发人员
总　　计	**208 967**	**190 188**	**18 779**	**7 180**
一、按控股情况分				
国有绝对控股	195 361	176 666	18 695	7 100
国有相对控股	13 606	13 522	84	80
二、按主营行业分				
农、林、牧、渔业	376	376		
工业	166 387	159 092	7 295	7 177
采矿业	8 616	8 229	387	142
制造业	155 506	148 792	6 714	7 035
电力、燃气及水的生产和供应业	2 265	2 071	194	
建筑业	31 367	22 292	9 075	
交通运输、仓储和邮政业	5 591	3 959	1 632	
批发和零售业	3 507	2 761	746	3
住宿和餐饮业	703	703		
房地产业	280	249	31	
租赁和商务服务业	756	756		
三、按登记注册类型分				
国有企业	40 912	37 095	3 817	705
国有独资企业	30 694	30 355	339	2 405
其他有限责任公司	77 254	64 407	12 847	2 238
股份有限公司	42 593	41 101	1 492	1 752
中外合资企业	204	120	84	
港澳台合资企业	17 310	17 110	200	80
四、按企业规模分				
大型	135 752	124 054	11 698	4 787
中型	62 639	56 254	6 385	2 252
小型	8 952	8 385	567	141
其他	1 624	1 495	129	
五、按三次产业分				
第一产业	376	376		
第二产业	197 754	181 384	16 370	7 177
第三产业	10 837	8 428	2 409	3
六、按重点企业类型分				
520 户国家重点企业	14 997	14 026	971	512
原 512 户国家重点企业	31 667	31 268	399	1 729
省级重点企业	132 551	115 142	17 409	4 092
现企国家百户试点企业	29 752	29 752		847
现企省级试点企业	3 141	3 141		35
国家试点企业集团母公司				

3－4　国有及国有控股企业劳动报酬指标

单位：万元

类　　　　型	从业人员劳动报酬	在岗职工劳动报酬	其他从业人员劳动报酬	研究开发人员劳动报酬
总　　计	**298 925**	**279 684**	**19 241**	**11 470**
一、按控股情况分				
国有绝对控股	270 310	251 241	19 069	11 392
国有相对控股	28 615	28 443	172	78
二、按主营行业分				
农、林、牧、渔业	450	450		
工业	238 172	233 022	5 150	11 461
采矿业	9 102	8 793	309	225
制造业	224 478	219 756	4 722	11 236
电力、燃气及水的生产和供应业	4 592	4 473	119	
建筑业	44 235	32 758	11 477	
交通运输、仓储和邮政业	7 894	5 814	2 080	
批发和零售业	6 471	5 999	472	9
住宿和餐饮业	592	592		
房地产业	293	231	62	
租赁和商务服务业	818	818		
三、按登记注册类型分				
国有企业	51 931	48 084	3 847	1 322
国有独资企业	42 719	42 446	273	3 996
其他有限责任公司	114 841	101 466	13 375	2 760
股份有限公司	56 529	55 195	1 334	3 314
中外合资企业	655	483	172	
港澳台合资企业	32 250	32 010	240	78
四、按企业规模分				
大型	213 565	199 144	14 421	7 818
中型	74 181	70 170	4 011	3 507
小型	9 758	9 132	626	145
其他	1 421	1 238	183	
五、按三次产业分				
第一产业	450	450		
第二产业	282 407	265 780	16 627	11 461
第三产业	16 068	13 454	2 614	9
六、按重点企业类型分				
520 户国家重点企业	14 013	13 171	842	650
原 512 户国家重点企业	59 254	58 796	458	3 352
省级重点企业	176 863	158 922	17 941	5 841
现企国家百户试点企业	48 795	48 795		1 627
现企省级试点企业	4 016	4 016		120
国家试点企业集团母公司				

3-5 国有及国有控股企业主要经济效益指标

（2003 年）

单位:%

类型	净资产收益率	总资产报酬率	销售利润率	资本保值增值率
总计	**3.79**	**3.82**	**3.61**	**104.02**
一、按控股情况分				
国有绝对控股	3.53	3.30	2.83	101.89
国有相对控股	4.89	7.04	10.16	114.42
二、按主营行业分				
农、林、牧、渔业	0.01	0.14	0.08	99.53
工业	4.08	4.09	3.83	101.96
采矿业	5.99	5.06	11.93	103.46
制造业	3.63	3.86	3.49	101.47
电力、燃气及水的生产和供应业	14.56	7.85	11.42	115.80
建筑业	-0.51	0.40	0.14	103.73
交通运输、仓储和邮政业	11.41	7.01	15.34	105.90
批发和零售业	0.41	0.89	0.37	94.93
住宿和餐饮业	2.08	1.36	2.52	84.38
房地产业	-6.35	-0.89	-6.38	57.58
租赁和商务服务业	0.98	2.16	2.45	225.20
三、按登记注册类型分				
国有企业	6.00	5.09	5.09	103.97
国有独资企业	0.46	1.20	0.69	96.92
其他有限责任公司	3.37	3.28	2.48	111.80
股份有限公司	1.58	2.39	1.72	94.41
中外合资企业	6.93	3.28	1.17	107.53
港澳台合资企业	7.26	7.67	9.62	112.03
四、按企业规模分				
大型	2.77	3.41	3.02	105.42
中型	5.45	4.53	4.89	99.51
小型	17.22	6.08	5.48	100.39
其他	8.25	7.56	8.63	114.97
五、按三次产业分				
第一产业	0.01	0.14	0.08	99.53
第二产业	3.94	3.93	3.63	102.01
第三产业	2.36	2.41	3.32	132.78
六、按重点企业类型分				
520 户国家重点企业	-1.22	2.48	1.18	102.60
原 512 户国家重点企业	3.92	5.25	7.73	99.31
省级重点企业	4.63	3.72	3.18	107.04
现企国家百户试点企业	3.67	3.35	2.59	102.38
现企省级试点企业	8.33	7.12	12.03	106.22
国家试点企业集团母公司				

3－5　续表1　　单位:%

类　　型	劳动生产率（万元/人）	成本费用利润率	资产利税率	总资产使用率
总　计	**25.36**	**4.07**	**8.74**	**67.22**
一、按控股情况分				
国有绝对控股	24.22	3.18	8.81	69.46
国有相对控股	41.72	11.64	8.32	53.32
二、按主营行业分				
农、林、牧、渔业	6.52	0.08	0.09	11.56
工业	28.79	4.30	9.49	68.69
采矿业	8.68	14.98	7.56	34.82
制造业	29.54	3.92	9.63	71.51
电力、燃气及水的生产和供应业	54.01	12.97	7.96	36.11
建筑业	8.74	0.14	2.74	85.11
交通运输、仓储和邮政业	7.05	20.95	8.60	44.47
批发和零售业	39.37	0.37	1.74	72.92
住宿和餐饮业	6.20	3.89	2.76	53.52
房地产业	7.67	－6.18	－0.25	13.94
租赁和商务服务业	63.81	32.61	1.00	
三、按登记注册类型分				
国有企业	23.60	6.64	16.23	62.03
国有独资企业	9.74	0.80	1.10	27.63
其他有限责任公司	22.12	2.65	7.48	76.89
股份有限公司	37.25	1.87	6.94	80.14
中外合资企业	44.93	1.18	3.06	75.44
港澳台合资企业	42.22	10.96	10.32	64.65
四、按企业规模分				
大型	27.76	3.28	6.55	68.17
中型	19.69	6.24	14.10	61.09
小型	29.78	6.04	14.16	90.89
其他	19.50	10.01	8.30	61.07
五、按三次产业分				
第一产业	6.52	0.08	0.09	11.56
第二产业	25.61	4.06	9.19	69.43
第三产业	21.43	4.35	2.60	37.25
六、按重点企业类型分				
520户国家重点企业	21.83	1.40	2.93	29.69
原512户国家重点企业	23.82	8.46	6.27	51.33
省级重点企业	25.77	3.64	10.57	75.77
现企国家百户试点企业	26.96	2.74	9.95	91.25
现企省级试点企业	21.90	13.50	7.00	54.16
国家试点企业集团母公司				

3－5　续表2

单位:%

类　　　　型	流动资产比率	资金利润率	资产负债率	长期负债与资产总计比率
总　　计	**40.46**	**3.20**	**60.90**	**16.42**
一、按控股情况分				
国有绝对控股	42.71	2.65	63.11	15.02
国有相对控股	26.51	6.09	47.20	25.12
二、按主营行业分				
农、林、牧、渔业	12.20	0.04	18.89	2.53
工业	40.71	3.34	61.28	17.31
采矿业	47.97	6.08	43.75	5.21
制造业	41.93	3.20	61.10	16.06
电力、燃气及水的生产和供应业	13.73	4.20	74.97	47.79
建筑业	66.75	0.14	74.21	4.77
交通运输、仓储和邮政业	38.26	9.78	54.28	3.36
批发和零售业	18.04	0.40	55.15	12.77
住宿和餐饮业		-1.15	34.78	34.78
房地产业	98.09	-0.88	85.99	28.48
租赁和商务服务业	10.54	4.58	36.89	13.53
三、按登记注册类型分				
国有企业	43.93	4.25	66.21	16.62
国有独资企业	41.29	0.37	60.33	16.03
其他有限责任公司	36.60	2.53	61.76	11.63
股份有限公司	47.59	1.71	62.52	18.29
中外合资企业	86.42	1.03	87.30	
港澳台合资企业	30.09	7.04	49.53	22.78
四、按企业规模分				
大型	35.81	2.71	58.19	18.06
中型	50.83	3.93	67.00	12.76
小型	57.93	6.23	71.03	11.44
其他	41.90	12.15	60.03	9.75
五、按三次产业分				
第一产业	12.20	0.04	18.89	2.53
第二产业	41.88	3.19	61.87	16.74
第三产业	20.86	3.47	48.49	12.29
六、按重点企业类型分				
520户国家重点企业	38.06	0.61	70.00	16.96
原512户国家重点企业	34.34	4.66	49.04	20.85
省级重点企业	44.06	3.13	63.35	17.14
现企国家百户试点企业	35.29	3.26	58.71	4.93
现企省级试点企业	46.29	8.57	38.35	7.81
国家试点企业集团母公司				

3－5 续表3

单位:%

类　　　　　型	已获利息倍数（倍）	流动比率	速动比率	新产品销售收入与营业收入比率
总　　计	**2.93**	**90.97**	**56.82**	**8.07**
一、按控股情况分				
国有绝对控股	2.62	88.82	59.53	9.03
国有相对控股	4.45	120.09	20.22	
二、按主营行业分				
农、林、牧、渔业	1.08	74.55	74.22	
工业	2.94	92.58	56.34	8.92
采矿业	9.51	124.46	111.21	9.01
制造业	2.98	93.08	55.21	9.16
电力、燃气及水的生产和供应业	2.13	50.52	45.34	
建筑业	1.42	96.13	71.34	
交通运输、仓储和邮政业	-61.32	75.13	73.99	
批发和零售业	1.44	42.56	30.40	
住宿和餐饮业				
房地产业		170.56	64.81	
租赁和商务服务业	1.40	45.14	45.14	
三、按登记注册类型分				
国有企业	2.80	88.60	51.68	17.06
国有独资企业	1.24	93.19	74.99	27.71
其他有限责任公司	2.46	73.02	49.00	3.24
股份有限公司	2.51	107.61	73.97	7.86
中外合资企业	1.37	98.99	76.33	
港澳台合资企业	5.39	112.47	25.60	
四、按企业规模分				
大型	2.64	89.25	53.62	6.07
中型	3.33	93.72	63.89	16.11
小型	5.60	97.22	52.36	0.01
其他	3.31	83.33	71.49	
五、按三次产业分				
第一产业	1.08	74.55	74.22	
第二产业	2.93	92.82	57.37	8.44
第三产业	2.93	57.63	46.45	
六、按重点企业类型分				
520户国家重点企业	1.20	71.75	62.36	4.45
原512户国家重点企业	4.22	121.81	55.93	7.31
省级重点企业	3.03	95.35	58.81	9.31
现企国家百户试点企业	3.44	65.61	43.30	4.96
现企省级试点企业	17.11	151.58	97.42	
国家试点企业集团母公司				

3－6　集体控股企业单位数及注册资本

（2003 年）　　　　单位：万元

类　　型	企业数（个）	注册资本金				
		合　计	集体资本	法人资本	个人资本	外商资本
总　　计	**4**	**28 486**	**21 328**	**5 016**	**121**	**2 021**
一、按控股情况分						
集体绝对控股	2	22 469	20 913		121	1 435
集体相对控股	2	6 017	415	5 016		586
二、按主营行业分						
农、林、牧、渔业						
工业	4	28 486	21 328	5 016	121	2 021
采矿业						
制造业	4	28 486	21 328	5 016	121	2 021
电力、燃气及水的生产和供应业						
建筑业						
交通运输、仓储和邮政业						
批发和零售业						
三、按登记注册类型分						
其他有限责任公司	3	27 485	20 913	5 016	121	1 435
股份有限公司	1	1 001	415			586
中外合资企业						
港澳台合资企业						
四、按企业规模分						
大型						
中型	2	11 337	4 765	5 016	121	1 435
小型	2	17 149	16 563			586
其他						
五、按三次产业分						
第一产业						
第二产业	4	28 486	21 328	5 016	121	2 021
第三产业						
六、按重点企业类型分						
520 户国家重点企业						
原 512 户国家重点企业						
省级重点企业	4	28 486	21 328	5 016	121	2 021
现企国家百户试点企业						
现企省级试点企业						
国家试点企业集团母公司						

3－7　集体控股企业主要财务指标

（2003 年）　　　　　　　　　　　　　　　　单位:万元

类　　型	年末资产总计	固定资产原价	累计折旧	本年折旧
总　　计	**65 679**	**16 194**	**6 866**	**325**
一、按控股情况分				
集体绝对控股	54 426	10 315	5 397	314
集体相对控股	11 253	5 879	1 469	11
二、按主营行业分				
农、林、牧、渔业				
工业	65 679	16 194	6 866	325
采矿业				
制造业	65 679	16 194	6 866	325
电力、燃气及水的生产和供应业				
建筑业				
交通运输、仓储和邮政业				
批发和零售业				
三、按登记注册类型分				
其他有限责任公司	63 040	13 920	6 012	314
股份有限公司	2 639	2 274	854	11
中外合资企业				
港澳台合资企业				
四、按企业规模分				
大型				
中型	21 003	9 164	4 844	253
小型	44 676	7 030	2 022	72
其他				
五、按三次产业分				
第一产业				
第二产业	65 679	16 194	6 866	325
第三产业				
六、按重点企业类型分				
520 户国家重点企业				
原 512 户国家重点企业				
省级重点企业	65 679	16 194	6 866	325
现企国家百户试点企业				
现企省级试点企业				
国家试点企业集团母公司				

3－7 续表1

单位:万元

类型	无形资产	长期投资	存货	流动资产年平均余额
总计	**17 309**	**4 888**	**11 783**	**34 894**
一、按控股情况分				
集体绝对控股	15 326	3 860	10 592	34 062
集体相对控股	1 983	1 028	1 191	832
二、按主营行业分				
农、林、牧、渔业				
工业	17 309	4 888	11 783	34 894
采矿业				
制造业	17 309	4 888	11 783	34 894
电力、燃气及水的生产和供应业				
建筑业				
交通运输、仓储和邮政业				
批发和零售业				
三、按登记注册类型分				
其他有限责任公司	16 962	4 858	11 783	34 062
股份有限公司	347	30		832
中外合资企业				
港澳台合资企业				
四、按企业规模分				
大型				
中型	4 141	1 005	6 196	7 572
小型	13 168	3 883	5 587	27 322
其他				
五、按三次产业分				
第一产业				
第二产业	17 309	4 888	11 783	34 894
第三产业				
六、按重点企业类型分				
520户国家重点企业				
原512户国家重点企业				
省级重点企业	17 309	4 888	11 783	34 894
现企国家百户试点企业				
现企省级试点企业				
国家试点企业集团母公司				

3－7 续表2

单位:万元

类型	应收帐款	其他业务收入	利润总额	营业外收入
总计	**7 897**	**164**	**51**	**6**
一、按控股情况分				
集体绝对控股	7 137	102	－244	1
集体相对控股	760	62	295	5
二、按主营行业分				
农、林、牧、渔业				
工业	7 897	164	51	6
采矿业				
制造业	7 897	164	51	6
电力、燃气及水的生产和供应业				
建筑业				
交通运输、仓储和邮政业				
批发和零售业				
三、按登记注册类型分				
其他有限责任公司	7 741	102	－4	6
股份有限公司	156	62	55	
中外合资企业				
港澳台合资企业				
四、按企业规模分				
大型				
中型	3 382	102	272	6
小型	4 515	62	－221	
其他				
五、按三次产业分				
第一产业				
第二产业	7 897	164	51	6
第三产业				
六、按重点企业类型分				
520户国家重点企业				
原512户国家重点企业				
省级重点企业	7 897	164	51	6
现企国家百户试点企业				
现企省级试点企业				
国家试点企业集团母公司				

3－7 续表3

单位:万元

类　　型	年末负债合计	流动负债	年末股东（所有者）权益合计	股　　本（实收资本）
总　　计	**37 818**	**34 249**	**27 861**	**29 308**
一、按控股情况分				
集体绝对控股	33 055	30 486	21 371	23 290
集体相对控股	4 763	3 763	6 490	6 018
二、按主营行业分				
农、林、牧、渔业				
工业	37 818	34 249	27 861	29 308
采矿业				
制造业	37 818	34 249	27 861	29 308
电力、燃气及水的生产和供应业				
建筑业				
交通运输、仓储和邮政业				
批发和零售业				
三、按登记注册类型分				
其他有限责任公司	36 347	32 778	26 693	28 307
股份有限公司	1 471	1 471	1 168	1 001
中外合资企业				
港澳台合资企业				
四、按企业规模分				
大型				
中型	11 982	10 313	9 021	9 099
小型	25 836	23 936	18 840	20 209
其他				
五、按三次产业分				
第一产业				
第二产业	37 818	34 249	27 861	29 308
第三产业				
六、按重点企业类型分				
520户国家重点企业				
原512户国家重点企业				
省级重点企业	37 818	34 249	27 861	29 308
现企国家百户试点企业				
现企省级试点企业				
国家试点企业集团母公司				

3－7 续表4 单位:万元

类 型	营业收入	主营业务收入	主营业务成本	主营业务税金及附加
总 计	**20 902**	**20 738**	**17 120**	**183**
一、按控股情况分				
集体绝对控股	12 245	12 143	9 981	51
集体相对控股	8 657	8 595	7 139	132
二、按主营行业分				
农、林、牧、渔业				
工业	20 902	20 738	17 120	183
采矿业				
制造业	20 902	20 738	17 120	183
电力、燃气及水的生产和供应业				
建筑业				
交通运输、仓储和邮政业				
批发和零售业				
三、按登记注册类型分				
其他有限责任公司	19 204	19 102	16 017	70
股份有限公司	1 698	1 636	1 103	113
中外合资企业				
港澳台合资企业				
四、按企业规模分				
大型				
中型	17 271	17 169	14 052	67
小型	3 631	3 569	3 068	116
其他				
五、按三次产业分				
第一产业				
第二产业	20 902	20 738	17 120	183
第三产业				
六、按重点企业类型分				
520户国家重点企业				
原512户国家重点企业				
省级重点企业	20 902	20 738	17 120	183
现企国家百户试点企业				
现企省级试点企业				
国家试点企业集团母公司				

3－7 续表5

单位:万元

类型	新产品销售收入	出口销售总额	存货跌价损失和营业、管理、财务等费用合计	税金
总计	**1 152**	**1 897**	**3 158**	**67**
一、按控股情况分				
集体绝对控股	1 152	1 071	2 337	39
集体相对控股		826	821	28
二、按主营行业分				
农、林、牧、渔业				
工业	1 152	1 897	3 158	67
采矿业				
制造业	1 152	1 897	3 158	67
电力、燃气及水的生产和供应业				
建筑业				
交通运输、仓储和邮政业				
批发和零售业				
三、按登记注册类型分				
其他有限责任公司	1 152	1 897	2 865	67
股份有限公司			293	
中外合资企业				
港澳台合资企业				
四、按企业规模分				
大型				
中型	1 152	848	2 624	67
小型		1 049	534	
其他				
五、按三次产业分				
第一产业				
第二产业	1 152	1 897	3 158	67
第三产业				
六、按重点企业类型分				
520户国家重点企业				
原512户国家重点企业				
省级重点企业	1 152	1 897	3 158	67
现企国家百户试点企业				
现企省级试点企业				
国家试点企业集团母公司				

3－7　续表6　　　　单位:万元

类　　型	存货跌价损失和营业、管理、财务等费用合计			
	劳动、待业保险费	职工教育费	广告费	利息支出
总　计	**131**	**20**	**24**	**279**
一、按控股情况分				
集体绝对控股	118	20	22	145
集体相对控股	13		2	134
二、按主营行业分				
农、林、牧、渔业				
工业	131	20	24	279
采矿业				
制造业	131	20	24	279
电力、燃气及水的生产和供应业				
建筑业				
交通运输、仓储和邮政业				
批发和零售业				
三、按登记注册类型分				
其他有限责任公司	131	20	24	235
股份有限公司				44
中外合资企业				
港澳台合资企业				
四、按企业规模分				
大型				
中型	131	20	24	235
小型				44
其他				
五、按三次产业分				
第一产业				
第二产业	131	20	24	279
第三产业				
六、按重点企业类型分				
520户国家重点企业				
原512户国家重点企业				
省级重点企业	131	20	24	279
现企国家百户试点企业				
现企省级试点企业				
国家试点企业集团母公司				

3－7 续表7

单位:万元

类型	上交税金合计	应交所得税	应缴增值税	固定资产投资完成额	研究开发费用
总计	**1 348**	**112**	**986**	**33 391**	**206**
一、按控股情况分					
集体绝对控股	708	9	609	54	132
集体相对控股	640	103	377	33 337	74
二、按主营行业分					
农、林、牧、渔业					
工业	1 348	112	986	33 391	206
采矿业					
制造业	1 348	112	986	33 391	206
电力、燃气及水的生产和供应业					
建筑业					
交通运输、仓储和邮政业					
批发和零售业					
三、按登记注册类型分					
其他有限责任公司	1 122	88	897	33 391	206
股份有限公司	226	24	89		
中外合资企业					
港澳台合资企业					
四、按企业规模分					
大型					
中型	1 118	88	896	33 391	206
小型	230	24	90		
其他					
五、按三次产业分					
第一产业					
第二产业	1 348	112	986	33 391	206
第三产业					
六、按重点企业类型分					
520 户国家重点企业					
原 512 户国家重点企业					
省级重点企业	1 348	112	986	33 391	206
现企国家百户试点企业					
现企省级试点企业					
国家试点企业集团母公司					

3-8　集体控股企业从业人员指标

单位:人

类　　型	从业人员人数	在岗职工	其他从业人员	研究开发人员
总　计	**3 533**	**3 515**	**18**	**70**
一、按控股情况分				
集体绝对控股	1 122	1 104	18	42
集体相对控股	2 411	2 411		28
二、按主营行业分				
农、林、牧、渔业				
工业	3 533	3 515	18	70
采矿业				
制造业	3 533	3 515	18	70
电力、燃气及水的生产和供应业				
建筑业				
交通运输、仓储和邮政业				
批发和零售业				
三、按登记注册类型分				
其他有限责任公司	3 291	3 273	18	70
股份有限公司	242	242		
中外合资企业				
港澳台合资企业				
四、按企业规模分				
大型				
中型	3 123	3 105	18	70
小型	410	410		
其他				
五、按三次产业分				
第一产业				
第二产业	3 533	3 515	18	70
第三产业				
六、按重点企业类型分				
520 户国家重点企业				
原 512 户国家重点企业				
省级重点企业	3 533	3 515	18	70
现企国家百户试点企业				
现企省级试点企业				
国家试点企业集团母公司				

3－9 集体控股企业劳动报酬指标

单位:万元

类　　型	从业人员劳动报酬	在岗职工劳动报酬	其他从业人员劳动报酬	研究开发人员劳动报酬
总　　计	**2 513**	**2 498**	**15**	**112**
一、按控股情况分				
集体绝对控股	1 281	1 266	15	79
集体相对控股	1 232	1 232		33
二、按主营行业分				
农、林、牧、渔业				
工业	2 513	2 498	15	112
采矿业				
制造业	2 513	2 498	15	112
电力、燃气及水的生产和供应业				
建筑业				
交通运输、仓储和邮政业				
批发和零售业				
三、按登记注册类型分				
其他有限责任公司	2 418	2 403	15	112
股份有限公司	95	95		
中外合资企业				
港澳台合资企业				
四、按企业规模分				
大型				
中型	2 339	2 324	15	112
小型	174	174		
其他				
五、按三次产业分				
第一产业				
第二产业	2 513	2 498	15	112
第三产业				
六、按重点企业类型分				
520 户国家重点企业				
原 512 户国家重点企业				
省级重点企业	2 513	2 498	15	112
现企国家百户试点企业				
现企省级试点企业				
国家试点企业集团母公司				

3－10 集体控股企业主要经济效益指标

（2003年） 单位：%

类型	净资产收益率	总资产报酬率	销售利润率	资本保值增值率
总计	**－0.22**	**0.50**	**0.24**	**101.83**
一、按控股情况分				
集体绝对控股	－1.18	－0.18	－1.99	101.30
集体相对控股	2.96	3.81	3.41	103.61
二、按主营行业分				
农、林、牧、渔业				
工业	－0.22	0.50	0.24	101.83
采矿业				
制造业	－0.22	0.50	0.24	101.83
电力、燃气及水的生产和供应业				
建筑业				
交通运输、仓储和邮政业				
批发和零售业				
三、按登记注册类型分				
其他有限责任公司	－0.34	0.37	－0.02	101.96
股份有限公司	2.65	3.75	3.24	99.07
中外合资企业				
港澳台合资企业				
四、按企业规模分				
大型				
中型	2.04	2.41	1.57	105.29
小型	－1.30	－0.40	－6.09	100.26
其他				
五、按三次产业分				
第一产业				
第二产业	－0.22	0.50	0.24	101.83
第三产业				
六、按重点企业类型分				
520户国家重点企业				
原512户国家重点企业				
省级重点企业	－0.22	0.50	0.24	101.83
现企国家百户试点企业				
现企省级试点企业				
国家试点企业集团母公司				

3-10　续表1　　　　　　　　　　　　　　　　　　　　　　　　　　　　　　　　　　　　单位:%

类　　　型	劳动生产率（万元/人）	成本费用利润率	资产利税率	总资产使用率
总　　计	**5.92**	**0.25**	**1.86**	**31.57**
一、按控股情况分				
集体绝对控股	10.91	-1.98	0.76	22.31
集体相对控股	3.59	3.71	7.14	76.38
二、按主营行业分				
农、林、牧、渔业				
工业	5.92	0.25	1.86	31.57
采矿业				
制造业	5.92	0.25	1.86	31.57
电力、燃气及水的生产和供应业				
建筑业				
交通运输、仓储和邮政业				
批发和零售业				
三、按登记注册类型分				
其他有限责任公司	5.84	-0.02	1.53	30.30
股份有限公司	7.02	3.94	9.74	61.99
中外合资企业				
港澳台合资企业				
四、按企业规模分				
大型				
中型	5.53	1.63	5.88	81.75
小型	8.86	-6.14	-0.03	7.99
其他				
五、按三次产业分				
第一产业				
第二产业	5.92	0.25	1.86	31.57
第三产业				
六、按重点企业类型分				
520户国家重点企业				
原512户国家重点企业				
省级重点企业	5.92	0.25	1.86	31.57
现企国家百户试点企业				
现企省级试点企业				
国家试点企业集团母公司				

3－10　续表2　　单位:%

类　型	流动资产比率	资金利润率	资产负债率	长期负债与资产总计比率
总　计	**53.13**	**0.12**	**57.58**	**5.43**
一、按控股情况分				
集体绝对控股	62.58	－0.63	60.73	4.72
集体相对控股	7.39	5.63	42.33	8.89
二、按主营行业分				
农、林、牧、渔业				
工业	53.13	0.12	57.58	5.43
采矿业				
制造业	53.13	0.12	57.58	5.43
电力、燃气及水的生产和供应业				
建筑业				
交通运输、仓储和邮政业				
批发和零售业				
三、按登记注册类型分				
其他有限责任公司	54.03	－0.01	57.66	5.66
股份有限公司	31.53	2.44	55.74	
中外合资企业				
港澳台合资企业				
四、按企业规模分				
大型				
中型	36.05	2.29	57.05	7.95
小型	61.16	－0.68	57.83	4.25
其他				
五、按三次产业分				
第一产业				
第二产业	53.13	0.12	57.58	5.43
第三产业				
六、按重点企业类型分				
520户国家重点企业				
原512户国家重点企业				
省级重点企业	53.13	0.12	57.58	5.43
现企国家百户试点企业				
现企省级试点企业				
国家试点企业集团母公司				

3－10　续表3　　　　单位:%

类　　型	已获利息倍　数(倍)	流动比率	速动比率	新产品销售收入与营业收入比率
总　　计	**1.18**	**101.88**	**67.48**	**5.51**
一、按控股情况分				
集体绝对控股	-0.68	111.73	76.99	9.41
集体相对控股	3.20	22.11	-9.54	
二、按主营行业分				
农、林、牧、渔业				
工业	1.18	101.88	67.48	5.51
采矿业				
制造业	1.18	101.88	67.48	5.51
电力、燃气及水的生产和供应业				
建筑业				
交通运输、仓储和邮政业				
批发和零售业				
三、按登记注册类型分				
其他有限责任公司	0.98	103.92	67.97	6.00
股份有限公司	2.25	56.56	56.56	
中外合资企业				
港澳台合资企业				
四、按企业规模分				
大型				
中型	2.16	73.42	13.34	6.67
小型	-4.02	114.15	90.80	
其他				
五、按三次产业分				
第一产业				
第二产业	1.18	101.88	67.48	5.51
第三产业				
六、按重点企业类型分				
520户国家重点企业				
原512户国家重点企业				
省级重点企业	1.18	101.88	67.48	5.51
现企国家百户试点企业				
现企省级试点企业				
国家试点企业集团母公司				

④ 股份公司

简要说明

- 从实力分析看江西股份有限公司
- 2001－203 年江西省股份有限公司主要财务指标
- 2001－2003 年江西省上市公司主要财务指标
- 2001－2003 年江西省上市公司主要经济效益指标
- 2001－2003 年江西省各上市公司主要财务指标
- 2003 年江西省上市公司概览

从实力分析看江西股份有限公司

我国股份制经济萌芽于二十世纪八十年代末九十年代初。随着我国企业经济体制改革的不断深入，股份制经济正朝气蓬勃地发展，目前已成为我国国民经济中的重要组成部分。股份有限公司作为股份制经济的一种组织形式，发挥着其重要作用。从我国《公司法》给出的定义来理解，股份有限公司是现代企业的一种组织形式和资本的组织方式，具有吸纳社会闲散资金、分散投资风险功能，在明确责权关系和优化资源配制方面有其独特的优势。在二十世纪后期我国推进国有企业改革进程中，大部分国有企业都是按照股份有限公司来改制的，按照现代企业制度的要求加快股份有限公司的发展。江西在国有企业改革方面，也充分利用了股份有限公司这一独特的组织形式，进行国有企业的改制，取得较好的效果，目前已有近百家股份有限公司。随着党的十六届三中全会提出的"大力发展混合所有制经济，实现投资主体多元化，使股份制成为公有制的重要实现形式"这一精神的贯彻落实，江西股份有限公司的发展将被更加关注。为此，本文仅以国家统计局江西企业调查队2001年、2002年、2003年调查的37家江西股份有限公司资料为基础作些分析，以供各级政府和社会各界了解和参考。

一、江西股份有限公司总体评价

2001年、2002年、2003年的5月份国家统计局江西省企业调查队在全省调查了37家股份有限公司。其中：上市公司22家（以2002年底为时限，下同），拟上市公司或其他（简称其他公司，下同）15家；从行业的分布情况看：农业1家，工业20家，交通运输业3家，金融保险业1家，高科技产业9家，社会服务业2家，其他1家。调查结果显示：37家江西股份有限公司运营状况总体发展态势良好，主要表现在：

1. 资产规模扩大，发展势头显好。2002年，37家股份有限公司资产总额为433.79亿元，比上年增加45.62亿元，增长11.7%，其中上市公司资产总额385.72亿元，比上年增长11.8%，其他公司增长11.5%。在占被调查的股份有限公司资产总额中，比重在20%及以上的有1家，在10%至20%的有1家，在10%以下的有35家，江西铜业股份有限公司比重最大达20.3%，其次是江西赣粤高速公路股份有限公司，为10.4%。

2. 主营业务收入大幅增长，利润略有盈余。2002年，37家股份有限公司实现主营业务收入197.43亿元，比上年增长21.3%，其中上市公司增长21.7%，其他公司增长18.5%。主营业务收入大幅增长的有9家，增速均在30%以上。江西江联能源环保股份有限公司、江西黑猫炭黑股份有限公司、华意压缩机股份有限公司、江西江中制药股份有限公司、诚志股份有限公司分别增长450.7%、212.1%、129.2%、88.1%、84.9%。随着主营业务收入大幅增长，主营业务利润也实现了盈余。2002年，37家股份有限公司主营业务利润为46.70亿元，比上年盈利6.38亿元，增长15.8%，其中上市公司盈利5.93亿元，其他公司盈利0.45亿元。在37家股份有限公司中有13家是盈利，江铃汽车股份有限公司、江西昌河汽车股份有限公司盈利最大，分别比上年盈利1.83亿元、0.43亿元。

3. 发展后劲逐渐增强。2002年37家股份有限公司拥有资产净值177.67亿元，比上年增长4.7%，平均每股净资产1.97元，比上年增加0.08元。其中上市公司资产净值为161.67亿元，平均每股净资产1.96元，比上年增加0.10元，其他公司每股净资产比上年增加0.06元。在22家上市公司中有14家每股净资产是比上年增加的，每股增加幅度最大的是江西长运股份有限公司、清华泰豪股份有限公司分别增加1.06元、1.01元；在15家其他公司中有6家每股净资产比上年是增加的。

二、江西股份有限公司基本实力

企业实力表现在企业运营的各个方面，有赢利能力、发展能力等。由于指标多，方法多，下面仅从统计角度对37家股份有限公司的赢利能力、发展能力、偿债能力、盈运能力、产出效率五个方面进行简要分析。

1. 盈利能力。总资产贡献率是企业管理水平和经营业绩的集中体现，是评价和考核企业盈利能力的核心指标。2002年，37家股份有限公司总资产贡献率为5.3%，比上年下降0.17个百分点，其中：上市公司下降0.2个百分点，其他公司下降0.2个百分点。37家有6家总资产贡献率比上年增加，增加幅度在0.17至

6.14 个百分点,江铃汽车股份有限公司、九江化纤股份有限公司总资产贡献率分别比上年增加 6.4 个百分点、5.16 个百分点。

2. 发展能力。资本保值增值率主要是反映企业净资产的变动情况,是企业发展能力的集中体现。2002 年,37 家股份有限公司资本保值增值率为 108.2%,上市公司为 108.3%,其他公司为 108.2%。37 家股份有限公司有 13 家资本保值增值率超过平均水平。安源实业股份有限公司、清华泰豪科技股份有限公司、江西长运股份有限公司、江西鑫新股份有限公司、江西黑猫炭黑股份有限公司、江西长力汽车弹簧股份有限公司资本保值增值率在 120.0% 以上。

3. 偿债能力。资产负债率既能反映企业经营风险的大小,又能反映企业利用债权人提供的资金从事经营活动的能力和偿债能力。2002 年,37 家股份有限公司资产负债率为 46.3%,比上年上升 1.4 个百分点。其中上市公司资产负债率为 43.5%,比上年上升 1.2 个百分点,其他公司资产负债率为 65.7%,比上年上升 2.4 个百分点。37 家股份有限公司有 12 家资产负债率下降。资产负债率在 30% 以下的有 7 家,在 50% 以上的有 17 家,其中上市公司中有 5 家。江西纸业股份有限公司、九江大中大(集团)股份有限公司、江西省发展信托投资股份有限公司、南昌百货大楼股份有限公司资产负债率最大,分别达 98.7%、93.6%、91.6%、85.0%。

4. 盈运能力。流动资产周转率是指一定时期内流动资产的周转次数,反映企业的经营状况和营运能力,尤其能反映企业的资金利用效率,反映企业再生产循环速度。2002 年,37 家股份有限公司流动资产周转率为 119.3%,比上年增加 8.8 个百分点,上市公司为 118.3%,比上年增加 5.6 个百分点,其他公司为 118.9%,比上年增加 9.2 个百分点。江西江中制药股份有限公司、江西长力汽车弹簧股份有限公司、江铃汽车股份有限公司、江西长运股份有限公司、江西昌河汽车股份有限公司流动资产周转率比上年增加幅度最大,分别为 75.5 个百分点、66.9 个百分点、48.8 个百分点、39.0 个百分点、28.7 个百分点。

5. 产出效率。成本费用利润率是企业全部生产投入与实现利润的对比关系,反映投入的生产成本及费用的经济效益,及反映企业降低成本所取得的经济效益。2002 年,37 家股份有限公司成本费用利润率为 8.1%,比上年下降 1.0 个百分点,其中上市公司下降 1.1 个百分点,其他公司下降 1.0 个百分点。在 37 家股份有限公司中有 13 家成本费用利润率比上年增加,其余全是下降,下降幅度最大的是江西赣粤高速股份有限公司,三九宜工生化股份有限公司。

三、 江西股份有限公司综合实力

利用数理统计中的主成分分析方法对江西股份有限公司 40 多个指标进行筛选,选出 11 个指标资产总额、总资产贡献率、负债合计、资产负债率、资本保值增值率、利息支出 、每股净值 、主营业务收入、利润总额、流动资产周转率、成本费用利润率建立江西股份有限公司综合实力指数数学模型,通过计算综合实力指数来分析股份有限公司的综合实力。建立模型的步骤和指标数据略。模型如下:

2002 年综合实力指数模型:

$$F2002 = 0.44195X1 + 0.11935X2 + 0.42748X3 - 0.12692X4 + 0.07191X5 + 0.41752X6 + 0.13816X7 + 0.42203X8 + 0.45748X9 + 0.12695X10 + 0.15407X11$$

其中:X1:资产总额　　X5:资本保值增值率　　X9:利润总额

X2:总资产贡献率　　X6:利息支出　　X10:流动资产周转率

X3:负债合计　　X7:每股净值　　X11:成本费用利润率

X4:资产负债率　　X8:主营业务收入

2001 年综合实力指数模型:

$$F2001 = 0.38873X1 + 0.259322X2 + 0.216034X3 - 0.10094X4 + 0.086675X5 + 0.160457X6 - 0.00948X7 + 0.285478X8 + 0.351409X9 + 0.221454X10 + 0.240681X11$$

2000 年综合实力指数模型:

$$F2000 = 0.45496X1 - 0.07504X2 + 0.45029X3 + 0.12503X4 + 0.04020X5 + 0.42194X6 + 0.13609X7 + 0.42455X8 + 0.45541X9 - 0.25267X10 - 0.07295X11$$

通过模型计算综合实力指数及位次,见附表 1。

从附表1看出,2000年、2001年、2002年综合实力保持在前5位的是江西铜业股份有限公司、江西昌河汽车股份有限公司、江铃汽车股份有限公司。综合实力3年位置前移最快的是诚志股份有限公司、华意压缩股份有限公司,分别由2000年的第14、11位前移到2002年的第6、5位。位置前移3位以上的还有清华泰豪科技股份有限公司、安源实业股份有限公司、江西南方稀土高技术股份有限公司。

应用表1综合实力指数数据采用最优分割方法,对37家股份有限公司进行分层,见附表2。

从附表2看出,2002年综合实力超出上市公司平均综合实力的有9家,2001年为10家,2000年为9家。2002年综合实力超出37家股份有限公司平均综合实力,弱于上市公司平均综合实力的有12家,2001年为11家,2000年为12家。其余综合实力弱于37家股份有限公司平均综合实力。

四、江西股份有限公司存在的问题

从3年调查的资料和以上分析,我们看到江西股份有限公司发展中的一些问题,值得引起重视。

问题一:股份有限公司的数量逐年减少。在2001年开始调查时江西股份有限公司有近百家,到2003年调查时仅有50多家。减少速度之快,原因较多,但最主要的还是运作不规范,没有按照股份有限公司有效形式运营,很多是只有名没有实。当然不排除少数企业破产或被兼并等。

问题二:在总体规模中起主导作用的企业少。3年来股份有限公司总资产规模总量不断扩大,但速度在减缓。2002年比2001年增幅减缓了15.1个百分点。特别是,在占37家股份有限公司总资产的10%以上的公司2002年只有2家,2001年为4家,起主导作用的企业在退化。

问题三:各企业实力参差不齐。从5方面能力看,有2方面以上能力位列前面的企业少,要么是这个企业在赢利能力强点;要么是那个企业在发展能力好点。从3年连续看,同一企业在单方面实力保持在前位的少。从综合实力看,仅有3—4家企业显示了强劲,有很多企业徘徊不前,甚至有的企业还倒退较快。

问题四:企业赢利水平逐年下降,资产负债率则逐年上升。37家股份有限公司有八成以上企业连续3年赢利,但实现赢利与上年比较是下降的企业是逐年增加,2002年为24家,2001年为22家。另外,资产负债率由下降变为上升,37家股份有限公司由下降8.6个百分点变为上升1.4个百分点,其中上市公司由下降9.3个百分点变为上升1.2个百分点,其他公司由下降1.5个百分点变为上升2.4个百分点。

问题五:其他企业发展后劲不足。15家其他企业,每股净资产逐年增加只有5—6家,而且呈减少态势。2001年比2000年增加的有13家,2002年比2001年增加的为6家,这不利于上市公司的培植。

问题六:能显露资本、产品、技术优势的企业不多。从走访部分股份有限公司看,大多数企业都显现资金不足、产品竞争力差、技术设备工艺落后。能够显示资本、产品、技术优势的还是一些上市公司。从3年的对外投资收益可以体现出来,每年都有14—15家上市公司是有收益的,有5—6家收益在500万元以上。

五、江西股份有限公司发展思路

江西要在中部地区崛起,股份制经济要有大的发展,股份有限公司的有效作用要凸现出来。从全国国有及规模以上非国有工业企业看江西的股份有限公司,是非常落后的,按工业产值排序,江西是在第28位,湖南是第17位,湖北是第7位,河南是第12位,山西是第24位,安徽是第16位。因此,江西股份有限公司要发展,要改变在全国落后状况,我们认为:

1. 股份有限公司数量上要有突破。党的“十六”大和党的“十六”届三中全会都明确指出大力发展股份制经济,加快国有企业的改革。江西应从实际出发,因地制宜加快国有企业改革,能改制改造成股份有限公司的尽量改制改造成股份有限公司,在数量上要有增加,确保江西股份有限公司经济总量。当然,在增加数量时,还要注重质量,要按照建立现代企业制度要求来建立,防止名不副实和“拉郎配”行为。

2. 面对竞争,各级政府要加大政策扶持力度,为股份有限公司创造宽松的政策环境。实际上,我国加入WTO两年来,江西股份有限公司参与市场竞争越来越激烈,潜在影响已露端倪。因此,江西股份有限公司在融入全球经济一体化中,除自身努力外,还需要政府的大力支持和帮助,比如有些上市公司进入保税区、进入工业园区、土地征用、增配新股、出口退税等。尤其是,政府重点扶持拟上市公司,要帮助其解决企业办社会问题等,出台一些优惠政策,并狠抓落实,把每项工作都做到位,使拟上市公司如愿以偿,促进其发展。

3. 股份有限公司要敢于创新，要改变单一产业结构格局，走多元化投融资道路，实现集团化管理。从世界500强企业的发展之路我们不难悟出：创业初期产业结构比较单一，到产品、技术、资本形成了优势后，就走出区域，跨出行业，走多元化投资、多产业的道路，甚至利用国际资本实现跨国经营，把企业做强做大。江西有许多股份有限公司有产品、技术、资本优势，但往往由于对外投资认识不到位、意识不到位、束手束脚错失了许多做强做大的机会，发挥不出自身应有的优势。这两年来，江西有了日新月异的变化，尤其是工业园区成了江西经济新的亮点，这也为江西股份有限公司发展搭起了平台，江西股份有限公司应充分利用工业园区产业聚集的特点发挥优势，把企业做强做大。同时，也要面向全国，走向世界。

4. 股份有限公司要以人为本，以主导产品、主导技术为基础，打造企业核心竞争力。企业核心竞争力基本内涵是企业经过整合的知识与技能，包括：整合生产资料和社会资源的知识与技能；企业家个人的素质与创新能力；企业核心技术研发与应用的创新能力；企业经营者管理理念与实务的创新能力；企业管理制度设计与实施的创新能力。江西历来有物化天宝，人杰地灵之称。江西股份有限公司要紧扣时代旋律，弘扬井冈山精神，充分整合资源，以人为本，崇尚个人创造价值潜能，创建企业文化，树立企业团队精神。同时以主导产品、主导技术为基础，不断地开拓国内外市场，提高产品市场占有率，提升核心技术，打造出企业的核心竞争力。

（王建农　吴兴华）

附表 1

企业名称	2002 年		2001 年		2000 年	
	综合指数	位次	综合指数	位次	综合指数	位次
江西铜业股份有限公司	53.543	1	68.739	1	68.621	1
江西昌河汽车股份有限公司	32.879	2	36.406	3	16.778	4
江铃汽车股份有限公司	31.068	3	39.816	2	44.288	2
江西赣粤高速股份有限公司	22.335	4	19.557	5	19.17	3
华意压缩股份有限公司	9.66	5	8.062	12	6.823	11
诚志股份有限公司	9.556	6	7.318	14	5.929	14
三九宜工生化股份有限公司	9.218	7	11.377	7	10.07	8
江西联创光电股份有限公司	8.329	8	9.412	10	7.374	10
江西赣能股份有限公司	8.234	9	9.812	9	10.321	7
江西洪都航空工业股份有限公司	7.76	10	8.533	11	7.918	9
江西省发展信托投资股份有限公司	7.726	11	9.971	8	11.92	6
江西纸业股份有限公司	7.022	12	11.389	6	13.951	5
江西万年青水泥股份有限公司	6.339	13	7.445	13	6.178	13
安源实业股份有限公司	6.276	14	5.54	17	4.729	18
江西江中制药股份有限公司	5.39	15	30.468	4	5.675	15
南昌百货大楼股份有限公司	4.974	16				
昌九化工股份有限公司	4.644	17	5.609	16	6.449	12
九江化纤股份有限公司	4.555	18	5.862	15	5.483	16
清华泰豪科技股份有限公司	4.334	19	3.951	19	2.861	24
凤凰光学股份有限公司	4.12	20	5.442	18	4.736	17
南昌洪城大厦股份有限公司	4.089	21				
江西鑫新实业股份有限公司	3.868	22	3.51	22	3.658	19
新华金属制品股份有限公司	3.634	23	3.747	21	3.529	21
江西长力汽车弹簧股份有限公司	3.511	24	3.902	20	2.909	23
江西长运股份有限公司	2.854	25	2.255	25	1.98	25
江西三和电力股份有限公司	2.688	26	3.416	23	3.643	20
江西江铃齿轮股份有限公司	2.308	27				
江西黑猫炭黑股份有限公司	2.263	28				
江西赣南果业股份有限公司	1.81	29	3.031	24	3.035	22
江西洪城水业股份有限公司	1.727	30	2.012	27	1.001	32
江西南方稀土高技术股份有限公司	1.667	31	1.873	28	0.001	37
江西江联环保股份有限公司	1.296	32				
九江大中大(集团)股份有限公司	1.138	33				
江西博雅生物制药股份有限公司	1.136	34	1.454	30	1.55	29
井冈山旅游发展股份有限公司	0.594	35	0.799	34	0.81	33
江西金世纪新材料股份有限公司	0.525	36	0.738	35	0.796	34
赣州南河水电股份有限公司	0.225	37				

附表2

企业名称	2002年			2001年			2000年		
	第一层	第二层	第三层	第一层	第二层	第三层	第一层	第二层	第三层
江西铜业股份有限公司	1	0	0	1	0	0	1	0	0
江铃汽车股份有限公司	1	0	0	1	0	0	1	0	0
江西昌河汽车股份有限公司	1	0	0	1	0	0	1	0	0
江西江中制药股份有限公司	0	1	0	1	0	0	0	1	0
江西赣粤高速股份有限公司	1	0	0	1	0	0	1	0	0
江西纸业股份有限公司	0	1	0	1	0	0	1	0	0
三九宜工生化股份有限公司	1	0	0	1	0	0	1	0	0
江西省发展信托投资股份有限公司	0	1	0	1	0	0	1	0	0
江西赣能股份有限公司	1	0	0	1	0	0	1	0	0
江西联创光电股份有限公司	1	0	0	1	0	0	0	1	0
江西洪都航空工业股份有限公司	0	1	0	0	1	0	1	0	0
华意压缩股份有限公司	1	0	0	0	1	0	0	1	0
江西万年青水泥股份有限公司	0	1	0	0	1	0	0	1	0
诚志股份有限公司	1	0	0	0	1	0	0	1	0
九江化纤股份有限公司	0	1	0	0	1	0	0	1	0
昌九化工股份有限公司	0	1	0	0	1	0	0	1	0
南昌百货大楼股份有限公司	0	1	0						
安源实业股份有限公司	0	1	0	0	1	0	0	1	0
凤凰光学股份有限公司	0	1	0	0	1	0	0	1	0
南昌洪城大厦股份有限公司	0	1	0						
清华泰豪科技股份有限公司	0	1	0	0	1	0	0	0	1
江西长力汽车弹簧股份有限公司	0	0	1	0	1	0	0	0	1
新华金属制品股份有限公司	0	0	1	0	0	1	0	1	0
江西鑫新实业股份有限公司	0	0	1	0	1	0	0	1	0
江西三和电力股份有限公司	0	0	1	0	0	1	0	1	0
江西江铃齿轮股份有限公司	0	0	1						
江西黑猫炭黑股份有限公司	0	0	1						
江西赣南果业股份有限公司	0	0	1	0	0	1	0	0	1
江西长运股份有限公司	0	0	1	0	0	1	0	0	1
江西变压器科技股份有限公司	0	0	1	0	0	1	0	0	1
江西洪城水业股份有限公司	0	0	1	0	0	1	0	0	1
江西南方稀土高技术股份有限公司	0	0	1	0	0	1	0	0	1
江西江联环保股份有限公司	0	0	1						
九江大中大(集团)股份有限公司	0	0	1						
江西博雅生物制药股份有限公司	0	0	1	0	0	1	0	0	1
井冈山旅游发展股份有限公司	0	0	1	0	0	1	0	0	1
江西金世纪新材料股份有限公司	0	0	1	0	0	1	0	0	1
赣州南河水电股份有限公司	0	0	1						

注:“1”表示在此层,“0”表示不在此层。第一层综合实力最强(超出上市公司平均综合实力),第二层综合实力次之(超出37家股份有限公司平均综合实力,弱于上市公司平均综合实力),第三层综合实力最弱(弱于37家股份有限公司平均综合实力)。

4－1 股份有限公司主要经济指标

项　　目	单位	2001 年	2002 年	2003 年
股份有限公司单位数	个	37	37	37
# 上市公司单位数	个	18	22	23
股本合计	万股	883 040	898 090	919 289
# 国家股	万股	136 870	129 524	144 720
# 国有法人股	万股	396 431	390 781	392 864
# 人民币普通股	万股	167 162	202 927	211 527
资产总计	万元	4 216 766	4 337 944	4 984 036
# 固定资产合计	万元	1 760 280	1 972 356	2 413 092
# 流动资产合计	万元	2 098 740	1 974 422	2 212 611
存货	万元	462 034	535 909	671 061
无形资产及递延资产	万元	121 059	85 458	131 372
长期投资	万元	102 220	217 569	227 294
负债合计	万元	1 637 284	2 009 988	2 335 055
股东权益合计	万元	2 033 410	2 197 586	2 391 847
# 资本公积金	万元	1 011 263	1 049 711	1 082 859
# 未分配利润	万元	87 609	136 156	140 000
主营业务收入	万元	1 748 934	2 284 118	2 948 909
营业成本	万元	1 262 992	1 767 456	2 281 623
# 销售费用	万元	80 998	112 740	149 838
# 管理费用	万元	155 461	182 486	212 892
# 财务费用	万元	35 347	46 100	52 506
主营业务利润	万元	376 053	467 010	617 038
利润总额	万元	126 495	144 104	211 868
净利润	万元	104 110	100 629	163 332
营业利润	万元	117 902	130 556	213 533
投资收益	万元	10 470	4 150	1 413

4－2　上市公司主要财务指标

项　　　目	单　位	2001 年	2002 年	2003 年
上市公司单位数	个	18	22	23
A 股	只	18	22	23
B 股	只	1	1	1
H 股	只	1	1	1
上市公司股本合计	万股	757 384	824 618	839 837
# 国家股	万股	114 388	109 144	121 290
# 人民币普通股	万股	167 162	202 927	211 527
# 境内上市外资股	万股	34 400	34 400	34 400
# 境外上市外资股	万股	115 648	115 648	115 648
上市公司资产合计	万元	3 722 931	3 857 218	4 675 668
# 固定资产合计	万元	2 103 960	1 875 824	2 271 272
# 流动资产合计	万元	1 804 934	1 683 909	2 078 383
应收帐款	万元	188 740	239 361	287 309.00
存货	万元	400 952	483 947	626 917
无形资产	万元	95 630	78 545	124 031
速动资产	万元	787 812	735 756	1 049 237
长期投资	万元	94 077	144 040	201 489
负债合计	万元	1 353 570	1 662 098	2 154 438
流动负债	万元	934 880	1 172 421	1 611 843
长期负债	万元	411 592	442 301	534 668
股东权益合计	万元	1 848 954	2 064 992	2 279 473
资本公积金	万元	983 642	1 033 190	1 064 714
未分配利润	万元	68 731	136 148	139 988
主营业务收入	万元	1 491 157	1 974 322	2 774 633
营业成本	万元	1 108 569	1 512 090	2 152 140
# 销售费用	万元	65 314	109 065	139 809
# 管理费用	万元	141 116	174 640	194 568
# 财务费用	万元	25 280	42 136	47 602
利润总额	万元	101 797	124 295	199 290
净利润	万元	82 498	124 601	152 093
主营业务利润	万元	323 234	445 244	581 811
投资收益	万元	5 704	4 026	1 450

4－3　上市公司主要经济效益指标

项　　　　目	单　位	2001年	2002年	2003年
上市公司单位数	个	18	22	23
亏损面	%	11	5	17
盈利能力指标				
净资产收益率	%	5.22	5.27	2.48
净利润率	%	9.02	7.65	4.06
资本收益率	%	5.38	5.41	6.61
总资产周转率	次	0.53	0.54	0.69
固定资产周转率	次	1.4	1.47	2.51
偿债能力指标				
流动比率		2.27	1.87	1.62
速动比率		1.87	1.25	1.27
资产负债率	%	37	42	51
股东权益比率	%	58.51	55.81	80.33
应收帐款周转率	次	29.77	14.21	11.75
存货周转率	次	773.46	32.69	12.32
成长能力指标				
净利润增长率	%	-2.62	25.06	-816.7
总资产增长率	%	14.4	23.38	37.86
主营利润增长率	%	11.11	34.16	65.53
股东权益增长率	%	23.56	29.57	14.21
主营业务收入增长率	%	15.31	22.55	120.07
资本充足率	%	60	55	45
现金流量指标				
净利润现金含量		-1.17	8.02	1.42
经营活动产生的现金流入流出比		1.14	1.22	1.12
每股经营现金流量	元	0.24	0.36	0.31

4-4 各上市公司

<table>
<tr><th rowspan="2">公司名称</th><th colspan="3">资产总额</th><th colspan="3">固定资产总计</th></tr>
<tr><th>2001 年</th><th>2002 年</th><th>2003 年</th><th>2001 年</th><th>2002 年</th><th>2003 年</th></tr>
<tr><td>诚志股份有限公司</td><td>92 218</td><td>141 022</td><td>159 247</td><td>34 551</td><td>51 965</td><td>57 883</td></tr>
<tr><td>三九宜工生化股份有限公司</td><td>137 865</td><td>154 455</td><td>224 103</td><td>27 885</td><td>38 341</td><td>64 308</td></tr>
<tr><td>江西万年青水泥股份有限公司</td><td>104 128</td><td>115 956</td><td>160 347</td><td>48 561</td><td>70 065</td><td>103 889</td></tr>
<tr><td>华意压缩机股份有限公司</td><td>114 561</td><td>165 513</td><td>161 454</td><td>25 611</td><td>45 031</td><td>36 888</td></tr>
<tr><td>九江化纤股份有限公司</td><td>71 681</td><td>75 966</td><td>67 938</td><td>34 435</td><td>32 953</td><td>31 836</td></tr>
<tr><td>江西赣能股份有限公司</td><td>154 951</td><td>160 278</td><td>166 834</td><td>78 046</td><td>79 389</td><td>83 717</td></tr>
<tr><td>江西赣南果业股份有限公司</td><td>44 088</td><td>34 508</td><td>166 550</td><td>11 992</td><td>10 648</td><td>9 850</td></tr>
<tr><td>江铃汽车股份有限公司</td><td>366 664</td><td>358 190</td><td>380 233</td><td>166 819</td><td>166 978</td><td>162 549</td></tr>
<tr><td>江西铜业股份有限公司</td><td>846 015</td><td>882 314</td><td>1 016 925</td><td>571 706</td><td>657 007</td><td>685 497</td></tr>
<tr><td>凤凰光学股份有限公司</td><td>66 100</td><td>67 340</td><td>84 880</td><td>18 931</td><td>21 148</td><td>25 425</td></tr>
<tr><td>江西联创光电科技股份有限公司</td><td>110 232</td><td>126 254</td><td>154 688</td><td>35 247</td><td>49 759</td><td>64 548</td></tr>
<tr><td>江西洪都航空工业股份有限公司</td><td>125 283</td><td>137 429</td><td>136 722</td><td>14 383</td><td>13 537</td><td>27 956</td></tr>
<tr><td>江西昌河汽车股份有限公司</td><td>328 880</td><td>386 729</td><td>388 558</td><td>93 558</td><td>106 554</td><td>112 436</td></tr>
<tr><td>江西昌九生物化工股份有限公司</td><td>81 611</td><td>78 588</td><td>77 552</td><td>32 749</td><td>39 997</td><td>39 985</td></tr>
<tr><td>江西江中药业股份有限公司</td><td>63 927</td><td>74 078</td><td>98 694</td><td>16 510</td><td>24 503</td><td>48 626</td></tr>
<tr><td>新华金属制品股份有限公司</td><td>40 086</td><td>48 912</td><td>47 828</td><td>12 645</td><td>14 139</td><td>14 677</td></tr>
<tr><td>江西长力汽车弹簧股份有限公司</td><td>33 195</td><td>35 848</td><td>94 998</td><td>7 439</td><td>8 515</td><td>14 989</td></tr>
<tr><td>江西赣粤高速股份有限公司</td><td>408 497</td><td>439 706</td><td>639 113</td><td>348 993</td><td>334 406</td><td>557 646</td></tr>
<tr><td>江西纸业股份有限公司</td><td>145 819</td><td>155 241</td><td>113 060</td><td>20 818</td><td>36 791</td><td>30 337</td></tr>
<tr><td>泰豪科技股份有限公司</td><td>34 731</td><td>64 639</td><td>76 163</td><td>9 644</td><td>24 272</td><td>24 338</td></tr>
<tr><td>安源实业股份有限公司</td><td>54 544</td><td>107 542</td><td>147 522</td><td>17 023</td><td>28 148</td><td>42 331</td></tr>
<tr><td>江西长运股份有限公司</td><td>24 176</td><td>47 025</td><td>54 162</td><td>14 383</td><td>20 076</td><td>24 130</td></tr>
<tr><td>江西鑫新实业股份有限公司</td><td>41 297</td><td>56 593</td><td>70 605</td><td>9 140</td><td>8 993</td><td>15 026</td></tr>
</table>

主 要 财 务 指 标

单位:万元

流动资产			负债合计		
2001年	2002年	2003年	2001年	2002年	2003年
20 155	67 357	80 778	20 263	62 630	75 289
87 171	10 602	127 248	69 082	76 552	140 070
52 414	42 718	49 698	30 802	40 658	81 853
76 012	106 878	110 720	49 733	89 239	96 558
36 758	43 011	36 100	38 699	42 093	44 121
63 962	45 491	35 923	13 764	11 438	15 365
25 988	17 928	134 579	11 754	6 781	127 869
140 992	155 087	190 053	198 163	168 413	144 025
264 623	214 132	319 195	388 666	402 013	476 921
40 449	36 937	44 324	23 094	20 060	34 228
68 644	67 552	77 899	37 917	47 096	67 948
109 639	115 421	88 753	19 652	31 387	23 397
231 587	275 514	272 343	169 876	225 670	220 714
43 970	31 734	33 405	34 729	31 491	39 551
46 816	41 418	41 608	8 823	16 558	34 713
24 419	27 173	27 785	13 442	19 514	18 488
222 583	24 952	77 170	21 067	20 718	40 646
26 420	65 160	46 452	116 407	91 498	185 788
115 603	117 313	81 123	111 004	121 825	118 412
20 134	36 795	42 928	20 942	28 910	36 817
10 018	70 501	95 498	31 440	31 634	65 338
8 005	19 263	20 283	12 759	13 981	21 459
30 563	46 109	50 979	28 001	30 623	44 358

4－4　续表

公司全称	长期投资			股东权益		
	2001年	2002年	2003年	2001年	2002年	2003年
诚志股份有限公司	11 472	11 790	12 325	66 532	70 986	76 587
三九宜工生化股份有限公司	994	5 140	6 369	62 045	70 673	73 063
江西万年青水泥股份有限公司	3 000	2 994	5 913	71 441	73 281	76 431
华意压缩机股份有限公司	12 638	13 540	13 849	64 712	64 153	52 352
九江化纤股份有限公司				32 982	33 865	23 817
江西赣能股份有限公司	11 940	34 712	46 839	140 937	138 904	146 864
江西赣南果业股份有限公司	5 592	5 419	21 232	31 807	27 235	32 398
江铃汽车股份有限公司	952	1 509	1 889	161 636	181 813	225 886
江西铜业股份有限公司	561	561	1 920	457 280	474 230	525 163
凤凰光学股份有限公司		8 438	14 053	63 986	44 344	47 054
江西联创光电科技股份有限公司	5 232	6 811	6 607	60 110	62 733	67 485
江西洪都航空工业股份有限公司	1 261	7 294	18 063	105 632	106 042	112 745
江西昌河汽车股份有限公司		921	970	128 862	130 393	135 445
江西昌九生物化工股份有限公司	3 924	6 020	3 212	45 871	45 978	36 365
江西江中药业股份有限公司	70	7 142	7 047	52 356	54 970	58 755
江西赣粤高速股份有限公司	16 255	20 728	18 911	263 308	318 176	329 048
新华金属制品股份有限公司	2 150	6 834	4 632	26 644	29 398	29 340
江西纸业股份有限公司		1 138	1 600			
江西鑫新实业股份有限公司	254	219	185	13 013	25 691	25 933
泰豪科技股份有限公司	537	－572	5 010	13 707	33 056	36 863
江西长运股份有限公司	952	240	137	10 909	25 967	29 106
江西长力汽车弹簧股份有限公司	1 498	740	738	12 128	15 129	51 750
安源实业股份有限公司		838	887	23 104	71 685	76 739

单位:万元

主营业务收入			利润总额		
2001年	2002年	2003年	2001年	2002年	2003年
43 871	81 106	145 612	6 354	6 433	7 610
42 225	46 796	65 181	10 217	5 012	3 661
37 428	29 354	40 510	3 452	2 196	6 249
18 789	43 069	66 895	67	632	-10 803
22 510	24 857	28 162	-1 523	876	-10 048
49 537	51 554	56 808	6 995	4 674	9 176
12 623	9 839	215 505	722	934	9 281
337 907	427 087	509 490	10 116	34 592	53 563
299 579	332 707	542 090	30 165	17 334	53 765
31 360	34 044	53 137	4 169	2 608	3 573
63 235	74 535	86 511	4 356	7 286	8 307
44 168	51 685	51 954	6 343	7 450	7 891
322 847	437 298	415 051	8 526	12 133	8 643
33 703	30 202	41 441	2 971	486	-9 478
35 497	66 767	94 117	7 021	6 932	10 313
38 720	46 405	61 693	28 508	30 193	34 912
29 287	39 737	53 755	3 130	3 232	2 806
30 557	16 789	12 716	-29 925	-3 861	-7 188
33 783	32 394	39 065	1 594	1 153	860
33 041	38 193	49 494	2 432	2 864	4 174
12 145	10 886	13 760	3 356	4 371	6 130
34 895	52 717	65 553	3 123	4 371	6 129
40 575	40 780	48 586	6 684	6 804	7 199

公司代码	公司简称	公司全称
000550	江铃汽车	江铃汽车股份有限公司
000650	九江化纤	九江化纤股份有限公司
600782	新华股份	新华金属制品股份有限公司
000404	华意压缩	华意压缩机股份有限公司
000403	三九生化	三九宜工生化股份有限公司
600750	江中药业	江西江中药业股份有限公司
000899	赣能股份	江西赣能股份有限公司
000829	赣南果业	江西赣南果业股份有限公司
600053	江西纸业	江西纸业股份有限公司
600071	凤凰光学	凤凰光学股份有限公司
000789	江西水泥	江西万年青水泥股份有限公司
600228	昌九生化	江西省昌九生物化工股份有限公司
600316	洪都航空	江西洪都航空工业股份有限公司
600269	赣粤高速	江西赣粤高速公路股份有限公司
000990	诚志股份	诚志股份有限公司
600363	联创光电	江西联创光电科技股份有限公司
600372	昌河股份	江西昌河汽车股份有限公司
600362	江西铜业	江西铜业股份有限公司
600373	鑫新股份	江西鑫新实业股份有限公司
600561	江西长运	江西长运股份有限公司
600397	安源实业	安源实业股份有限公司
600590	泰豪科技	泰豪科技股份有限公司
600507	长力股份	江西长力汽车弹簧股份有限公司

上 市 公 司 概 况

公司办公地址	联系电话	邮政编码	上市日期
南昌市迎宾大道 509 号	0791 - 5232888	330001	1993. 12. 1
九江市庐山区蛤蟆石	0792 - 8315675	332017	1996. 12. 10
江西省新余市铁焦路	0790 - 6460888	338004	1996. 12. 25
江西省景德镇新东路 28 号	0798 - 8470237	333001	1996. 6. 19
深圳市福田区联合广场 A 座 35 层	0755 - 82911999 - 3909	518026	1996. 6. 28
南昌市福州路 347 号	0791 - 8515742	330077	1996. 9. 23
南昌市高新技术开发区火炬大街 199 号	0791 - 8109899	330029	1997. 11. 26
江西省赣州市红旗大道 20 号	0797 - 8117157	341000	1997. 12. 2
江西省南昌市董家窑 112 号	0791 - 8632392	330006	1997. 4. 18
江西省上绕市光学路 1 号	0793 - 8259547	334000	1997. 5. 26
南昌市高新开发区京东北大道万年青科技园	0791 - 8161011	330029	1997. 9. 23
南昌市北京东路	0791 - 8504560	330029	1999. 10. 19
南昌市新溪桥	0791 - 8467844	330024	2000. 12. 15
南昌市洪城路 508 号方兴大厦 6 楼	0791 - 6532505	330025	2000. 5. 18
南昌市北京西路 88 号江信国际大厦 21 楼	0791 - 6304746	330046	2000. 7. 6
南昌市高新技术开发区火炬大街 125 号	0791 - 8161878	330029	2001. 3. 29
江西省景德镇市东郊	0798 - 8448974	330002	2001. 7. 6
江西省贵溪市冶金大道 15 号	0701 - 377735	335424	2002. 1. 11
江西省上饶市南环路 2 号	0793 - 8238282	334000	2002. 3. 4
江西南昌市广场南路 118 号	0791 - 6298107	330003	2002. 7. 16
江西省萍乡市昭本东路 3 号	0799 - 6581363	337003	2002. 7. 2
南昌市高新技术开发区清华泰豪大厦	0791 - 8110590	330029	2002. 7. 3
南昌市高新技术产业开发区火炬大道 31 号	0791—8394025	330012	2003. 9. 30

附录

- 全国、华东及中部地区企业集团主要经济指标
- 华东及中部营业收入以及资产总额前十位企业集团名单(2001-2003年)
- 国家重点联系企业主要财务、劳动工资以及经济效益指标
- 部分企业优秀报告
- 主要统计指标解释

1－1 华东及中部地区企业集团主要财务指标

单位:亿元

类别	单位数（个）			资产总计		
	2001	2002	2003	2001	2002	2003
全 国	**2 710**	**2 627**	**2 692**	**128 045.1**	**142 538.27**	**170 169.93**
华东地区						
上海市	132	138	165	10 203.53	12 192.79	15 105.06
江苏省	179	181	178	4 107.89	5 164.37	6 105.16
浙江省	268	262	276	2 862.54	3 533.27	4 607.70
安徽省	70	70	64	1 395.67	1 542.89	1 820.58
福建省	245	228	239	1 504.44	1 652.95	1 987.12
江西省	37	48	48	784	825.81	874.85
山东省	339	229	292	7 067.18	5 585.1	6 548.35
中部地区						
山西省	44	39	45	1 533.94	1 577.75	2 092.04
河南省	118	112	108	1 992.07	2 116.1	2 480.11
湖北省	45	44	41	2 924.07	3 237.39	3 822.58
湖南省	40	38	39	744.23	748.8	911.82
安徽省	70	70	64	1 395.67	1 542.89	1 820.58
江西省	37	48	48	784	825.81	874.85

类别	累计折旧			累计对外投资		
	2001	2002	2003	2001	2002	2003
全 国	**26 016.4**	**29 830.36**	**34 201.03**	**8 489.55**	**9 197.04**	**9 649.79**
华东地区						
上海市	1 674.96	1 941.26	2 245.15	1 276.5	1 082.19	1 477.32
江苏省	452.39	521.45	605.63	339.9	585.52	575.29
浙江省	316.23	375.47	436.03	200.18	228.58	283.91
安徽省	243.16	284.41	336.21	173.28	105.53	96.54
福建省	165.8	180.92	221.15	143.79	169.03	181.40
江西省	177.44	183.65	184.46	20.79	41.33	24.20
山东省	757.81	821.31	925.81	235.62	293.77	295.40
中部地区						
山西省	380.77	433.06	518.26	47.14	40.93	109.96
河南省	408.52	462.39	513.74	67.89	64.24	60.39
湖北省	546.6	603.9	574.23	63.01	72.01	59.50
湖南省	134.44	144.1	160.23	44.49	55.07	66.30
安徽省	243.16	284.41	336.21	173.28	105.53	96.54
江西省	177.44	183.65	184.46	20.79	41.33	24.20

1-1 续表1 单位:亿元

类别	流动资产年平均余额			负债合计		
	2001	2002	2003	2001	2002	2003
全 国	**53 629.35**	**66 377.78**	**67 930.14**	**74 414.47**	**82 588.84**	**102 421.13**
华东地区						
上海市	4 953.06	13 844.2	6 528.38	6 008.85	6 836.41	8 793.83
江苏省	2 080.07	2 572.95	2 796.72	2 367.4	2 980.86	3 694.74
浙江省	1 528.7	1 804.27	2 357.93	1 643.32	2 078.28	2 875.45
安徽省	522.56	579.54	655.71	731.21	838.56	1 057.24
福建省	745	845.46	989.74	906.31	981.39	1 114.58
江西省	307.17	364.13	380.62	482.78	511.09	565.79
山东省	2 216.77	2 507.09	2 990.66	3 136.13	3 484.8	4 114.64
中部地区						
山西省	585.21	591.77	760.24	924.61	898.71	1 194.88
河南省	868.41	872.28	1 038.75	1 227.44	1 253.49	1 515.89
湖北省	943.31	1 025.73	1 163.20	1 633.5	1 822.34	2 026.21
湖南省	311.92	316.24	353.38	418.87	430.58	532.49
安徽省	522.56	579.54	655.71	731.21	838.56	1 057.24
江西省	307.17	364.13	380.62	482.78	511.09	565.79

类别	股东权益与少数股东权益总计			主营业务收入		
	2001	2002	2003	2001	2002	2003
全 国	**53 630.65**	**59 947.19**	**67 748.79**	**63 734.21**	**75 138.4**	**97 384.94**
华东地区						
上海市	4 194.68	5 356.38	6 311.23	5 348.53	6 932.27	9 373.97
江苏省	1 740.49	2 183.51	2 410.42	3 501.19	4 514.5	5 622.28
浙江省	1 219.22	1 454.98	1 732.25	2 785.19	3 667.56	5 129.32
安徽省	664.46	704.33	763.33	650.53	769.67	1 098.43
福建省	598.14	671.56	872.54	937.59	1 036.29	1 399.19
江西省	301.22	314.71	309.06	381.55	460.89	602.75
山东省	1 931.05	2 100.3	2 433.72	4 039.45	4 555.75	5 771.05
中部地区						
山西省	306.33	679.05	897.16	574.39	671.75	1 018.60
河南省	764.62	862.61	964.22	996.07	1 121.06	1 525.25
湖北省	1 290.57	1 415.06	1 796.37	1 173.5	1 388.04	1 940.44
湖南省	325.36	318.22	379.33	442.21	455.03	587.27
安徽省	664.46	704.33	763.33	650.53	769.67	1 098.43
江西省	301.22	314.71	309.06	381.55	460.89	602.75

1－1 续表2 单位:亿元

类别	出口额			投资收益		
	2001	2002	2003	2001	2002	2003
全国	**5 404.01**	**6 286.05**	**7 538.19**	**549.8**	**889.59**	**647.53**
华东地区						
上海市	492.59	542.84	832.68	104.18	110.2	157.23
江苏省	545.78	644.31	787.26	24.03	24.51	32.53
浙江省	479.86	576.05	677.68	19.86	21.99	27.90
安徽省	60.88	64.52	86.23	5.1	2.79	0.50
福建省	213.64	248.27	269.00	10.17	6.54	10.99
江西省	16.2	18.01	26.66	1.19	1.09	0.87
山东省	432.25	467.12	582.08	19.31	24.96	25.49
中部地区						
山西省	81.6	76.68	74.59	1.31	0.6	2.14
河南省	63.74	87.49	119.46	3.22	4.06	4.45
湖北省	33.92	34.16	51.08	2.58	3.14	4.29
湖南省	30.26	27.15	42.59	3.18	2.78	2.96
安徽省	60.88	64.52	86.23	5.1	2.79	0.50
江西省	16.2	18.01	26.66	1.19	1.09	0.87

类别	利润总额			固定资产投资完成额			研究开发费用		
	2001	2002	2003	2001	2002	2003	2001	2002	2003
全国	**3 209.94**	**4 178.88**	**5 548.74**	**5 450.35**	**6 890.19**	**11 231.99**	**669.13**	**806.67**	**905.29**
华东地区									
上海市	152.55	332.87	577.92	204.49	443.39	673.70	61.33	65.09	68.38
江苏省	162.23	190.18	249.33	181.9	228.81	460.32	33.02	46.49	56.21
浙江省	155.31	206.8	292.57	165.53	201.52	274.27	20.83	25.74	45.04
安徽省	22.92	29.8	74.90	62.38	119.65	175.99	11.6	15.42	11.03
福建省	28.02	43.66	78.05	37.1	37.67	82.09	6.21	5.69	8.26
江西省	6.03	11.39	18.12	33.73	44.91	57.21	2.52	4.06	5.15
山东省	168.77	201.41	259.46	264.61	359.73	569.89	90.51	91.91	101.61
中部地区									
山西省	14.34	15.13	40.64	59.58	119	125.40	3.82	8.24	8.14
河南省	34.69	50.64	79.30	73.98	86.32	173.00	1.55	11.93	14.92
湖北省	60.02	96.39	142.85	230.16	272.77	261.50	17.29	24.94	30.18
湖南省	21.93	20.77	30.34	27.82	43.3	86.30	7.71	4.56	6.02
安徽省	22.92	29.8	74.90	62.38	119.65	175.99	11.6	15.42	11.03
江西省	6.03	11.39	18.12	33.73	44.91	57.21	2.52	4.06	5.15

1－2　华东及中部地区企业集团主要劳动指标

类　　别	年末从业人员数（万人）			在岗职工数（万人）		
	2001	2002	2003	2001	2002	2003
全　国	**2 574.43**	**2 517.91**	**2 585.48**	**2 369.84**	**2 327.89**	**2 387.16**
华东地区						
上海市	130.84	133.09	143.71	114.8	115.08	120.16
江苏省	104.23	117.06	121.95	99.86	112.37	115.80
浙江省	74.82	82.24	103.74	72.75	80.19	99.00
安徽省	56.49	56.6	56.79	55.26	55.87	55.46
福建省	39.53	39.28	44.81	38.72	38.3	43.90
江西省	35.23	35.24	32.68	33.49	34.1	30.77
山东省	177.78	168.37	169.50	170.56	159.3	161.77
中部地区						
山西省	67.86	61.91	69.27	66.02	59.95	68.09
河南省	90.2	84.42	85.44	88.51	83.66	84.13
湖北省	52.47	51.11	48.80	51.93	49.74	46.12
湖南省	23.99	22.5	22.30	23.09	21.66	22.04
安徽省	56.49	56.6	56.79	55.26	55.87	55.46
江西省	35.23	35.24	32.68	33.49	34.1	30.77

类　　别	年末从业人员人员劳动报酬总额(亿元)			在岗职工劳动报酬(亿元)		
	2001	2002	2003	2001	2002	2003
全　国	**3 651.7**	**4 069.7**	**4 960.73**	**3 508.47**	**3 860.26**	**4 695.95**
华东地区						
上海市	261.26	300.08	379.23	242.97	277.66	345.77
江苏省	133.66	173.78	194.11	131.14	170.72	188.40
浙江省	107.55	127.21	174.21	104.8	124.49	167.92
安徽省	54.61	65.91	74.41	54.04	65.45	73.46
福建省	48.34	52.76	65.87	47.56	51.67	64.93
江西省	34.53	40.69	40.09	33.22	39.94	38.17
山东省	177.01	187.48	208.65	171.51	180.03	201.29
中部地区						
山西省	65.73	71.09	95.75	64.92	70.17	94.94
河南省	79.65	85.11	98.39	78.38	84.68	97.60
湖北省	70.06	80.69	116.22	69.68	78.38	109.28
湖南省	29.35	31.56	37.17	28.29	31.02	36.87
安徽省	54.61	65.91	74.41	54.04	64.45	73.46
江西省	34.53	40.69	40.09	33.22	39.94	38.17

1－3　华东及中部地区企业集团主要经济效益指标

单位:%

类　别	资产负债率			劳动生产率(万元/人)			销售利润率		
	2001	2002	2003	2001	2002	2003	2001	2002	2003
全　国	**58.12**	**57.94**	**60.19**	**26**	**30.63**	**38.71**	**4.89**	**5.42**	**5.54**
华东地区									
上海市	58.89	56.07	58.22	41.69	53.24	66.46	2.8	4.7	6.05
江苏省	57.63	57.72	60.52	34.52	39.65	48.05	4.51	4.1	4.26
浙江省	57.41	58.82	62.41	38.13	45.54	50.48	5.44	5.52	5.59
安徽省	52.39	54.35	58.07	11.88	14.03	19.75	3.41	3.75	6.68
福建省	60.24	59.37	56.09	24.05	26.71	31.63	2.95	4.16	5.51
江西省	61.58	61.89	64.67	11.25	13.4	18.83	1.52	2.41	2.94
山东省	61.89	62.39	62.83	23.48	27.87	35.09	4.04	4.29	4.36
中部地区									
山西省	60.28	56.96	57.12	9.05	11.69	15.46	2.34	2.09	3.79
河南省	61.62	59.24	61.12	11.61	13.86	18.59	3.31	4.33	4.99
湖北省	55.86	56.29	53.01	22.85	27.71	40.40	5.01	6.81	7.24
湖南省	56.28	57.5	58.40	18.65	20.46	26.56	4.9	4.51	4.12
安徽省	52.39	54.35	58.07	11.88	14.03	19.75	3.41	3.75	6.68
江西省	61.58	61.89	64.67	11.25	13.4	18.83	1.52	2.41	2.94

类　别	成本费用利润率			资产利税率			总资产使用率		
	2001	2002	2003	2001	2002	2003	2001	2002	2003
全　国	**5.35**	**6.22**	**6.13**	**4.99**	**5.89**	**5.89**	**49.77**	**52.71**	**57.23**
华东地区									
上海市	2.87	5.12	6.74	3.03	5.19	6.12	52.42	56.86	62.06
江苏省	4.85	4.42	4.65	6.58	6.13	6.53	85.23	87.42	92.09
浙江省	5.93	5.99	6.01	8.86	9.26	9.86	97.3	103.8	111.32
安徽省	3.61	4.11	7.38	4.44	4.89	7.21	46.61	49.88	60.33
福建省	3.1	4.48	5.91	4	4.58	6	62.32	62.69	70.41
江西省	1.32	2.54	3.14	3.58	4.64	5.55	48.67	55.81	68.9
山东省	4.33	4.67	4.79	7.24	7.4	7.89	79.72	81.57	88.13
中部地区									
山西省	2.65	2.46	4.42	3.72	4.05	5.37	37.45	42.58	48.69
河南省	3.65	4.77	5.59	5.35	6.15	7.53	50	52.98	61.5
湖北省	5.53	7.69	7.98	4.78	6.13	7.14	40.13	42.88	50.76
湖南省	5.2	4.78	5.44	5.8	6.17	6.74	59.42	60.77	64.41
安徽省	3.61	4.11	7.38	4.44	4.89	7.21	46.61	49.88	60.33
江西省	1.32	2.54	3.14	3.58	4.64	5.55	48.67	55.81	68.9

1－3 续表

类别	流动资产比率			长期负债与资产总计比率			研究开发费用与主营业务收入比率		
	2001	2002	2003	2001	2002	2003	2001	2002	2003
全国	**41.88**	**46.57**	**39.92**	**18.08**	**18.81**	**18.60**	**1.05**	**1.07**	**0.93**
华东地区									
上海市	48.54	113.54	43.22	14.94	16.28	16.27	1.15	0.94	0.73
江苏省	50.64	49.82	45.81	10.04	11.65	12.83	0.94	1.03	1
浙江省	53.4	51.07	51.17	8.6	8.58	9.69	0.75	0.7	0.88
安徽省	37.44	37.56	36.02	15.75	15.4	16.88	1.78	2	1
福建省	49.52	51.15	49.81	10.33	10.21	8.19	0.66	0.55	0.59
江西省	39.18	44.09	43.51	15.38	14.19	15.84	0.66	0.88	0.85
山东省	44.59	44.89	45.67	16.25	14.88	13.91	2.24	2.02	1.76
中部地区									
山西省	38.15	37.51	36.34	23.1	18.1	18.05	0.66	1.23	0.8
河南省	43.59	41.22	41.88	18.23	14.87	13.53	1.16	1.06	0.98
湖北省	32.26	31.68	30.43	26.31	25.09	23.34	1.47	1.8	1.56
湖南省	41.91	42.23	38.76	12.15	11.83	15.00	1.74	1	1.03
安徽省	37.44	37.56	36.02	15.75	15.4	16.88	1.78	2	1
江西省	39.18	44.09	43.51	15.38	14.19	15.84	0.66	0.88	0.85

类别	资金利润率			净资产收益率			总资产报酬率		
	2001	2002	2003	2001	2002	2003	2001	2002	2003
全国	**3.16**	**3.46**	**4.27**	**4.01**	**5.68**	**5.9**	**3.68**	**4.1**	**4.23**
华东地区									
上海市	1.98	1.94	5.64	2.51	5.69	7.01	2.56	3.68	4.60
江苏省	4.88	4.73	5.57	7.12	7.93	7.73	5.01	4.7	5.21
浙江省	6.73	7.64	8.49	9.73	12.4	12.71	6.71	7.04	7.54
安徽省	2.13	2.45	5.33	2.62	3.6	7.75	2.78	3.15	5.13
福建省	2.42	3.45	5.12	3.11	5.49	7.05	3.23	3.98	5.01
江西省	0.97	1.68	2.69	0.73	3.25	4.19	2.23	2.73	3.29
山东省	4.25	4.63	5.1	5.87	7.53	7.6	4.67	5.02	5.18
中部地区									
山西省	1.13	1.12	2.46	1.45	1.15	3.11	1.98	3.44	3.08
河南省	2.13	2.95	4	2.17	4.15	5.4	3.43	4.04	4.78
湖北省	3.24	4.95	5.66	3.38	6.62	6.44	3.09	3.86	4.40
湖南省	3.86	3.59	4.62	5.05	6.86	5.46	4.12	4.03	4.48
安徽省	2.13	2.45	5.33	2.62	3.6	7.75	2.78	3.15	5.13
江西省	0.97	1.68	2.69	0.73	3.25	4.19	2.23	2.73	3.29

1－4 华东以及中部地区营业收入前十位企业集团情况

（2001－2003 年） 单位：万元

企业名称		营业收入			资产总计		
		2001	2002	2003	2001	2002	2003
上海							
1	上海宝钢集团公司	7 166 751	7 779 236	12 106 533	16 258 539	15 675 490	17 209 003
2	上海汽车工业（集团）总公司	4 538 221	7 234 743	9 785 633	3 889 488	5 965 192	7 544 732
3	中国太平洋保险（集团）股份有限公司	2 288 513	3 515 926	4 836 729	3 916 142	6 795 515	9 161 697
4	上海百联（集团）有限公司			4 344 765			2 934 522
5	中国华源集团有限公司	1 086 774	3 222 644	4 222 782	1 872 883	3 661 250	4 172 523
6	上海电气（集团）总公司	2 747 712	3 339 759	3 279 025	6 439 577	6 011 751	6 977 866
7	中国海运（集团）总公司	1 723 179	2 168 978	2 748 631	2 964 104	3 720 955	4 160 576
8	上海复星高科技（集团）有限公司			2 717 462			3 683 504
9	上海烟草（集团）公司		1 631 000	2 686 435		2 123 895	2 699 438
10	东方国际（集团）有限公司	1 237 163	2 116 676	2 466 341	1 087 800	4 829 757	1 270 493
江苏							
1	熊猫电子集团	2 120 500	1 638 895	2 631 987	1 552 559	1 441 428	2 039 969
2	江苏沙钢集团有限公司	1 155 121	1 456 060	2 043 103	1 019 209	1 447 053	2 034 928
3	南京钢铁集团	1 152 591	1 473 385	1 865 038	1 413 360	1 616 795	1 627 058
4	春兰集团	1 283 775	1 618 017	1 656 265	2 039 351	2 026 023	1 896 779
5	徐州工程机械集团有限公司	630 966	924 543	1 509 109	502 431	586 464	657 754
6	苏宁电器集团	491 696	846 316	1 240 582	181 629	150 217	215 342
7	华芳集团有限公司	458 348	512 511	1 145 901	203 391	351 673	654 605
8	江苏华西集团公司	456 927	686 993	1 136 916	308 239	3 811 936	744 621
9	江苏悦达集团	203 911	316 974	1 071 698	783 103	854 629	1 026 941
10	江苏小天鹅集团有限公司	746 516	1 110 250	1 059 659	708 388	628 042	805 673
浙江							
1	浙江物产集团	1 045 910	1 823 499	2 804 580	617 144	745 406	1 189 002
2	浙江省兴合集团	1 087 548	1 329 294	1 569 547	556 346	634 769	825 473
3	杭州钢铁集团公司		972 266	1 526 636		1 092 872	1 409 851
4	万向集团	864 345	1 185 844	1 524 959	1 030 749	1 129 119	1 283 386
5	宁波电子信息集团		674 360	1 365 372		478 611	498 170
6	横店集团	803 233	946 427	1 217 695	899 517	1 137 163	1 298 984
7	杭州娃哈哈集团	759 138	883 023	1 022 767	477 248	593 141	666 131
8	雅戈尔集团	566 124	692 367	1 014 067	510 565	713 364	1 018 728
9	正泰集团	605 578	805 886	1 011 738	203 005	229 523	308 358
10	浙江省建设投资集团		702 840	994 631		451 893	552 392
安徽							
1	安徽马钢集团	1 062 451	1 120 833	1 636 816	2 111 970	2 124 790	3 072 124
2	安徽海螺集团	453 563	708 532	1 263 227	858 074	1 193 657	1 688 686
3	安徽省徽商集团			1 016 075			369 958
4	铜陵有色金属集团	697 412	714 277	875 647	901 945	944 177	1 237 693
5	安徽江淮汽车集团	304 165	515 967	654 484	275 282	349 101	427 938
6	淮南矿业集团	385 643	569 930	614 680	1 381 771	1 494 053	1 510 466
7	淮北矿业集团	419 901	489 049	527 855	951 560	1 005 305	1 105 456
8	安徽丰原集团	122 184	165 549	313 865	518 946	767 388	844 434
9	皖能集团	86 390	155 158	260 541	7 149 462	963 320	1 071 216
10	合肥荣事达集团	148 230	152 835	215 162	307 119	303 451	304 748

1－4　续表1　　单位：万元

企业名称		营业收入			资产总计		
		2001	2002	2003	2001	2002	2003
福建							
1	厦门建发集团	1 014 926	1 165 835	1 311 030	1 178 059	1 196 124	1 458 445
2	福建省汽车工业集团	468 422	561 003	1 168 369	318 497	365 158	646 134
3	福建省冶金(控股)有限责任公司	263 808	259 403	793 549	335 175	425 940	997 767
4	厦门国贸集团	203 641	343 688	533 490	166 362	226 949	373 163
5	厦门厦工集团	150 342	235 307	373 361	226 850	277 275	394 863
6	福建省轻纺(控股)有限责任公司	173 676	245 925	372 409	348 165	475 887	694 594
7	福建建工集团	188 548	207 299	292 785	401 627	442 758	481 575
8	福建省煤炭工业集团	182 637	242 264	286 266	222 185	355 437	581 716
9	福建龙工集团		155 452	274 558		55 807	113 870
10	厦门象屿集团	150 694	168 079	260 494	135 513	186 775	279 602
江西							
1	江西省冶金集团公司	1 019 470	1 296 922	1 465 158	1 473 906	1 589 679	1 603 689
2	江西铜业集团公司	485 926	652 571	1 089 504	1 209 035	1 262 298	1 376 645
3	江铃汽车集团公司	459 256	578 031	733 701	584 736	656 461	913 753
4	江西省煤炭集团公司	190 482	219 180	260 520	426 264	536 613	714 608
5	昌河飞机工业(集团)有限责任公司	344 415	453 996	441 564	522 683	636 638	701 690
6	江西洪都航空工业集团有限责任公司	138 327	167 429	170 103	397 642	438 941	514 356
7	江西省医药集团公司	330 162	326 880	334 178	378 483	355 548	422 157
8	江西省石化集团公司	138 427	82 105	95 555	551 438	407 542	394 727
9	江西省纺织集团公司	141 623	134 881	155 678	314 755	331 895	336 669
10	江西省电子集团公司	109 703	123 410	136 898	300 386	308 052	333 622
山东							
1	海尔集团	6 025 556	7 105 280	8 064 840	2 645 702	3 460 369	3 398 562
2	海信集团	1 621 455	1 939 456	2 220 454	581 911	672 876	705 666
3	中国重型汽车集团有限公司		1 028 289	1 533 022		961 108	1 354 942
4	兖矿集团	1 125 861	1 456 764	1 526 214	2 284 601	2 618 090	2 959 038
5	济南钢铁集团	882 130	940 861	1 446 486	1 115 666	1 350 558	1 669 019
6	莱芜钢铁集团	653 108	750 629	1 318 731	1 146 344	1 324 410	1 649 514
7	青岛钢铁集团	666 192	794 251	1 295 890	626 085	729 942	836 106
8	山东魏桥创业集团		521 492	1 146 673		697 562	1 504 144
9	青岛凯联集团	880 577	735 758	860 411	1 147 788	1 049 286	1 168 949
10	山东时风集团	517 696	694 261	853 185	140 370	184 757	217 738
山西							
1	太原钢铁集团	1 214 100	1 471 006	2 233 547	2 371 108	2 438 891	2 685 512
2	山西焦煤集团有限责任公司	538 615	724 439	1 081 591	2 255 852	2 346 496	2 988 908
3	大同煤矿集团有限责任公司	708 942	855 704	942 212	1 473 352	1 561 962	1 702 126
4	阳煤集团	289 316	351 876	601 896	867 694	975 571	1 407 339
5	山西海鑫钢铁集团有限公司	203 804	276 135	512 291	250 816	428 214	532 713
6	山西晋城无烟煤矿业集团有限责任公司	176 975	313 250	457 011	734 584	1 113 990	1 209 125
7	山西建筑工程(集团)总公司	248 114	323 176	398 549	480 881	478 388	546 200
8	长治钢铁集团	192 531	235 247	340 192	262 399	276 339	376 978
9	山西国际电力集团有限公司			330 371			1 732 543
10	山西潞安矿业集团	169 909	273 352	323 143	568 898	644 527	728 316

1－4　续表2　　　　　　单位:万元

企业名称		营业收入			资产总计		
		2001	2002	2003	2001	2002	2003
河南							
1	安阳钢铁集团	690 946	819 767	1 264 775	994 374	1 013 859	1 196 867
2	河南省漯河市双汇实业集团	709 714	855 768	1 221 934	304 354	416 018	555 868
3	平顶山煤业集团	587 303	641 061	784 148	1 021 501	1 175 112	1 250 058
4	河南安彩集团	370 031	559 749	678 015	990 390	1 067 100	1 293 086
5	中国第一拖拉机工程机械集团	291 780	359 151	551 163	781 997	801 684	794 268
6	郑州宇通集团	169 490	290 262	422 036	200 598	244 857	554 380
7	许继集团	253 000	346 025	421 961	582 023	751 097	889 104
8	洛阳伊川电力集团	96 791	173 147	406 114	320 104	573 312	645 333
9	许昌卷烟总厂			369 482			398 875
10	中国神马集团	207 933	242 404	275 489	706 913	660 961	656 623
湖北							
1	东风汽车公司	4 011 321	5 336 972	9 652 947	5 109 650	5 814 372	9 054 754
2	武汉钢铁(集团)公司	1 920 970	2 122 083	2 946 268	4 478 843	4 690 366	4 668 957
3	中国长江航运集团	688 085	687 800	994 486	1 474 346	1 571 177	1 779 328
4	武汉烟草集团	540 359	591 825	555 370	391 435	456 584	621 808
5	中国葛洲坝水利水电工程集团	430 000	500 000	550 000	765 000	820 000	1 150 000
6	湖北鄂城钢铁集团	310 326	369 769	484 300	331 332	354 295	404 434
7	中国长江三峡工程开发总公司	161 653	170 663	394 103	8 407 512	10 314 753	12 977 645
8	武汉中百集团	130 970	222 437	352 078	144 687	195 673	247 011
9	武汉武商集团	223 468	289 488	346 859	327 897	363 712	370 431
10	三环集团	236 743	320 525	288 135	306 242	357 896	424 670
湖南							
1	湖南华菱钢铁集团有限责任公司	1 016 812	1 135 254	1 576 360	1 728 609	2 002 000	2 661 147
2	湖南出版集团	373 279	447 310	508 742	372 963	407 251	445 085
3	长丰集团	216 998	292 629	497 756	192 770	256 000	430 838
4	湖南物资产业集团有限公司	206 418	282 568	400 198	293 313	325 564	391 064
5	株洲冶炼集团有限责任公司			328 747			348 830
6	岳阳林纸集团	158 822	157 105	215 418	298 701	426 368	701 809
7	湖南友谊阿波罗股份有限公司	173 466	178 967	195 438	82 686	99 764	113 221
8	湖南省轻工盐业集团	121 855	119 872	151 688	131 549	137 297	164 186
9	湖南唐人神集团			141 396			57 936
10	湖南华天实业集团有限公司	122 538	136 686	135 765	270 973	294 888	331 897

2－1 国家重点联系企业单位数及注册资本

（2003年） 单位：万元

类型	企业数（个）	注册资本金				
		合计	国家资本	法人资本	个人资本	外商资本
总计	**11**	**944 969**	**588 686**	**211 395**	**29 240**	**115 648**
一、按控股情况分						
国有绝对控股	10	678 565	588 686	83 639	6 240	
国有相对控股	1	266 404		127 756	23 000	115 648
二、按主营行业分						
农、林、牧、渔业						
工业	9	822 822	541 807	136 127	29 240	115 648
采矿业						
制造业	9	822 822	541 807	136 127	29 240	115 648
电力、燃气及水的生产和供应业						
建筑业						
交通运输、仓储和邮政业						
批发和零售业	1	75 268		75 268		
租赁和商务服务业	1	46 879	46 879			
三、按登记注册类型分						
国有企业	3	129 148	53 880	75 268		
国有独资企业	4	156 572	156 572			
其他有限责任公司	1	342 127	342 127			
股份有限公司	2	50 718	36 107	8 371	6 240	
中外合资企业						
港澳台合资企业	1	266 404		127 756	23 000	115 648
四、按企业规模分						
大型	8	884 509	542 837	203 024	23 000	115 648
中型	3	60 460	45 849	8 371	6 240	
小型						
其他						
五、按三次产业分						
第一产业						
第二产业	9	822 822	541 807	136 127	29 240	115 648
第三产业	2	122 147	46 879	75 268		
六、按重点企业类型分						
520户国家重点企业	6	161 219	146 608	8 371	6 240	
原512户国家重点企业	4	441 623	99 951	203 024	23 000	115 648
省级重点企业						
现企国家百户试点企业	1	342 127	342 127			
现企省级试点企业						
国家试点企业集团母公司						

2－2　国家重点联系企业主要财务指标

（2003 年）　　　　　　　　　　　　　　　　单位：万元

类　　　型	年末资产 总　计	固定资产 原　价	累计折旧	本年折旧
总　　计	**3 264 867**	**2 338 229**	**976 070**	**96 291**
一、按控股情况分				
国有绝对控股	2 247 941	1 173 589	447 551	56 362
国有相对控股	1 016 926	1 164 640	528 519	39 929
二、按主营行业分				
农、林、牧、渔业				
工业	2 985 923	2 253 606	950 029	92 554
采矿业				
制造业	2 985 923	2 253 606	950 029	92 554
电力、燃气及水的生产和供应业				
建筑业				
交通运输、仓储和邮政业				
批发和零售业	88 604	77 181	24 268	3 179
租赁和商务服务业	190 340	7 442	1 773	558
三、按登记注册类型分				
国有企业	458 380	270 807	74 554	6 277
国有独资企业	612 009	162 945	50 228	－14 061
其他有限责任公司	874 488	627 915	297 284	59 082
股份有限公司	303 064	111 922	25 485	5 064
中外合资企业				
港澳台合资企业	1 016 926	1 164 640	528 519	39 929
四、按企业规模分				
大型	2 891 057	2 156 610	927 772	89 502
中型	373 810	181 619	48 298	6 789
小型				
其他				
五、按三次产业分				
第一产业				
第二产业	2 985 923	2 253 606	950 029	92 554
第三产业	278 944	84 623	26 041	3 737
六、按重点企业类型分				
520 户国家重点企业	933 926	382 687	100 357	10 445
原 512 户国家重点企业	1 456 453	1 327 627	578 429	26 764
省级重点企业				
现企国家百户试点企业	874 488	627 915	297 284	59 082
现企省级试点企业				
国家试点企业集团母公司				

2-2 续表1

单位:万元

类型	无形资产	累计对外投资	本年对外投资	长期投资
总计	**158 003**	**216 653**	**32 866**	**318 827**
一、按控股情况分				
国有绝对控股	147 790	198 277	21 366	316 907
国有相对控股	10 213	18 376	11 500	1 920
二、按主营行业分				
农、林、牧、渔业				
工业	157 542	138 105	32 708	144 901
采矿业				
制造业	157 542	138 105	32 708	144 901
电力、燃气及水的生产和供应业				
建筑业				
交通运输、仓储和邮政业				
批发和零售业	194	4 962	158	4 790
租赁和商务服务业	267	73 586		169 136
三、按登记注册类型分				
国有企业	10 467	36 740	6 469	34 265
国有独资企业	4 973	135 909	3 969	254 096
其他有限责任公司	131 013	19 946	5 246	19 946
股份有限公司	1 337	5 682	5 682	8 600
中外合资企业				
港澳台合资企业	10 213	18 376	11 500	1 920
四、按企业规模分				
大型	156 115	210 971	27 184	310 204
中型	1 888	5 682	5 682	8 623
小型				
其他				
五、按三次产业分				
第一产业				
第二产业	157 542	138 105	32 708	144 901
第三产业	461	78 548	158	173 926
六、按重点企业类型分				
520户国家重点企业	12 428	111 046	11 993	207 234
原512户国家重点企业	14 562	85 661	15 627	91 647
省级重点企业				
现企国家百户试点企业	131 013	19 946	5 246	19 946
现企省级试点企业				
国家试点企业集团母公司				

2－2　续表2　　　　单位:万元

类　　型	短期投资	存　货	流动资产年平均余额	应收帐款
总　　计	**10 645**	**421 966**	**1 164 189**	**223 647**
一、按控股情况分				
国有绝对控股	9 922	191 200	897 525	198 292
国有相对控股	723	230 766	266 664	25 355
二、按主营行业分				
农、林、牧、渔业				
工业	10 645	418 784	1 115 438	219 939
采矿业				
制造业	10 645	418 784	1 115 438	219 939
电力、燃气及水的生产和供应业				
建筑业				
交通运输、仓储和邮政业				
批发和零售业		3 182	28 682	3 708
租赁和商务服务业			20 069	
三、按登记注册类型分				
国有企业	9 750	28 029	158 798	28 705
国有独资企业	20	42 021	245 263	43 473
其他有限责任公司		104 963	308 613	41 061
股份有限公司	152	16 187	184 851	85 053
中外合资企业				
港澳台合资企业	723	230 766	266 664	25 355
四、按企业规模分				
大型	10 473	400 291	958 935	135 293
中型	172	21 675	205 254	88 354
小型				
其他				
五、按三次产业分				
第一产业				
第二产业	10 645	418 784	1 115 438	219 939
第三产业		3 182	48 751	3 708
六、按重点企业类型分				
520 户国家重点企业	9 922	46 522	355 439	113 351
原 512 户国家重点企业	723	270 481	500 137	69 235
省级重点企业				
现企国家百户试点企业		104 963	308 613	41 061
现企省级试点企业				
国家试点企业集团母公司				

2-2 续表3

单位:万元

类　　　　型	年末负债合计	流动负债	年末股东(所有者)权益合计	股　本(实收资本)
总　　计	**1 881 458**	**1 376 343**	**1 383 409**	**938 494**
一、按控股情况分				
国有绝对控股	1 404 537	1 155 551	843 404	672 090
国有相对控股	476 921	220 792	540 005	266 404
二、按主营行业分				
农、林、牧、渔业				
工业	1 790 621	1 311 267	1 195 302	841 789
采矿业				
制造业	1 790 621	1 311 267	1 195 302	841 789
电力、燃气及水的生产和供应业				
建筑业				
交通运输、仓储和邮政业				
批发和零售业	20 615	20 612	67 989	49 826
租赁和商务服务业	70 222	44 464	120 118	46 879
三、按登记注册类型分				
国有企业	277 174	182 801	181 206	103 706
国有独资企业	338 678	249 981	273 331	177 218
其他有限责任公司	513 432	470 359	361 056	340 448
股份有限公司	275 253	252 410	27 811	50 718
中外合资企业				
港澳台合资企业	476 921	220 792	540 005	266 404
四、按企业规模分				
大型	1 554 455	1 087 610	1 336 602	878 034
中型	327 003	288 733	46 807	60 460
小型				
其他				
五、按三次产业分				
第一产业				
第二产业	1 790 621	1 311 267	1 195 302	841 789
第三产业	90 837	65 076	188 107	96 705
六、按重点企业类型分				
520户国家重点企业	653 784	495 386	280 142	161 219
原512户国家重点企业	714 242	410 598	742 211	436 827
省级重点企业				
现企国家百户试点企业	513 432	470 359	361 056	340 448
现企省级试点企业				
国家试点企业集团母公司				

2－2　续表4　　单位:万元

类　　型	营业收入	主营业务收入	主营业务成本	主营业务税金及附加
总　计	**1 883 729**	**1 822 841**	**1 498 256**	**11 550**
一、按控股情况分				
国有绝对控股	1 337 980	1 280 752	1 067 391	7 971
国有相对控股	545 749	542 089	430 865	3 579
二、按主营行业分				
农、林、牧、渔业				
工业	1 709 685	1 697 987	1 379 174	10 828
采矿业				
制造业	1 709 685	1 697 987	1 379 174	10 828
电力、燃气及水的生产和供应业				
建筑业				
交通运输、仓储和邮政业				
批发和零售业	125 800	124 854	119 082	722
租赁和商务服务业	48 244			
三、按登记注册类型分				
国有企业	267 891	266 829	223 354	1 691
国有独资企业	160 510	109 012	89 819	138
其他有限责任公司	802 183	797 985	703 363	5 409
股份有限公司	107 396	106 926	50 855	733
中外合资企业				
港澳台合资企业	545 749	542 089	430 865	3 579
四、按企业规模分				
大型	1 746 692	1 687 490	1 421 290	10 736
中型	137 037	135 351	76 966	814
小型				
其他				
五、按三次产业分				
第一产业				
第二产业	1 709 685	1 697 987	1 379 174	10 828
第三产业	174 044	124 854	119 082	722
六、按重点企业类型分				
520户国家重点企业	327 372	277 326	181 238	1 783
原512户国家重点企业	754 174	747 530	613 655	4 358
省级重点企业				
现企国家百户试点企业	802 183	797 985	703 363	5 409
现企省级试点企业				
国家试点企业集团母公司				

2－2 续表5 单位:万元

类型	新产品销售收入	出口销售总额	存货跌价损失和营业、管理、财务等费用合计	税金
总计	**109 492**	**84 381**	**226 573**	**9 480**
一、按控股情况分				
国有绝对控股	109 492	27 586	179 978	7 386
国有相对控股		56 795	46 595	2 094
二、按主营行业分				
农、林、牧、渔业				
工业	109 492	84 381	215 946	5 634
采矿业				
制造业	109 492	84 381	215 946	5 634
电力、燃气及水的生产和供应业				
建筑业				
交通运输、仓储和邮政业				
批发和零售业			7 008	3 758
租赁和商务服务业			3 619	88
三、按登记注册类型分				
国有企业			40 740	4 531
国有独资企业	69 695	15 015	29 690	295
其他有限责任公司	39 797	2 371	56 517	2 098
股份有限公司		10 200	53 031	462
中外合资企业				
港澳台合资企业		56 795	46 595	2 094
四、按企业规模分				
大型	94 935	74 142	169 007	8 966
中型	14 557	10 239	57 566	514
小型				
其他				
五、按三次产业分				
第一产业				
第二产业	109 492	84 381	215 946	5 634
第三产业			10 627	3 846
六、按重点企业类型分				
520户国家重点企业	14 557	10 239	94 917	1 375
原512户国家重点企业	55 138	71 771	75 139	6 007
省级重点企业				
现企国家百户试点企业	39 797	2 371	56 517	2 098
现企省级试点企业				
国家试点企业集团母公司				

2-2 续表6

单位:万元

类　　　　型	存货跌价损失和营业、管理、财务等费用合计			
	劳动、待业保险费	职工教育费	广告费	利息支出
总　　计	**18 976**	**1 700**	**29 053**	**45 898**
一、按控股情况分				
国有绝对控股	13 485	1 295	29 034	29 895
国有相对控股	5 491	405	19	16 003
二、按主营行业分				
农、林、牧、渔业				
工业	17 701	1 558	29 018	42 926
采矿业				
制造业	17 701	1 558	29 018	42 926
电力、燃气及水的生产和供应业				
建筑业				
交通运输、仓储和邮政业				
批发和零售业	804	109	35	33
租赁和商务服务业	471	33		2 939
三、按登记注册类型分				
国有企业	2 859	124	67	8 624
国有独资企业	2 427	240	118	6 695
其他有限责任公司	7 626	858	2	8 523
股份有限公司	573	73	28 847	6 053
中外合资企业				
港澳台合资企业	5 491	405	19	16 003
四、按企业规模分				
大型	17 993	1 626	195	38 175
中型	983	74	28 858	7 723
小型				
其他				
五、按三次产业分				
第一产业				
第二产业	17 701	1 558	29 018	42 926
第三产业	1 275	142	35	2 972
六、按重点企业类型分				
520 户国家重点企业	3 509	122	28 890	19 253
原 512 户国家重点企业	7 841	720	161	18 122
省级重点企业				
现企国家百户试点企业	7 626	858	2	8 523
现企省级试点企业				
国家试点企业集团母公司				

2-2 续表7

单位:万元

类型	投资收益	上交税金 合计	应交所得税	应缴增值税
总计	**3 015**	**176 229**	**44 015**	**111 184**
一、按控股情况分				
国有绝对控股	4 765	115 807	14 914	85 536
国有相对控股	-1 750	60 422	29 101	25 648
二、按主营行业分				
农、林、牧、渔业				
工业	2 769	168 902	43 931	108 509
采矿业				
制造业	2 769	168 902	43 931	108 509
电力、燃气及水的生产和供应业				
建筑业				
交通运输、仓储和邮政业				
批发和零售业	236	6 516	84	1 952
租赁和商务服务业	10	811		723
三、按登记注册类型分				
国有企业	446	22 306	3 233	12 851
国有独资企业	4 048	3 556	16	3 107
其他有限责任公司	365	75 856	7 544	60 805
股份有限公司	-94	14 089	4 121	8 773
中外合资企业				
港澳台合资企业	-1 750	60 422	29 101	25 648
四、按企业规模分				
大型	3 109	160 696	39 878	101 116
中型	-94	15 533	4 137	10 068
小型				
其他				
五、按三次产业分				
第一产业				
第二产业	2 769	168 902	43 931	108 509
第三产业	246	7 327	84	2 675
六、按重点企业类型分				
520户国家重点企业	126	32 134	7 286	21 690
原512户国家重点企业	2 524	68 239	29 185	28 689
省级重点企业				
现企国家百户试点企业	365	75 856	7 544	60 805
现企省级试点企业				
国家试点企业集团母公司				

2－2　续表8

单位:万元

类　　型	其他业务收　入	利润总额	营业外收入	固定资产投资完成额	研究开发费　用
总　　计	**60 888**	**82 956**	**2 650**	**230 858**	**23 710**
一、按控股情况分					
国有绝对控股	57 228	29 191	2 575	156 274	23 599
国有相对控股	3 660	53 765	75	74 584	111
二、按主营行业分					
农、林、牧、渔业					
工业	11 698	81 776	2 613	228 675	23 638
采矿业					
制造业	11 698	81 776	2 613	228 675	23 638
电力、燃气及水的生产和供应业					
建筑业					
交通运输、仓储和邮政业					
批发和零售业	946		37	1 440	72
租赁和商务服务业	48 244	1 180		743	
三、按登记注册类型分					
国有企业	1 062	2 347	566	8 837	1 840
国有独资企业	51 498	3 379	760	37 613	21 439
其他有限责任公司	4 198	20 808	1 193	107 484	201
股份有限公司	470	2 657	56	2 340	119
中外合资企业					
港澳台合资企业	3 660	53 765	75	74 584	111
四、按企业规模分					
大型	59 202	82 612	2 584	223 644	23 485
中型	1 686	344	66	7 214	225
小型					
其他					
五、按三次产业分					
第一产业					
第二产业	11 698	81 776	2 613	228 675	23 638
第三产业	49 190	1 180	37	2 183	72
六、按重点企业类型分					
520户国家重点企业	50 046	3 871	595	15 354	1 993
原512户国家重点企业	6 644	58 277	862	108 020	21 516
省级重点企业					
现企国家百户试点企业	4 198	20 808	1 193	107 484	201
现企省级试点企业					
国家试点企业集团母公司					

2－3　国家重点联系企业从业人员指标

单位：人

类　　型	从业人员人数	在岗职工	其他从业人员	研究开发人员
总　　计	**76 416**	**75 046**	**1 370**	**3 088**
一、按控股情况分				
国有绝对控股	63 506	62 136	1 370	3 008
国有相对控股	12 910	12 910		80
二、按主营行业分				
农、林、牧、渔业				
工业	73 375	72 259	1 116	3 085
采矿业				
制造业	73 375	72 259	1 116	3 085
电力、燃气及水的生产和供应业				
建筑业				
交通运输、仓储和邮政业				
批发和零售业	2 285	2 031	254	3
租赁和商务服务业	756	756		
三、按登记注册类型分				
国有企业	8 862	8 141	721	135
国有独资企业	20 130	19 985	145	1 968
其他有限责任公司	29 752	29 752		847
股份有限公司	4 762	4 258	504	58
中外合资企业				
港澳台合资企业	12 910	12 910		80
四、按企业规模分				
大型	68 752	67 886	866	2 708
中型	7 664	7 160	504	380
小型				
其他				
五、按三次产业分				
第一产业				
第二产业	73 375	72 259	1 116	3 085
第三产业	3 041	2 787	254	3
六、按重点企业类型分				
520 户国家重点企业	14 997	14 026	971	512
原 512 户国家重点企业	31 667	31 268	399	1 729
省级重点企业				
现企国家百户试点企业	29 752	29 752		847
现企省级试点企业				
国家试点企业集团母公司				

2－3　续表　　单位:万元

类　　型	从业人员劳动报酬	在岗职工劳动报酬	其他从业人员劳动报酬	研究开发人员劳动报酬
总　　计	**122 062**	**120 762**	**1 300**	**5 629**
一、按控股情况分				
国有绝对控股	95 092	93 792	1 300	5 551
国有相对控股	26 970	26 970		78
二、按主营行业分				
农、林、牧、渔业				
工业	115 878	114 882	996	5 620
采矿业				
制造业	115 878	114 882	996	5 620
电力、燃气及水的生产和供应业				
建筑业				
交通运输、仓储和邮政业				
批发和零售业	5 366	5 062	304	9
租赁和商务服务业	818	818		
三、按登记注册类型分				
国有企业	10 141	9 579	562	220
国有独资企业	30 805	30 651	154	3 606
其他有限责任公司	48 795	48 795		1 627
股份有限公司	5 351	4 767	584	98
中外合资企业				
港澳台合资企业	26 970	26 970		78
四、按企业规模分				
大型	113 642	112 926	716	5 190
中型	8 420	7 836	584	439
小型				
其他				
五、按三次产业分				
第一产业				
第二产业	115 878	114 882	996	5 620
第三产业	6 184	5 880	304	9
六、按重点企业类型分				
520 户国家重点企业	14 013	13 171	842	650
原 512 户国家重点企业	59 254	58 796	458	3 352
省级重点企业				
现企国家百户试点企业	48 795	48 795		1 627
现企省级试点企业				
国家试点企业集团母公司				

2-4 国家重点联系企业主要经济效益指标

（2003年） 单位:%

类型	净资产收益率	总资产报酬率	销售利润率	资本保值增值率
总计	**2.81**	**3.95**	**4.40**	**100.75**
一、按控股情况分				
国有绝对控股	1.69	2.63	2.18	93.63
国有相对控股	4.57	6.86	9.85	114.33
二、按主营行业分				
农、林、牧、渔业				
工业	3.17	4.18	4.78	95.88
采矿业				
制造业	3.17	4.18	4.78	95.88
电力、燃气及水的生产和供应业				
建筑业				
交通运输、仓储和邮政业				
批发和零售业	-0.12	0.04		93.08
租赁和商务服务业	0.98	2.16	2.45	225.20
三、按登记注册类型分				
国有企业	-0.49	2.39	0.88	96.06
国有独资企业	1.23	1.65	2.11	98.24
其他有限责任公司	3.67	3.35	2.59	102.38
股份有限公司	-5.26	2.87	2.47	34.22
中外合资企业				
港澳台合资企业	4.57	6.86	9.85	114.33
四、按企业规模分				
大型	3.20	4.18	4.73	105.33
中型	-8.10	2.16	0.25	44.96
小型				
其他				
五、按三次产业分				
第一产业				
第二产业	3.17	4.18	4.78	95.88
第三产业	0.58	1.49	0.68	148.84
六、按重点企业类型分				
520户国家重点企业	-1.22	2.48	1.18	102.60
原512户国家重点企业	3.92	5.25	7.73	99.31
省级重点企业				
现企国家百户试点企业	3.67	3.35	2.59	102.38
现企省级试点企业				
国家试点企业集团母公司				

2－4　续表1

单位:%

类　　型	劳动生产率（万元/人）	成本费用利润率	资产利税率	总资产使用率
总　　计	**24.65**	**4.81**	**6.30**	**55.83**
一、按控股情况分				
国有绝对控股	21.07	2.34	5.46	56.97
国有相对控股	42.27	11.26	8.16	53.31
二、按主营行业分				
农、林、牧、渔业				
工业	23.30	5.13	6.74	56.87
采矿业				
制造业	23.30	5.13	6.74	56.87
电力、燃气及水的生产和供应业				
建筑业				
交通运输、仓储和邮政业				
批发和零售业	55.05		3.02	140.91
租赁和商务服务业	63.81	32.61	1.00	
三、按登记注册类型分				
国有企业	30.23	0.89	3.68	58.21
国有独资企业	7.97	2.83	1.08	17.81
其他有限责任公司	26.96	2.74	9.95	91.25
股份有限公司	22.55	2.56	4.01	35.28
中外合资企业				
港澳台合资企业	42.27	11.26	8.16	53.31
四、按企业规模分				
大型	25.41	5.19	6.73	58.37
中型	17.88	0.26	3.00	36.21
小型				
其他				
五、按三次产业分				
第一产业				
第二产业	23.30	5.13	6.74	56.87
第三产业	57.23	0.91	1.64	44.76
六、按重点企业类型分				
520户国家重点企业	21.83	1.40	2.93	29.69
原512户国家重点企业	23.82	8.46	6.27	51.33
省级重点企业				
现企国家百户试点企业	26.96	2.74	9.95	91.25
现企省级试点企业				
国家试点企业集团母公司				

2－4　续表2　　　　单位:%

类　　型	流动资产比率	资金利润率	资产负债率	长期负债与资产总计比　率
总　　计	**35.66**	**3.28**	**57.63**	**15.47**
一、按控股情况分				
国有绝对控股	39.93	1.80	62.48	11.08
国有相对控股	26.22	5.96	46.90	25.19
二、按主营行业分				
农、林、牧、渔业				
工业	37.36	3.38	59.97	16.05
采矿业				
制造业	37.36	3.38	59.97	16.05
电力、燃气及水的生产和供应业				
建筑业				
交通运输、仓储和邮政业				
批发和零售业	32.37		23.27	
租赁和商务服务业	10.54	4.58	36.89	13.53
三、按登记注册类型分				
国有企业	34.64	0.66	60.47	20.59
国有独资企业	40.08	0.94	55.34	14.49
其他有限责任公司	35.29	3.26	58.71	4.93
股份有限公司	60.99	0.98	90.82	7.54
中外合资企业				
港澳台合资企业	26.22	5.96	46.90	25.19
四、按企业规模分				
大型	33.17	3.78	53.77	16.15
中型	54.91	0.10	87.48	10.24
小型				
其他				
五、按三次产业分				
第一产业				
第二产业	37.36	3.38	59.97	16.05
第三产业	17.48	1.10	32.56	9.24
六、按重点企业类型分				
520户国家重点企业	38.06	0.61	70.00	16.96
原512户国家重点企业	34.34	4.66	49.04	20.85
省级重点企业				
现企国家百户试点企业	35.29	3.26	58.71	4.93
现企省级试点企业				
国家试点企业集团母公司				

2－4　续表3　　单位:%

类　　　型	已获利息倍　　数（倍）	流动比率	速动比率	新产品销售收入与营业收入比率
总　　计	**2.81**	**84.59**	**53.93**	**5.81**
一、按控股情况分				
国有绝对控股	1.98	77.67	61.12	8.18
国有相对控股	4.36	120.78	16.26	
二、按主营行业分				
农、林、牧、渔业				
工业	2.91	85.07	53.13	6.40
采矿业				
制造业	2.91	85.07	53.13	6.40
电力、燃气及水的生产和供应业				
建筑业				
交通运输、仓储和邮政业				
批发和零售业	1.00	139.15	123.71	
租赁和商务服务业	1.40	45.14	45.14	
三、按登记注册类型分				
国有企业	1.27	86.87	71.54	
国有独资企业	1.50	98.11	81.30	43.42
其他有限责任公司	3.44	65.61	43.30	4.96
股份有限公司	1.44	73.23	66.82	
中外合资企业				
港澳台合资企业	4.36	120.78	16.26	
四、按企业规模分				
大型	3.16	88.17	51.36	5.44
中型	1.04	71.09	63.58	10.62
小型				
其他				
五、按三次产业分				
第一产业				
第二产业	2.91	85.07	53.13	6.40
第三产业	1.40	74.91	70.02	
六、按重点企业类型分				
520户国家重点企业	1.20	71.75	62.36	4.45
原512户国家重点企业	4.22	121.81	55.93	7.31
省级重点企业				
现企国家百户试点企业	3.44	65.61	43.30	4.96
现企省级试点企业				
国家试点企业集团母公司				

从电子集团公司发展现状探讨我省省属集团公司发展的思路和对策

自我省提出在中部地区崛起的奋斗目标后，全省上下在省委、省政府的正确领导下，以邓小平理论和“三个代表”重要思想为指导，全面贯彻十六大、十六届三中全会和省第十一次党代会精神，按照“以大开放为主战略、以体制创新和科技创新为强动力”的思路，坚持“以工业化带动信息化，以信息促进工业化，加快江西工业崛起”的战略，积极面对国际国内发展环境的变化，努力克服各种不利因素的影响，采取了一系列积极、稳健和务实的重要措施，避免了大起大落，始终保持了我省经济持续健康的增长，使我省改革开放和现代建设不断发展，取得辉煌成就。

一、电子集团的基本情况

（一）江西省电子集团公司形成。党的十四届三中全会和党的十五大根据企业集团和国际贯例，适时地在决定中指出：发展一批以公有制为主体，以产权联结为主要纽带的跨地区、跨行业、跨所有制和跨国经营的大型企业集团，发挥其在促进结构调整、提高规模效益、加强新技术、新产品开发、增强国际竞争能力等方面的重要作用，为今后我国企业集团的发展指明了方向。根据这一精神，为了培植一批产业关联度高、经济效益好、支撑作用大的企业集团，促进产业结构升级，增强江西企业的竞争力，省委、省政府决定按照建立社会主义市场经济的要求，抓住机遇，加快改革开放和技术进步的步伐，大力调整产业、产品结构和企业组织结构，对原工业厅局进行改制，组建九大工业集团公司，作为江西工业发展的重点，以带动全省经济的持续、快速、健康发展。经省人民政府批准原江西省电子工业局改制为江西省电子工业总公司和江西省电子集团公司，行业职能归江西省电子工业总公司，江西省电子集团公司负责经营省政府授权的国有资产，电子集团公司成为法人经济实体。

（二）电子集团公司发展现状

1. 主要经济指标增长情况。2003 年 12 月 31 日止，集团公司资产总计 33.36 亿元，比 2002 年增长 4.79%，近五年年平均增长 12.47%；实现销售收入 13.6 亿元，比 2002 年增长 10.6%，近五年年平均增长 23.15%；实现利税总额 1.14 亿元，比 2002 年增长 22.74%，近五年年平均增长 94.96%；完成工业总产值（现价）15.55 亿元，比 2002 年增长 10.48%，近五年年平均增长 25.07%；完成工业增加值 4.87 亿元，比 2002 年增长 4.25%，近五年年平均增长 29.14%；净资产 14.05 亿元，比 2002 年增长 4.26%，近五年年平均增长 49.44%；2003 年资产负债率为 51.73%。

电子集团公司近五年发展情况表

单位：亿元

	1999 年		2000 年		2001 年		2002 年		2003 年	
	金额	同比增减（%）	金额	同比增减（%）	金额	同比增减（%）	金额	同比增减（%）	金额	同比增减（%）
工业总产值（现价）	8.12	54.08	11.33	39.53	12.85	13.42	13.55	5.45	15.55	14.76
工业增加值	1.85	10.12	3.8	105.4	3.92	11.68	4.39	11.99	4.87	10.93
销售收入	6.26	24.95	9.66	54.3	10.88	12.63	12.29	12.96	13.6	10.66
利税总额	0.6	400	0.64	28	0.58	-9.38	0.93	60.34	1.14	22.58
利润总额	0.09	由亏转盈	0.15	66.67	0.06	-60	0.34	466.7	0.52	52.94

2. 电子集团公司在全省规模以上经济中的情况。电子集团改制为企业后，经过近几年的发展，日益壮大，经济效益稳步提高，经济运行质量全面好转，竞争实力增强，但其在全省规模以上经济中的比重反而下降，在调查中发现此种情况在省属大多集团同样存在，是省属大多集团的共性，同时也充分说明两个问题：一是全省经济发展速度全面加快，大环境为企业发展创造了条件；二是在全省经济快速发展的情况下，电子集

团的发展速度低于全省平均发展速度。面对十分严峻的形势，要把省属集团公司打造成江西支柱产业的路还很长，任务很重，要始终坚持发展为第一要务，以市场为导向，改进管理模式，推进资本市场的运作，使省属集团的发展迈上新的台阶。

江西省电子集团在全省规模以上生产企业情况表 单位：亿元

	2000年			2001年			2002年			2003年		
	集团金额	全省金额	比例%	集团金额	全省金额	比例%	集团金额	全省金额	比例%	集团金额	全省金额	比例%
收入	9.66	860.83	1.12	10.88	958.1	1.14	12.29	1143.3	1.07	13.6	1489.22	0.91
增加值	3.8	269.81	1.41	3.92	286	1.37	4.39	362.68	1.21	4.87	440.31	1.11
利润	0.15	14.77	1.02	0.06	14.19	0.42	0.34	23.1	1.47	0.52	52.11	0.1
税金	0.49	64.79	0.76	0.52	75.95	0.68	0.59	86.36	13.46	0.62	104.47	0.59
利税	0.64	79.56	0.8	0.58	90.14	0.64	0.93	109.46	0.85	1.14	156.58	0.73

3. 电子集团在全国电子企业、电子百强企业中的情况。电子集团作为我省的大公司，与我省其它集团一样其规模和发展速度均有提高，但省属大多集团与电子集团一样在全国同行业中的比重趋于下降，这说明以下问题：一是我国信息产业发展速度非常快，规模非常大，以2000年为基数三年翻了一番；二是电子集团发展的速度小于电子百强企业平均发展速度，小于全国电子企业发展速度；三大公司发展越来越快，经济规模继续向优势企业集中，人才资源向优势企业流动，竞争能力增强；四大公司出口逐年增加，参与国际竞争意识和能力增强。面对形势，结合我省实际，使我们切实感到加快经济发展的紧迫感和忧患意识，切实感到我省集团做大做强的迫切。

电子集团公司与电子百强企业、全国电子信息企业情况表 单位：亿元

		销售收入	利税	利润总额	出口交货值
1999年	电子集团公司	6.26	0.5	0.09	1.73
	电子百强企业	3040	260	185	485
	全国电子企业	4302	330	200	1254
	集团占百强比（%）	0.21	0.19	0.05	0.36
	集团占全国电子企业比（%）	0.15	0.15	0.05	0.14
2000年	电子集团公司	9.95	0.64	0.15	1.99
	电子百强企业	4442	423	269	916
	全国电子企业	6041	588	396	2193
	集团占百强比（%）	0.22	0.15	0.06	0.22
	集团占全国电子企业比（%）	0.16	0.11	0.04	0.09
2001年	电子集团公司	11.5	0.58	0.06	2.46
	电子百强企业	4980	430	253	870
	全国电子企业	11186	812	567	4356
	集团占百强比（%）	0.23	0.13	0.02	0.28
	集团占全国电子企业比（%）	0.1	0.07	0.01	0.06

2002 年	电子集团公司	12.5	0.93	0.34	2.7
	电子百强企业	5719	492	238	1178
	全国电子企业	13423	823	576	6091
	集团占百强比(%)	0.22	0.19	0.14	0.23
	集团占全国电子企业比(%)	0.09	0.11	0.06	0.04
2003 年	电子集团公司	13.9	1.14	0.52	3
	电子百强企业	6847	479	257	1528
	全国电子企业	18800	1000	700	8222
	集团占百强比(%)	0.2	0.24	0.2	0.2
	集团占全国电子企业比(%)	0.07	0.11	0.07	0.04

二、电子集团发展的主要成效

(一)以产品为龙头,整合集团资产,突出主业。1999 年集团以产品为龙头对集团所属的优质资产进行了优化调整,运用市场经济的方式和手段进一步整合资源,为充分发展壮大主业,组建江西联创光电科技股份有限公司,该公司于 2000 年 6 月在上交所成功上市发行股票,为集团拓展融资渠道,发展主业创造了条件。

(二)积极进行资产债务重组,推动了集团资产存量的流动,提高了资产利用效率,增强了集团的实力。由于历史原因,集团公司所属企业债务都很繁重,为了减轻企业债务负担,加快企业发展,集团从实际出发,从 1999 年起做了大量的、卓有成效的资产债务重组工作。2000 年集团用相当于债务 20% 现金置换了所属企业所欠资产管理公司的债务,同时所属企业在债务重组方面成效显著。至 2004 年 4 月止,集团各企业用不多的现金和其他固定资产累计置换债务 30000 万元,减轻了集团债务负担,有力推动了集团资产的流动,提高了资产的利用率,同时也极大增强了集团的实力。

(三)坚持"一手抓撤退,一手抓进攻",全力推进集团企业内部改革改制。一手抓撤退,主要是做好集团困难企业的退出,妥善安置职工,解决好企业与金融部门的债务。859 厂、南光仪表厂、计算机二厂等单位的职工安置工作已完成,职工身份已置换;834 厂通过用土地变现资金偿还银行债务,并与银行解除所有债务担保问题,为企业全部退出解决了法律难题。一手抓进攻,主要是做大做强联创光电公司,使其成为中国光电产业基地,在省内具有较大影响,在国内具有相当规模的高科技企业。

(四)加快科技园的建设,提高了企业竞争力。为了实施大公司战略,做大做强集团公司,集团于 2002 年 3 月开工建设联创光电科技园,该科技园现已投入生产使用。标志着集团三个基地(南昌、吉安、厦门)的形成,产业布局调整完成;也标志着以新型电子元器件为主,通信设备和信息服务为两翼的产品结构调整基本完成。树立了集团的形象,提高了竞争力。

(五)以财务管理为中心,加强企业各项基础工作管理,全面提高企业经营管理水平。集团以财务管理为中心,把财务管理作为企业管理的核心来抓,全面推行预算制度,最大限度量化各项工作,建立适应市场要求的灵活的、高效的经营管理模式,使企业管理水平逐步提高。

三、省属集团公司在发展过程中存在的问题

随着我省经济的快速发展,电子集团得到了长足的发展,电子集团的管理水平,技术创新,技改投入,产业结构,产业布局,发展战略均上了一个台阶,但在发展过程中仍有一些亟待解决的制约集团快速发展的因素存在。经调查研究,发现制约电子集团快速发展的因素也是我省省属集团公司发展过程中存在的迫切需要解决的问题。

(一)省属集团组成方面的问题

1. 省属大部分集团公司没有建立起以产权为纽带的母子公司管理体制,仍为松散型集团,内聚力和控制力较差。省属大部分集团公司仍为一个管理机构,对所属的企业的管理仍以管理经营者为主,没有真正建立以资本为纽带,以产品为龙头的紧密型母子公司体制,集团内聚力差。同时大部分集团没有具体的资本运营功能、投融资功能、科技开发功能和对外贸易及合作的功能,在发展战略决策、重大投融资决策、财务管理决策和经济技术合作决策上控制力弱，不利于集团形成产业链，不利于集团产业结构的优化升级。

2. 大部分省属集团公司所属企业中强有力的骨干企业少，难形成强有力的凝聚力和带动作用。企业集团必须要有强有力的骨干企业形成支撑，并能形成以产品为龙头，辐射相关企业，带动整个集团其它企业同步发展。大部分省属集团核心企业规模有限，企业的辐射带动功能不强，集团企业之间的凝聚力较弱，不利于集团协调发展。

3. 省属集团改制重组企业债务仍很重、人员包袱未从根本解决，迅速扩大生产困难。由于省属集团是由原政府职能部门改制过来的，所属企业仍为原管理企业，并不是按强强联合组建。在这些企业中生产经营状况比较好的企业很少，大多是设备比较落后，债务多，持续亏损，人员包袱重，承担的社会职能多，有的还存在隐性债务及连带责任。人员过剩现象普遍存在，对这些企业需投入的改革成本高，而现行体制限制了省属集团资金筹集，置换职工身份困难重重。有些企业尽管理产品有市场，但由于负担重，生产资金缺乏，扩大生产很难。

4. 省属集团公司发展战略不明确，市场定位不清，产品关联度低，形不成规模经济，增加了经营风险，不利于集团长远发展。企业集团要主业突出，实力雄厚，能在全盛全国市场上占有一席之地，具有带动配套产品或相关产业共同发展的能力。因省属集团是由管理部门改制过来的，集团有相当企业是要退出的困难企业，使集团过多关注企业退出，对资源整合关心不够，使集团主业不突出，产业链未形成，专业化协作程度低，有时为了企业稳定拖累优势企业，长此以往导致竞争力下降，增加了集团经营风险。

5. 省属集团公司除江铜公司外规模均不大，产业协作程度不高，配套产品滞后，产业链难形成。省属集团经近几年的发展有所壮大，但规模不大，产销能力在全国同行业中排位不前；省属集团所属企业的协作程度不高，产业配套不足，难形成产业链，制约了省属集团朝主业突出方向发展，不利于集团形成聚集效益，增加了集团经营风险。

（二）省属集团运作方面的问题

1. 省属集团母公司设置不规范，职能不明确，不适应集团化管理。省属九大工业集团由原政府管理部门改制成集团母公司，虽属管理型母公司，但其管理手段基本上仍是原行政管理办法，缺乏集团化管理手段，集团内部整体协作关系理不顺；同时九大集团名义上是一个集团母公司，但实际母公司是一个空壳，没有实体，设置不规范，职能不明确，管理跟不上现象，没有开展实际性的集团宏观协调工作，母公司只是合并一下报表。

2. 省属集团公司现代企业制度建立缓慢，决策、执行、监督不规范，没有真正建立有效的法人治理结构。省属集团在转换经营机制方面进行了积极探索，利用各种政策，通过多种形式对所属企业进行了公司制改造，如债转股、重组兼并。现部分已建立起了相互分离的权力机构、经营机构、监督机构。但三套机构中领导既行使决策权、任免权、又行使执行和监督权利现象较多，未能形成真正法人治理结构，缺乏必要的约束和激励机制，难以发挥决策、执行、监督相互制衡机制，也难实现科学、民主、高效的管理体制。

3. 省属集团公司科技开发能力不足，缺乏具有核心竞争力的产品，集团整体竞争力、凝聚力和发展能力较弱。集团有无较强的竞争能力，用户是关键，科技开发是核心，并直接影响集团的发展壮大。省属集团母子公司之间没有建立统一的科技研发组织，仍是各企业对各自产品自主开发、改造，由于内部和外部诸多因素的影响大多数企业技术人员流失严重，科技人员缺乏，研发经费投入不足，产品开发周期长，技术创新明显落后，产品市场竞争力不强；即使有部分企业进行了技改，但仅仅限于企业设备更新，技术创新研发投入有限，同时成员企业之间协作化程度低，不利于形成产业链，使集团母公司凝聚力弱，发展速度很难到达跨越式程度。

4. 省属集团公司主辅分离和企业办社会职能分离不理想，负担依然很重。省属集团公司转换经营机制以来，对所属企业都进行了有效的内部改革改制，减员增效，并逐步朝分离企业办社会职能走，尽管省属集团做了大量艰难细致工作，但因政府政令不畅、办事效率低，省属集团大部企业分离社会职能进展不理想，企业负担依然沉重，虽然产品质量较好，市场适销，但由于企业日常非生产性费用投入大，生产性投入减少，企业竞争力逐步减弱，严重制约集团精干主业、加快发展战略实施。

5. 省属集团公司招商引资工作力度不够，企业联大做强主动性不足。为加快省属集团改革的步伐，使股份制成为省属集团成员企业的主要形式，在充分运用国家各项政策的同时，尤其要引进外资来推动国有企业的深化改革，加快国有企业现代企业制度的建立，完善公司法人治理结构。由于内部和外部因素的影响，省属集团在招商引资方面成绩不大，省属集团企业主动寻找联大靠大合作伙伴缺乏热情，经营人员思想认识不到位。

6. 省属集团公司国际化程度低，进入国际市场形式单一。随着全球经济一体化，企业间的竞争更加激烈。一是国际化水平低，境内外投资少。纵观全球500强企业，每个企业的国际经济依存度一般都很高，依靠全球化经理人才，进行全球性投资。总体来看省属集团国际化程度低，集团公司及子公司进入国际市场的主要形式仍是出口，没有做到海外生产，没有建立全球性销售网络，即使有投资也多以中小项目为主，且投资规模很小；二是省属集团公司进出口额占全部经营收入的比例偏低，在国外的投资就很少，参与国际竞争的形式主要是输出产品；三省属集团公司所属企业中外向竞争型企业基本为空白。

7. 省属集团公司体制改革有待深化。随着我国社会主义市场经济的健康发展，现代企业制度的逐步推广，省属集团公司制度也不断完善，各项改革逐步深入。但从总体上看，其实际效果还不尽如人意。一是从股权结构方面看，国有独资、国有控股企业占主导地位。这些企业与传统国有企业相比，体制基本未变；二是从公司法人治理结构看，公司治理结构还没发挥相应的监督与制衡作用；三是企业激励机制不适应市场竞争。由于国家在经营者激励方面没有把经营者责权利相统一，使经营者积极性得不到充分发挥；四是企业劳动用工改革进展缓慢。国家在企业改革改制明确规定要保护职工利益，妥善安置职工，而另一方面却没有投入改革资金，而企业自身又难以筹措，这样导致职工身份无法置换，企业负担难减轻。

四、省属集团公司发展的思路

1. 指导思想

坚持以邓小平理论和“三个代表”重要思想为指导，全面贯彻落实党的十六大、十六届三中全会和省委十一届五次会议精神，结合省属集团的实际，解放思想、实事求是、有进有退，以发展为第一要务，全面提高省属集团经济效益与质量；加快省属集团股份制改造，通过兼并、联合、重组加快做大做强省属集团，并使股份制成为省属集团企业的主要形式；坚持市场为导向，积极培育省属集团新的经济增长点，继续加大产品结构战略性调整；以人为本，优化人才成长环境，加强人力资源能力建设；依靠体制创新和科技创新，有效解决制约省属集团快速发展的问题，促进省属集团持续、协调、健康、稳定发展。

2. 发展目标

在五年内把省属集团打造为以资本为纽带，产权清晰，责权明确，管理科学，主业突出，实力雄厚，能幅射全省，在全国有一定的影响力和竞争力，带动配套产品或相关产业，科技含量高，经济效益好，资源消耗低，环境污染少，人力资源优势得到充分发挥的，法人治理结构完善的，管理理念先进的现代高科技企业集团。

五、省属集团公司发展的对策

我省实施“以工业化带动信息化，以信息促进工业化，加快江西工业崛起”的战略以来，省属集团得到了较快的发展，省属集团对全省经济发展的拉动作用明显。现省属集团正处在一个十分难得的发展阶段，把握好机遇就能把省属集团做大做强，使之成为江西的支柱产业，为此对省属集团发展提出如下建议。

(一)政府宏观管理方面的建议。

1. 加强宏观管理，加快省属集团重组，择优扶强，培育江西大公司大集团企业。培育和发展大企业集团工作，要加强管理，加以引导，规范集团组建，加快集团重组，促进健康发展。第一要结合国际、国内经济发展状况、市场需求、行业发展状况、国家产业政策等，认真分析我省各类集团在全国、全省经济发展中的地位、优势和作用，制定我省培育大企业集团的发展战略，发展规划和产业政策，明确方向，突出重点，避免重复建设。其次要主抓重点，明确目标，择优扶强。对目前已组建的企业集团和适应培育发展的大型企业，按照我省六大支柱产业规划的要求，进行认真的筛选，对符合我省产业发展的大企业集团和大型企业，列入省政府重点扶持计划。省政府主抓重点扶持企业集团和大型企业，促进大企业集团实施强强联合、兼并重组，扩大规模，增强竞争力，实现跨越式发展壮大。最终形成以优势企业集团为骨干，其它企业为补充，带动全省经济共同发展的格局。再次省政府要制定支柱产业培育扶持政策，在企业兼并重组、立项、投融资、技改、税收返还、出口及退税、资金、企业分离社会职能、股票上市、优化经济结构等方面给予优先支持，力争在五年内形成一批在全国有一定影响力和竞争力的大企业集团。最后要加快产品相近集团重组，形成产业链，清理大企业集团成员企业中负担重、产品市场竞争弱的企业，使国有资本有进有退，确保企业集团的健康持续发展。

2. 加快国有资本流转体制改革，培育和完善资本市场和产权交易市场，促进大企业集团有效实施资产重组。省国资委要加快我省资本市场和产权交易市场的建立和培育，制定有关规则，为我省国有资本能进能退提供市场平台，加快我省大集团之间的重组，迅速实施我省的大集团大公司战略。

3. 创造良好的市场竞争环境，营造诚信氛围，提高办事效率，有效支持企业集团做大做强。我省的外部发展环境有了明显的变化，政府的行为较为规范，但政府在诚信方面仍有不足，政令不畅，办事效率较低，已经严重阻碍我省实施大集团大公司战略，政府部门应加快观念转变，树立服务型政府，加快分离企业办社会的职能，加强诚信教育，引导企业自律，有效支持我省集团做大做强。

4. 搞好授权经营，完善监控考核体系，充分发挥企业集团的积极性，保证企业健康发展。省国资委作为出资人和国有资产的监督者，应按照有关的法律法规，结合我省的实际，做好省属集团的授权经营调查工作，建立适市场发展的监督和考核体系，建立有效激励约束机制，充分调动各企业集团的积极性，保证企业健康持续快速发展。

（二）省属集团公司运作方面的建议。

1. 准确市场定位，明确集团发展战略，确立集团发展主业，择需兼并重组，逐步发展壮大。集团要明确自己在市场中的地位，制定与其相适应的集团发展战略，确立集团主业发展方向，并结合内外部环境变化发展，适时调整集团战略，择需兼并重组，把集团做大做强。

2. 确立集团母公司的主导地位，建立以产权为主要联结纽带的母子公司管理体制，逐步理顺母子公司关系，使集团真正成为具有资本运营功能、投融资功能、科技开发功能和对外贸易及合作功能的、凝聚力和控制力较强的集团企业。

3. 完善公司法人治理结构，实现决策、执行、监督三位一体的有效运作方式。省国资委的成立为省属集团公司完善法人治理结构，建立董事会、经理层和监事会提供组织保障，使省属集团的决策、执行、监督相互独立、相互制衡成为可能，并按照市场的要求进行有效的运行。

4. 搞好资本运营，优化集团内部组织结构，分离非生产经营职能，使国有资本有进有退，促进省属集团迅速发展壮大。纵观世界500强，其规模达到现在，没有一家没有进行资本运营。资本营运是现代企业迅速发展壮大的必由之路，集团只有通过资本营运使国有资本有进有退，进行必要的流动，分离辅业，壮大主业，同时可以解决历史遗留问题，使集团成为真正的市场主体，促进企业集团迅速发展壮大。

5. 全面推进现代企业制度建立，导入“以创新为核心，以财务为中心，以人为本”的经营理念，加快体制创新，提高集团管理水平。通过创新拥有核心竞争力，为企业发展提供不竭动力；通过财务管理调控企业目标实现，降低成本，提高竞争力；通过以人为本建设企业文化，提高企业管理水平。

6. 培育企业核心竞争力，提高企业可持续发展能力。企业核心竞争力关键是用户。企业拥有用户，就拥有市场，企业就拥有核心竞争力，就能占领市场先机，就能保持企业健康、持续发展。

7. 改进组织管理机构，完善企业内部控制制度，加快信息化进程，提高企业市场应变能力。市场竞争愈来愈激烈，要求企业运作效率更高，对企业的组织结构提出更高的要求。省属集团现行管理结构和模式基本是沿袭原政府职能部门的形式，已不能适应市场管理的要求，迫切要求建立与市场相适应的管理机构，提高企业应变能力。

8. 建立出资者权益维护型的集团财务管理新模式，增强集团内控力，确保国有资产保值增值。现行财务管理模式在防止国有资产流失上起过积极作用，但其仅是治标不治本。为了达到治本，确保国有资产保值增值，非常需要建立一种与现实法律法规相符合，在现实中可操作的新型财务管理模式———出资者权益维护型财务管理，按照财务管理分级和分层的理论，将财务管理与会计核算相分离，即财务管理人员由经营者管理，会计核算人员由集团管理，增强集团内控力。

（刘国洋　江西省电子集团公司）

抓住机遇　调整结构　适时投入　做精做强

中国石油化工股份有限公司九江分公司(以下简称九江分公司)前身为九江炼油厂,于1977年6月正式开工建设,1980年10月建成投产,1991年10月更名为“中国石化九江石油化工总厂”,1998年10月更名为“中国石化集团九江石油化工总厂”,2000年3月,根据中国石化集团公司重组改制上市的战略部署,原九江石油化工总厂一分为二,主业整体划入石化集团公司上市部分,组建了中国石油化工股份有限公司九江分公司,非主业部分保留中国石化集团九江石油化工总厂名称,形成了九江石化总厂、九江分公司并存的新体制 。分公司位于江西省九江市东郊,占地4.2KM2 ,地处长江与京九铁路交汇点,是京九线上和江西境内唯一的大型石化企业。沿江设有6个5000吨级泊位的自备油品码头,并建有运载能力超过500万吨的厂内铁路专用线。截至2003年底,企业拥有固定资产原值50.74亿元,职工总数2708人,其中具有中、高级技术职称的人员为418人。企业现已具备500×104t/a原油加工能力、52 ×104t/a尿素和10×104t/a聚丙烯生产能力,共有炼化装置48套,主要产品有汽油、煤油、柴油、重油、沥青、丙烯、苯类、溶剂油、聚丙烯、尿素等32个品种、50个牌号,基本形成了炼油、化工、化肥配套生产和文化生活设施齐全的大型石油化工联合企业。

一、近几年生产经营的主要特征:

——整体效益大幅提升。产品销售收入由1990年的9.5亿元提高至2003年的76.2亿元,建厂以来累计实现销售收入600余亿元,实现税收由1990年的1.2亿元提高至2003年的7.4亿元,建厂以来累计上交税金70多亿元。九江分公司始终坚持以效益为中心,加强市场分析,积极灵活应对,优化产品结构,完善营销策略,大力降本减费,提高经营效率。一是积极培育效益增长点,充分挖掘装置潜力,努力增加高标号汽油、液化气、聚丙烯、三苯等适销对路、高附加值产品,二是紧盯市场,灵活调整销售策略,销售高标号汽油同比增加不断增加,不断开发新产品,填补市场空白;进一步扩大直销比例,提高市场占有率,直销网点销售量大幅上升;强化售后服务,进一步加强产品宣传的力度,扩大了“江海牌”品牌影响,2001年荣获国家免检产品称号,并于2003年向越南、马来西亚等地出口尿素。三是充分发挥财务预算的作用,严格控制成本费用。对一般费用采用“单位限额卡”管理的办法按月考核,将修理费、化工原材料等大额支出项目纳入成本费用专项管理。四是强化内部管理,从点滴入手防止效益流失。狠抓统计计量基础建设等工作,审计工作直接审减工程费用、降低物资采购成本;效能监察进一步完善,物耗能耗效能管理和物资采购成本管理水平稳步提高。

——主要实物量指标不断创新高。炼油加工量由1990年的155万吨提高至2003年的328.7万吨,建厂以来累计加工原油4500万吨,聚丙烯、尿素产量也年年攀升。九江分公司强化资源调度,促进优化生产。一是紧盯年度加工量,优化原油资源结构,确保月度加工量,改善装置结构,提高催化等后续装置负荷,保证每年加工总量超计划完成。在资源配置上,充分利用优化软件,综合成本、产品结构、质量和效益、装置适应性等因素,对原油采购进行品种优化,使原油结构得到改善,原料生产效益凸显。二是根据市场和资源情况,按照装置特点精心组织生产,实充分发挥炼油、化肥能源互供优势,精心抓好蒸汽、瓦斯、重油等系统的优化,有效地降低了生产成本;三是优化生产,强化达标管理,主要经济技术指标逐年趋好。

——装置安稳长满优运行。安全生产实现了“三大事故”为零,成功实施了炼油、化工、化肥生产装置由“一年一修”变为“三年一修”。完善HSE管理体系,强调树立“零事故理念”,全面加强基础管理,变“事后被动处理”为“事前主动预防”;强化关键装置、要害部位的安全监控,制订领导干部定点联系(承包)关键装置的实施细则,组织事故预案演练,提高职工处理突发事故的能力;强化消防管理,落实消防达标。以落实《HSE管理体系环保内容实施要点》为主线,进一步完善规章制度,控制污染源,确保达标排放,完成了第一轮总部提出的清洁生产审核工作;在设备管理方面,重点抓好装置停工大检修和固定资产清查工作,同时进行了一系列技术改造,为确保装置安稳长满优生产,提高职工操作技能,在全厂范围内开展了技术大比武活动，效益显著。

——企业管理日趋完善。企业获得江西拾 AAA 重合同守信用企业”称号，九江分公司已纳入全国 152 家建立企业标准体系国家级试点单位，“江海牌”商标被确定为江西省著名商标，液化气、车用无铅汽油获省名牌产品称号。

为强化经济责任制的激励作用，九江分公司不断完善经济责任制考核，对直接影响效益的重点、难点指标实行重奖重罚，着手制订了内部控制制度。并在股份公司范围内率先实行了内部会计控制制度，实现了有序的核算和财务管理，保证了会计信息真实、完整，有效地堵塞漏洞，保护资产的安全、完整。开展群众性质量管理活动，强化职工的质量意识，质量管理体系通过了 ISO9001 年度审核；实验室认可已初步具备条件；产品出厂合格率 100%，国家质量监督部门抽检合格率 100%，炼油产品等级品率年年超 120%。

——科技进步取得新进展。1997 年以来，为适应改革发展的需要，九江分公司实现了大规模的装置扩能改造，陆续建立了第二套常减压、催化裂化、气体分馏等主体装置，化肥、聚丙烯等装置也陆续建立。2003 年溶剂脱沥青装置建设、化肥原料路线改造等均按计划进行。

为提高核心竞争力，九江分公司积极推进技术开发和技术改造，累计完成基建技措投资 60 亿元。产品开发取得新成果，水成泡沫灭火剂的研究填补了国内空白，达到国际先进水平；多通道渣油气化喷嘴国产化项目综合性能达到了国外同类喷嘴的技术水平；透明聚丙烯专用料研制取得成功，中试产品已投放市场；“新型耐高温热固型树脂的制备方法”正在申请专利，新产品不断涌现，产品升级换代迅速。

——内部改革纵深推进。2003 年积极、稳妥的实施了扁平化管理、分配制度改革和领导干部竞聘工作。

按照总部要求，2003 年上半年完成了扁平化工作，撤销了二级厂机关建制，将原有车间整合为作业部、车间建制，减少正处级单位 3 个、科室 17 个、车间 8 个，实现了由三级管理向二级管理的转变。根据总部内部分配制度改革工作会议精神，九江分公司参照市场劳动力价格，改革企业内部分配制度；开展领导干部竞聘上岗工作，完成了各单位处科级干部的竞聘上岗工作。通过改革，提高了管理效率，合理拉开了岗位之间的收入差距，打破了干部“能上不能下”的陈规，使干部职工树立了竞争意识和市场观念。

二、国内外经济形势预测

从经济形势看，当前世界经济有望较快复苏，石油需求将相应增长，资源供应相对充足，全球石化景气周期仍处在上升通道，主要化工产品价格总体趋好；而国内经济发展正处于经济周期的上升阶段，2004 年将继续保持较高增幅，汽车等新的消费热点的刺激，对石油石化产品需求进一步加大。从经济环境看，国家宏观调控进一步到位，应对 WTO 的政策措施更加有效，对能源安全问题更加重视，对中央企业指导和支持力度进一步增强。经济环境进一步改善，成品油市场秩序进一步好转。从自身看，2003 年应对市场急骤变化的实践，提高了我们对市场经济的认识，积累了宝贵的生产经营经验，增强了应对市场变化的能力；做精做强战略的确定，为企业发展指明了方向；炼油、化肥系列装置检修顺利完成，技术改造、技术进步、管理成果的有效运用，为今后生产经营奠定了良好物质基础；同时改革的不断深化完善，进一步解放了生产力，创造了良好的内部环境。

在充分看到有利条件的同时，也存在一些不确定因素。随着入世过渡期保护性政策措施逐步取消，市场环境正在发生深刻变化。2004 年国家对包括成品油在内的出口退税政策和石化行业原油、成品油进出口政策进一步调整，增加了市场变数和风险；国家对国内市场有限度地保护向完全放开过渡，国内市场国际化程度进一步加快，市场竞争将由国内同行竞争扩大为国内外同行的激烈竞争；资源供应上，进口原油仍将以中东地区为主，资源采购存在风险。市场的不确定性和竞争的日趋白热化，给企业发展带来了实实在在的压力。如何化压力为动力，提升企业综合实力，以过硬的本领迎接市场的挑战，是摆在我们每个职工面前的课题。具体地说，企业在新形势下如何确保实现整体扭亏为盈目标；装置高负荷生产下如何确保安全与产品质量；石化产品市场需求旺盛下如何解决生产“瓶颈”制约；改革深化过程中如何保持职工队伍的稳定与斗志等问题，均有待在今后的工作中认真加以研究解决。

三、企业未来发展展望

（一）加强管理，提升企业管理水平

加强生产管理是今后十分重要的基础工作。分公司将认真贯彻国家企业标准体系要求，进一步完善技术标准、管理标准和工作标准，把重点放在"三基"工作、安全管理及内部控制制度建设上，实施责任目标管理；另一方面通过 HSE、ISO9001、计量、实验室认可等先进的管理系统，推进标准化管理，提高企业整体管理水平。

认真执行内部控制制度，完善管理的监督约束机制。执行内部控制制度，既是适应资本市场对上市公司的迫切要求，也是股份公司依法治企的管理手段，因此，今后认真对照总部推行的内控制度，规范管理行为，加强内部监督约束，强化内部审计，建立经常性的稽查机制，自上而下形成有序的控制网络，减少成本费用失控风险，堵塞效益流失。

（二）适应市场，做精做强

注重资源优化，降低采购成本。一是要进一步加强原油市场分析与预测，定期做好原油资源综合评价，重点研究原油资源与产品需求之间的匹配性，与装置运行之间的适应性，捕捉市场机遇，调整采购策略，规避风险，优化资源结构，降低采购成本。二是要完善经营软件模型，为优化原油资源提供决策参考。三是要优化原油运输，要做好原油水路进厂，又要加大铁路原油进厂力度，降低原油在途损耗，降低运输成本，保证生产需要。

优化生产操作，调整产品结构。要灵活调整生产方案，挖掘生产潜力，强化达标管理，降低能耗物耗，努力生产适销对路产品。一是要努力提高主装置的加工负荷，并确保安全平稳运行，这是取得效益的关键。二是要针对市场需求情况，灵活调整柴汽比，尽量缓解市场与生产的矛盾。三是调整产品结构，努力提高渣油掺炼比，增产效益好的93#汽油、三苯、液化气、丙烯、聚丙烯等高附加值产品，形成效益增长点。四是强化达标工作，狠抓节能降耗。要以节能降耗作为装置达标的切入点，重点抓好参加股份公司炼油、化肥专业达标和装置达标工作。

优化营销策略，提高市场控制力。面对日益开放的市场竞争格局，要未雨绸缪，提高市场分析水平，灵活应对市场变化。一是要进一步拓展市场，加强适销对路产品的销售。二是要强调差异化销售，扩大直销力度，努力做到"价高量增"。要求自销产品进一步完善直销的运作方式，扩大直销份额，减少中间环节，争取效益最大化。三是要加强客户关系管理，落实和规范客户档案的动态管理，做好客户满意度调查工作，提高客户忠诚度，建立稳定的销售渠道。四是要加强营销人员业务培训，举办形式多样的培训班，提高业务人员素质，以适应开拓市场的需要。

（三）加强财务管理，努力降本减费

一是落实全面预算管理制度，实行成本费用有效控制。按照"贴近市场，实事求是，指标先进，提升管理"的原则，编制月度预算，落实措施和责任，指标进行横向、纵向分解，实行预算全过程监控和考核，促进降本减费。二是严格控制应收账款，加强资金集中管理，把货款回笼指标纳入对销售部门和业务人员的考核范围，同时加强对用户信用调查，控制赊销。坚持资金集中管理，严格控制存款账户的数量和金额，降低财务费用，提高资金使用效率。三是加强报废资产的管理，减少损失。四是加强装置成本核算。在车间成本核算的基础上，细化核算单位，开展装置产品成本核算，进行装置产品效益评价。五是大力降低物资采购成本。要按照"归口管理、集中采购、统一储备、统一结算"的原则，加强物资采购效能监察，大力推进网上采购和招标采购，公开采购过程，杜绝暗箱操作，建设物资采购阳光工程。有效控制库存规模，减少物资损耗和资金占用。六是严格修理费用、管理费用和化工助剂的管理，加强考核力度，从严控制。

（四）围绕发展战略，提升竞争实力

着力抓好生产装置先进技术的应用开发工作，提高科技含量，实现安全、环保、效益目标。进一步加快

信息化 ERP 项目的开发建设，完善信息化管理，以信息化技术提升企业综合管理水平。同时抓好装车油气回收技术及设备的工业试验、高耐热自润滑型重芳烃树脂开发、汽油向欧Ⅲ标准靠拢并增产丙烯新工艺、耐辐射聚丙烯专用料、聚丙烯树脂产品检验执行 ISO 国际标准等重点技术开发项目。

今后改革工作的重点有四项：一是进一步理顺扁平化后的管理关系。在管理层次减少的情况下，各职能部门要按照精简效能相统一的原则，加快内部融合，提升企业文化。二是加强人才队伍建设，全面完成岗位竞聘工作。要认真学习全国人才工作会议精神，牢固树立“人才资源是第一资源”的科学观念，加快建设三支人才队伍，即经营管理人才队伍、专业技术人才队伍、技工人才队伍，为企业改革发展提供人才保证。三是进一步完善薪酬制度改革，参照劳动力市场价位，调整各类人员分配关系，以用好用活现有工资存量为主，形成具有市场竞争力的内部分配机制。四是进一步推进改制分流工作，积极进行主辅分离、改制分流，采取各种形式，走出一条国有资本逐步退出非核心业务、非主营业务领域的路来。我们要按照总部的统一部署，进行改制分流安排。改制中要注意维护好职工合法权益，维护好债权人合法权益，防止国有资产流失。

（五）筹措资金，加快后续装置配套能力建设

按照做精做强的发展战略，把资金投放在提升综合配套能力、产品结构调整和降本增效上，同时加强技术创新，开发高附加值产品，加大技术成果转化和推广力度，加快信息化建设，为增强企业的市场竞争力提供有力的技术支撑，实现效益最大化目标。今后将逐步完成Ⅰ常装置常、减压炉技术改造、MTBE 装置扩能改造等项目；乙苯装置等新建项目的建设，同时积极做好仪－长原油管道建设工作。

沿江原油管道建成后，海洋油从仪征进管道，原油将采用混输方式，九江分公司的原油构成将发生较大变化：胜利原油加工比例将由目前的 42% 左右增加到 60% －70%；海洋油在目前总部就近加工的指导原则下进江量将下降，加工比例为 10% 左右；进口油加工比例将会增加，加工比例为 25% 左右。原料结构的变化将使我国现行汽柴油质量标准与欧Ⅲ和欧Ⅳ在硫含量等方面差距较大，考虑我国国情，九江分公司“十一五”规划以保证汽油和柴油质量满足欧Ⅲ排放标准为目标，做好 80 万吨/年柴油加氢及制氢装置、100 万吨/年焦化装置的筹资新建工作。而且进一步提高分公司柴汽比；增产较高附加值的聚丙烯产品，并扩大专用料生产比例，视情况发展下游加工；改变化肥装置生产单一尿素产品的现状，为炼油部分供氢，生产复合肥。据预测 2005 年九江分公司产值将突破 100 亿元，2010 年将突破 150 亿元。我们有理由相信，未来的九江石化必将更加辉煌灿烂！

（董文杰　中国石化九江分公司）

建立现代企业制度要解决的问题

一、什么是现代企业制度

现代企业制度包括现代企业产权制度，现代企业组织和现代企业管理制度三个组成部分。我国建立社会主义市场经济体制，必须建立产权清晰、权责明确、政企分开、管理科学的现代企业制度。产权清晰是产权制度要解决的问题，管理科学是管理制度要解决的问题，而政企分开则是这三个方面的基础和前提，体现在现代企业制度的各个环节上，现代企业制度是统一的整体，三个组成部分，互相联系，缺一不可。

1. 产权

产权之财产的简称，它是法定主体对财产所拥有的各项权总和。产权可以分解为所有权、使用权、收益权和处分权。所有权可以分为终身所有权和占有权，前者是指财产的最终归属后者是指对财产的实际拥有。使用权，即经营权。收益权是指直接以财产的使用或转让而获得的收益权利。处分权是指通过出租或出售把财产有关的权利让给他人，从中取得收益的权利。产权就是这些以财产为基础的权能的集合。

2. 产权制度

产权的界定和转让必须有产权制度的保障，产权制度是指以产权为依托，对财产关系进行合理有效的组合，调节的制度安排。这个制度安排具体体现在一定的生产资料所有制基础上，对财产占有使用收益和处分过程中所形成的各类产权主体的地位，行为要权利、责任、相互关系加以规范的法律制度。产权制度和所有制即有区别又有联系。所有制的生产关系范畴，产权制度则是实现生产关系结合的重要机制。所以，一方面产权制度不可能不受到所有制度要求的强烈约束，另一方面，同一种所有制度的关系可以有不同的多种产权关系。产权制度一旦形成，将会发挥一定的功能。产权制度的功能可以看出我国传统的国有企业产权制度中，产权关系不清晰，以建设工程集团为例，是“全民所有制”“国家所有制”但具体谁对国有企业的资产负责，国有资产所有权，主体缺乏、质保金等都难以承担。

二、传统国有产权制度的缺陷

1. 产权封闭化

在传统的工程产业经营体制下，人们把集体所有制和全民所有制当作是社会主义公有制的唯一可能的两种形式，并把全民所有制看成是一种完美无缺、理想的公有形式，把集体所有制视为不完美的公有制形式，是实现单一的全民所有制的一种过渡形式，绝对排斥私营经济，外资经济和其他形式的非公有制经济。所有制形式单一化，公有制形式单一化。而且国家也是按照所有制来对企业进行分类管理，这种过分强调企业的所有制性质，排斥非公有制的做法，使得各种不同所有制的产权处于高度封闭的状态，除非由政府行政划转或通过行政命令进行关停并转，否则存在资产的配置结构就无法通过产权的自由组合来调整和优化。

2. 企业的非法人化

从企业的法律形式来看我国传统的国有企业产权关系模糊，法人制度不健全，不具有自己可以独立支配和使用的财产，没有取得明确的法人财权缺乏作为法人所应有的法人的财产特征。在管理上实行国有国营政府直接插手企业的生产经营活动，名为实行经济核算，实际上实行的是供给制。企业的利润统统上缴，企业的亏损则由政府来弥补，企业与企业之间在政府的“支持”下去吃“大锅饭”，没有作为企业法人进行自主经营所应有的权利，也无法或难以承担其他应有的自负盈亏的义务，企业财产边界不清，预算软化，企业不使真正的法人企业。

3. 出资者的无限责任

在传统的国有企业制度下，企业并不是真正意义上的企业，也不时真正意义上的法人，无论在法律上有规定企业是否法人或有没有规定企业的出资者是否以自己的出资额为企业的债务承担有限责任，企业是否以自己的资产为限对自己的债务承担有限责任，国有企业由于利润上缴政府，企业亏损则直接或间接由政府弥补，实质上政府作为国有企业的出资者，对企业的债务承担是无限的责任。

府弥补，实质上政府作为国有企业的出资者，对企业的债务承担是无限的责任。

所有权与经营权不分，政府与企业职责不分，政府公共行政管理职能与政府的所有者职能不分。

在传统的制度下，政府代表国有企业对企业行使所有权与企业作为生产经营者代理所有行使的经营权混淆在一起。政企职责不分，政府往往取代企业，做着企业该做的事情，而企业以在政府的行政指令下，往往做着本不该由企业做而应该由政府做的事情，尤其是政府对自己即是企业国有资产所有者，又是社会公共事物的行政管理者的这两重身份没有区别开来，将两重身份混为一谈，以上反映了传统的企业制度下企业产权制度的基本缺陷，现代企业制度则完全不同。

三、建立现代企业制度要解决的问题

建立现代企业的产权制度是不同于高度集中的计划经济体制下企业制度，也不同与早期的企业制度，必须解决以下几个问题：

1.建立产权关系明晰权责明确制度

① 投资者投入企业的财产与他们的其他财产严格分开，边界十分清楚，投资者将财产投入企业后，成了企业的股东，对企业拥有相应的股东权利，包括参加股东大会和行使股东大会赋予的权利，按照股本的相应权利，对股东投入企业的资产及其增值拥有使用，收益和处分的权利等。

② 投资者仅以投入到企业的那部分资产对企业的经营承担有限责任，企业以全部资产对债权人承担有限责任。

③ 限在企业内部存在一定程度的所有权和经营权分离。所有者将资本交给具有经营管理专门知识和技能的专家经营，这些专家不一定是企业股东，而是受股东委托，作为代表经营管理企业。

2.政企分开、自主经营

在现代企业制度下政府和企业是两种不同性质的组织，政府机关是具有对国家的经济进行宏观调控的职能，但是这种管理不是对企业经营活动的直接插入，而是实行间接调控，通过引导，服务和监督，以保持宏观经济总量的大体平衡，促进经济结构的优化，保持公平竞争，使市场机制发挥正常作用，健全保障体系，保持社会稳定，提高生活质量，企业是以营利为目的的经济组织，是市场的主体，他必须按照价值规律办事，按照市场要求组织经营，因此，政府和企业在组织上和职能上要严格分开，不以政代企和以企代政。

3.管理科学、注重效率

企业管理既体现社会化的客观要求，又体现社会主义市场经济的客观要求，管理者的高素质，管理组织结构合理，管理制度健全，管理方法科学，管理手段先进能最大限度地调动企业全体职工的积极性，提高工作效率和生产效率，使企业能取得较好的经济效益。

（曾强英　核工业华东建设工程集团公司）

主要统计指标解释

1. 企业集团：是指以母子公司为主体，通过投资及生产经营协作等多种方式，与众多的企事业单位共同组成的经济联合体。

本资料企业集团的统计范围包括：一是由国务院批准的国家试点企业集团；二是由国务院主管部门批准的企业集团；三是由江西省人民政府批准的企业集团；四是已在工商部门登记注册，年主营业务收入和资产总计均在3000万元及以上的其他各类企业集团。上述四类企业集团内部的统计范围包括企业集团的母公司、在中国境内和境外的全资子公司（单位）、绝对控股子公司（单位）和相对控股子公司（单位）；不包括参股和协作企业（单位）。

2. 重点企业：统计范围：一是国家重点企业（包括520户和重组为集团公司的原512户国家重点企业）；二是省级人民政府及主管部门确定的重点企业；三是国务院确定的建立现代企业制度原百户试点企业；四是省级人民政府及主管部门确定的建立现代企业制度原试点企业；五是国家试点企业集团的母公司（即核心企业）；六是股份有限公司。上述六类企业的统计调查单位为独立核算的法人企业，不包括这些企业所属的子公司。

3. 资产总计：指企业拥有或控制的全部资产，包括流动资产、长期投资、固定资产、无形资产、递延资产和其他资产等。

4. 固定资产原价：指企业在建造、购置、安装、改建、扩建、技术改造某项固定资产时所支出的全部货币总额。

5. 累计折旧：指企业在报告期期末提取的各年固定资产折旧累计数。

6. 本年折旧：指企业在本年度内累计提取的折旧。

7. 无形资产：指企业为生产商品或者提供劳务、出租给他人、或为管理目的而持有的，没有实物形态的非货币性长期资产。

8. 累计对外投资：指企业历年对本企业以外的投资之和。

9. 本年对外投资：指企业在报告期内对本企业以外的投资之和。

10. 本年对境外投资：指企业在报告期内对中国大陆以外地区（包括港澳台地区）的投资之和。

11. 长期投资：指企业截止报告期末持有时间准备超过1年（不含1年）的投资，包括各种股权性质的投资、不能变现或不准备随时变现的债券、其他债权投资和其他长期投资。

12. 短期投资：指企业截止报告期末购入能随时变现并且持有时间不准备超过1年（含1年）的投资，包括各种股票、债券、基金等。

13. 存货：指企业在生产经营过程中为销售或者耗用而储存的各种资产。

14. 流动资产平均余额：指企业在报告期内全部流动资产的平均余额。计算公式为：

$$流动资产年平均余额=\frac{\Sigma(月初、月末流动资产余额)}{24}$$

$$流动资产半年平均余额=\frac{\Sigma(月初、月末流动资产余额)}{12}$$

15. 应收帐款：指企业因销售商品、产品、提供劳务，应向购货单位或接受劳务单位收取的款项。

16. 负债合计：指企业所承担的能以货币计量，将以资产或劳务偿付的债务。负债一般按偿还期的长短分为流动负债和长期负债。

17. 流动负债：指企业在一年内或超过一年的一个营业周期内需要偿还的债务，其中包括短期借款、应付票据、应付帐款、预收货款、应付工资、应付利润、其他应付款、预提费用等。

18. 股东（所有者）权益合计：指企业投资人对企业净资产的所有权，企业净资产等于企业全部资产减去全部负债后的余额，其中包括企业投资人对企业的最初投入以及资本公积金、盈余公积金和未分配利润。

19. 股本（实收资本）：指公司制企业以发行股票的方式筹集的资本。非公司制企业指实际收到的投资人投入的资本。

20. 主营业务收入：指企业从事某种主要生产、经营活动所取得的营业收入。该指标在各行业会计制度中的名称叫法不同，但一律按各行业会计制度或报表定义的口径进行填报。农业企业是指"主营业务收入"；工业企业指"产品销售收入"；交通运输企业指"主营业务收入"；建筑企业指"工程结算收入"；批发零售企业指"商品销售收入"；房地产企业指"房地产经营收入"；其他企业指"经营（营业）收入"。

21. 主营业务成本：指企业从事某种主要生产、经营活动而发生的成本支出。

22. 主营业务税金及附加：指企业因从事主要生产经营活动按税法规定缴纳的应从主营业务收入中抵扣的税金和附加，包括营业税、消费税、城市维护建设税、资源税、土地增值税和教育费附加等。

23. 其他业务收入：指企业除主营业务收入以外的其他销售或其他业务的收入。

24. 新产品销售收入：指企业在主营业务收入和其他业务收入中销售新产品实现的收入。新产品是经政府有关部门认定并在有效期内的产品；也包括企业自行研制开发，未经政府有关部门认定，从投产之日起一年之内的新产品。新产品是指采用新技术原理、新设计构思研制生产，或结构、材质、工艺等某一方面有所突破或较原产品有明显改进，从而显著提高了产品性能或扩大了使用功能，对提高济效益具有一定作用的产品，并且在一定区域或行业范围内具有先进性、新颖性和适用性的产品。

25. 出口销售总额：指企业直接向国外、境外出口的商品总额。包括企业主营业务收入和其他业务收入中直接向国外、境外出口的商品总额。

26. 存货跌价损失和营业、管理、财务等费用合计：指企业在生产经营活动中发生的存货跌价损失和营业费用、管理费用、财务费用等。

27. 税金：指企业按规定从管理费用中支付的各种税金，包括房产税、土地使用税、车船使用税、印花税等。

28. 劳动、待业保险费：指企业向保险公司投保所支付的劳动保险、待业保险的费用。

29. 职工教育费：指企业用于各项职工教育费用之和。

30. 广告费：指企业在销售商品过程中发生的各项广告费用之和。

31. 利息支出：指企业生产经营期间发生的利息净支出（减利息收入）。

32. 投资收益：指企业以各种方式对外投资所取得的收益。

33. 营业外收入：指与企业生产经营无直接关系的各项收入。

34. 利润总额：指企业实现的盈亏总额，反映企业最终的财务成果。计算公式为：

利润总额 = 营业利润 + 补贴收入 + 投资收益 + 营业外收入 - 营业外支出。

35. 应交所得税：指企业本年利润应交的所得税。

36. 应交增值税：指企业应交纳的增值税额合计。计算公式为：

应交增值税 = 销项税额 + 出口退税 + 进项税额转出数 - 进项税额。

37. 固定资产投资完成额：指企业建造和购置固定资产及有关费用的支出合计。包括：①建筑工程投资，②安装工程投资，③设备工器具购置，④应分摊计入固定资产的费用等。

38. 研究开发费用：指企业用于研究与发展活动（包括基础研究、应用研究、试验发展三类活动）的全部实际支出。包括用于研究与发展课题活动的直接支出，还包括间接用于研究与发展活动的一切支出（院、所、中心管理费，维持院、所、中心正常运转的必需费用和研究发展有关的基础建设支出）。

39. 从业人员：指在企业工作并领取工资或其他形式的劳动报酬的全部人员数，包括在岗职工、再就业的离退休人员以及在企业中工作的外方人员和港澳台方人员、兼职人员、借用的外单位人员和第二职业者。不包括离开本单位仍保留劳动关系的职工。

40. 在岗职工：指在本企业工作并由企业支付工资的人员，以及有工作岗位，但由于学习、病伤、产假等原因暂未工作，仍由企业支付工资的人员。

41. 其他从业人员：指在企业工作并由企业支付劳动报酬的离退休人员以及在企业中工作的外方人员和港澳台方人员、兼职人员、借用的外单位人员和第二职业者。

42. 研究开发人员：指企业从事研究与发展活动（包括基础研究、应用研究、试验发展三类活动）的人员。包括直接参加研究与发展三类项目活动的研究开发人员以及为此类活动专门从事科技管理工作和提供直接服务的人员。

43. 从业人员劳动报酬：指企业直接支付给本企业全部从业人员的劳动报酬总额。包括本企业在岗职工工资总额和其他从业人员劳动报酬两部分。

44. 在岗职工劳动报酬：指企业直接支付给本企业全部在岗职工的劳动报酬总额。

45. 其他从业人员劳动报酬：指企业直接支付给本企业全部其他从业人员的劳动报酬总额。

46. 研究开发人员劳动报酬：指企业直接支付给本企业全部研究开发人员的劳动报酬总额。

47. 资产负债率：企业负债合计与资产总计的比率。计算公式为：

$$\text{资产负债率} = \frac{\text{负债合计}}{\text{资产总计}} \times 100\%$$

48. 劳动生产率：企业营业收入与从业人员平均人数的比率。计算公式为：

$$\text{劳动生产率} = \frac{\text{营业收入}}{\text{从业人员平均人数}} \times 100\%$$

49. 销售利润率：企业利润总额与营业收入的比率。计算公式为：

$$\text{销售利润率} = \frac{\text{利润总额}}{\text{从业人员平均营业收入}} \times 100\%$$

50. 成本费用利润率：企业利润总额与各项成本费用的比率。计算公式为：

$$营业收入成本费用利润率=\frac{利润总额}{主营业务成本+存货跌价损失和营业、管理、财务等费用}\times 100\%$$

51. 资产利税率：企业利税总额与资产总计的比率。计算公式为：

$$资产利税率=\frac{利润总额}{资产总计}\times 100\%$$

其中：利税总额 = 利润总额 + 主营业务税金及附加 + 应交增值税

52. 总资产使用率：企业主营业务收入与资产总计的比率。计算公式为：

$$总资产使用率=\frac{主营业务收入}{资产总计}\times 100\%$$

53. 流动资产比率：企业流动资产与资产总计的比率。计算公式为：

$$流动资产比率=\frac{流动资产}{资产总计}\times 100\%$$

54. 长期负债与资产总计比率：企业长期负债与资产总计的比率。计算公式为：

$$长期负债与资产总计比率=\frac{长期负债}{资产总计}\times 100\%$$

55. 研究开发费用与主营业务收入比率：企业研究开发费用与主营业务收入的比率。计算公式为：

$$研究开发费用与主营业务收入比率=\frac{研究开发费用}{主营业务收入}\times 100\%$$

56. 新产品销售收入与营业收入比率：企业新产品销售收入与营业收入的比率。计算公式为：

$$新产品销售收入与营业收入比率=\frac{新产品销售收入}{营业收入}\times 100\%$$

57. 资金利润率：企业利润总额与资金（固定资产净值 + 流动资产平均余额）的比率。计算公式为：

$$资金利润率=\frac{利润总额}{固定资产净值+流动资产平均余额}\times 100\%$$

其中：固定资产净值 = 固定资产原价 − 累计折旧

58. 净资产收益率：企业净利润与所有者权益的比率。计算公式为：

$$净资产收益率=\frac{净利润}{所有者权益}\times 100\%$$

其中：净利润 = 利润总额 − 应交所得税

59. 总资产报酬率：企业利润总额和利息支出与资产总计的比率。计算公式为：

$$总资产报酬率=\frac{利润总额+利息支出}{资产总计}\times 100\%$$

60. 已获利息倍数：企业税前利润与利息支出的比值。计算公式为：

$$已获利息倍数=\frac{利润总额+利息支出}{利息支出}\times 100\%$$

61. 流动比率：企业流动资产与流动负债的比率。计算公式为：

$$流动比率=\frac{流动资产}{流动负债}\times 100\%$$

62. 速动比率：企业速动资产（既流动资产 − 存货）与流动负债的比率。计算公式为：

$$速动比率=\frac{流动资产-存货}{流动负债}\times 100\%$$

中国统计出版社最新统计资料书简目

中国统计年鉴－2004
中国统计摘要－2004
2004 中国发展报告
中国城市统计年鉴－2003
中国农村统计年鉴－2004
中国劳动统计年鉴－2004
中国人口统计年鉴－2004
中国工业经济统计年鉴－2004
中国市场统计年鉴－2004
2003 中国城市发展报告
中国建筑业统计年鉴－2003
中国价格及城镇居民家庭收支调查统计年鉴－2004
国际统计年鉴－2004
中国对外经济贸易统计年鉴－2003
中国基本单位统计年鉴－2003
中国民政统计年鉴－2004
中国高技术产业统计年鉴－2004
中国房地产行业名录

北京统计年鉴－2004
天津统计年鉴－2004
河北经济年鉴－2004
山西统计年鉴－2004
内蒙古统计年鉴－2004
辽宁统计年鉴－2004
吉林统计年鉴－2004
黑龙江统计年鉴－2004
上海统计年鉴－2004
江苏统计年鉴－2004
浙江统计年鉴－2004
安徽统计年鉴－2004
福建统计年鉴－2004
江西统计年鉴－2004
山东统计年鉴－2004
河南统计年鉴－2004
湖北统计年鉴－2004
湖南统计年鉴－2004
广东统计年鉴－2004
广西统计年鉴－2004
海南统计年鉴－2004
重庆统计年鉴－2004

四川统计年鉴－2004
贵州统计年鉴－2004
云南统计年鉴－2004
西藏统计年鉴－2004
陕西统计年鉴－2004
甘肃年鉴－2004
青海统计年鉴－2004
宁夏统计年鉴－2004
新疆统计年鉴－2004
新疆生产建设兵团统计年鉴－2004
石家庄统计年鉴－2004
唐山统计年鉴－2004
邯郸统计年鉴－2004
呼和浩特经济统计年鉴－2004
鄂尔多斯市统计年鉴－2004
包头统计年鉴－2004
赤峰统计年鉴－2004
沈阳年鉴－2004
大连统计年鉴－2004
鞍山统计年鉴－2004
长春统计年鉴－2004
吉林市社会经济统计年鉴－2004
四平统计年鉴－2004
延吉统计年鉴－2004
哈尔滨统计年鉴－2004
齐齐哈尔经济统计年鉴－2004
牡丹江统计年鉴－2004
大庆统计年鉴－2004
黑龙江垦区统计年鉴－2004
上海浦东新区统计年鉴－2004
南京统计年鉴－2004
苏州统计年鉴－2004
无锡统计年鉴－2004
常州统计年鉴－2004
徐州统计年鉴－2004
南通统计年鉴－2004
盐城统计年鉴－2004
镇江统计年鉴－2004
杭州统计年鉴－2004
宁波统计年鉴－2004
绍兴统计年鉴－2004
台州统计年鉴－2004

舟山统计年鉴－2004
温州统计年鉴－2004
金华统计年鉴－2004
嘉兴统计年鉴－2004
丽水统计年鉴－2004
福州年鉴－2004
厦门经济特区年鉴－2004
福州经济技术开发区年鉴－2004
南昌经济社会统计年鉴－2004
九江经济统计年鉴－2004
济南统计年鉴－2004
青岛统计年鉴－2004
潍坊统计年鉴－2004
郑州统计年鉴－2004
洛阳统计年鉴－2004
三门峡统计年鉴－2004
平顶山统计年鉴－2004
南阳经济统计年鉴－2004
武汉统计年鉴－2004
宜昌统计年鉴－2004
十堰统计年鉴－2004
荆州统计年鉴－2004
广州统计年鉴－2004
东莞统计年鉴－2004
惠州统计年鉴－2004
深圳统计年鉴－2004
南宁统计年鉴－2004
桂林经济社会统计年鉴－2004
柳州经济统计年鉴－2004
来宾统计年鉴－2004
河池地区经济社会统计年鉴－2004
海口统计年鉴－2004
成都统计年鉴－2004
贵阳统计年鉴－2004
昆明统计年鉴－2004
西安统计年鉴－2004
兰州年鉴－2004
西宁统计年鉴－2004
银川统计年鉴－2004
乌鲁木齐统计年鉴－2004
巴音郭楞统计年鉴－2004
吐鲁番统计年鉴－2004
